知识图谱研究与领域实践

冯　钧　朱跃龙　杭婷婷
陆佳民　巫义锐　王文鹏　著

人民邮电出版社
北　京

图书在版编目（CIP）数据

知识图谱研究与领域实践 / 冯钧等著. -- 北京 : 人民邮电出版社, 2022.5
ISBN 978-7-115-58421-2

Ⅰ. ①知… Ⅱ. ①冯… Ⅲ. ①人工智能－应用－知识管理 Ⅳ. ①G302-39

中国版本图书馆CIP数据核字(2021)第280605号

内 容 提 要

知识图谱已被广泛应用于智能信息搜索、自动问答、决策分析等领域。本书以构建领域多层次知识体系支撑智能应用为目标，系统地介绍实体关系图谱、事理图谱和业务主题图谱构建过程中涉及的关键技术，如知识抽取、知识融合、知识存储、事件和场景抽取、事件模式库构建、事理规则挖掘、层次主题挖掘、动态主题挖掘、对象属性挖掘、主题要素关联挖掘等。此外，本书还提供丰富的案例，展现如何利用知识图谱实现领域智能应用。

本书内容对于知识图谱研究和领域应用具有一定的参考意义，既适合专业人士了解知识图谱和深度学习前沿热点，又适合在相关领域从事知识图谱应用开发的人员学习，还可以作为高等院校人工智能专业师生的参考教材。

◆ 著　　　　冯　钧　朱跃龙　杭婷婷　陆佳民　巫义锐
　　　　　　王文鹏
　责任编辑　邢建春
　责任印制　彭志环
◆ 人民邮电出版社出版发行　　北京市丰台区成寿寺路 11 号
　邮编　100164　　电子邮件　315@ptpress.com.cn
　网址　https://www.ptpress.com.cn
　固安县铭成印刷有限公司印刷
◆ 开本：787×1092　1/16
　印张：17.75　　　　2022 年 5 月第 1 版
　字数：415 千字　　　2022 年 5 月河北第 1 次印刷

定价：169.80 元

读者服务热线：(010)81055493　印装质量热线：(010)81055316
反盗版热线：(010)81055315
广告经营许可证：京东市监广登字 20170147 号

前　言

本书是国家重点研发计划“水资源高效开发利用”重点专项大数据驱动的流域智能管理与决策关键技术项目（项目编号：2018YFC0407900）中的大数据分析理论与技术课题（课题编号：2018YFC0407901）的研究成果。项目主要研究面向流域水资源管理的多源异构大数据分析理论，建立基于物联网感知与反馈的流域大模型系统，研发大数据驱动的动态计算、精准预测与智能决策关键技术，提出流域水文–水动力–水环境耦合模式及相关标准流程，构建流域决策云服务平台。其中大数据分析理论与技术课题，主要研究面向流域水资源管理的主题要素关联分析、知识图谱构建、多时空尺度水文–水动力–水环境过程特征模式挖掘等理论与方法，为流域智能管理提供支撑技术。当前流域水资源数据增长很快，传统的知识管理方式在应对大规模数据分析时捉襟见肘，因此亟须一套面向流域水资源管理的大数据分析技术体系。知识图谱作为成功应用于多个领域的重要基础技术，结合专家知识、多源异构的碎片化知识和组织智能，引领从大数据分析到大知识工程进而大智慧系统的研发和落地应用。然而，知识图谱在流域水资源管理中的应用较少。因此，本课题尝试将知识图谱技术引入水资源管理与决策过程并取得初步成果。

本书主要内容包括实体关系图谱、事理图谱和业务主题图谱三种类型图谱的构建技术以及基于分层知识体系的相关应用，聚焦在知识图谱研究与领域实践方面的最新进展。

本书由朱跃龙教授和冯钧教授组织实施，陆佳民副教授、巫义锐副教授、李晓东副教授、王文鹏副教授、张鹏程教授等均做出重要贡献。冯钧教授、朱跃龙教授、杭婷婷副教授、陆佳民副教授、巫义锐副教授和王文鹏副教授承担了本书的主要撰写与校对工作。先后参与本书主要研究工作的有严乐讲师、杭婷婷副教授和郭涛、贡诚、徐新、邹希、柳菁铧、蒙琦、陈菊、姜笑、夏珮珮、周琦、张文、洪毅等硕士生。课题组的相颖、杨程、邬炜、汪浩航、杨雯、王云峰、马族隆、李永久、张紫璇、王晓涛、王士杰、邓治国、卞刘骞、于清瀚、丁昱凯、严乐、邵萍萍等同学参与了本书的素材准备工作。在研究实施阶段，水利部信息中心、中国水利水电科学研究院、南京水利科学研究院、长江科学院、黄河水利科学研究院、水利部太湖流域管理局、深圳市水务局、华为公司等单位领导、专家给予了大力支持和帮助，项目中其他课题组的康爱卿教授级高级工程师、刘宏伟教授级高级工程师、马瑞教授级高级工程师、夏润亮教授级高级工程师、杨涛教授等专家、学者共同参与研讨，在此一并致谢！

由于本书涉及内容广泛，研究问题复杂和作者水平有限，书中难免有不当之处，敬请广大读者给予批评指正。

作　者

2021 年 6 月于河海大学

目录

第 1 章

绪论

1.1 知识图谱简介

知识图谱的早期理念来自 Web 之父 Tim Berners Lee 于 1998 年提出的 Semantic Web，最初想法是把基于文本链接的万维网转化成基于实体链接的语义网。本质而言，知识图谱是一种语义网络，旨在从数据中识别、发现和推断事物、概念之间的复杂关系，是事物关系的可计算模型。2012 年，谷歌发布了知识搜索产品–谷歌知识图谱。对于用户输入的查询，谷歌搜索引擎将不只返回匹配查询关键词的相关网页，还会根据查询中提及的人名、地名、机构名等实体信息，展示与这些实体相关的结构化信息。知识图谱通过对数据整合与规范，向人们提供有价值的结构化信息，已被广泛应用于智能信息搜索、自动问答、决策分析等领域，是推动数据价值挖掘和支撑智能信息服务的重要基础技术。

根据覆盖范围，知识图谱可分为开放域通用知识图谱和领域垂直知识图谱。开放域通用知识图谱注重广度，强调融合更多的实体，与领域垂直知识图谱相比，其准确度不够高，并且受概念范围的影响，很难借助本体库对公理、规则以及约束条件的支持能力规范其实体、属性、实体间的关系等。开放或通用知识图谱主要应用于智能搜索等领域。领域垂直知识图谱通常需要依靠特定领域的数据来构建，具有特定的领域意义。领域垂直知识图谱中，实体的属性与数据模式往往比较丰富，需要考虑到不同的领域场景与使用人员。

国内外多个研究机构已经建立了一些大型通用知识图谱。在国内，代表性的通用知识图谱包括搜狗知立方、百度知心、Zhishi.me[1]、OpenKN[2]、CN-DBpedia[3]等。在国外，代表性的通用知识图谱包括 WordNet[4]、DBpedia[5]、Freebase[6]、YAGO[7-8]、Probase[9]、Knowledge vault[10]等。上述通用知识图谱的比较如表 1.1 所示。通过对现有研究成果的整理和比较，可以发现知识图谱的概念和规模目前仍处在发展变化阶段。

表 1.1 具有代表性的通用知识图谱概览

通用知识图谱	数据源	规模	语言	构建特点
WordNet	普林斯顿大学认知实验室	WordNet3.0 已经包含 15 万个词和 20 万个语义关系	英文	主要用于词义消歧，构建名词、动词、形容词和副词之间的关系
DBpedia	Wikipedia	2 800 万个实体，30 亿条 RDF 三元组	127 种语言	从多种语言的维基百科中抽取信息，并将其以关联数据的形式发布到互联网。它构建一个包含人、地点、音乐、电影、组织机构、物种、疾病等定义的本体
Freebase	Wikipedia, NNDB, MusicBrainz	19 亿条三元组	英文	主要采用社区成员协作方式构建，构建过程自顶向下
YAGO	Wikipedia, Word-Net, GeoNames	1 000 万个实体，1.2 亿条三元组知识	10 种语言	构建一个更加丰富的实体分类体系，为很多条目增加时间和空间维度的属性描述
Probase	Wikipedia, Web Open Data	1 000 万个概念，1 600 万的 isA 关系	中文、英文	微软发布的基于概率化构建的知识库，是包含概念最多的知识库
Knowledge vault	Wikipedia, Freebase, Web Open Data	4 500 万个实体，4 469 种关系，2.7 亿条三元组	多种语言	通过算法自动搜集网上信息，通过机器学习把数据变成可用知识
知立方	Web Open Data	整合海量的互联网碎片化信息	中文	知识库搜索产品，引入语义理解技术，理解用户搜索意图
百度知心	User Generated Content	已有教育、医疗、游戏等知识集群	中文	百度公司构建的中文知识图谱，侧重于深度搜索和实体推荐
Zhishi.me	Chinese Encyclopedia	1 400 多万个实体来自百度百科，550 多万实体来自互动百科，90 多万实体来自中文维基	中文	从开放的百科数据中抽取结构化数据，提供一个 SPARQL 终端供用户查询
OpenKN	网页、百科、核心词汇	3 000 万个实体，10 亿条边	中文	通过网络不断获取新知识，不仅更新自身包含的知识，而且存储其他开放知识库中有用的知识
CN-DBpedia	Chinese Encyclopedia	1 600 多万实体，2 亿多种关系，产生 10 多亿次 API 调用	中文	从纯文本页面中提取信息，经过滤、融合、推断等操作，最终形成高质量的结构化数据

近几年来，一些领域已经出现垂直知识图谱，包括电影领域的 IMDB、生物医学领域的 DrugBank、新闻领域的 ECKG[11]、学术领域的 Acemap 等。上述领域垂直知识图谱的比较如表 1.2 所示。

知识图谱的构建分为自顶向下和自底向上两种策略。自顶向下的策略为专家驱动，根据应用场景和领域，利用经验知识人工为知识图谱定义数据模式，在定义本体的过程中，首先从最顶层的概念开始，然后逐步进行细化，形成结构良好的分类层次结构；在定义好数据模式后，将实体逐个对应到概念中。自底向上的策略为数据驱动，从数据源开始，针对不同类型的数据，对其包含的实体和知识进行归纳组织，形成底层的概念，然后逐步往上抽象，形成上层的概念，并对应到具体的应用场景中。

表 1.2　具有代表性的领域垂直知识图谱概览

领域垂直知识图谱	种类	规模	内容	特点
IMDB	互联网电影资料库	共收集 210 多万部作品资料和 450 多万部人物资料	包含电影、电影演员、电视节目、明星和电子游戏等信息	资料库中的资料按照电影类型组织，每一个具体的条目包含详细的元信息
DrugBank	生物信息学和化学信息学知识库	截至 2020 年 4 月 22 日涵盖 13 580 种药物条目，其中包含小分子药品、生物制剂、营养药品和实验药品	每个药品条目包含详细的药品信息和药品所治疗的疾病	已被广泛用于药物目标发现、药物设计、药物筛选、药物作用预测等方面
ECKG	以事件为中心的知识图谱	捕获数十万个实体的发展与历史，并与传统知识图谱中的百科全书信息结合	维基新闻、FIFA 世界杯、全球汽车工业和空客 A380 飞机	通过以事件为中心的浏览器和可视化工具促进新闻故事情节的重建，对新闻隐藏事实进行调查
Acemap	学术知识图谱	描述超过 1 亿个学术实体、22 亿条三元组信息，提供数据集近 100 GB	包含 6 000 多万篇论文、5 000 多万位学者、5 万多个研究领域、2 万多个学术研究机构	提供学术异构图谱，包含多样的学术实体和属性

接下来，本书将以实体关系图谱、事理图谱和业务主题图谱这三类知识图谱为主要元素，构建一个完整的领域知识体系。

1.2　领域分层知识体系

领域知识往往并不局限于领域研究对象实体、属性及实体间关系，还包括人类对领域实体进行管理及治理活动的相关知识。以水利领域为例，领域知识不仅包括物理流域的对象（江河湖泊、水利工程等）和属性的关联，水利事件（洪水、蓝藻暴发等）的发生、发展等触发演化规律，还包括水利治理管理活动（洪水防御、污染治理等）的业务主题、业务规则、业务与物理流域中对象、事件的关联关系等。

本书主要以水利领域知识建模和知识应用为研究对象，使用知识图谱作为统一的表示模型，通过实体关系图谱、事理图谱和业务主题图谱实现对“概念–实体–属性–关系–事件–事理–主题–要素”的一致性表达，构建自洽、可生长的领域分层知识体系。

（1）实体关系图谱

实体关系图谱利用图模型来描述业务场景中存在的实体或概念间的关联关系。它能灵活表示、关联概念性知识和事实性知识，耦合多源异构数据，因此实体关系图谱是分层知识体系的基础构件。构建实体关系图谱的关键在于解决知识抽取、知识融合、知识存储等问题。

（2）事理图谱

事理图谱以事件为视角，以有向图结构为表达形式，描述了事件演化过程背后的机理。事理图谱能用于分析事件演化过程，为决策预演提供因果证据。构建事理图谱的关键在于事件和场景的表示、事件和场景的抽取、事件模式库的构建和事理规则挖掘等问题。

（3）业务主题图谱

业务主题图谱是以业务为导向、以主题分析为系统功能目标，形成业务–主题–要素的层次关联网络。业务主题图谱由数据驱动，自动切换主题，实现预演平台中的自动化业务分析与聚焦。业务主题图谱构建的难点在于如何从文本中自动挖掘层次主题、动态主题、对象属性以及主题与要素的关联。

参考文献

[1] NIU X, SUN X R, WANG H F, et al. Zhishi. me-weaving Chinese linking open data[C]//Proceedings of the International Semantic Web Conference. 2011: 205-220.

[2] JIA Y T, WANG Y Z, CHENG X Q, et al. OpenKN: an open knowledge computational engine for network big data[C]//2014 IEEE/ACM International Conference on Advances in Social Networks Analysis and Mining (ASONAM 2014). 2014: 657-664.

[3] XU B, XU Y, LIANG J Q, et al. CN-DBpedia: a never-ending Chinese knowledge extraction system[C]//Proceedings of the International Conference on Industrial, Engineering and Other Applications of Applied Intelligent Systems. 2017: 428-438.

[4] MILLER G A. WordNet: a lexical database for English[J]. Communications of the ACM, 1995, 38(11): 39-41.

[5] AUER S, BIZER C, KOBILAROV G, et al. DBpedia: A nucleus for a web of open data[M]//The semantic Web. Berlin: Springer, 2007: 722-735.

[6] BOLLACKE K, EVANS C, PARITOSH P, et al. Freebase: a collaboratively created graph database for structuring human knowledge[C]//Proceedings of the 2008 ACM SIGMOD International Conference on Management of Data. 2008: 1247-1250.

[7] HOFFART J, SUCHANEK F M, BERBERICH K, et al. YAGO2: a spatially and temporally enhanced knowledge base from Wikipedia[J]. Artificial Intelligence, 2013, 194: 28-61.

[8] MAHDISOLTANI F, BIEGA J, SUCHANEK F M. YAGO3: A knowledge base from multilingual Wikipedias[C]//Proceedings of the 7th Biennial Conference on Innovative Data Systems Research. 2015.

[9] WU W T, LI H S, WANG H X, et al. Probase: a probabilistic taxonomy for text understanding[C]// Proceedings of the 2012 International Conference on Management of Data - SIGMOD '12. 2012: 481-492.

[10] DONG X, GABRILOVICH E, HEITZ G, et al. Knowledge vault: a web-scale approach to probabilistic knowledge fusion[C]//Proceedings of the 20th ACM SIGKDD International Conference on Knowledge Discovery And Data Mining. 2014: 601-610.

[11] ROSPOCHER M, VAN ERP M, VOSSEN P, et al. Building event-centric knowledge graphs from news[J]. Journal of Web Semantics, 2016, 37: 132-151.

第2章 实体关系图谱构建技术

实体关系知识图谱将现实世界中的具象事物与抽象概念表示为实体，将实体之间的联系表示为关系，并最终用以（头实体，关系，尾实体）三元组为基本元素的结构来表达知识。

本章将从知识抽取、知识融合和知识存储三个角度对实体关系图谱构建的相关研究进行梳理，并对其中的关键性问题给出相应的探索与尝试。

① 知识抽取主要关注从结构化、半结构化或者非结构化数据中抽取相应的知识，主要分为实体抽取和关系抽取。

② 知识融合主要关注如何合并两个或多个知识图谱，研究怎样将来自多个数据源的关于同一个实体或概念的描述信息融合起来。

③ 知识存储主要关注如何将获取到的三元组和模式存储在计算机中，可以在减少存储代价的同时实现高效的查询。

2.1 知识抽取

2.1.1 引言

人们可以从互联网各种类型的数据中获取实体关系事实，如结构化的表格和列表数据、半结构化的维基页面以及非结构化的文本数据等。其中，如何从非结构化的文本数据中自动获取结构化知识是最具挑战的任务。关系抽取的核心在于从文本中自动获取实体间关系事实。该任务的目标是给定一个包含两个实体的句子，从中抽取出这两个实体之间的关系。传统的关系抽取方法主要依赖于大规模的人工标注数据，这造成了巨大的时间与人力耗费。因此，Mintz 等[1]提出利用已有知识图谱自动标注大规模训练数据的思想，这种思想被称为远程监督。该思想假设包含某个实体对的所有句子都能够反映该实体对在知识图谱中的关系。远程监督很好地弥补了传统监督模型存在的问题。近几年发展起来的基于标注的实体关系联合抽取方法能够有效增强模型对实体关系的抽取能力。

随着水利行业的蓬勃发展，水利领域积累了大量的水利数据，海量数据成为推进水利信息化的重要基础。水利对象间的关系类型复杂，关系抽取主要存在以下问题。

① 结构化水利对象空间关系词不足。水利领域中的存储对象间关系类型较少，亟须抽取非结构化文本中存在的实体间关系进行补充。

② 数据噪声问题。远程监督通常采用启发式规则来自动标注数据，其获取的训练数据往往存在大量噪声。

③ 基于神经网络的方法大多通过参数共享的方式来实现联合抽取，其导致实体和关系以及关系和关系之间的联系不能被很好地利用。

在具体介绍针对上述问题提出的解决方法之前，本节先回顾知识抽取领域的相关工作，并指出本节的研究工作与现有方法之间的联系与不同，接着对知识抽取方法的整体脉络进行梳理。

针对上述问题，主要从以下几方面开展研究与探讨。

① 针对水利领域知识图谱水利对象空间关系词较少问题，提出基于维基百科的知识抽取方法、水利空间关系词识别与提取方法以及面向领域知识图谱的关系抽取方法。

② 针对数据噪声问题，提出基于强化学习的远程监督语料的降噪方法，对语料进行筛选，将标注正确的数据用于关系抽取模型的训练。

③ 针对实体和关系以及关系和关系之间的联系不能被很好地利用这一问题，提出基于联合学习的实体关系抽取模型。

2.1.2 相关工作

1. 基于规则的关系抽取方法

基于规则的关系抽取方法首先需要由具备语言学基础的专家根据关系特点，设计出包含实体间词语、词性和位置等特征的模板，然后在进行关系抽取时，将预处理后的文本和已定义的模板一一匹配，匹配成功的结果就是实体间的关系。Hearst[2]提出了一种基于词汇语法模式的上下位关系抽取方法，该方法通过人工定义模式，从网页中抽取实体的上下位关系；然后将得到的模式泛化，以便从文本中获取更多的关系三元组。该方法以《美国学术百科全书》作为实验数据，实验结果和 WordNet 对比具有较好的效果，但这种方法并不能移植到其他类型的关系上。Aone 等[3]在 MUC-7 上通过构建关系本体库和事件本体库，搭建了一个抽取速度快、反应很敏捷的大规模事件和关系抽取系统（Large-Scale Relation and Event Extraction System，REES）。Fukumoto 等[4]针对 MUC-7 评测任务，构建了 MT 实体关系抽取系统。该系统通过分析句子中的谓语来识别实体之间的关系，具有较好的鲁棒性和抽取性能。Humphreys 等[5]通过制定高精度的规则用于关系抽取，算法的准确率高，召回率较低。在专业领域中，经常使用基于规则的方法，如在医疗领域，Shujeevan 等[6]基于 Mayo Clinic 数据集开发了 TIECA 系统。

基于规则的关系抽取方法因为在规则制定阶段就具备专业性，所以这类方法在领域应用中取得了较好的效果。但是仍然存在一些问题：要求规则制定者对领域有深入的了解，且编写模板的时间成本过大，由于是面向领域的规则制定，所以规则的可移植性较差；规则的制定比较粗糙，忽略词法、句法等关系表述特征。

2．远程监督的关系抽取模型

基于远程监督（Distant Supervision）的关系抽取方法假设，如果在知识库中的两个实体间存在某种关系，那么语料中同时包含这两个实体的句子也表达了该种关系。例如，在知识库中，实体对“Steve Jobs”与“Apple”存在关系“founders”，那么语料中包含“Steve Jobs”和“Apple”的语句“Steve Jobs was the co-founder and CEO of Apple and formerly Pixar”，也表达了“Steve Jobs”和“Apple”存在“founders”关系。但是由于远程监督的假设过于强烈，在将知识库中的关系实例（具有某种关系的实体对）与非结构化文本进行对齐时，会将一些包含两个实体，但没有表达相应关系的句子错误标注。例如，包含“Steve Jobs”和“Apple”的语句“Steve Jobs passed away the day before Apple unveiled iPhone 4S in late 2011”，其中的“Steve Jobs”和“Apple”并不存在“founders”关系。如果直接使用包含错误标注的语料训练关系抽取模型，将影响最终关系抽取的效果。

针对远程监督中的错误标注问题，根据去除错误标注的方法不同，可以将目前的方法分为间接去除方法和直接去除方法。

（1）间接去除方法

间接去除方法试图在关系抽取模型内部解决错误标注问题。此类方法主要有基于概率图模型的方法和基于深度神经网络的方法。

① 基于概率图模型的方法

基于概率图模型的方法主要利用隐变量来实现对标注语料的选择。该方法将具有相同实体对的句子组成一个句子集合，将句子集合和句子的标签视为隐变量。Riedel 等[7]认为句子集合中至少有一个句子表达了该实体对应的关系类型，并利用无向概率图模型，从句子集合中选择一个置信度高的句子作为训练数据。Hoffmann[8]认为一个实体对在知识库中可能对应多种不同的关系，他将每一个句子视为一个示例，将关系抽取问题转换为多示例问题，提出了基于无向概率图模型的多示例学习方法。Surdeanu[9]则假设实体对每出现一次对应一个标签，实体对在不同句子中可以对应不同的标签，提出了一种基于有向概率图模型的多示例多标签学习方法。

② 基于深度神经网络的方法

基于深度神经网络的方法利用神经网络获取句子的特征，避免特征抽取过程中的错误传播问题，并在此基础上使用注意力机制选择正确标注进行训练。Zeng 等[10]提出了 PCNN（Piecewise Convolution Neural Network）模型，并提出了分段池化的方法，即根据词语与实体之间的位置关系，将句子分为三段，一方面避免了特征提取过程中的错误传播问题，另一方面降低了错误标注对模型的影响，提高关系抽取的质量。Lin 等[11]提出了基于注意力机制的神经网络模型，在卷积神经网络的基础上，使用注意力机制，通过提高正确标注的权重，提升关系抽取的效果。Ji 等[12]提出了基于句子级注意力机制的神经网络模型，并利用知识库中的实体描述信息训练实体的分布式表达，进而提升关系抽取的效果。

上述基于概率图模型的方法和基于深度神经网络的方法，都没有将错误标注从语料中直接去除，同时，基于概率图模型的方法依赖于人工定义的特征函数。

（2）直接去除方法

直接去除方法是指在关系抽取模型之外直接去除标注语料中的错误标注，并用去除错误标注的语料训练模型进行关系抽取。通过直接去除语料中的错误标注可以提升分类的精确率，降低模型的复杂度[13]。此类方法主要包括基于强化学习的方法和基于领域知识的方法。

① 基于强化学习的方法

基于强化学习的方法将在标注语料中选择正确标注的动作建模成选择策略，根据语料在关系抽取模型中产生的反馈不断改进选择策略，进而去除标注语料中的错误标注。Qin[14]将从标注语料中选择正确标注的动作建模为无折扣情节式马尔可夫决策过程，不断迭代改进选择策略，将错误标注从标注语料中移除。归耀城[15]基于 off-policy 强化学习方法，提出了一种基于深度 Q 网络（Deep Q-Network，DQN）的强化学习方法用来选择正确标注，同时提出了一种 Top-*k* 行为策略来产生更多有效的经验数据。陈佳沣[16]提出了一种基于强化学习的关系联合抽取模型，同时训练句子选择模块和实体关系联合抽取模块，用句子选择器选择正确标注形成训练集，输入实体关系联合抽取模块；再用联合抽取模块对输入的句子进行预测，并将结果反馈给句子选择模块进行改进，提高选择正确标签的概率。但是传统的强化学习方法效率低，泛化能力和可解释性差。

② 基于领域知识的方法

基于领域知识的方法主要利用自然语言的语法结构和依存句法关系，从标注语料中去除错误标注。瞿剑锋[17]提出了一种基于聚类的样本重定向的方法，由于一个实体对在知识库中可能对应几种不同的关系；通过从构造的无向图中的寻找连通分量，确定句子可能的候选关系类型集合，再对被标注成相同关系类型的句子集合进行聚类；通过多数投票的策略，确定每个聚类簇的关系类型。Peng[18]提出了一种基于改进语义假设的远程监督关系抽取方法，该方法使用人工构造的特征，对句子进行聚类，根据聚类簇中关系标签出现的次数来确定聚类簇的关系类型。Ru[19]提出了一种利用语义相似度去除错误标注的方法，其认为最短依存路径并不能完全表达关系类型的语义，与最短依存路径上词语存在依存关系的词也在一定限度上表示了实体的关系，提出了扩展依存路径，并通过语义 Jaccard 比较扩展依存路径与对应关系类型的关系触发词在语义上的相似度，根据语义相似度去除错误标注。同时，文献[19]提出了一种卷积神经网络模型，并只保留句子在最短依存路径上的部分作为神经网络的输入。苏家琦[20]提出了一种融合最短依存路径和词语窗口的关系模板，根据关系模板与关系触发词的语义 Jaccard 相似度，去除语料中的错误标注。

基于领域知识的方法没有利用句子的句法结构，忽视了错误标注与正确标注在整个句子语义上的差别。同时，大多数方法直接去除了错误标注，并没有对错误标注进行重新标注。例如，知识库中“Jackie Chan”和“Hong Kong”对应的关系类型为“place_of_birth”，所以包含“Jackie Chan”和“Hong Kong”的句子“Jackie Chan lives in Hong Kong.”被错误标注成“place_of_birth”关系，但实际上应该被标注成“placed_lived”。也就是句子中的实体对虽然没有表达指定的关系类型但却表达了知识库中其他的关系类型，通过对这些句子进行重新标注，可以得到更加完善的语料。

3. 实体关系联合抽取方法

实体关系抽取一般采用流水线方法和联合抽取方法。流水线方法将实体关系抽取分解为两个串行的任务，即先进行实体识别[21]，再进行关系分类[22]。联合抽取方法在实体关系抽取的过程中考虑实体关系的潜在语义特征和相关性，抽取性能比流水线方法更加优越[23]。

在流水线方法中，命名实体识别（Name Entity Recognition，NER）是解决实体关系抽取问题的第一个任务。经典的 NER 模型是线性统计模型，如隐马尔可夫模型（Hidden Markov Model，HMM）[24]和条件随机场（Conditional Random Field，CRF）模型[25]。神经网络模型也被应用到命名实体识别的任务中。然而，神经网络通常需要大量的样本数据用于模型训练，数据量少容易导致模型训练不足，泛化能力变弱。在样本稀缺的条件下，使用注意力机制可以提高模型训练效果[26]。

关系分类是流水线方法的第二项任务。对于关系分类，主要有两种方式：一种是基于人工特征提取，另一种是基于神经网络的自动化特征提取。然而，基于人工特征提取的方法需要复杂的特征以及依靠很多的自然语言处理工具。在这种情况下，易于引发特征维度过高、召回率下降的问题。为了减少在特征提取中的人为参与，基于神经网络的自动化特征提取方法被应用于针对句子的关系特征提取[27]。神经网络模型可以从句子中无监督地学习特征而不需要复杂的人工特征工程，但未能充分利用实体在句子中的位置和语义信息，导致关系分类准确度不高。鉴于此，端到端神经网络和注意力机制[28]被引入关系分类任务中，并取得良好的效果。流水线方法使用分离式框架，使得各任务易于处理，并且使流水线上的每个模块可以更加灵活。但是，一般认为，流水线方法的每个子任务之间相互独立，因此忽略了任务之间的相关性。同时，流水线方法会产生冗余信息，由于该方法先识别实体再进行关系分类，那些没有关系的实体对就会带来冗余信息，降低实体关系抽取的正确率。

联合抽取方法可以细分为基于特征的方法和基于神经网络的方法。大多数联合抽取方法是基于特征的方法[29]。基于特征的方法的性能严重依赖于复杂的特征，而且很难利用全局的特征。为了可以自动学习全局特征，文献[30]提出一种基于神经网络的端到端实体关系联合抽取方法，在联合抽取任务上取得更好的实验结果。随后，端到端神经网络和注意力机制也被引入联合学习任务中[31]。基于神经网络的方法通过底层模型参数共享，由于模型训练时两个任务都会通过后向传播算法更新共享参数，因而该方法实现了两个任务之间的依赖。但是这种参数共享的实体关系抽取方法在训练的时候还是需要先进行实体识别，再根据实体识别的预测信息来进行关系分类。这种方法在实现实体关系抽取的过程中将实体识别和关系分类两个子任务分开完成，仍然会产生没有关系的实体对这种冗余信息。为了解决冗余信息问题，基于标注的实体关系联合抽取方法被提出[32]，用来提取实体及实体之间的关系。这些联合学习方法将实体识别和关系分类任务用统一模型联合起来，有效聚集了实体和关系信息，并且在实体关系抽取任务中取得了比较好的结果。

2.1.3 基于维基百科的知识抽取

随着水利行业的蓬勃发展，水利领域积累了大量的水利数据，海量数据成为推进水利信息化的重要基础。基于关键字的检索方式可以满足用户基本的检索需求，但基于关键字的方式存在查询不准确、信息过载等问题。通过构建水利领域知识图谱[33]，可以实现语义检索，从而提高检索质量，提升用户体验。

根据适用范围，知识图谱[34]可以分为通用知识图谱和领域知识图谱。因为领域知识图谱对知识要求更精确、更专业，所以领域知识图谱的研究仍有待展开。而现有的水利领域知识图谱是利用已有的水利数据库，通过映射构建得到的。数据库表通常由人工设计，没有考虑到现有百科网站中存在的大量的实体信息，导致由数据库映射生成的知识图谱实体间关系较为单一。在本地知识库的基础上，本小节设计并实现了一种基于模板库的关系抽取方法，如图 2.1 所示。

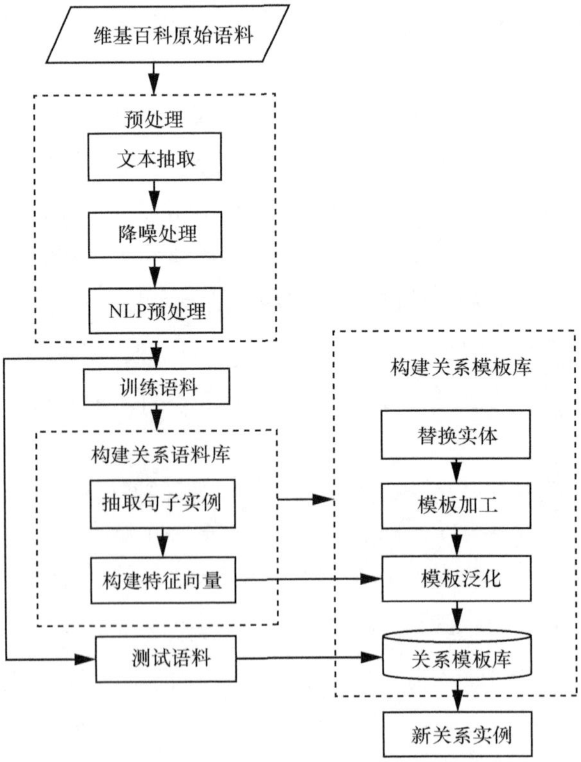

图 2.1 基于模板库的关系抽取方法

1. 基于模板库的关系抽取方法

本小节提出的关系抽取方法主要包括预处理、关系语料库构建和关系模板库构建，从而实现新关系三元组的抽取。

① 预处理：先从维基百科中获取文本语料，然后对文本进行处理。

② 关系语料库构建：从文本中找到信息框中关系三元组两个实体共现的句子，并抽取句子特征。

③ 关系模板库构建：采用特征聚类和基于编辑距离的方法对模板进行泛化。

④ 新关系三元组抽取：利用构建的模板库，在文本中挖掘新的实体关系三元组。

（1）预处理

① 文本抽取：抽取摘要文本以及摘要下的正文文本。

② 降噪处理：因为在维基百科中，抽取下来的文本不仅仅是简单的文字，还附带着相关的超链接、标签、参考文献和广告等信息，这些信息通常无助于关系抽取，会影响后续对文本的分析，所以要对抽取出来的文本进行降噪处理，去除文本中多余的超链接和标签。此外，因为维基百科一个页面对应一个条目，在页面文本中有时会省略主语，所以需要在句子缺失主语时，将页面对应的条目名补充为句子的主语。

③ NLP 预处理：经过上述步骤，得到了低噪声的文本信息，可以对它们进行 NLP 的预处理。抽取下来的文本是一段一段的描述信息，而最终的目标是得到一个个的单句子，所以首先对文本进行分句，然后对单句子进行分词、词性识别和命名实体识别。

（2）关系语料库构建

① 抽取句子实例：获得维基百科中高质量的关系三元组后，在经过预处理阶段的文本集中抽取出关系三元组中两个实体共现的句子作为该类关系的句子实例。

② 构建特征向量：构建特征向量是为了对模板聚类，以及建立模板库做准备。一般基于特征向量的实体关系抽取方法中选用的特征有词法特征、句法特征、*n*-gram 特征和距离特征等。考虑到文本集中的数据多为短句子，*n*-gram 特征、距离特征能更好地反映短文本中词语的序列关系，所以本小节选取 *n*-gram 词语特征、*n*-gram 词性特征以及距离特征。*n*-gram 词语特征是指文本中 *n* 个连续词组成的序列，因为它一般只包含 2～3 个词，所以可以反映句子局部范围内的序列特征。*n*-gram 词性特征是指将 *n* 个连续词的词性标注看成一个新的序列，*n*-gram 词性序列比 *n*-gram 词语序列的泛化能力更强。距离特征是指句子经过预处理（分词、词性标注等）之后，前后两个实体之间的距离。例如，原句为长江三峡水利枢纽工程，和距下游 38 km 的葛洲坝水利枢纽形成梯级调度电站。预处理后为长江三峡水利枢纽工程{NR1}，/wp 和/p 距/p 下游/nd 38 km/m 的/u 葛洲坝水利枢纽{NR2}形成/v 梯级/n 调度/v 电站/n。/wp。

其中，“/wp”表示标点符号，“/p”表示介词，“/nd”表示方位名词，“/m”表示数词，“/u”表示助词，“/v”表示普通动词，“/n”表示普通名词。结果：两个实体之间的距离为 6。

本小节使用 bigram，即 n=2。

（3）关系模板库构建

构建关系模板库首先通过通用符匹配得到初步模板，但基于模板的关系抽取方法的效果取决于模板的质量。初步得到的模板存在两个问题：模板过于具体，很难在新的文本中重现，无法用来抽取新的关系三元组；仅仅通过实体共现，通用符匹配来构建模板，模板可能存在噪声和冲突。所以接下来需要通过模板加工来降噪，然后通过特征聚类、编辑距离泛化模板。

① 替换实体。这一步将语料库中经过预处理的句子，通过通用符匹配的方法来构建初步模板，将句子中出现的第一个对应关系三元组中的实体替换为 NR1，出现的第二个对应关系三元组中的实体替换为 NR2。例如，原句为长江三峡水利枢纽工程，和距下游 38 km 的葛洲坝水利枢纽形成梯级调度电站，替换实体结果为{NR1}，和距下游 38 km 的{NR2}形成梯级调度电站。

② 模板加工。经过上述步骤后可以得到句子实例的模板雏形，但这些模板雏形没有代表性，如果直接用于模板匹配，效果并不理想。所以还需要对这些模板进行进一步的加工，如去除停用词等操作。

③ 模板泛化。通过观察发现，特定关系的模板通常具有相似的句法结构，如位于关系中通常有这样的模板："{NR1}是{NR2}的…""{NR1}位于{NR2}…"。可以对具有相似结构的模板进行合并，从而增加模板的通用性。所以首先对特定关系的模板进行 *k*-means 聚类，然后在簇内根据编辑距离合并相似模板。本小节采用 Ruiz-Casado 提出的基于编辑距离的模板泛化方法[35]。如果直接采用 Ruiz-Casado 方法对模板进行泛化，需要计算一类关系的全部模板之间的编辑距离，计算代价太大。因此对 Ruiz-Casado 方法进行改进，要先对特定关系的模板进行 *k*-means 聚类。*k*-means 算法将输入数据集划分为 k 个簇，使得簇内数据具有最大相似度。首先随机选择 k 个对象为质心，然后计算其他数据到质心的距离，将数据划分到距离最小的簇内。一轮划分结束后重新计算并选择每个簇的簇心。循环迭代以上过程直到簇心不再发生明显变化。本小节的 *k*-means 特征选择关系语料库构建时选取的三个句子结构特征。

经过聚类得到具有相似句法结构的模板簇，在具有相似句法结构的模板簇内，模板的编辑距离相差较小，此时再利用 Ruiz-Casado 方法在簇内进行泛化处理，这样可以降低计算代价。

2. 实验分析

（1）数据集和评测指标

本小节的实验数据全部来源于维基百科中的类别，分别为中国水库、中国水电站、中国灌区、中国河流、中国湖泊、中国桥梁 6 类，从中抽取出含有两个命名实体的句子，经过清洗和人工标注后，可用语料共计 10 970 句。

数据集的统计信息如表 2.1 所示。采用精确率 P、召回率 R 和 F_1 值作为评估指标。

（2）实验设计

本小节提出了基于模板库的关系抽取方法，利用特征聚类和编辑距离对模板进行泛化处理，旨在提高模板的匹配率。因此设计对比实验，其中分别对"位于""横跨"和"形成"三类关系，使用一般的模板匹配方法[2]（方法一），使用支持向量机模型[36]（方法二），使用基于模板库的方法（方法三）。具体实验设计如下。

表 2.1　数据集的统计信息

关系	训练集	测试集	总计
位于	2 855	1 462	4 317
横跨	2 853	1 463	4 316
形成	1 426	731	2 157
总计	7 134	3 656	10 970

① 方法一：采用一般的模板匹配方法，对训练数据进行通用符替换生成模板，然后用模板测试数据中匹配、抽取关系。

② 方法二：采用支持向量机模型，特征选择 *n*-gram 词语特征、*n*-gram 词性特征以及距离特征。

③ 方法三（本小节方法）：采用基于模板库的关系抽取方法，首先构建关系模板库，对于模板利用特征和编辑距离做泛化处理，最后用关系模板库测试数据中抽取关系。

（3）总体评估结果

针对上述设计实验，得到的实验结果如表 2.2、表 2.3 和表 2.4 所示。

表 2.2　“位于”关系实验结果

方法	P	R	F_1值
方法一	66.45%	63.52%	64.95%
方法二	68.40%	65.12%	66.72%
方法三	72.50%	73.18%	72.84%

表 2.3　“横跨”关系实验结果

方法	P	R	F_1值
方法一	75.95%	72.57%	74.22%
方法二	82.47%	78.52%	80.45%
方法三	84.52%	82.56%	83.53%

表 2.4　“形成”关系实验结果

方法	P	R	F_1值
方法一	69.52%	71.24%	70.37%
方法二	71.62%	76.83%	74.13%
方法三	78.50%	77.14%	77.81%

通过上述实验结果，可以得出如下结论。

基于模板库的关系抽取方法能够获得良好的关系抽取性能。对于“位于”“横跨”和“形成”三类关系，本小节提出的方法能抽取出一定的关系实例。“横跨”的精确率最高，“形成”次之，“位于”最低。通过分析可知，造成“位于”关系的精确率比其他两类关系低的原因是“位于”关系涉及的实体通常是地名，地名取值较为复杂。其中，存在两个问题：一个是地名取值级别不一，有的可能只取到市级，有的可能取到县级；另一个是维基百科中的地址信息表述不规范，如“安徽省霍山县”，中间的“六安市”被省略。这两个问题都会导致匹配错误。

对比三类关系的实验结果，可以发现方法三在精确率、召回率和 F_1 值都有所提升，这说明一般的模板匹配方法没有对模板做泛化处理，会降低模板的通用性，从而降低关系抽取结果。而基于机器学习的方法对训练语料规模和质量的依赖都会直接影响关系抽取的结果。这证明了利用特征聚类和编辑距离对模板泛化，很好地平衡了模板的可信度和模板的表达性。

2.1.4 水利空间关系词识别与提取

在利用水利领域数据库构建知识图谱的过程中发现水利空间关系词的提取存在以下问题：数据库中水利对象空间关系词较少，难以满足查询需要；水利对象间的关系类型复杂，依靠人工构建太过费力。

为了解决上述问题，本小节首先从专业性强的高质量水利公文文本中提取空间关系词形成种子集；然后，通过外部词典进行空间关系词的扩展，并结合语料提取面向水利空间关系词的句法模式；最后，通过泛化后的句法模式，对大规模水利文本数据做空间关系词提取，生成空间关系元组，再将其作为种子集重复上述步骤。该方法使用少量的人工操作便可从语料中获得大量空间语义句法模式以及空间关系元组，逐步扩展构建并最终形成水利空间关系词词典，对扩充水利对象知识图谱、提升智能检索的精确率做出重要支撑。

1. 水利空间关系词提取方法

本小节旨在研究并设计一种面向水利行业的空间关系抽取系统，针对水利公文文本抽取出空间关系三元组，以达到对既有水利知识图谱空间关系缺乏的补全。该系统主要包括预处理模块、种子集构建模块、空间关系词扩展模块、原始句法模式获取模块、句法模式泛化模块和空间关系抽取模块。水利空间关系词提取方法的整体架构如图 2.2 所示。

首先，水利空间关系词提取方法对获取的文本数据进行自然语言处理，生成带自然语言标记的句子集合。标注其中的空间关系词，对句子集合进行特征统计，形成定量化表达，自动挖掘空间关系词，构建种子实例，并根据外部词典构建空间关系同义词集合。然后，以种子集为输入，结合语料获取共现句，提取面向水利空间关系词的句法模式，对模式进行泛化。最后，通过泛化后的句法模式，对大规模水利文本数据进行空间关系词提取，生成空间关系元组，再将其作为种子集，重复上述步骤可逐步扩展种子集并最终形成水利空间关系词库。

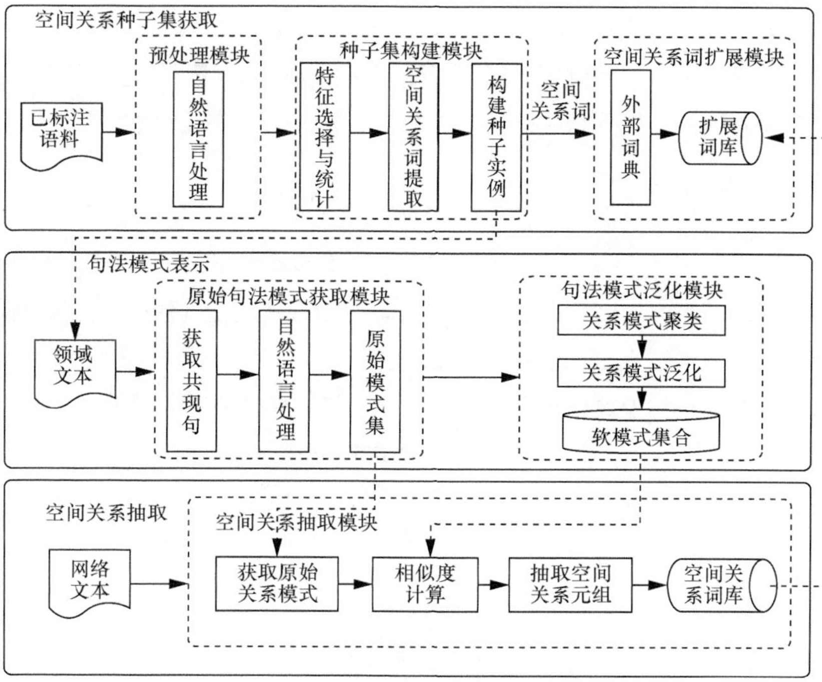

图 2.2　水利空间关系词提取方法的整体框架

（1）空间关系种子集获取

关系种子集的获取过程包括：特征选择与统计、关系词重要度计算、关系词扩展。

① 特征选择与统计：本小节借鉴空间关系文本在词性、词序、距离等方面的规律[37]，为获取水利实体空间关系种子集提供先验知识。通过统计以下 7 个特征获取空间关系词在句中的分布规律，并将分布规律作为后续提取空间关系词的重要依据。

a. 词性（POS），即句中的空间关系词是名词、动词、方位词还是其他。例如，名词（词性标注为 n）有“干流”“支流”等；动词（词性标注为 v）有“汇入”“流经”等；方位词（词性标注为 f）有“南部”“上游”等。

b. 空间关系词对于水利对象实体的位置 Location（LOC），即在第一个实体的左边还是第二个实体的右边，或两个实体中间。

c. 空间关系词左边有连词或者介词时的位置 Location of Conjunction or Preposition（LCCP），即两个实体左右或中间。

d. 空间关系词到实体 1 的距离 DIS1。

e. 空间关系词到句尾的距离 DIS2。

f. 空间关系词的长度 LEN（以字为单位）。

g. 两个实体间的距离 DIS（e1，e2）（以词语为单位）。

考虑到非结构化文本数量繁多且构建语料成本高，利用 BootStrapping 技术对小样本随机重采样，来推测总体的统计量，当多次抽样后的总样本规模够大时，统计结果可以代表原始总体的水平。首先，利用等间距抽样的方式随机从文本中选择 100 个句子；其次，手工标注语料中的关系词；最后，从已标注样本中随机采样形成规模相同的新样本。重复以上过程 10 000 次可以得到一个大规模的标注语料，每个标注语料样本大小是 100 条，统计上述的 7 个特征值，计算出每个特征的比例及均值。

上述 7 个特征主要用于辅助数据预处理，与传统方法将词法和句法的统计规律直接用于模式匹配不同[38]，这些预处理结果是通过统计学方法将规律定量化表达，用于后续的关系词提取，指导种子集的构建。这些规律的定量化表达不是文本转换的某种形式，而是对实际数据的直观反映。

② 关系词重要度计算：根据上述方法得到的统计结果，考虑到词语的词性、位置和距离的重要度，通过计算关系词重要度来获取空间关系词，具体如式（2.1）～式（2.4）所示。

$$\mathrm{wgt}(\mathrm{POS}_i)=\begin{cases}0.60, \mathrm{POS}_i=\mathrm{n}\\ 0.31,\ \mathrm{POS}_i=\mathrm{v}\\ 0.02,\ \mathrm{POS}_i=\mathrm{f}\\ 0.01,\ \mathrm{POS}_i\text{为其他}\end{cases} \tag{2.1}$$

$$\mathrm{wgt}(\mathrm{LOC}_i)=\begin{cases}0.71, I_i>I_{e_2}, I_i>I_{\mathrm{ccp}}\\ 0.07, I_i>I_{e_2}\\ 0.21, I_{e_1}<I_i<I_{e_2}, I_i>I_{\mathrm{ccp}}\\ 0.79, I_{e_1}<I_i<I_{e_2}\\ 0.14, I_i<I_{e_1}\end{cases} \tag{2.2}$$

$$\mathrm{wgt}(\mathrm{DIS}_i)=\begin{cases}0.43,\ \ (I_i>I_{e_2})\cap(\mathrm{Len}-I_i=1)\\ 0.02,\ \ (I_i>I_{e_2})\cap(0<\mathrm{Len}-I_i-1<5)\\ 0.06,\ \ (I_i>I_{e_2})\cap(\mathrm{Len}-I_i-1\geqslant 5)\\ 0.35,\ \ (I_i<I_{e_2})\cap(I_i-I_{e_2}=1)\\ 0.17,\ \ (I_i<I_{e_2})\cap(1<I_i-I_{e_1}<5)\\ 0.14,\ \ \text{其他}\end{cases} \tag{2.3}$$

$$\mathrm{wgt}_i=(\mathrm{wgt}(\mathrm{POS}_i)+\mathrm{wgt}(\mathrm{LOC}_i)+\mathrm{wgt}(\mathrm{DIS}_i))/3 \tag{2.4}$$

其中，wgt_i 表示词语 i 在词性、位置、距离下的重要度。POS_i，LOC_i，DIS_i 分别表示对应的词性、位置、距离的重要度。I_i，I_{e_1}，I_{e_2}，I_{ccp} 分别表示词语 i、水利对象 e_1、水利对象 e_2、介词或者连词在句中的索引。Len 表示句子的长度。对于每对水利对象实体（e_1, e_2），使用式（2.4）从上下文中选择一个重要度最高的词语作为水利实体间的空间关系词。式（2.1）～式（2.4）中的数字来源于上述特征的统计结果，如式（2.1）中的 0.60 表示标注语料中约 60%的名词为关系词。这些数字随着文本体裁、风格变化而变化，而非固定的值。

将水利实体对（e_1, e_2）和从句中抽取的重要度最高的空间关系词 rel 组合，形成空间关系实体（e_1, rel, e_2）。其中，默认关系元组中 e_1 是首要实体，e_2 是次要实体，如果关系词位于 e_2 的右边，则 e_1 将设置为次要实体，e_2 设置为首要实体。

③关系词扩展：同一个实体对之间的空间关系可以有许多种不同或相近的表达方式，如描述河流之间的上下游关系有下游、中下游，或流入、汇入等。于是，利用文本信息的冗余性，尽可能多地抽取反映同一类空间关系的词或短语，来对实体对进行标注。同一类描述空间关系的词或短语可能是相同或相似的，为了把这些相同或相似的空间关系指示词聚在一起，可以使用外部词典对抽取到的关系词进行扩展。将得到的空间关系词作为处理对象，对空间关系词进行扩展，形成一个同义词表，便于后续抽取更多表达同类关系而关系词不同的数据，初步形成一个关系类型体系。

借助《同义词词林（扩展版）》[39]（下文简称《词林》）的分层结构，以种子中的关系词作为统一描述词，同义同类词作为候选词，建立水利空间关系体系，从而一词多义现象（即一个词具有多个不同层级的语义代码）得到了初步解决。该词库可以通过关系抽取的迭代过程不断地扩充。

（2）句法模式的获取与泛化

接下来，主要介绍句法模式表示、词语权重计算、句法模式的获取与泛化。

①句法模式表示。借鉴关系词、语义、词序等信息[40]，使用以下句法模式表示方法：$P=\left\langle e_1,e_2,r,C,\mathrm{Pos}_{e_1},\mathrm{Pos}_{e_2},\mathrm{Pos}_r\right\rangle$。其中，$P$ 表示句法模式；e_1 和 e_2 分别为两个水利实体类型的标签；r 表示空间关系词；C 表示句中除去实体以外的词语集合 $\{w_1,w_2,w_3,\cdots,w_n\}$，包含其在《词林》中的语义代码以及权重。在水利领域中，关系类型对实体的对象类型较为敏感，如在相交关系中，黄河流域流经青海省，“流经”的首要实体类型为流域，次要实体为行政区，颠倒水利对象的位置则关系矛盾，这在大部分其他空间关系中也是如此。因此在规定敏感位置的关系中，e_1 为首要实体，e_2 为次要实体；$\mathrm{Pos}_{e_1},\mathrm{Pos}_{e_2},\mathrm{Pos}_r$ 分别表示实体 1、实体 2 和空间关系词的位置信息。

②词语权重计算。权重是指空间关系词的上下文内容相对于关系词和水利实体的重要性分析。在获取种子集时，将特征词与关系词之间的词语数作为平面距离，没有考虑到语法结构上的距离，因此通过计算特征词的权重来体现每个词语对关系词以及实体的重要度。

通过上下文的信息可以计算出命名实体间的语义关系，那么，具有相同或相似的上下文模式的句子中就可能存在相同的空间关系。研究发现[40-42]，句中的词语对实例的描述能力与词语和关系词的相对位置有关，也就是上下文中距离关系词和实体越近的词语越有价值。传统的相对距离计算先进行词法分析获得词性标注序列，再计算两个词的相对距离。但这只考虑了句子的平面结构，没有考虑到句法结构的修饰关系，缺乏语法和语义表达能力。本小节通过句法分析后得到的短语结构句法分析树来计算词语的相对位置，考虑到词语的语义表达能力，能够明显提高空间关系抽取的性能。句法分析包括确定句子的句法结构和词语在句中的依存关系。本小节使用的是句法结构分析，以树形结构输出，这种结构可以体现句子的语法关系和词语之间的层次。

相对距离的计算公式如下：

$$D(w_i,w_j)=\frac{\mathrm{Distance}(w_i,w_j)}{\mathrm{Depth}_{\mathrm{father}}(w_i,w_j)} \tag{2.5}$$

其中，$\mathrm{Distance}(w_i,w_j)$ 表示短语结构句法树中两个词语间的有向路径长度；$\mathrm{Depth}_{\mathrm{father}}(w_i,w_j)$ 表示词语 i 和 j 在树中公共父节点的深度。

文献[43]中关于上下文与关系词间的权重计算方法，利用句中短语结构与关系词间的节点距离来衡量各短语的权重大小。本小节在其基础上提出了面向空间关系句法模式表示方法的词语权重计算方法，计算如式（2.6）所示。

$$D(w_i,C,P)=\frac{1}{n-1}\left(1-\frac{\sum_{\mathrm{core}\in P.\mathrm{core}}D(w_i,\mathrm{core})}{\sum_{w\in C}\sum_{\mathrm{core}\in P.\mathrm{core}}D(w,\mathrm{core})}\right) \tag{2.6}$$

其中，n 表示 C 中词的个数，core 表示水利实体或空间关系词，P.core 表示关系词和两个实体的集合，$D(w,\mathrm{core})$ 用于计算上下文词语 w 与两个实体或空间关系词间的语义距离。此处再引入式（2.4）中词语在词性、位置、距离上的重要度 wgt_i，得到最终词语权重计算公式如下：

$$\mathrm{weight}(w_i)=\frac{1}{2}\left(\frac{\mathrm{wgt}_i}{\sum_{j\in C}\mathrm{wgt}_i}+D(w_i,C,P)\right) \tag{2.7}$$

通过式（2.7）计算词语在句中的权重，可以用来衡量该词对空间关系描述能力的强弱。

③ 句法模式的获取。根据种子集获取对应的共现句，并且对共现句进行分词、去除停用词、词性标注、命名实体识别、生成短语结构句法树等预处理操作。在进行抽取时，句中的上下文信息通常被认为反映了水利对象间的关系，这为空间关系抽取提供了依据。本小节使用的是 HanLP 自然语言处理工具，句法树分析利用了 NLTK 的 Stanford CoreNLP。Stanford CoreNLP 是一个自然语言处理工具包，它可以给出词语的基本形式——词性（如企业名、人名等，规范化的日期、时间、数字等），根据短语和语法依赖来标记句子的结构，发现实体之间的关系、情感以及人们所说的话等。Stanford CoreNLP 生成句法树后，可以获得句子语义结构和修饰关系。

在处理完共现句之后，句子变成词语序列，此时对该序列进行句法模式表示，具体步骤如下：

a. 利用种子元组作为输入在语料中获取共现句，对句子进行预处理；

b. 利用自然语言处理工具[9,44-45]进行词法分析，再使用 Stanford CoreNLP 工具进行句法分析，得到句法树，使用式（2.5）计算两个词语间的相对距离；

c. 保留该词语序列中的动词、名词、形容词等有效词汇，过滤数词、代词等无意义的词语；

d. 对保留的词语序列进行权重计算，并标识每个词在《词林》中的语义代码；

e. 标识两个实体和关系词在句中的位置；

f. 将得到的信息作为句法模式表示并存储。

④ 句法模式的泛化。对每个共现句进行原始句法模式表示后，由于抽象程度不佳，不能直接用于空间关系抽取；并且共现句数量大，句法模式数量也随之增大，泛化程度低，直接进行抽取无法正确地抽取空间语义信息。因此，通过将多个表达同类空间关系的原始句法模式泛化为一个模式，可以减少模式数量并提高抽象程度，有助于后续的空间关系抽取。

句法模式的泛化需要将表达不同空间关系的句法模式进行划分，这里通过模式相似度计算对句法模式进行聚类，将每一类中的句法模式抽象生成一个泛化模式。例如，针对 $P_i=\langle e_1,e_2,r,C,\text{Pos}_{e_1},\text{Pos}_{e_2},\text{Pos}_r\rangle$ 和 $P_j=\langle e_1,e_2,r,C,\text{Pos}_{e_1},\text{Pos}_{e_2},\text{Pos}_r\rangle$ 两个模式进行泛化的具体步骤如下。

a. 句法模式聚类。采用层次聚类方法，相似度的计算公式如下：

$$\begin{aligned}\text{sim}(P_i,P_j)=\{&\text{sim}(\boldsymbol{C}_i,\boldsymbol{C}_j),e_{1i}=e_{1j}\ \&\&e_{2i}=e_{2j}\ \&\&\boldsymbol{C}_i\cap\boldsymbol{C}_j\neq\varnothing\\&\&\&\text{ord}(\text{Pos}_{1i},\text{Pos}_{2i},\text{Pos}_{ri})=\text{ord}(\text{Pos}_{1j},\text{Pos}_{2j},\text{Pos}_{rj})\}\end{aligned}\tag{2.8}$$

其中，$\text{sim}(P_i,P_j)$ 指 $\boldsymbol{C}_i$ 和 $\boldsymbol{C}_j$ 两个向量间的余弦距离，$\text{ord}(\text{Pos}_{1i},\text{Pos}_{2i},\text{Pos}_{ri})$ 表示首要实体、次要实体以及关系词之间的相对位置，当两个句法模式间实体与关系词的相对位置相同且实体类型相同，以及上下文中有相同的有效词语时才计算相似度，否则直接认为不相似。

b. 句法模式泛化。经过聚类会形成多个簇，簇内是相似度较高的模式。句法模式泛化是指将每个簇内多个模式泛化成一个抽象模式，以便进行空间关系抽取。具体步骤为：将模式中的词语序列整合成一个序列；更新 $\text{Pos}_1,\text{Pos}_2,\text{Pos}_r$ 的值。抽象模式中的词为簇中模式间的相同词汇，且这些词汇出现的频率大于簇中一半的词语出现的频率，词的权重取簇内模式中词语权重的平均值，$\text{Pos}_1,\text{Pos}_2,\text{Pos}_r$ 的值取任意一个模式的位置信息。

使用句法模式的泛化获得的多个抽象模式可以用来提取空间关系元组。接下来，将介绍如何在语料库中利用抽象模式获取更多的空间关系元组，空间关系的提取流程如图 2.3 所示。

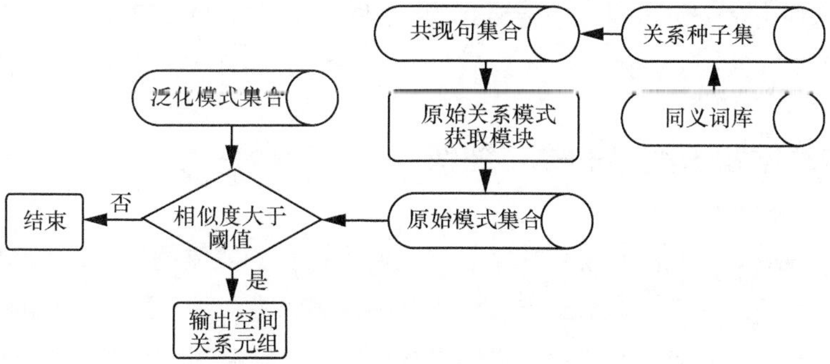

图 2.3　空间关系的提取流程

首先，根据空间关系词词表从大规模语料中检索出包含该词的共现句，通过分词、词性标注、去除停用词等预处理操作，以及上述原始句法模式获取方法得到这些句子的句法模式；然后，将生成的每个模式与抽象模式集合内的模式匹配，当原始句法模式与抽象模式中的实体类型相同，关系词的词序相同，并且原始句法模式与某个抽象模式的相似度大于阈值 β（设置为 0.8）时，则抽取出对应的空间关系三元组。

此时已经抽取了部分的实例和相应的空间关系句法模式，由于这个过程是全自动的，本小节使用该过程取代人工标注空间关系词。然后进行特征统计，提升空间关系词提取计算的准确性。根据从互联网中“爬取”的水利文本或其他水利业务公文，进行空间关系种子实例的抽取，对种子共现句进行句法模式表示。通过迭代的过程可以不断地获取到更多的空间关系描述词以及空间关系句法模式，当对外来的句子进行抽取时，就可以直接通过模式库中的抽象模式进行抽取。若句子的原始句法模式与抽象库中的模式相匹配，则可以认为句中的水利实体对存在与该抽象模式对应的空间关系。

2. **实验分析**

（1）数据集和评测指标

本小节选择了水利空间语料中的 1 000 句作为实验数据，主要通过对获取的空间关系元组集合进行评测，评价算法性能。采用精确率 P、召回率 R 和 F_1 值作为评估指标。

（2）实验结果与分析

各方法在水利空间语料中的实验结果如表 2.5 所示。

表 2.5　实验结果

方法	P	R	F_1 值
Bootstrapping	52.3%	31.8%	39.9%
句法模式	71.6%	47.8%	57.3%
融合方法	78.9%	64.7%	71.1%

通过表 2.5 可以看出，Bootstrapping 方法并没有利用句法软模式进行匹配的效果好，然而，句法模式匹配的方法对于句式明显符合模式的空间关系抽取召回率较高，但精确率不高，所融合的方法明显提高了这两种方法的精确率和召回率，很好地提升了原有方法的性能。

2.1.5　面向领域知识图谱的关系抽取

现有的水利领域知识图谱忽视了非结构化文本中存在的实体间关系，因此本章主要利用关系抽取技术从文本中抽取知识以对水利领域知识图谱进行扩充。基于远程监督的关系抽取，利用知识库中已有的关系实例对语料进行自动标注，避免了人工标注训练语料。但由于远程监督的假设过于强烈，造成标注语料中包含了大量的错误标注。例如，对于包含实体对（裕溪河、巢湖）的句子“为了缓解巢湖及裕溪河的防洪问题，开始进行牛屯河分洪道建设。”，这个句子并没有表达裕溪河与巢湖之间存在的关系。同时，由于相同的实体对在知识库中可能表达多种关系，存在一些句子被标注成错误关系类型的情况。

针对这些问题，结合水利领域关系触发词词典，本小节提出了一种基于离群点检测的远程监督关系抽取方法，利用离群点检测技术，去除语料中的错误标注，并通过重新标注进一步提高语料质量。基于离群点检测的远程监督关系抽取框架如图 2.4 所示。

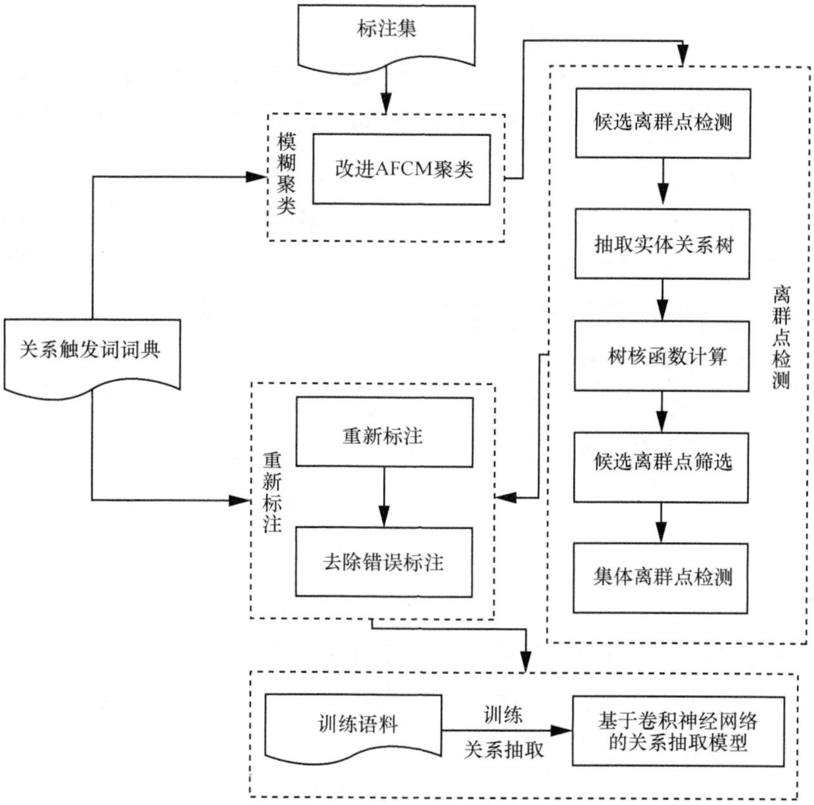

图 2.4　基于离群点检测的远程监督关系抽取框架

由图 2.4 可知，基于离群点检测的远程监督关系抽取主要分为 4 个步骤：基于改进 AFCM（Adaptive Fuzzy C-Means）算法的模糊聚类、离群点检测、重新标注和关系抽取。

在进行模糊聚类时，根据整个句子的语义，利用基于初始聚类中心优化的改进 AFCM 算法，对被标注为同一关系类型的句子进行模糊聚类，得到每个句子的隶属度矩阵。

在进行离群点检测时，首先，根据句子的隶属度矩阵，选择属于不同聚类簇的隶属度相近的句子作为候选离群点，并将对应的聚类簇作为候选聚类簇；然后，根据候选离群点与候选聚类簇在句法结构上的相似度，对候选离群点进行筛选；最后，结合水利领域关系触发词词典，根据聚类簇的关系触发词与对应关系类型的关系触发词之间的相似度，选择集体离群点。

在进行重新标注时，根据集体离群点的关系触发词与其他关系类型的关系触发词之间的相似度，对集体离群点重新标注。

在进行关系抽取时，利用去除了错误标注的语料训练卷积神经网络，进行关系抽取。

1. 基于初始聚类中心优化的模糊聚类算法

在利用远程监督得到的语料中，对于被标注成同一关系类型的句子，根据句子的语义，可以利用 AFCM 算法进行模糊聚类。AFCM 算法虽然避免了人工确定聚类数目，但其初始聚类中心仍是通过随机选择得到的，因此，结合水利领域关系触发词词典，提出了一种初始聚类中心的确定方法。

由于语义相差较大的句子很难被分到同一聚类簇中，而语义相近的句子更容易被分到同一聚类簇中，因此可以选择语义相差最大的几个句子作为初始聚类中心。而在聚类的结果中一定存在一个聚类簇，该聚类簇中的句子（包括聚类中心）表达了被标注的关系，由于关系触发词可以在一定限度上代表实体对在句子中的语义关系，所以该聚类中心的关系触发词与其被标注的关系类型的关系触发词也应相似，因此可以选择所有句子中关系触发词与对应关系类型的关系触发词最相似的句子作为一个初始聚类中心。因此对于被标注成同一关系类型 R 的句子集合 SR，若要确定 k 个初始聚类中心，具体步骤如下。

①利用基于改进 PPR 的关系触发词抽取方法抽取所有句子的关系触发词，找到与关系类型 R 的关系触发词最相似的关系触发词 w_{c1}，将关系触发词 w_{c1} 所在的句子 S_{c1} 作为第一个初始聚类中心，即满足

$$d\left(E(w_{c1}),E(w_R)\right)\leqslant d\left(E(w_i),E(w_R)\right) \tag{2.9}$$

其中，$E(w_{c1})$ 是关系触发词 w_{c1} 的词向量，w_i 是句子集合中句子 S_i 利用基于改进 PPR 的关系触发词抽取方法抽取的关系触发词，$E(w_i)$ 是关系触发词 w_i 的词向量，$E(w_R)$ 是关系类型 R 的关系触发词的词向量，由于关系类型 R 的关系触发词有多个，本小节用关系类型 R 的所有关系触发词的词向量的平均值来表示，即

$$E(w_R)=\sum_{j=1}^{m}E(w_{Rj})/m \tag{2.10}$$

其中，$E(w_{Rj})$ 是关系类型 R 的一个关系触发词的词向量，m 是关系类型 R 的关系触发词的数目。使用词向量表示词语，词向量越接近，词语的语义也就越相似。利用 word2vec 获取词向量，利用余弦距离来衡量关系触发词之间的相似度。

②在剩余句子中找到与第一个初始聚类中心 S_{c1} 在语义上相差最大的一个句子 S_{c2}，也就是与第一个初始聚类中心距离最远的句子，将 S_{c2} 作为第二个初始聚类中心。即满足

$$d\left(E(S_{c1}),E(S_{c2})\right)\geqslant d\left(E(S_i),E(S_{c1})\right) \tag{2.11}$$

其中，$E(S_i)$ 是句子 S_i 的句向量。本小节使用句向量表示句子语义，句向量越接近，句子的语义也就越相似。用基于 word2vec 的句向量，即用句子中所有单词的平均词向量来表示整个句子的语义，其计算公式如下：

$$E(S)=\sum_{j=1}^{m}E(\text{word}_j)/m \tag{2.12}$$

其中，$E(\text{word}_j)$ 表示句子中词语 word_j 的词向量，m 为句子中词语的数目。本小节使用欧式距离（欧几里得距离）来衡量句子之间的语义相似度。

③ 在剩余句子中找到与第一个、第二个初始聚类中心语义相差最大的一个句子 S_{c3}，也就是距离和最远的句子，将 S_{c3} 作为第三个初始聚类中心，即满足

$$d\big(E(S_{c1}),E(S_{c3})\big)+d\big(E(S_{c2}),E(S_{c3})\big)\geqslant d\big(E(S_i),E(S_{c1})\big)+d\big(E(S_i),E(S_{c2})\big) \tag{2.13}$$

以此类推，可以得到剩余 k–3 个初始聚类中心。

利用本小节提出的初始聚类中心确定方法，针对 AFCM 算法初始聚类中心的不确定性问题，对其进行改进，提出了基于初始聚类中心优化的改进 AFCM 算法。对被标注成同一关系类型的句子，根据句子的语义进行模糊聚类，就可以得到每个句子属于不同聚类簇的隶属度矩阵。本小节采用基于 word2vec 的句向量来表示句子的语义。

2. 离群点检测

根据分布假设，如果两个实体对具有相似的语境，那么这两个实体对可能具有相同的语义关系，而在被标注为同一关系类型的句子中，如果两个句子的语义相近，那么这两个句子中包含的实体对也应该表达了相同的语义关系。由于错误标注中的实体对并没有表达被标注的关系，因此错误标注往往与正确标注在整个句子的语义上有所差异，而这些错误标注就可以被看作语料中的离群点。本小节将离群点检测应用到基于远程监督的关系抽取中，结合模糊聚类的结果去除语料中的错误标注。本小节的离群点检测主要分为三个步骤：候选离群点检测、候选离群点过滤和集体离群点检测。

（1）候选离群点检测

利用基于初始聚类中心优化的模糊聚类算法，可以得到一个句子属于不同聚类簇的隶属度矩阵。如果句子属于一个聚类簇的隶属度越高，那么这个句子就越接近该聚类簇的聚类中心，因此一个句子应该属于隶属度最高的聚类簇。但有一些句子它们属于不同聚类簇的隶属度相近，也就是在聚类簇的边缘，因此可以将这些句子视为候选离群点，即选择属于不同聚类簇的隶属度相近的句子作为候选离群点。例如，对于一个句子 S，如果其属于三个不同的聚类簇 c_1，c_2，c_3 的隶属度分别为 0.65，0.20，0.15，由于聚类簇 c_1 的隶属度远远大于 c_2，c_3，所以这个句子应当属于聚类簇 c_1；但如果句子 S 的属于这三个聚类簇的隶属度分别为 0.42，0.43，0.15，由于 S 属于聚类簇 c_1，c_2 的隶属度相近，因此句子 S 就可以作为候选离群点，同时，称这些隶属度相近的聚类簇为候选聚类簇，也就是候选离群点可能属于这些聚类簇中的任意一个。

对于被标注成同一关系类型的句子集合中的句子 S，如果其满足式（2.14），则将该句子加入候选离群点集合中。同时将满足式（2.14）的所有聚类簇作为该句子的候选聚类簇。

$$\left|u_{ci}(S)-u_{cj}(S)\right|\leqslant \alpha \tag{2.14}$$

其中，$u_{ci}(S)$，$u_{cj}(S)$ 分别为句子 S 属于聚类簇 c_i，c_j 的隶属度，α 为阈值，当 α 为 0 时，只有当句子属于两个不同聚类簇的隶属度相同时，该句子才会是候选离群点；当 α 为 1 时，则所有的句子都将作为候选离群点。例如，包含实体对（盘龙江，滇池）的句子“……，滇池在昆明市有盘龙江注入”，该句子属于聚类结果中三个聚类簇 c_1，c_2，c_3 的隶属度分别为 0.331，0.317，0.102，由于 c_1，c_2 满足式（2.14），因此该句子就是候选离群点，并且将 c_1，c_2 作为该句子的候选聚类簇。

（2）候选离群点筛选

对于被标注成同一关系类型的句子集合，通过候选离群点检测，可以得到与聚类簇在整个句子语义上有所差别的候选离群点。而离群点的句法结构应与句子集合中的其他句子的句法结构也有所差异，因此可以根据候选离群点与候选聚类簇在句法结构上的相似度，对候选离群点进行筛选，并将保留下来的候选离群点作为错误标注从语料中去除。

① 首先，使用句法结构树来表示句子的句法结构。由于完整的句法结构树中包含大量冗余信息，因此需要对句法结构树进行裁剪。

在常用的几种裁剪树中，最短路径包含树（SPT）的效果较好，但最短路径包含树有时也会将关系触发词作为冗余信息去除，而关系触发词是句子中一个十分重要的信息。因此，为了确保关系触发词被保留在裁剪后的句法树中，本小节提出了实体关系包含树（Entity-Relation Contained Tree，ERT），只保留句法结构树中同时包含关系触发词与实体对中两个实体的最小部分。同时，为了进一步去除句法结构树中冗余的信息，将句法结构树中的形容词、量词、定冠词、标点符号节点从树中去除。

使用实体关系包含树来表示句子的句法结构。例如，对于包含实体对（盘龙江，滇池）的句子“……，滇池在昆明市有盘龙江注入”，最短路径包含树只保留实体对（盘龙江，滇池）之间的句法结构，将关系触发词“注入”认为是冗余信息，而实体关系包含树将只保留句法结构树中同时包含实体“盘龙江”“滇池”和关系触发词“注入”的最小部分。而该句子的最短路径包含树和实体关系包含树如图 2.5 所示。本小节利用 Stanford Parser 获取句子的句法结构树。

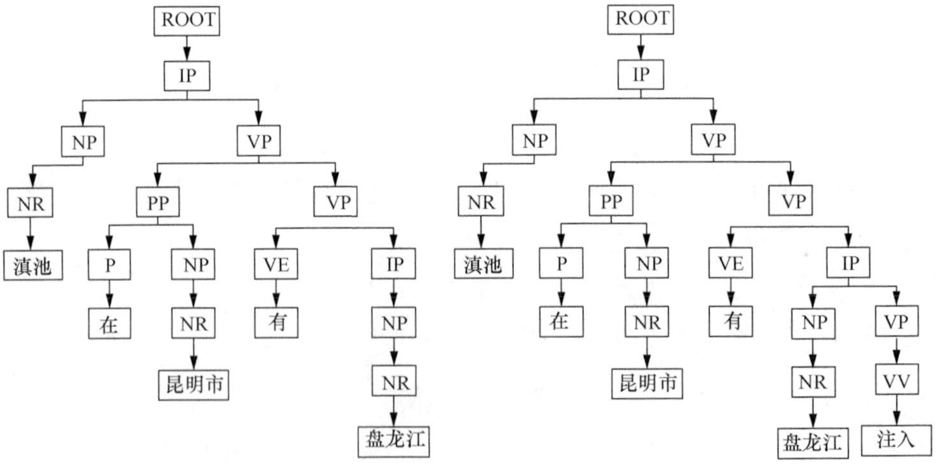

(a) 最短路径包含树　　(b) 实体关系包含树

图 2.5　句子的最短路径包含树与实体关系包含树

② 然后，使用卷积树核（Convolution Tree Kernel，CTK）函数来衡量候选离群点与候选聚类簇在实体关系包含树上的相似度。

卷积树核函数通过计算两个树之间相同子树的数目来衡量两个树之间的相似度，如式（2.15）

所示。

$$K_{\mathrm{CTK}}(T_1,T_2)=\sum_{n_1\in N_1,n_2\in N_2}\Delta(n_1,n_2) \tag{2.15}$$

其中，N_1，N_2 是树 T_1，T_2 的所有节点的集合，n_1，n_2 用来计算以 n_1，n_2 为根的两个子树中相同子树的个数，卷积树核函数可以通过下面的方法计算得到。

a. 如果 n_1，n_2 两个节点处的产生式不同，那么 $\Delta(n_1,n_2)=0$，否则转下一步。

b. 如果 n_1，n_2 都是叶子节点的前一个节点，则 $\Delta(n_1,n_2)=1$，否则转下一步。

c. 递归计算 $\Delta(n_1,n_2)$，如式（2.16）所示。

$$\Delta(n_1,n_2)=\lambda\prod_{k=1}^{\#\mathrm{ch}(n_1)}\Big(1+\Delta\big(\mathrm{ch}(n_1,k),\mathrm{ch}(n_2,k)\big)\Big) \tag{2.16}$$

其中，$\#\mathrm{ch}(n_1)$ 是节点 n 的子节点数量，$\mathrm{ch}(n,k)$ 是节点 n 的第 k 个子节点，λ（$0<\lambda<1$）是衰退因子。同时，为了将卷积树核函数的计算结果限定在 0～1，对卷积树核函数进行归一化，如式（2.17）所示。

$$\mathrm{CTK}(T_1,T_2)=\frac{K_{\mathrm{CTK}}(T_1,T_2)}{\sqrt{K_{\mathrm{CTK}}(T_1,T_1)K_{\mathrm{CTK}}(T_2,T_2)}} \tag{2.17}$$

而在利用卷积树核函数计算候选离群点 cod 与候选聚类簇 ccd 在实体关系包含树上的相似度时，由于候选聚类簇中包含多个句子，因此，将候选离群点与候选聚类簇中所有句子的平均卷积树核函数值作为它们的相似度，如式（2.18）所示。

$$\mathrm{ERT\_sim}=\sum_{i=1}^{\mathrm{len(ccd)}}\mathrm{CTK}(\mathrm{ERT}_i,\mathrm{ERT}_{\mathrm{cod}})/\mathrm{len(ccd)} \tag{2.18}$$

其中，$\mathrm{ERT}_{\mathrm{cod}}$ 是候选离群点的实体关系包含树，ERT_i 是候选聚类簇 ccd 中句子 S_i 的实体关系包含树，$\mathrm{CTK}(\mathrm{ERT}_i,\mathrm{ERT}_{\mathrm{cod}})$ 是这两个实体关系包含树的归一化的卷积树核函数值，len(ccd) 是候选聚类簇中句子的数目。

③ 最后，根据候选离群点与不同候选聚类簇在实体关系包含树上的相似度，对候选离群点进行筛选。

对于候选离群点 cod，如果存在两个候选聚类簇，满足式（2.19），则将其作为离群点从句子集合中去除。

$$\left|\mathrm{ERT\_sim}_i-\mathrm{ERT\_sim}_j\right|\leqslant\beta \tag{2.19}$$

其中，$\mathrm{ERT\_sim}_i$，$\mathrm{ERT\_sim}_j$ 是候选离群点 cod 与其候选聚类簇 ccd_i，ccd_j 在实体关系包含树上的相似度，β 为阈值。当 β 为 0 时，只有当候选离群点与这两个候选聚类簇在实体关系包含树上完全相似时，才保留该候选离群点；而当 β 为 1 时，所有的候选离群点都将被保留。例如，包含实体对（丹江口水电站，汉江）的句子“丹江口水电站是开发治理汉江的关键工程”，该候选离群点与三个候选聚类簇 c_1，c_2，c_3 在实体关系包含树上的相似度为 0.243，0.421，0.477，由于该候选离群点与聚类簇 c_2, c_3 满足式（2.19），因此该句子是离群点，并将其作为错误标注从语料中去除。

而对于不满足式（2.19）的候选离群点，根据候选离群点与候选聚类簇在实体关系包含树上的相似度，将候选离群点重新加入与其在实体关系包含树上最相似的候选聚类簇中。例如，包含实体对（盘龙江，滇池）的句子"……，滇池在昆明市有盘龙江注入"，该候选离群点与对应候选聚类簇 c_1, c_2 的隶属度分别为 0.331，0.317，而这个句子与两个候选聚类簇在实体关系包含树上的相似度为 0.453，0.329，不满足式（2.19），所以将该候选离群点重新加入与其在实体关系包含树上更相似的聚类簇中，即 c_1。

（3）集体离群点检测

对于通过上述步骤得到的聚类簇，这些聚类簇中的句子在句子的语义或在句子的句法结构上都十分相似，但这些聚类簇并不是都表达了被标注的关系类型。例如，对于水电站与河流关系类型，就存在没有表达指定关系类型的聚类簇，如像"二滩水电站坝址以上流域面积 11.64 万平方千米，约占雅砻江整个流域面积的 90%""白鹤滩水电站坝址控制流域面积 43.03 万平方千米，占金沙江以上流域面积的 91%"，这样的句子，它们并没有表达出水电站与河流之间的关系。再比如，对于湖泊与河流关系类型，也有像"为了缓解巢湖及裕溪河的防洪问题，开始进行牛屯河分洪道建设"这样的句子，它们也没有表达出湖泊与河流之间的关系。也就是在聚类后，会存在一些聚类簇，这些聚类簇表达的关系类型与被标注的关系类型并不相同，而这些聚类簇就是集体离群点。可以根据聚类簇的关系触发词与对应关系类型的关系触发词的相似度，进行集体离群点检测。

对于被标注成同一关系类型 R 的句子集合，在聚类后，如果聚类簇 c_i 的关系触发词与对应关系类型 R 的关系触发词满足式（2.20），则聚类簇 c_i 就是集体离群点。

$$d\left(\boldsymbol{E}(w_{c_i}),\boldsymbol{E}(w_R)\right)\geqslant\gamma \tag{2.20}$$

其中，γ 是相似度阈值，$\boldsymbol{E}(w_R)$ 是关系类型 R 的关系触发词的词向量，可以利用式（2.21）计算，$\boldsymbol{E}(w_{c_i})$ 是聚类簇 c_i 的关系触发词的词向量，由于聚类簇中有多个句子，因此利用聚类簇中所有句子的关系触发词的词向量的平均值来表示，即

$$\boldsymbol{E}(w_{c_i})=\sum_{j=1}^{m}\boldsymbol{E}(w_j)/m \tag{2.21}$$

其中，$\boldsymbol{E}(w_j)$ 是关系触发词 w_j 的词向量，w_j 是聚类簇中句子 S_j 利用基于改进 PPR 的关系触发词抽取方法抽取的关系触发词。使用余弦距离来衡量关系触发词之间的相似度。

3. **重新标注**

在知识库中，存在着一个实体对应几种不同的关系类型的情况，而在利用知识库进行自动标注时，包含这些实体对的句子可能会被标注成其他的关系类型。例如，对于湖泊与河流关系类型中的实体对（黄河，鄂陵湖），黄河与鄂陵湖既有流入关系，又有流出关系，而句子"黄河自鄂

陵湖东北流出”就可能会被标注为流入关系。通过集体离群点检测，可以得到被错误标注的聚类簇，也就是集体离群点，而这些集体离群点可能表达其他的关系类型，因此可以通过对这些集体离群点进行重新标注，来提高语料的质量。在利用远程监督得到的标注语料中，对于整个标注语料中的集体离群点，可以根据集体离群点的关系触发词与其他关系类型的关系触发词的相似度，进行重新标注。

对于标注语料中关系类型 R 的一个集体离群点 c，可以在其他的关系类型中找到一个关系类型 R_c，关系类型 R_c 的关系触发词与集体离群点 c 的关系触发词在其他所有关系类型中最相似，即满足式（2.22）。

$$d\left(\boldsymbol{E}(w_c), \boldsymbol{E}(w_{R_c})\right) \leqslant d\left(\boldsymbol{E}(w_i), \boldsymbol{E}(w_{R_i})\right) \tag{2.22}$$

其中，$\boldsymbol{E}(w_c)$ 是集体离群点 c 的关系触发词的词向量，可以利用式（2.21）计算，$\boldsymbol{E}(w_{R_i})$ 是关系类型 R_i 的关系触发词的词向量，可以利用式（2.10）计算，$\boldsymbol{E}(w_{R_c})$ 是关系类型 R_c 的关系触发词的词向量，也可以利用式（2.10）计算。本小节使用余弦距离来衡量关系触发词之间的相似度。

同时，如果集体离群点 c 的关系触发词与关系类型 R_c 的关系触发词满足式（2.23），则可以将集体离群点 c 中的句子重新标注为关系类型 R_c。

$$d\left(\boldsymbol{E}(w_c), \boldsymbol{E}(w_{R_c})\right) \geqslant \delta \tag{2.23}$$

其中，δ 是阈值，本小节同样使用余弦距离来衡量关系触发词之间的相似度。而对于不满足条件的集体离群点，将它们作为错误标注从语料中去除。

4. 基于卷积神经网络的关系抽取模型

由于神经网络模型在许多自然语言处理任务中取得了较好的效果，因此可以使用神经网络来实现关系抽取，利用通过上述步骤去除错误标注的语料，训练基于卷积神经网络的关系抽取模型。而 Ru[19]提出了一种卷积神经网络模型，该模型只保留句子中在两个实体之间最短依存路径上的词语作为神经网络的输入，减少了无关信息，但该模型有时并不会将关系触发词也保留下来作为神经网络的输入。而在关系抽取中，关系触发词是一个十分重要的特征。因此，对于一个给定的句子，将句子中同时包含关系触发词和两个实体的最小部分作为卷积神经网络的输入。例如，含有实体对（盘龙江，滇池）的句子“……，滇池在昆明市有盘龙江注入”，同时包含实体对和关系触发词的最小部分就是“滇池在昆明市有盘龙江注入”。使用去除错误标注的语料训练卷积神经网络，实现关系抽取。使用文献[19]中的卷积神经网络模型进行关系抽取，如图 2.6 所示。

对于去除错误标注的语料，只保留句子中同时包含关系触发词和两个实体的最小部分作为卷积神经网络的输入。同时，通过查找词向量表，利用词向量表示词语，而对于不在词向量表中的词，则对其进行随机初始化。

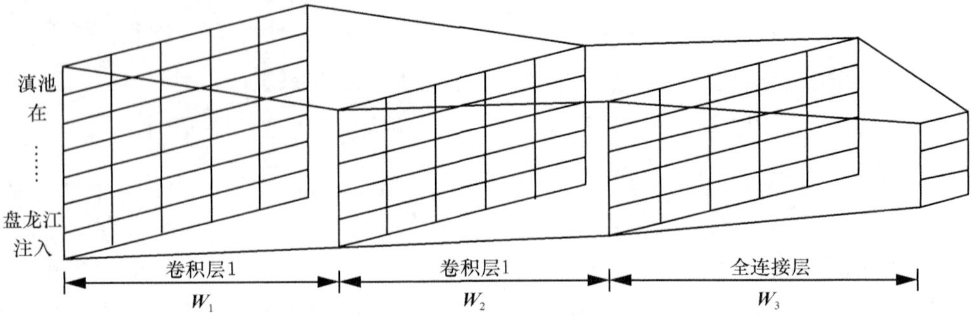

图 2.6　卷积神经网络模型

在特征提取过程中，使用两个卷积层来提取特征。在第一个卷积层中使用线形变换来提取特征，即

$$Z_1 = \boldsymbol{W}_1 \boldsymbol{X}_1 + b_1 \tag{2.24}$$

其中，$\boldsymbol{X}$ 为句子的词向量矩阵，$\boldsymbol{W}_1$ 为 $l_1 \times n$ 的矩阵，l_1 是第一个卷积层中卷积核的数量，n 为句子中保留部分的最大长度。在第二个卷积层中使用非线形变换来进一步提取特征，即双曲正切函数

$$Z_2 = \tanh(\boldsymbol{W}_2 Z_1 + b_2) \tag{2.25}$$

最后再链接一层全连接层，使用 softmax 函数作为分类器。而对于整个训练语料，其目标函数如式（2.26），通过最小化目标函数来得到最优解。

$$J = -\sum_{x}\sum_{i=1}^{r} t_i(x)\log\left(d_i(x)\right) \tag{2.26}$$

在训练过程中使用随机梯度下降法，并利用反向传播算法调整参数，同时使用 dropout 防止过拟合。$\boldsymbol{W}_1$，$\boldsymbol{W}_2$，$\boldsymbol{W}_3$，b_1，b_2 都采用随机初始化的方法，l_1 和 l_2 分别被设置为 200 和 100，n 设置为 20。

5．实验分析

（1）实验数据

首先介绍水利领域数据集，将利用远程监督思想得到的语料作为水利领域数据集，该数据集以水利领域知识图谱作为知识库，以维基百科和百度百科资源作为语料，通过自动标注得到。该数据集中一共有 12 778 个句子，同时根据湖泊与河流的流入和流出关系，将湖泊与河流关系类型细分为河流流入湖泊和河流流出湖泊这两种关系，并将关系触发词词典中的河流与湖泊关系的关系触发词也分成这两种。具体情况如表 2.6 所示。本小节使用 LTP 对水利领域数据集进行依存句法分析等预处理，使用 Stanford Parser 进行句法结构分析。

表 2.6　水利领域数据集

关系类型	训练集	测试集	总计
水电站与河流	3 306	1 652	4 958
河流流入湖泊	1 524	761	2 285
河流流出湖泊	968	484	1 452
水库与河流	2 722	1 361	4 083
总计	8 520	4 258	12 778

同时，为了进一步验证本小节所提方法的有效性，将本小节所提方法应用于纽约时报数据集进行关系抽取。对于纽约时报数据集，本小节使用 Riedel[7]提供的数据。该数据集以 Freebase 作为知识库，以纽约时报作为语料，通过自动标注得到。其中训练集通过对 2005–2006 年的纽约时报数据进行自动标注得到，测试集通过对 2007 年的纽约时报数据进行自动标注得到。训练集一共包含 522 611 个句子，测试集包含 172 448 个句子。同时，在纽约时报数据集中一共包含 53 种关系类型，其中包含“NA”关系。而对于被标注为“NA”关系的句子，这些句子中所包含的实体对在知识库中并没有出现过。本小节使用 Stanford Parser 对纽约时报数据集进行句法分析等预处理。

（2）实验结果与分析

为了验证本小节提出的基于离群点检测的远程监督关系抽取方法的有效性，使用基于多标签逻辑回归分类的方法、基于扩展依存路径的方法、基于离群点检测的方法和基于离群点检测和重新标注的方法进行关系抽取，具体如下。

方法一（基于多标签逻辑回归分类的方法）：使用 Mintz[1]提出的多标签逻辑回归分类的方法进行关抽取，直接使用原始的标注语料进行训练。

方法二（基于扩展依存路径的方法）：使用 Ru[19]提出的方法，利用语义 Jaccard 比较扩展依存路径与对应关系类型的关系触发词之间的相似度，从而去除语料中的错误标注，再利用卷积神经网络进行关系抽取。

方法三（基于离群点检测的方法）：使用本小节提出的离群点检测方法，去除语料中的错误标注，再利用卷积神经网络进行关系抽取。

方法四（基于离群点检测和重新标注的方法，即本小节方法）：使用本小节提出的基于离群点检测的远程监督关系抽取方法，利用离群点检测技术去除语料中的错误标注，并对集体离群点进行重新标注，并利用卷积神经网络进行关系抽取。

本小节在水利领域数据集上进行实验，其精确率 P、召回率 R 及 F_1 值，如表2.7 所示。

表 2.7　水利领域数据集的关系抽取结果

方法	P	R	F_1值
方法一	61.2%	54.9%	57.9%
方法二	65.7%	51.3%	57.6%
方法三	66.5%	52.1%	58.4%
方法四	68.1%	56.9%	62.0%

为了进一步验证本小节提出的基于离群点检测的远程监督关系抽取方法的有效性，将该方法应用于纽约时报数据集上。在进行试验时，对于“NA”关系类型的句子集合，只考虑重新标注，不考虑离群点检测。而4种方法在纽约时报数据集上的实验结果如表2.8所示。

表2.8 纽约时报数据集的关系抽取结果

方法	P	R	F_1值
方法一	28.6%	23.8%	26.0%
方法二	33.4%	20.7%	25.6%
方法三	32.6%	21.3%	25.8%
方法四	34.1%	27.9%	30.7%

对于水利领域数据集，从表2.7可以看出，本小节提出的基于离群点检测和重新标注方法的效果优于其他三种方法。基于离群点检测方法、基于离群点检测和重新标注方法的精确率明显高于基于多标签逻辑回归的方法，说明本节提出的离群点检测方法可以有效去除水利领域语料中的错误标注。同时，基于离群点检测方法、基于离群点检测和重新标注方法的精确率高于基于扩展依存路径的方法，说明综合考虑句子的语义和句子的语法结构，利用离群点检测技术可以更好地去除水利领域数据集中的错误标注，例如，被标注成错误关系类型的句子“二滩水电站的二滩湖，位于四川省攀枝花市内处于雅砻江干流下游之上”，在基于扩展依存路径的方法中并没有被去除。而基于离群点检测和重新标注方法的召回率要高于其他三种方法的召回率，这是由于该方法考虑了重新标注，如可以将被标注为流出关系的句子“黄河在巴颜郎玛山南面流入鄂陵湖”重新标注为流入关系，使方法四的精确率、召回率、F_1值都高于其他三种方法。

对于纽约时报数据集，从表2.8可以看出，基于离群点检测和重新标注方法的性能优于其他三种方法。基于离群点检测方法、基于离群点检测和重新标注方法的精确率要高于基于多标签逻辑回归的方法，说明基于离群点检测的错误标注去除方法可以去除纽约时报数据集中的错误标注。同时，还可以发现，基于扩展依存路径的方法、基于离群点检测的方法虽然精确率要高于基于多标签逻辑回归的方法，但它们的召回率都低于基于多标签逻辑回归的方法，精确率高是因为基于扩展依存路径的方法、基于离群点检测方法都考虑了语料中的错误标注问题，而召回率低于则是由于在去除错误标注的过程中，这两种方法会将一些被正确标注的句子从语料中去除，如包含实体对(Luchino Visconti, Milan)的句子“Luchino Visconti was born in 1906, into one of the oldest families in Milan, a lineage that is said to go as far back as Charlemagne”，基于扩展依存路径的方法、基于离群点检测的方法都将其认为是错误标注。同时，基于离群点检测和重新标注方法由于考虑了重新标注，使得其召回率要高于其他三种方法的召回率。与水利领域数据集相比，在纽约时报数据集上基于离群点检测和重新标注的方法的召回率比基于离群点检测方法的召回率提升更多，这是由于在纽约时报数据集中存在“NA”关系类型，而受限于知识库的完备性，该方法会将一些包含表达某种关系的实体对的句子标注成“NA”，而通过重新标注，可以在一定限度上解决这个问题。例如，包含实体对(Hakan Yalincak, Istanbul)的句子“Hakan Yalincak was born in Istanbul, the authorities say, and came to the United States with his parents and his sister as a child”，其在纽约时报数据集中被标注为“NA”关系，而通过重新标注，这个句子就可以被标注为“place_of_birth”关系。

2.1.6　基于强化学习的关系抽取

远程监督关系抽取可以自动地生成大规模标注语料，但其中包含很多错误标注的语料。近年来，很多方法用于提高远程监督语料质量，其中基于强化学习的关系抽取方法，利用强化学习算法，尽量地将标注错误的语料挑选出来，从而提高整个语料的质量，让关系抽取模型可以学习到更加准确的实体对关系，进一步提升训练模型的泛化能力和鲁棒性。强化学习最基本的假设就是最大化累积的奖励，因此奖励是影响强化学习算法收敛速度的重要因素，奖励方法的设计是很关键的一步。但是，目前的基于强化学习的关系抽取模型采取的奖励方法过于稀疏，造成模型训练效率较低。

针对上述问题，本小节提出基于强化学习的语料选择方法（Corpus Selection based on Reinforcement Learning，CSRL），该方法借助基于势能函数的奖励塑造方法为模型设计更有效的奖励方法以改善模型的学习能力，该方法的整体流程如图 2.7 所示。

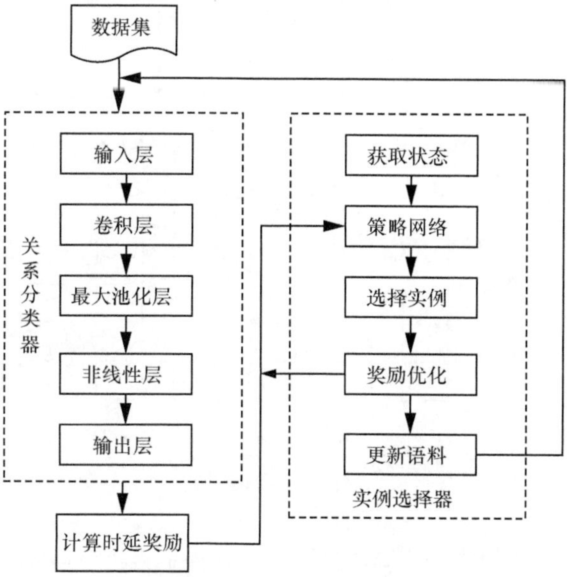

图 2.7　基于强化学习的远程监督语料选择模型流程

本小节提出的基于强化学习的远程监督语料选择模型沿用以往基于强化学习关系抽取方法的结构[46]，主要包括关系分类、实例选择和奖励优化。关系分类采用简单的卷积神经网络，预测每一个句子属于某一关系的概率，这一概率值作为奖励更新实例选择中策略网络的参数。通过多次迭代训练，关系分类的语料的质量会越来越高，关系分类模型的性能会得到提升。实例选择主要利用强化学习算法，不断学习选择策略，最终将原始语料划分为正确标注的语料和噪声语料两部分。在奖励优化部分，针对之前的基于强化学习的关系抽取模型的奖励稀疏问题，在语料选择的过程中，利用基于势能函数的奖励设计方法将选择的句子与关系的语义相似度作为额外的奖励来指导实例选择器的选择决策。

1. 基于强化学习的语料选择方法

本小节采用文献[46]提出的基于强化学习的关系抽取模型，模型分为实例选择器和关系分类器，针对该模型的稀疏奖励的问题，在此基础上利用基于势能函数的奖励设计方法将每次选择的句子与关系的语义相似度变化值作为额外的奖励来指导实例选择器的选择决策。

（1）关系分类与实例选择

关系分类采用卷积神经网络（Convolutional Neural Network，CNN）[11]来预测句子的关系。如图 2.8 所示，CNN 结构主要有输入层、卷积层、最大池化层、非线性层以及最终的输出层。

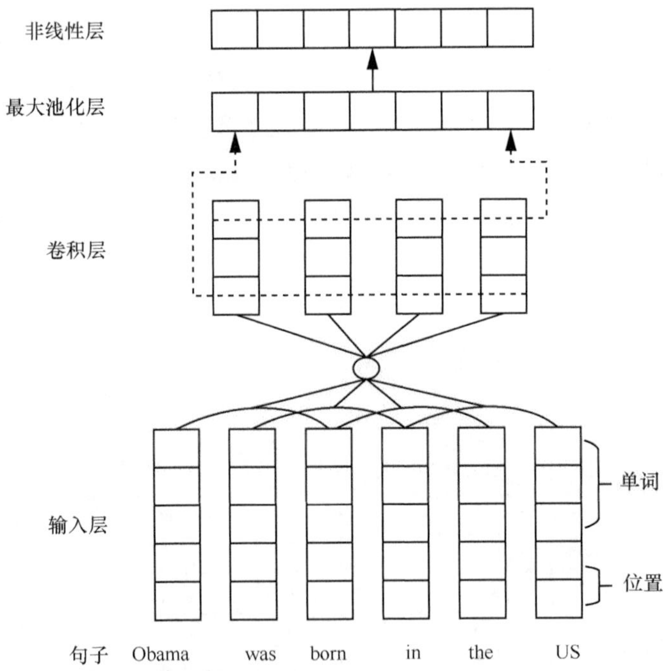

图 2.8　CNN 结构

输入层主要是将原始的句子转化为向量表示，从而输入神经网络中。对于一个句子 s，它由 m 个单词组成。首先将句子中的单词转换成向量表示 $\boldsymbol{w}_i$ ，词向量表示是由预训练模型 word2vec 得到的，词向量的维度为 d^w 。因此句子 s 可以表示为 $s=(\boldsymbol{w}_1,\boldsymbol{w}_2,\cdots,\boldsymbol{w}_m)$ 。另外，对于关系抽取任务来说，靠近目标实体的单词更有可能提供与关系相关的信息，因此除了词向量之外，更要考虑各个单词与目标实体的相对位置，位置信息可以帮助 CNN 把握每个单词与头实体或尾实体的接近程度。位置向量的维度为 d^p，表示的是当前词到头实体与尾实体的相对距离。例如，在句子“Obama was born in the US”中词‘born’到实体 1（‘Obama’）和实体 2（‘US’）的相对距离分别是 2 和−3。

图 2.8 中，词向量的维度 d^w 为 3，位置表示的维度 d^p 为 1。最终，将词向量和位置向量进行连接得到向量 $\boldsymbol{W}_i$，$\boldsymbol{W}_i$ 的维度为 $(d^w + 2\times d^p)$，那么整个句子被表示为 $\boldsymbol{W}=\{\boldsymbol{W}_1,\boldsymbol{W}_2,\cdots,\boldsymbol{W}_m\}$。之后将这些向量输入 CNN 模型中进行关系分类。

卷积层对于输入的向量 $\boldsymbol{W}=\{\boldsymbol{W}_1,\boldsymbol{W}_2,\cdots,\boldsymbol{W}_m\}$ 进行卷积操作。在关系分类任务中，一个主要的挑战为句子的长度是多变的，而且句中的重要语义信息可以出现在句子中的任意位置。因此，需要抓住句子中所有的局部特征，才能对整个句子进行准确的关系预测。卷积层的作用就是抽取这些局部特征，利用长度为 l 的滑动窗口来抽取局部特征，在句子向量矩阵 $\boldsymbol{W}$ 和卷积矩阵 $\boldsymbol{H}$ 之间进行卷积操作，如式（2.27）所示。

$$p_i = \left[\boldsymbol{H}_1 q_i + b_1\right]_i \tag{2.27}$$

其中，q_i 是第 i 个窗口中 $\boldsymbol{W}$ 的 l 个单词序列的连接，如式（2.28）所示。

$$q_i = \boldsymbol{W}_{i-l+1:i}(1 \leqslant i \leqslant m+l-1) \tag{2.28}$$

假设 $l=3$ 时，$q_i=\left[\boldsymbol{W}_{i-2},\boldsymbol{W}_{i-1},\boldsymbol{W}_i\right]$。

之后，通过最大池化的方法来合并局部特征：

$$L = \max(p_i) \tag{2.29}$$

在非线形层中，采用非线形方法来进一步提取特征，这里使用的是双正切函数来计算输出最终的结果：

$$x = \boldsymbol{H}_2 \cdot \tanh(L) + b_2 \tag{2.30}$$

最后在输出层使用 softmax 函数作为分类器得到当前的句子属于某一关系的可能性：

$$p(r|x;\phi) = \text{softmax}(x) \tag{2.31}$$

其中，$\phi=\{\boldsymbol{H}_1,b_1,\boldsymbol{H}_2,b_2\}$，同时这个可能性也作为奖励反馈给实例选择器。

通过上述关系分类模型，可以实现句子级别的关系分类，不同于以往的包级别（bag-level）的关系分类，基于包级别的分类对数据包进行关系分类，而句子级别的关系分类具体到每一个句子，这样对于包中全是噪声数据的这一情况，可以过滤掉整个数据包。

在训练过程中，输入关系分类器的语料为经过实例选择器挑选后的句子集合 $\{\hat{X}\}$，损失函数定义为

$$J(\phi) = -\frac{1}{|\hat{X}|}\sum_{i=1}^{\hat{X}} \log p(r_i \mid x_i;\phi) \tag{2.32}$$

在训练过程中使用随机梯度下降法去最小化损失函数，并且采用 dropout 来避免过拟合，$\phi=\{\boldsymbol{H}_1,b_1,\boldsymbol{H}_2,b_2\}$ 采用随机初始化的方法进行初始化。

在实例选择问题中，实例指的是语料中包含的句子，实例选择表示的是在语料中找出正确表达目标关系的句子与被错误标注的句子。实例选择问题可以表示为：给出一组形如<句子，关系标签>对，如 $X=\{(x_1,r_1),(x_2,r_2),\cdots,(x_n,r_n)\}$ ，其中，x_i 是与两个实体 (h_i,t_i) 相关联的句子，r_i 是由远程监督关系抽取产生的关系标签，这个标签可能是正确的，也可能是错误的。实例选择的目标是将正确表达的目标关系的句子挑选出来并加入训练语料中。本方法将实例选择问题转化为强化学习问题，对于强化学习来说，环境和 Agent 是不可缺少的两部分，并且通过这两部分之间的交互来训练 Agent，实例选择器就是强化学习中的 Agent，而它所交互的环境便是由数据和关系分类器组成的。Agent 在每一个状态下根据某一策略去决定动作（是否选择当前的句子）。在所有的选择完成之后，Agent 会从关系分类器那里得到一个时延的奖励。

为了在训练过程中获得更高的效率，首先需要将数据集 $X=\{x_1,x_2,\cdots,x_n\}$ 分进 N 个包中 $B=\{B^1,B^2,\cdots,B^N\}$ ，每个包中的句子都拥有相同的关系标签。这个关系标签有可能是错误的。在实例选择任务中，将动作定义为是否选择当前句子，当某个包中的句子全部被选择完毕后，Agent 则可以得到一个时延的奖励。当整个语料都被选择后，合并所有被选择的句子形成去噪后的新语料。新语料将被用于训练关系分类器。

本小节所提方法需要将实例选择过程建模为马尔可夫决策过程，接下来主要介绍在建模过程中涉及的强化学习的一些概念。

状态（state）：s_i 表示某一个状态，一般认为句子之间是独立的，所以这不满足马尔可夫决策过程的要求，所以状态不能只考虑当前句子。在实例选择的任务中，状态被定义为包含当前句子，已经被选择的句子以及实体对这三部分信息。其中，当前句子的句向量是由关系分类器卷积神经网络的非线形层得到的，而已经被选择句子的表示则是所有被选择的句子的向量的平均值；句子的两个实体的向量表示则是由知识图谱中获得的。在训练的时候，将当前句子的向量赋予更高的权重，以这种方式来放大当前句子信息对于动作决策的影响。

动作（Action）：动作 $a_i\in\{0,1\}$ 只包含两个动作，用于决定是否选择当前的句子，0 表示不选，1 表示选择。由此可见，Agent 实际上就是一个二分类神经网络，对于所有的句子都通过这样的分类（选或不选），最终得到更好的语料。Agent 主要负责的就是对于一个状态 s_i 要做出什么样的动作（选或不选），而策略方法 $\pi_\theta=(s_i,a_i)$ 便提供了这样的作用。该策略方法定义为

$$\pi_\theta(s_i,a_i)=P_\theta(a_i|s_i)=a_i\sigma(\boldsymbol{H}\cdot\boldsymbol{F}(s_i)+b)+(1-a_i)(1-\sigma(\boldsymbol{H}\cdot\boldsymbol{F}(s_i)+b)) \tag{2.33}$$

其中，$\boldsymbol{F}(s_i)$ 是状态特征向量，$\sigma()$ 是用于二分类的 sigmoid 函数，$\theta=\{\boldsymbol{H},b\}$ 是需要学习的策略网络参数，这里的策略网络采用的依然是 CNN 结构，用于对当前状态进行二分类，在这个决策下，Agent 可以尽可能地过滤噪声数据。

奖励（reward）：奖励函数是通过已经被选择的句子得到的。对于某一个数据包 $B^i=\{x_1,x_2,\cdots,x_n\}$ ，包中的每一个句子都被进行动作采样（即被选择或不选）。在这个包中的所有句子都被采样之后，即当最终状态为 $s_{|B|+1}$ 时，模型会得到一个时延的奖励，在其他状态下奖励都为 0。该时延奖励定义如式（2.34）所示。

$$r(s_i|B)=\begin{cases}0, & x<|B|+1\\ \dfrac{1}{|B'|}\sum_{x_j\in B'}\log p(r\mid x_j), & x=|B|+1\end{cases} \tag{2.34}$$

其中，B' 是已经被选择的句子的集合，它是数据包 B 的一个子集。$p(r\mid x_j)$ 是由关系分类器计算得到的，表示句子 x_j 属于关系 r 的可能性。对于特殊情况（当 B' 为空时），将奖励设置为所有句子的平均概率，这样的设置可以排除全是噪声句子的数据包。这个奖励的设置评估了策略所做出的决定的好坏，它为实例选择器提供唯一的监督。实例选择器的目标是使上述的奖励得到最大值。在选择的过程中，在一个数据包内，只有当数据包中的句子全部选择完毕，才可得到奖励。对于一个数据包 B，Agent 根据当前的策略对每一个状态进行采样动作，之后会得到一条采样路径：$\{s_1,a_1,s_2,a_2,\cdots,s_{|B|},a_{|B|},s_{|B|+1}\}$ 以及一个时延的奖励 $r(s_{|B|+1}\mid B)$。实例选择器的目标是期望总奖励值最大化，因此目标函数定义如下：

$$J(\theta)=V_\theta(s_1|B)=E_{s_1,a_1,s_2,\cdots,s_i,a_i,s_{i+1}}\cdots\left[\sum_{i=0}^{|B|+1}r(s_i\mid B)\right] \tag{2.35}$$

其中，$a_i\sim\pi_\theta(s_i,a_i)$，$s_{i+1}\sim P(s_{i+1}\mid s_i,a_i)$，$V_\theta$ 是值函数，代表期望的未来总奖励。根据 policy gradient 理论与强化算法，计算梯度的方法如下：

$$\theta=\theta+\alpha\sum_{i=1}^{|B|}v_i\nabla_i\log\pi_\theta(s_i,a_i) \tag{2.36}$$

其中，v_i 为奖励值，α 为学习率。

通过以上对实例选择和关系分类的介绍可知，实例选择和关系分类是互相关联的。实例选择器要为关系分类器筛选语料，而关系分类器要为实例选择器提供反馈。因此在模型训练过程中，二者是联合训练的。但是，在联合训练之前，需要对模型进行预训练。首先随机初始化关系分类器的 CNN 参数和实例选择器的策略网络参数，然后将关系分类器中的 CNN 网络在整个数据集上进行预训练，预训练后得到网络的参数；之后，固定关系分类器的参数，利用关系分类器计算的奖励对实例选择器进行预训练。在整个训练过程中，预训练对于本小节的方法是非常重要的。预训练结束后，将实例选择器与关系分类器进行联合训练。

（2）基于势能函数的奖励设计方法

强化学习最基本的假设就是最大化累积的奖励，因此奖励方法的设计是很关键的一步。大部分任务的 state-action 空间中，奖励信号为 0，这被称为奖励函数的稀疏。稀疏的奖励函数，让 Agent 得不到充分的反馈，从而导致算法收敛缓慢。Agent 需要和环境多次交互并学习大量样本才能收敛到最优解。如图 2.9 所示，在环境与 Agent 的多次交互中，不断训练 Agent 去进行实例选择。在这一过程中，可以发现 Agent 在选择完数据包中所有的句子后，才会得到奖励，但在其他的状态下，Agent 获得的奖励都为 0。所以在数据包中的句子选择完之前，Agent 不会得到任何有意义的反馈。在关系分类与实例选择部分描述的模型中，Agent 只能在每个数据包中的句子都选择完毕后才得到一个时延的奖励，这大大减慢了学习速度。

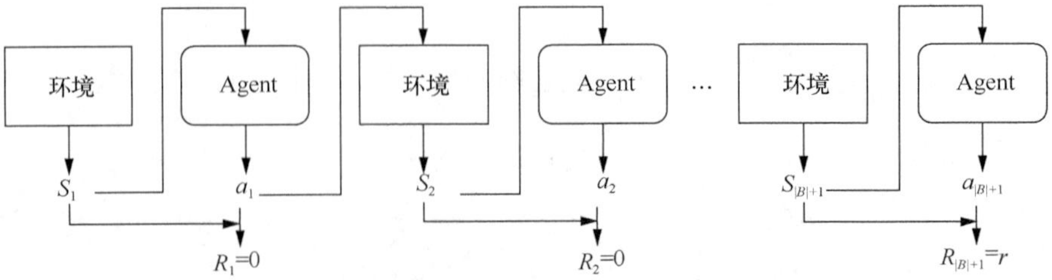

图 2.9　实例选择过程

为了帮助模型更快地完成学习过程，可为原始的 MDP 提供额外的奖励。为了避免在更改奖励后出现次优的结果，文献[47]提出了基于势能的奖励设计框架 $F(s,a,s')=\gamma\phi(s')-\phi(s)$。文献[48]使用 $\phi(s)$ 来衡量 Agent 先前做出的决定涵盖了多少给定问题的语义信息，在语料选择任务中这一思想同样适用，因为语料选择任务的目标是选择出语料中最能表达目标关系的句子，因此将每次选择的句子与关系之间的语义相似度变化作为额外奖励 add_reward，来弥补模型中大量的零奖励。势能函数 $\phi(s)$ 的定义如式（2.37）所示。

$$\phi(s_i)=\begin{cases}\tanh(\mathrm{sim}(\boldsymbol{r},\overline{\boldsymbol{x}}_i)), & i>0\\ 0, & i=0\end{cases} \tag{2.37}$$

当选择第一个句子，即 $i=0$ 时，势能函数 $\phi(s_0)$ 为 0；当 $i>0$ 时，$\phi(s_0)$ 由选择的句子与关系的语义相似度决定，其中 $\boldsymbol{r}$ 为当前关系的向量表示，$\overline{\boldsymbol{x}}_i$ 为当前所有被选择的句子的向量平均值。其中，sim() 方法是向量之间的语义相似度计算，采用余弦距离来衡量两个向量之间的相似度，如式（2.38）所示。

$$\cos(\boldsymbol{x},\boldsymbol{y})=\frac{\boldsymbol{x}\cdot\boldsymbol{y}}{\|\boldsymbol{x}\|\times\|\boldsymbol{y}\|} \tag{2.38}$$

为了丰富关系向量的语义信息，加入一些辅助信息，这些辅助信息来源于 RESIDE[49]中所述的关系的别名，一个关系拥有多个关系别名。这些关系别名是由多个词或者词组组成的，通常是句子中最能反映实体对关系的部分，因此可以作为辅助信息来扩充关系的语义信息。关系别名示例如表 2.9 所示。

表 2.9　关系别名示例

关系标签	关系别名
/people/person/place_of_birth	{"born in" "birthplace" "place of birth" "location of birth" "born at" "birth location" "birth city" "birth place" "location born"}
/location/location/contains	{"different parts" "assembled out of" "should be included" "has member" "has municipalities" "merging of" "they include" "comprises of"}
…	…

对于某一关系标签中的每一个关系别名，先对关系别名中的每一个词进行编码取平均得到某一关系别名的向量，最终对所有关系别名向量求和取平均得到该关系的关系向量 $\boldsymbol{E(r)}$，如式（2.39）所示。

$$E(\boldsymbol{r}) = \sum_{j=1}^{m} E(a_i)/m \tag{2.39}$$

其中，m 为关系别名的个数，$E(a_i)$ 是关系别名 a_i 的向量表示。

基于势能函数的奖励设计方法提出的额外奖励 add_reward 由式（2.40）给出，额外奖励通过比较选择之后的句子与关系的语义相似度变化来判断当前采取的决策是否有效。add_reward 值越大，说明当前选择的句子越能够表达目标关系语义。

$$\text{add\_reward} = \gamma\phi(s_{i+1}) - \phi(s_i) \tag{2.40}$$

模型的奖励方法更新为原来的奖励加上额外的奖励，因此更新后的奖励如式（2.41）所示。

$$R = r(s_i|B) + \text{add\_reward} \tag{2.41}$$

奖励优化后的实例选择过程如图 2.10 所示。在图 2.9 所示的原先的模型中，奖励 R_1 到 $R_{|B|}$ 的值全为零，只有奖励 $R_{|B|+1}$ 非零，而在经过奖励优化后的模型中，奖励 R_1 到 $R_{|B|}$ 的值不全为零。在 Agent 对某一状态做出决策时，如果这个决策是选择当前句子作为训练语料，那么 Agent 便会得到一个非零的奖励 addr_i，而不是等到整个数据包中的句子全部选择完毕之后才能获得奖励。也就是说，在奖励优化后的情况下，Agent 获得了更多的反馈，这些反馈指导 Agent 做出更有效的决策。因此模型的学习效率会有所提高。

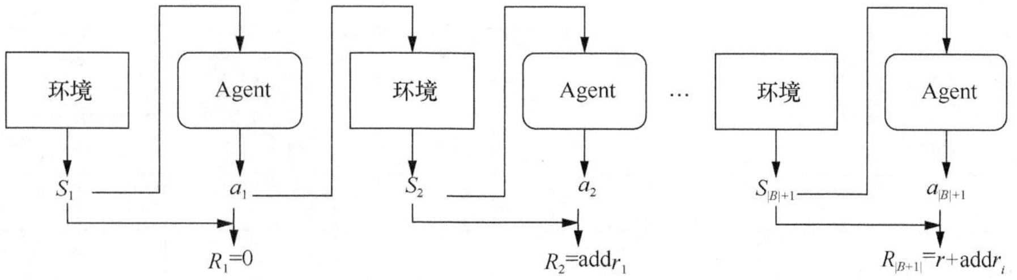

图 2.10　奖励优化后的实例选择过程

2. 实验分析

（1）数据集和评测指标

本实验采用远程监督关系抽取得到的公共数据集——纽约时报数据集（NYT）来实验验证方法的有效性，采用 P@N 作为评估指标。

（2）实验设置

为了验证本小节提出的基于强化学习的远程监督语料选择方法所构建模型的有效性，将本小节的模型与其他模型进行比较。在本实验中，分别进行关系分类实验和语料选择模型训练速度比较实验。

实验一：关系分类实验

在关系分类实验中，主要比较 CNN[10]、CNN+ATT[11]和 CSRL（本小节的模型）三个关系分类模型，实验的相关参数设置与文献[46]中的设置一致。

CNN 模型是一个句子级别的关系分类模型，它不考虑语料的噪声问题，采用卷积神经网络在整个语料集上进行关系分类。

CNN+ATT 模型是一个包级别的关系分类模型，它使用句子级别的注意力机制，对数据包中的句子分配不同的权重，之后使用卷积神经网络对整个数据包进行关系分类。

CSRL 为本小节提出的模型，考虑语料的噪声问题，对语料中的句子进行选择，将经过选择后的语料用于进行关系分类。

本小节选择 CNN 和 CNN+ATT 模型作为本实验的对比模型的原因主要有以下几点：CNN 模型不考虑噪声问题，与其相比，可以判断本小节的语料选择方法是否有效以及降噪对于关系抽取模型的影响；CNN+ATT 模型属于间接降噪方法，它不去除噪声，而且进行包级别的关系分类，与其相比，可以判断直接降噪方法以及句子级别关系分类方法的有效性。

实验二：语料选择模型训练速度比较实验

在语料选择模型的训练速度比较实验中，对比模型是 CNNRL[46]，该模型采用时延的奖励似然度奖励函数，将 CNNRL 模型与经过奖励优化的语料选择模型 CSRL 进行比较，观察在模型取得相同奖励时，奖励优化后的模型与原模型所需的迭代次数是否有变化。

（3）总体评估结果

表 2.10 显示了在不同的关系分类模型中前 100、200、300 个关系事实的精确率 P。

表 2.10 关系分类精确率结果比较

关系事实个数/个	CNN	CNN+ATT	CSRL
前 100	64%	66.2%	**79%**
前 200	67%	68.6%	**72.5%**
前 300	65.6%	59.8%	**71.6%**

通过观察表 2.10 可知，CSRL 模型的精确率是高于其他两类方法的，尤其是在前 100 的结果中，CSRL 模型的精确率高于其他两种模型 10%以上，这说明本小节的语料选择方法是有效的。

在模型训练速度比较实验中，主要判断奖励优化方法是否有助于模型的学习效率的提升，因此主要关注的是在实验结果中，模型学习的速度是否加快。这主要通过比较在模型取得相同奖励时，奖励优化后的模型与原模型所需的迭代次数是否有变化。在实验中，将迭代次数设置为 25，所以对迭代 25 次的实验结果进行比较。

图 2.11 展示了在实验迭代 25 次的过程中，两种模型的奖励变化情况。从图 2.11 可知，在相同的迭代次数下，进行奖励优化后的模型 CSRL 比原先的模型 CNNRL 获得的更多的奖励值。表

2.11 将图 2.11 中的个别数据点列举出来，进行更清晰地比较，当奖励值为–0.120 时，模型 CNNRL 迭代了 12 次，而奖励优化后的模型 CSRL 迭代了 11 次，模型 CSRL 比模型 CNNRL 快了一个训练步长。当奖励为–0.118 时，CNNRL 进行了 15 次迭代，而 CSRL 经历了 13 次迭代，CSRL 比 CNNRL 快了两个训练步长。当奖励为–0.116 时，模型 CNNRL 迭代了 20 次，而模型 CSRL 迭代了 17 次，CSRL 比 CNNRL 快了三个训练步长。模型 CNNRL 迭代 25 次的结果，模型 CSRL 迭代 21 次便可达到，因此训练速度提升了 16%。这是由于模型 CNNRL 的奖励方法是通过时延的奖励信号来为策略提供监督，而更新后的奖励通过基于势能的奖励方法为模型增加了一个额外奖励，模型 CSRL 得到更多更快的奖励信号来监督策略的行为，可有效提高有效奖励的利用效率，从而提高模型的训练速度与模型的学习效率。

表 2.11　迭代次数比较

奖励值	CNNRL	CSRL
−0.120	12	11
−0.118	15	13
−0.116	20	17

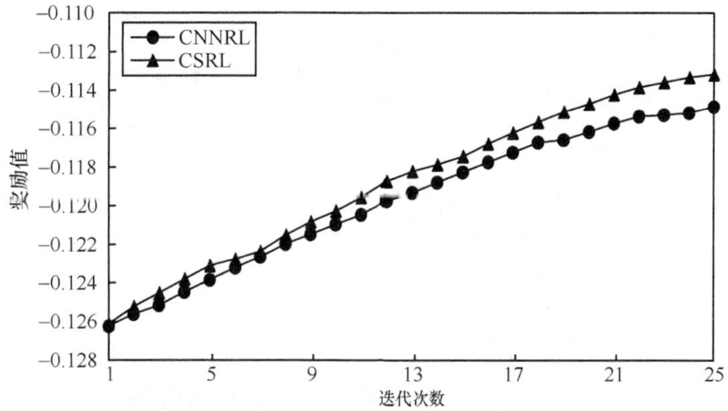

图 2.11　两种模型的训练速度实验结果比较

2.1.7　基于联合学习的实体关系抽取

实体关系抽取一般采用流水线方法和联合抽取方法两种方法。流水线方法将实体关系抽取分解为两个串行的任务，即先进行实体识别[21]，再进行关系分类[22]。这类方法忽略了两个任务的关联性，容易造成误差的级联传播。联合抽取方法在实体关系抽取的过程中考虑实体关系的潜在语义特征和相关性，抽取性能比流水线方法更加优越[23]。因此，设计一种基于联合学习的实体关系抽取模型十分重要。

联合抽取方法可以分为基于统计的方法和基于神经网络的方法。基于统计的方法的性能严重依赖于复杂的特征工程，而且很难利用全局的特征。基于神经网络的方法则可以自动学习非局部的特征，在联合抽取任务上取得了更好的实验结果。但是，目前大部分的基于神经网络的方法仅仅是通过参数共享的方式来实现联合抽取，其导致实体和关系以及关系和关系之间的联系不能被很好地利用。近几年发展起来的基于标注的实体关系联合抽取方法能够有效地增强模型对实体关系的抽取能力。因此，如何利用标注信息构建实体关系联合抽取模型是一个重要的研究方向。本小节将介绍一种基于联合学习的实体关系抽取模型（MLRA-LSTM-CRF），其结构如图 2.12 所示。

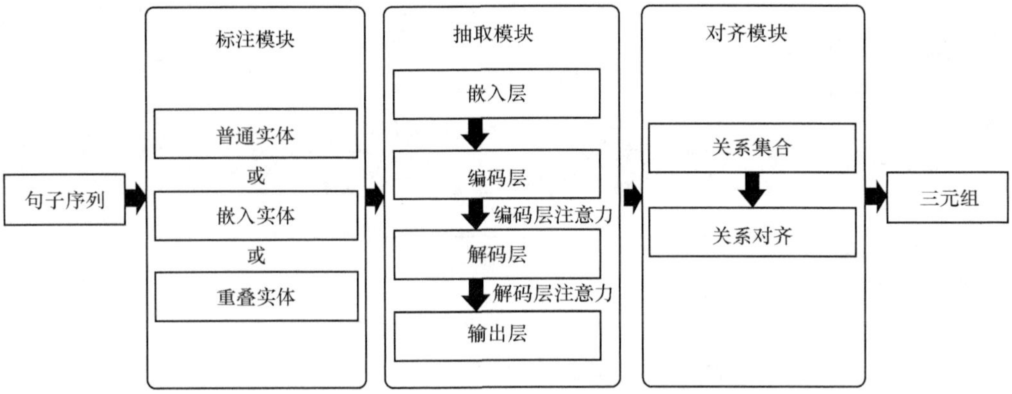

图 2.12　基于联合学习的实体关系抽取模型结构

1．算法模型

给定一个输入句子 $S=(w_1, w_2, \cdots, w_n)$ 和一组预定义的关系集合 $\mathcal{R}=(r_1, r_2, \cdots, r_n)$，该任务的目的是从句子中抽取出实体对 (e_i, e_j) 的关系 $r_{e_i,e_j} \in \mathcal{R}$。整体模型包含如下部分。

①标注模块：对于输入的包含实体对的句子序列，采用多标签标记方案将一个或多个标签分配给句子中的每个单词以得到标记序列。

②抽取模块：采用具有 MLA 机制的实体和关系联合抽取模型以预测标记序列中的三元组。

③对齐模块：将由关系嵌入形成的关系集合用于对齐抽取模块抽取的关系，并保证实体对的关系准确。

（1）多标签标注

多标签标注方案如图 2.13 所示，其中实体“Dale Earnhardt Jr.”和“Dale Earnhardt”重叠。根据训练集中存在的三元组{Dale Earnhardt Jr., parents, Dale Earnhardt}和{Dale Earnhardt, children, Dale Earnhardt Jr.}，多标签标注方案将嵌套实体“Dale Earnhardt Jr.”中的“Dale”的标签标记为“parents_E1B”和“children_E2B”；“Earnhardt”的标签标记为“parents_E1I”和“children_E2I”；“Jr.”的标签标记为“parents_E1L”和“children_E2L”。将嵌套实体“Dale Earnhardt”中的“Dale”的标签标记为“parents_E2B”和“children_E1B”；“Earnhardt”的标签标记为“parents_E2L”和“children_E1L”。

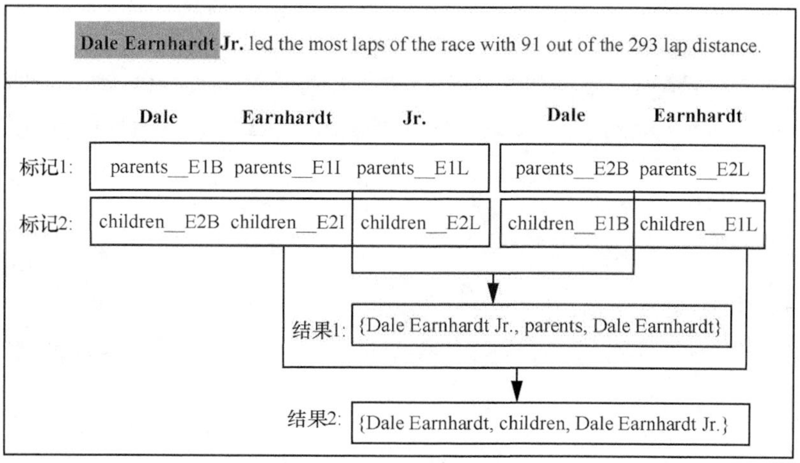

图 2.13　多标签标注方案

（2）关系抽取

本小节利用编码器–解码器框架提出一个基于复合注意力机制的实体关系联合抽取模型，模型的整体架构如图 2.14 所示。首先，模型在嵌入层对词向量和位置向量进行拼接；然后，将拼接后的向量输入神经网络编码层；接着，模型通过编码层的 Bi-LSTM 和注意力机制联合学习输入令牌的丰富的上下文信息；之后，模型经过解码层的 CRF 解码，预测出每个单词的标签，并通过注意力机制选择具有关系的头尾实体；最后，通过输出层输出三元组。本小节所提模型的目标是输入句子，识别句子中所包含的实体以及实体之间的关系。

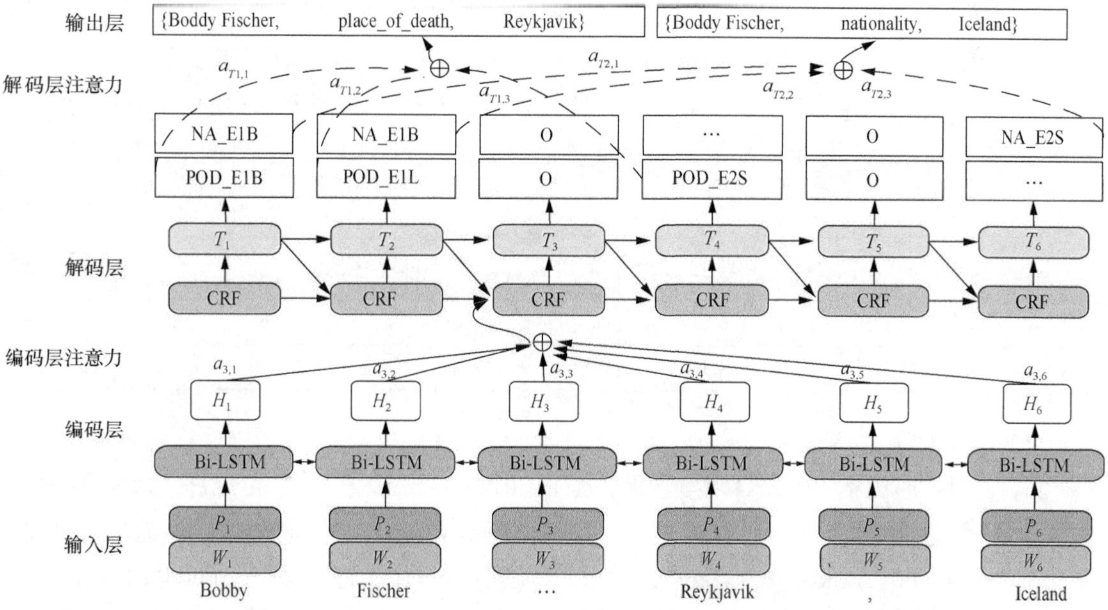

图 2.14　基于复合注意力机制的实体关系联合抽取模型的整体架构

（3）关系对齐

在抽取结果的校正环节，还需要对三元组进行关系对齐，减少（e_1, e_2）实体对在多关系分类的预测损失。受基于平移的知识图谱嵌入模型 TransE 模型启发，设计一种基于平移的关系对齐模型。给定一个三元组 (h,r_1,t)，要求抽取的实体和关系之间满足 $h+r_1 \approx t$ 的平移约束，其得分函数可以表示为

$$f(h,\ r_1-t)=-|h+r_1-t|_2^2 \tag{2.42}$$

若存在另一个三元组 (h,r_2,t)，其抽取的实体和关系之间满足 $h+r_2 \approx t$ 的平移约束，其得分函数表示为

$$f(h,r_2-t)=-|h+r_2-t|_2^2 \tag{2.43}$$

通过上述两个约束，可以认为 $f(h,r_1,t) \approx f(h,r_2,t)$，那么 $r_1 \approx r_2$，将类似满足这些约束的关系形成一个关系集合 $R=\{r_1,r_2,\cdots,r_n\}$。利用这个关系集合对抽取结果进行校正，如果实体对的关系分类预测为关系集合中的一种，实体对的关系可以表示为关系集合中的任何一种，从而避免出现预测关系单一而导致的三元组抽取准确率下降问题。

2. **实验分析**

（1）数据集和评测指标

本小节在两个数据集（NYT 和 Wiki-KBP 数据集）上评估了实体关系抽取模型的性能。NYT 是一个新闻语料库，它包含从纽约时报新闻文章中抽取的 294 000 个句子。训练数据使用远程监督自动标记，测试数据使用人工注释来标记。Wiki-KBP 包含从 Wikipedia 文章中抽取的 780 000 个句子和一个 2013KBP 语料库。训练数据通过远程监督和手工制作模式自动标记。测试数据是从 2013KBP 插槽填充评估结果的人工注释中选择的句子。数据集的统计信息如表 2.12 所示。采用精确率 P、召回率 R 和 F_1 值作为评估指标。

表 2.12　数据集的统计信息

数据集	训练集句子	训练集三元组	测试集句子	测试集三元组（without "None"）	关系
NYT	66 335	116 747	395	396	24
Wiki-KBP	75 325	113 540	289	316	14

（2）实验设置

实验通过在验证集上进行参数搜索来调整 MLRA-LSTM-CRF 的模型参数。最好的模型通过在验证集上按照评估结果得到。实验采用小批量机制和 RMSprop 优化器来训练模型。优化器的初始学习率为 0.001，rho 为 0.9，epsilon 为 10^{-6}。在输入层中，将单词嵌入向量和位置嵌入向量的大小固定为 $d=300$。在编码层中，将两个方向上的 LSTM 的大小固定为 $d=300$。模型超参数设置如表 2.13 所示。

表 2.13　模型超参数设置

数据集	嵌入输出丢失率	LSTM 丢失率	注意力头数和每个头的维度	训练批次大小
NYT	0.5	0.2	（2, 300）	256
Wiki-KBP	0.3	0.4	（2, 300）	128

（3）总体评估结果

本小节将提出的模型与各种基线模型进行比较。MultiR[8]是一种典型的基于多实例多标签学习算法的远程监督模型；CoType[50]是一种与领域无关的模型，该模型将实体提及、关系提及、文本特征和类型标签联合嵌入实体空间以及关系空间，并对实体和关系进行联合建模；ReHession[51]采用知识库和领域启发式模式进行异构监督；LSTM-CRF[52]使用 Bi-LSTM 编码输入句子，CRF 预测实体标记序列；LSTM-LSTM-Bias[32]使用标记方案来共同抽取实体和关系；PA-LSTM-CRF[53]采用统一的位置注意序列标签框架来联合抽取实体和重叠关系。各个模型的实验结果如表 2.14 所示。

表 2.14　各个模型在两个数据集上的实验结果

模型	NYT			Wiki-KBP		
	P	R	F_1值	P	R	F_1值
MultiR	33.8%	32.7%	33.3%	30.1%	53.0%	38.0%
CoType	42.3%	51.1%	46.3%	31.1%	**53.7%**	38.8%
ReHession	41.2%	57.3%	48.0%	36.7%	49.3%	42.1%
LSTM-CRF	69.3%	31.0%	42.8%	**59.6%**	25.6%	35.8%
LSTM-LSTM-Bias	61.5%	41.4%	49.5%	53.6%	30.3%	38.7%
PA-LSTM-CRF	49.4%	**59.1%**	53.8%	51.1%	39.3%	44.4%
MLRA-LSTM-CRF	**71.4%**	45.0%	**55.1%**	58.7%	41.9%	**48.9%**

从实验结果中，可以发现：MLRA-LSTM-CRF 的性能优于其他基线模型，并且在两个数据集上均达到最新的 F_1 值；与 PA-LSTM-CRF 相比，MLRA-LSTM-CRF 的 F_1 值提高了 1.3%和 4.5%。

2.1.8　总结

为了进一步扩大知识抽取的规模，自动地从不同来源的数据中获取新的知识已成为必由之路。本节着重介绍了以维基百科、水利空间关系词、远程监督和实体关系联合抽取为核心的知识抽取方法，主要完成了以下工作。首先，提出了一种基于模板库的关系抽取方法，该方法能够提高关系抽取的效果；接着，提出了空间关系种子集获取和基于句法模式表示的空间关系抽取两个阶段的空间关系词自动识别与提取方法，该方法通过半自动化手段，实现了从语料中获得大量空间语义的句法模式以及空间关系元组的目标，能够持续扩充水利空间关系词库，丰富了水利空间关系词体系；然后，提出了一种基于离群点检测的远程监督关系抽取方法，该方法可以有效去除语料中的错误标注，提高关系抽取的效果；然后，提出了一种基于强化学习的远程监督语料选择方法，通过强化学习算法将远程监督语料中的噪声数据过滤出来；最后，提出了一种基于联合学习的实体关系抽取模型。

2.2 知识融合

2.2.1 引言

知识库对于搜索、机器翻译、智能问答等热门应用具有重要支撑作用，目前已构建完成的知识库大多是独立自治的，知识库间存在知识重复、不完整、质量参差不齐等问题，对知识库融合的研究显得越来越重要。本节主要关注中文百科知识库的融合，研究如何对目前影响较大的百度百科、互动百科和中文维基百科的知识卡片（infoboxes）进行融合，探索存在于这些知识库间的知识重复、不完整、不一致等问题的解决办法，以获得关于实体的更丰富、更准确的信息。

2.2.2 相关工作

1. 知识融合相关工作

在网络大数据环境下，如何从海量的碎片化的数据中提取出所需的相关知识，并对其进行融合、组织和有效的管理是知识库构建工作亟须探索的技术难点，也是近几年的研究热点[54]。知识融合的重要性不言而喻。

针对知识融合，主要研究将若干个分布式异构知识库中的知识进行动态融合[55]。近几年，知识库融合已吸引了国内外众多学者的关注。PREECE 等[55]提出了一种称为 KRAFT 的知识融合体系结构，它支持来自多个分布式异构数据源的知识融合，KRAFT 设置约束作为共同的知识交换格式，在本地知识库中的知识可以通过公共的约束进行转化，从而达到知识库间的融合，但它针对的主要是结构化的数据库中的知识的融合，对复杂网络环境下的数据的适用性有限。GUO 等[56]设计了一个集成《知网》和 Wikipedia 的互动开放式语义知识库，该知识库使用知网中的语义知识来表示 Wikipedia 中的类别，丰富了 Wikipedia 实体的语义信息。

RODRIGUEZ 等[57]提出了一种被称为 SigmaKB 的知识库融合框架，它通过共识最大化原则和用户反馈的模式，整合了 71 个知识库，改进了查询结果。DONG[58]介绍了一种被称为 Knowledge Vault 的 Web 规模概率知识库，它将 Web 内容（主要是文本内容、表格数据等）的提取与现有知识库中的先验知识相结合，采用有监督的机器学习方法融合这些知识。GUO 等[59]提出通过抽取互联网表格数据中的知识来对现有的 RDF 知识库进行扩充，该方法把知识库中的每个实体看作一篇文章，把表格中的每个元组中的属性看作关键字建立倒排索引以提高匹配效率，通过建立带权重的二部图来寻找最优匹配。杨秀璋[60]研究了三大中文百科资源的知识融合方法，该方法通过分析百科页面中的文章标题、消息盒和文本中的内容来实现实体对齐。文献[60]提出基于词向量的属性对齐方法，但没有考虑到属性值冲突问题。张永新[61]介绍了一种 Web 数据集成方案，该方案通过综合分析属性相似度、关系相似度和上下文相似度实现实体对齐，针对数据内容冲突问题，制定启发式规则，提出了基于马尔可夫逻辑网的两阶段冲突解决方法，但该文献没有关注数据的模式冲突。

综上所述，关于知识融合的研究逐渐增多，但现有知识融合的研究主要聚焦于知识融合过程中的某一部分或者只关注知识融合的模式，没有完整地进行实体对齐、属性对齐和属性真值发现过程的研究。

2. **中文百科知识图谱构建相关工作**

知识图谱已被用来泛指各种大规模的知识库[62]，它是由语义网发展而来的，其概念由 Google 公司提出[33]，因其强大的语义处理能力和开放组织能力而很快引起学术界和工业界的关注。百科知识图谱是一类专门从百科网站抽取知识构建的知识图谱[63]，近几年，众多研究人员将百科资源作为知识图谱构建的重要数据来源，这主要是因为：百科中每个页面关于实体的介绍较全面；百科页面的抽取难度低；百科知识是互联网集体智慧的产物，对用户权限有要求，编辑需要参考文献，因此百科知识的质量相对较高。

以数据源的构成作为分类依据，百科知识图谱构建工作可以分为两类[63]。一类是只对单个特定的百科数据源进行抽取，典型代表是复旦大学知识工厂实验室构建的 CN-DBpedia[64]，它主要以百度百科作为数据源构建知识图谱。截至 2017 年 9 月，已涵盖超过 1 600 万个百科实体，百科关系数超过 2.1 亿个。另一类是从多个百科数据源抽取知识构建知识图谱，典型的代表是东南大学构建的 Zhishi.me[65]和清华大学构建的 XLORE[66]。Zhishi.me 的构建基于百度百科、互动百科和中文维基百科，其工作对中文多百科的融合具有重要意义，但它更多地侧重于抽取，而不是融合。XLORE 是中英文维基、法语维基和百度百科作为主要数据源而构建的多语言知识图谱，是对多语言知识库融合实践的重要探索。

基于单百科数据源构建的知识图谱在知识覆盖面和正确性方面都存在局限，需要对基于多百科数据源的知识图谱的构建深入探索。目前多百科知识融合现状仍存在局限，以 Zhishi.me 为例，它构建的主要数据源是百度百科、互动百科和中文维基百科，以 2019 年 3 月在 Zhishi.me 的 API 中的搜索结果为例，输入“黄河”关键字，需要人工对义项是“中国第二长河”的“黄河”实体进行对齐，对义项是“中国第二长河”的“黄河”进行人工实体对齐后，返回的结果如图 2.15 所示。知识卡片在 Zhishi.me 中几乎没有经过融合处理。首先，百科间的冗余信息应该移除。例如，互动百科中的“外文名：Yellow River”和百度百科中的“英文名称：Yellow River”都是描述“英文名称”属性且其值都是“Yellow River”。其次，异词同义属性需要对齐。例如，互动百科的“源头”属性和百度百科的“发源地”属性是共指的。最后，存在冲突的属性值应该尽量给出最可能正确的答案。例如，关于“平均流量”属性，百度百科给出的属性值是“2 571 立方米/秒”，互动百科给出的属性值是“580 亿”。此外，对三大百科中的知识卡片进行融合的前提是实体对齐，即不同百科网站中的实体页面需要建立映射。

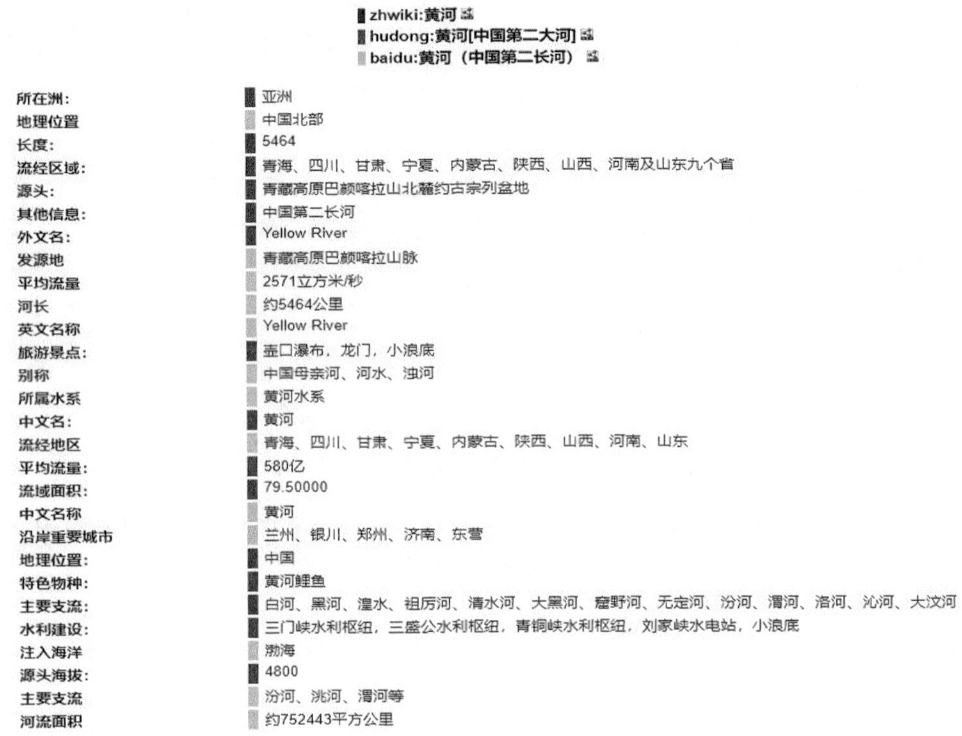

图 2.15　Zhishi.me 返回的义项是“中国第二长河”的“黄河”的知识卡片

3. 命名实体消歧相关工作

命名实体消歧是将自然语言文本中具有歧义的实体指称正确地映射到知识库中相应实体上的过程[67-68]。现有的命名实体消歧方法主要分为传统的基于词袋模型的命名实体消歧方法、基于网络标签的命名实体消歧方法和基于概率图模型的命名实体消歧方法。

（1）基于词袋模型的命名实体消歧方法

传统的命名实体消歧方法基于“词袋”模型，这种方法采用向量空间模型将一个命名指称项表示成在其上下文中出现的文本向量，两个文本中同时出现的词越多，两个命名指称项越有可能表示同一个实体。BAGGA[69]等使用词袋模型识别来自多个文档中实体的共指问题。这种方法的缺点是它只基于命名指称项上下文中的表层特征来计算它们的相似度，忽略了命名实体间的语义联系以及语序问题，不能全面地反映出实体间的相似度，适用场景有限。

（2）基于网络标签的命名实体消歧方法

基于网络标签的命名实体消歧方法主要挖掘实体的语义信息来支持命名实体消歧。王旭阳等[70]以百度百科和互动百科构建语义知识库，提取两个百科的重定向页面、实体页面和歧义页面信息构建上下文语义信息模型来表征实体的语义，根据两个知识库中实体概念共享的信息量来衡量它们的语义相似度。唐博蓉[71]把维基百科作为知识库，将候选实体的流行程度、上下文相似度、候选实体的相关实体关联度、候选实体的类别关联度等作为特征对样本进行训练得到二元分类模型，将实体指称项映射到维基百科中对应的实体，在对人名进行消歧方面取得了较好的实验效果。王雪鹏等[72]提出了一种基于网络语义标签的多源知识库实体对齐算法，综合利用属性标签、类别标签和非结构化文本关键词以对中文百科实体进行对齐。WANG 等[73]提出利用关于不同实体百科页面中的公共语义标签、属性值以及锚文本和目标实体的关系来挖掘出指向同一实体的命名指称项，然而在现实生活中，经常会发现指向同一实体的命名指称项在百科页面中即使出现了也没有建立锚文本链接，因此这种方法的召回率并不高。

（3）基于概率图模型的命名实体消歧方法

基于概率图模型的命名实体消歧方法是基于文本中词的集合以及命名实体的集合具有相同语义主题分布的假设。王洪亮[74]考虑到中文微博的特殊性，提出了一种融合全局上下文信息的词向量特征选择方法，分别采用主题模型和神经网络词向量聚类两种方法来获取深层语义信息，并结合层叠条件随机场进行了中文微博的命名实体识别。高艳红等[75]以中文维基百科作为知识库支撑，从实体指称表述项的上下文和候选实体在维基百科的内容描述两方面抽取多种语义特征并计算语义相似度，然后将语义相似度融合到构建的图模型中，基于 PageRank 算法计算该图模型的最终平稳分布并将 top1 实体作为消歧后的实体链接结果。怀宝兴等[76]提出利用概率模型从语义层面对文档进行建模并进行实体消歧的思想，其利用维基百科构建知识库，设计了一种基于概率主题模型的命名实体链接方法并且通过在维基百科上的消歧实验证实了其提出的语义消歧方法的有效性。张雄等[77]通过利用命名实体构建双词的思想，将协同实体关系融合到了主题模型中并提出基于 BTM 的半监督实体消歧模型，有效减少了 LDA 主题模型中的主体偏移现象，但在面对文章篇幅长短不一的自由文本时，BTM 模型性能并不比 LDA 模型更加优越。

此部分主要关注的是为多百科知识库中的实体关于本地知识库中的实体建立映射，基于词袋模型的方法只基于命名指称项上下文中的表层特征来计算相似度，忽略了命名实体间的语义联系以及语序问题，适用场景有限。基于概率图模型的方法需要大量的训练语料，基于网络标签的方法是实现将领域知识库中的实体映射到百科的较为简单有效的方法。

4. 属性对齐相关工作

属性对齐旨在判断两个或多个属性表示的意思是否相同，其目标是把来源不同、名字不同但表征相同的属性进行对齐或融合[60]。不同知识库间的知识不可避免地存在冗余，属性对齐工作可以帮助识别并移除这些冗余知识。义项又称“概念”，是对词语的解释，一个词语可能有多个义项[78]。例如，百度百科关于义项是“中国第二长河”的“黄河”的知识卡片中有属性“发源地”，而互动百科中与其共指的义项是“中国第二大河”的“黄河”的知识卡片中有属性“源头”，事实上“发源地”与“源头”二者的指代是一致的。

属性对齐的方法主要分为基于相似距离计算的方法和基于词典匹配的方法。

（1）基于相似距离计算的方法

基于相似距离的方法主要计算待匹配属性对的字符串相似度，如编辑距离、Jaccard 相似度等。

（2）基于词典匹配的方法

基于词典匹配的方法主要借助知网或者《同义词词林》[39]来进行属性相似度度量。

知网是由我国著名翻译专家董振东先生创建的一个知识系统，“概念”和“义原”是知网中两个主要的概念。“概念”是对词语语义的一种描述，每个词语可以蕴涵若干个“概念”，每个概念由“义原”组成。朱新华[78]根据知网的结构提出了一种基于抽象概念的词语相似度的快速计算方法，通过对义项定义的预处理与参数调节直接计算义项间的语义相似度从而简化了计算步骤。WU[79]通过计算待匹配属性在知网分类系统中最可能的同义词的最低公共“祖先”的深度来计算待匹配属性对的语义相似度。江敏[80]利用知网中的“义原”来计算概念相似度，把两个词语的语义相似度定义为其所有概念之间相似度绝对值的最大值。王小林[81]创新性地提出一种新的变系义项相似度的词语相似度计算方法，认为不同词性的词语义项对相似度的贡献度也不同。

《同义词词林》原版是由梅家驹先生等人工构造而成的，原书按意义进行编排收录近 7 万条词语，后为适应汉语的发展，哈尔滨工业大学信息检索研究室在原书的基础上进行了部分删减与补充形成了《同义词词林扩展版》，全书共收录了 77 343 条词语[82]，9 万多个概念，这些词语被分为大类、种类、小类，词群和原子词群。陈宏朝[83]根据词语在《同义词词林》中的路径与深度来计算它们的语义相似度，修正了相关算法只能得出几个固定的相似度值并且所有最近公共父节点处于同一层次的义项对之间的相似度都相同的不合理现象。吕立辉[84]通过计算两个词语在《同义词词林》中的相隔路径长度和词语密度的测量函数来度量词语的语义相似度，其实验结果优于只单一考虑密度信息或路径信息的结果，其算法具有实用性。

基于相似距离计算的方法只考虑了待匹配属性对的表层特征，并没有挖掘它们的语义特征，因此只能识别出表层相似度大的共指属性对，可能错过字符串相似度低的共指属性对或错误地将表层相似度大但语义不一致的属性对归类为共指属性对。基于词典匹配的方法考虑了属性的语义特征，且无论是知网还是《同义词词林》[39]在常识性属性的覆盖面上都是很可观的。

5. 真值发现相关工作

由于信息技术的飞速发展，人们轻击鼠标便可获得来自世界各地的信息资源，但这也给筛选信息增加了难度，最大的问题是不同数据源关于同一对象提供的属性值往往存在冲突，从大量冲突信息中发现真值的准确率在很大限度上决定了信息的利用率。单真值发现假设待求真对象的真值只有一个，如身份证和出生年月这样的真值是唯一的属性，它表明当多个数据源提供的答案不一致时至多只有一种答案是正确的，具有排他性。真值发现问题最早是由 YIN 等[85]针对互联网上的不同网站会为同一对象提供冲突信息这一现象而提出来的。现有的真值发现方法按原理可分为基于迭代的真值发现方法、基于最优化的真值发现方法以及基于概率图模型的真值发现方法[86]。

（1）基于迭代的真值发现方法

基于迭代的真值发现方法[85,87-88]的思想是：如果一个数据源提供了很多可信性比较高的值，则这个数据源是比较可靠的，相应地，由可靠数据源提供的值的可信性也比较高。这种类型的方法迭代更新数据源的可靠性得分和候选真值的可信性得分直到收敛，最后把可信度最高的候选值以及各数据源的可靠性得分返回给用户。由于其基本思想可归类于是鸡和蛋的先后问题，为打开缺口，以上算法在初始情况下，会给每一个数据源分配相同的权重。

YIN 等[85]假设在所有存在冲突的信息中，只有一个是正确的，提出了 TruthFinder 框架，该算法为数据源和候选真值迭代打分，考虑到了不同候选真值之间可能存在的相互支持和反对关系，如存在冲突的图书作者信息中，如果 website1 提供的作者信息为“Jennifer Widom”，website2 提供的作者信息为“Jennifer Widom and Stefano Ceri”，则认为候选值“Jennifer Widom”对候选值“Jennifer Widom and Stefano Ceri”有支持作用，并且这种支持是不可逆的。DONG 等[[87-88]采用的框架和 YIN 的类似，都是迭代地给数据源权威度和候选真值正确度打分，但其针对互联网上存在的大量抄袭现象，在发现真值的过程中引入了抄袭检测算法，该算法的启发式思想类似于“正确的答案都是相似的，错误值应该各有各的错处”，其基于已发现的“真值”，认为两个数据源如果提供大量相同的错误值，则它们之间极有可能存在抄袭关系，并且提供的相同的错误值越罕见，则抄袭的可能性越高，基于此，对存在抄袭行为的数据源将分配相对较低的权重。

（2）基于最优化的真值发现方法

基于最优化的真值发现方法[89-92]基于的思想是使总体的损失最小。定义损失函数来衡量候选真值如果为真而其他与其不同的值为假时会带来的损失，在此过程中会考虑各数据源的权重，其原则如式（2.44）所示。

$$\arg\min_{\{w_s\},\{v_o^*\}} \sum_{o\in O} \sum_{s\in S} w_s \cdot d(v_o^s, v_o^*) \tag{2.44}$$

其中，$d(\ )$是预先定义的距离函数，用于度量由数据源 s 提供的信息与已识别的真值之间的差异。目标函数度量的是各数据源所提供的信息 $\{v_o^s\}$ 与已确定的真值 $\{v_o^*\}$ 之间的加权距离。为了使函数值最小，真值 $\{v_o^*\}$ 将接近由权重较大的数据源提供的信息，同时，如果一个数据源提供的信息与真值的距离较小，则它将会被分配较大的权重，这种方法通过迭代地进行真值计算和数据源权重更新直到收敛，这一点与基于迭代的方法相似。

PASTERNACK 等[90]将先验知识引入真值发现算法中，将一般的“常识”推理和用户已知的特定事实表达为一阶逻辑，使违反规则最少的值为真值。

（3）基于概率图模型的真值发现方法

图 2.16 展示的是基于概率图模型的真值发现方法[86]的常规模型（PGM），它对应的似然如式（2.45）所示。

$$\prod_{s\in S} p(w_s|\beta) \prod_{o\in O}\left(p(v_o^*|\alpha) \prod_{s\in S} p(v_o^s|v_o^*, w_s)\right) \tag{2.45}$$

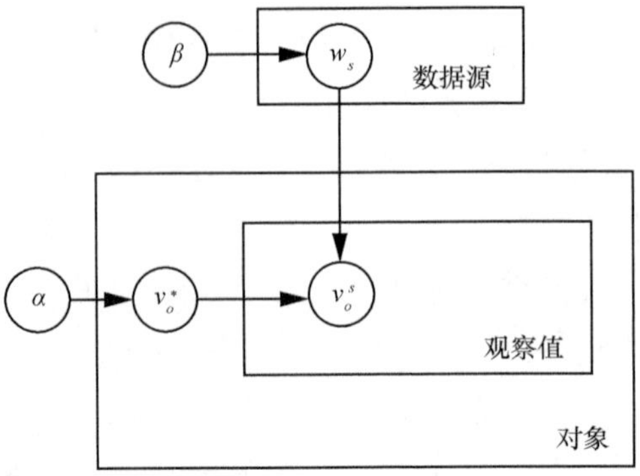

图 2.16　基于概率图模型的真值发现方法的常规模型

在该模型中，每个观察值 v_o^s 都是基于相应的真值 v_o^* 和数据源的权重 w_s 生成的，概率函数 $p(v_o^s|v_o^*,w_s)$ 将它们连接起来。以高斯分布为例，在这种情况下，真值 v_o^* 可被设为分布的均值，精度为 w_s（方差的倒数），因而观察值是从特定参数 (v_o^*,w_s) 的特定分布下采样而得的。如果数据源权重高，方差就相对小，则生成的观察值 v_o^s 将接近真值 v_o^*。反推，如果观察值接近真值，为了最大化可能性，将会分配给数据源小的方差参数（高权重），这也反映了真值发现的普遍原则。

比较典型的基于概率图模型的真值发现方法是由 ZHAO 等[93]提出的 LTM，该模型对单真值发现问题和多真值发现问题都适用，因为它对数据源质量的度量标准不再只针对单值型对象，LTM 通过引入真值作为潜在变量，通过贝叶斯分析方法对生成误差过程和数据源质量进行建模，模型整体较健壮。

以上真值发现方法大多是无监督的，初始情况下每个数据源均分配相同的权重，因此这在很大限度上包含"提供真值的数据源需要占数据源整体的大多数"的要求，否则在无监督环境下，依据对每个对象所求出的真值对各数据源权威性进行更新。随后继续对其他待求真对象进行求真，模型会给占数据源整体少数的、提供真值的数据源分配低权重，而占数据源整体大多数的、提供错误值的数据源则被认为提供了真值，反而分配了高权重，如此下去，整个真值发现过程可能完全脱轨。

值得一提的是，真值发现问题的提出者 YIN 也发现了上述问题，并提出引入少量监督数据对真值发现精度进行提升[89]，不过其研究的仍然是单真值发现问题。另外，LI 等[94]也提出了若干个以后可以提升的研究方向，并特别指出可以用样本种子的可信性作为数据源的初始权重以弥补给所有数据源分配相同权重可能带来的风险，但其只给出了方向，并没有对此进行深度探讨，也没有介绍使用样本为数据源分配初始权重的方法。

多真值发现问题在真值发现问题提出后的很长一段时间内都被与单真值发现问题同等对待。图书作者信息便可作为一个典型的多真值发现问题，由于大多数网站可能只提供部分他们认为比较有把握的作者名称，只有极少数网站提供了完整的作者信息，按照单真值发现方法选出的作者信息并不完整，对多真值发现问题进行深入研究是很有现实意义的。

当前关于多真值发现的研究仍处于激烈的探索阶段。FANG 等[95]提出一种被称为 SmartMTD 的模型，通过综合考虑数据源之间的关系（相互支持关系和抄袭关系）、待求真对象的流行度、候选真值的相互排斥关系和长尾现象来发现真值并对数据源进行打分。LI 等[96]提出一种叫作 HYBRID 的算法，该算法每次都对待求真的对象做出两个决策：该对象应该有几个真值；这些真值分别是什么。该算法首先假设一组值已属于真值，然后分别求下一个值为真和假的条件概率，在计算每个候选值为真概率的方法类似于单真值发现方法。LIN 等[97]考虑到不同数据源可能对不同类别对象所提供信息的准确度也不同，提出了一种综合贝叶斯方法，结合数据源的领域专业度和候选真值的可信度来给每个候选真值进行打分，根据阈值给出一组得分最高的候选值作为真值。WANG 等[98]在真值发现问题中定义了一种新的互斥关系以反映多真值发现背景下数据源与候选值之间的潜在联系，并提出了一种更细粒度的抄袭检测方法。此外，WANG[99]还进一步考虑了两方面的改进方案，即不平衡的正向和负向候选值的校准以及相同候选值之间的潜在关系以改进真值发现结果的准确性。

以上方法都仍然给数据源分配相同的初始权重，在单真值发现中存在的真值发现过程脱轨的风险在这里仍然存在，此外，在求真过程中还应考虑到不同对象的求真难度可能也不同。类似于学生的考试，每道题难度不同，相应的分值也应该不尽相同，一律采用相同的方法以默认的顺序来计算待求真对象的真值并相应地对数据源质量进行更新并不足够稳妥。相对于单真值发现问题，关于多真值发现问题仍有进一步研究的空间。

2.2.3　基于多特征的实体消歧

本小节主要挖掘实体的概念特征、属性特征、上下文特征这三个维度的特征来对候选实体进行消歧，从而为本地知识库中的实体找到其在三大百科对应的页面，为三大百科关于该实体建立映射，继而对建立映射关系的百科实体的知识卡片进行融合。

基于多特征的实体消歧算法见算法 2.1。由于实体的概念对实体有重要的表征作用，而三大百科作为通用知识库包含丰富的实体类别，为提高消歧效率，避免每个百科中的每个候选实体都与本地知识库中的待扩充实体进行精确匹配，提取所有候选实体的概念特征以过滤部分类别明显不符的候选实体，设置概念相似度阈值。此外，三大百科对于关键字返回的候选实体会依据系统的访问量、关注度等因素进行排序，这种处理是有意义的，因此首先会提取概念相似度满足要求的排名前三的实体进行完整的相似度比较。如果概念相似度排名前三的实体的整体相似度最大值 $\max_1$ 大于或等于给定的阈值 σ_0，则其余候选实体将不再进行比较，认为该实体就是本地知识库中待扩充实体在该百科网站中的共指对象，消歧阶段工作完成。如果概念相似度排名前三的实体的完整相似度值 m 小于给定的阈值 σ_0，则将剩余候选实体均与待扩充实体进行完整的相似度比较，选出候选实体的最大值。考虑到百科网站覆盖的专业深度有限，本地知识库中的待扩充实体在百科网站中可能没有建立对应的词条，因此，所有候选实体与待扩充实体的相似度也应设置一个阈值σ_1，如果最大值$\max_2$大于或等于该阈值σ_1，则认为百科网站中具有最大相似值的候选实体与本地知识库中待扩充实体共指，否则认为在该百科网站中没有共指对象。需要注意的是阈值σ_0与σ_1应满足关系$\sigma_0 \geqslant \sigma_1$。完整的相似度计算如式（2.46）所示。

$$\mathrm{Sim}(o_1,o)=a\cdot\mathrm{Sim}_{\mathrm{concept}}(o_1,o)+b\cdot\mathrm{Sim}_{\mathrm{attr}}(o_1,o)+c\cdot\mathrm{Sim}_{\mathrm{context}}(o_1,o) \tag{2.46}$$

其中，o为知识库中的待扩充实体，o_1为百科网站中的候选实体，$\mathrm{Sim}_{\mathrm{concept}}$为它们的概念相似度，$\mathrm{Sim}_{\mathrm{attr}}$为它们的属性相似度，$\mathrm{Sim}_{\mathrm{context}}$为它们的上下文相似度，$a$，$b$，$c$分别为其对应的权重。

算法 2.1　基于多特征的实体消歧算法

输入　候选实体集合，阈值σ_0，σ_1，α，且$\sigma_0 \geqslant \sigma_1$

输出　各百科关于待融合实体的共指实体

1）计算所有候选实体与待融合实体的概念相似度
2）过滤掉所有概念相似度小于阈值α的候选实体
3）取出在百科网站中排名前三的实体
4）　　计算它们与待融合实体的属性相似度、上下文相似度
5）　　if 三个候选实体中相似度的最大值$\max_1 \geqslant \sigma_0$
6）　　输出相似度最大的实体o_{m1}
7）　　结束；
8）　else
9）　　遍历计算所有候选实体的属性相似度、上下文相似度
10）　　if 相似度最大值$\max_2 \geqslant \sigma_1$
11）　　输出相似度最大的实体o_{m2}
12）　　结束；
13）　else
14）　　在该百科中没有实体与其对应
15）结束；

1. 实体概念相似度比较

概念相似度比较主要计算百科中各候选实体与本地知识库的实体在概念维度的特征相似度，通过候选实体的词条标签与义项来获得候选实体的概念。

百科中的词条标签通常能够简练地对实体的概念进行概括，一个实体通常有若干个标签，从多个角度或粒度对人、事物的概念进行描述。例如，关于关键词“黄河”，其百度百科搜索结果中有两个义项分别是“中国第二长河”和“中国男演员”的候选实体，这两个候选实体所对应的词条标签分别是“河流，地理”和“非地理，演员，娱乐人物，人物”。“河流，地理”和“非地理，演员，娱乐人物，人物”，便给出了关于“黄河（中国第二长河）”与“黄河（中国男演

员）”的概念。

除词条标签外，候选实体的义项也是实体概念的重要参照特征，候选实体的底部标签可能缺失，义项却一般不会缺失，它是对实体“身份”的精炼描述。例如，义项“中国男演员”就对“黄河”这个候选实体的特征进行了充分的概括，精炼地叙述了该实体的重要特征。义项“中国男演员”中的“男演员”比该词条标签中的“演员”更具体，义项对实体的“身份”的概念描述一般落在句子的前半部分或者后半部分，“中国”是对“男演员”的修饰。对于实体概念的提取主要是将该实体的词条标签和义项中的概念特征组合起来，如对于义项是“中国男演员”的“黄河”页面，通过该方法组合得到的概念特征是“非地理，男演员，演员，娱乐人物，人物”，得到关于该实体的由抽象到具体的整体概念。提取到的候选实体的概念与知识库中待融合实体的概念相似度比较将借助外部词典进行，本小节选取的外部词典是《同义词词林扩展版》，通过挖掘两组概念在《同义词词林扩展版》中的位置关系来计算它们概念的相似度。

《同义词词林扩展版》一共包含 5 级编码。第一级编码用大写的英文字母表示；第二级编码用小写的英文字母表示；第三级编码用两位十进制整数表示；第四级用大写英文字母表示；第五级用两位十进制整数表示[100]。《同义词词林扩展版》还通过标记“=”代表“相等”或“同义”，“#”代表“不等”但“同类”，“@”代表“自我封闭”或“独立”，它在词典中既没有同义词，也没有相关词。例如，《同义词词林扩展版》中的结构“Be05B01=江河 江 河 川 水 河流 水流 河川 长河 沧江 天堑 河水 江湖 江流 大江 沿河 河里 延河水 江河水 地表水 大溜 浊流 淮”，其中“Be05B01”是编码，“江河 江 河 川 水 河流 水流 河川 长河 沧江 天堑 河水 江湖 江流 大江 沿河 河里 延河水 江河水 地表水 大溜 浊流 淮”是该类的词语，“=”表示这些词语是相等或同义的。由于一词多义的现象，同义词词林中一个词可能有多个编码。由于本小节提取的是候选实体的一组概念特征，因此对于一词多义现象采取使这组特征距离最小的原则来处理歧义问题，从而将候选实体的概念成功映射到《同义词词林扩展版》中，其计算方法如式（2.47）所示。

$$\mathrm{Sim}_{\mathrm{concept}}(o_1, o) = \sum\nolimits_{c_1 \in C(o_1)} \mathrm{Max}\left(\mathrm{Sim}(c_1, c_2)\right),\ c_2 \in C(o) \tag{2.47}$$

其中，o 是本地知识库中的实体，o_1 是三大百科中关于本地知识库的候选实体，$C(o_1)$ 为实体 o_1 的概念集合，$C(o)$ 为实体 o 的概念集合，$\mathrm{Sim}(c_1, c_2)$ 为概念 c_1 与 c_2 的相似度。两个词的相似度比较主要借助外部词典《同义词词林扩展版》。主要考虑它们在《同义词词林扩展版》中的编号在哪一层开始不一致。

① 若在第一层开始不一致，则认为它们的相似度为 0，$\mathrm{Sim}(A,B)=0$，计算结束。

② 若在第二层开始不一致，系数为 d，那么 $\mathrm{Sim}(A,B)=\left(1+d\cdot\log\dfrac{n-k+1}{n}\right)/5$。

③ 若在第三层开始不一致，系数为 e，那么 $\mathrm{Sim}(A,B)=\left(1+1+e\cdot\log\dfrac{n-k+1}{n}\right)/5$。

④ 若在第四层开始不一致，系数为 f，那么 $\mathrm{Sim}(A,B)=\left(1+1+1+f\cdot\log\frac{n-k+1}{n}\right)/5$。

⑤ 若在第五层开始不一致，系数为 g，那么 $\mathrm{Sim}(A,B)=\left(1+1+1+1+g\cdot\log\frac{n-k+1}{n}\right)/5$。

n 是分支层的节点总数，k 是两个分支间的距离，如计算的两个义项的每一层都相同，则当末尾号为“=”时，相似度为 1，当末尾号为“#”时，则两个概念同类，直接把预先定义的系数 θ 作为相似度。因为一个词在《同义词词林》中有多个编号，相似度计算的最终结果 $\mathrm{Sim}_{\mathrm{concept}}$ 为最大的相似值。

2. 实体属性相似度比较

属性相似度比较主要分为属性类别相似度比较和属性值相似度比较两部分，如式（2.48）所示。

$$\mathrm{Sim}(a_1,a_2)=\mathrm{Sim}_{\mathrm{class}}(a_1,a_2)+\mathrm{edit\_Dist}(a_1,a_2) \tag{2.48}$$

其中，$\mathrm{Sim}(a_1,a_2)$ 表示属性 a_1 和属性 a_2 的属性相似度，$\mathrm{Sim}_{\mathrm{class}}(a_1,a_2)$ 表示属性 a_1 和属性 a_2 的类别相似度，其计算方法和概念相似度计算方法相同。$\mathrm{edit\_Dist}(a_1,a_2)$ 表示属性 a_1 和属性 a_2 的编辑距离。属性类别相似度比较是考虑到如果候选实体知识卡片中属性的表征类别与知识库中待融合实体的类别不一致，那么这两个实体的属性相似度不大。例如，有些属性的描述对象主要是人物，如“职业”，有些属性描述的是特定领域的对象，如“流域面积”。属性值的相似度比较采用简单的编辑距离来计算，表示两个字符串之间，由一个字符串转成另一个字符串所需的最少编辑操作次数。

实体 o_1 和实体 o 的属性相似度的计算如式（2.49）所示。

$$\mathrm{Sim}_{\mathrm{attr}}(o_1,o)=\sum\nolimits_{a_1\in\mathrm{Att}(o_1)}\mathrm{Max}\left(\mathrm{Sim}(a_1,a_2)\right),a_2\in\mathrm{Att}(o),\mathrm{Sim}(a_1,a_2)>m \tag{2.49}$$

其中，$\mathrm{Att}(o_1)$ 为实体 o_1 的属性集合，$\mathrm{Att}(o)$ 为实体 o 的属性集合，特别地，在此过程中需设置阈值 m 以过滤相似度极低的属性对。

3. 实体上下文相似度比较

候选实体的上下文关系主要通过提取百科页面的摘要和知识卡片中的锚文本来获得，计算方法如式（2.50）所示。

$$\mathrm{Sim}_{\mathrm{context}}(A,B)=\sum\nolimits_{a\in A_{\mathrm{neighbor}}}\mathrm{Max}\left(\mathrm{Sim}(a,b)\right),b\in B_{\mathrm{neighbor}} \tag{2.50}$$

其中，A_{neighbor} 表示实体 A 的邻居集合，B_{neighbor} 表示实体 B 的邻居集合，$\mathrm{Sim}(a,b)$ 表示实体 a 和实体 b 去除上下文相似度之后的相似度，也就是基于实体概念相似度和实体属性相似度特征的相似度，这主要是为了避免陷入递归而牺牲了邻居实体的上下文相似度比较。实体 A 与实体 B 的上下文相似度度量通过取实体 B 的邻居实体与实体 A 的邻居实体进行比较，取相似度最大值作为 B 中的某一个邻居与 A 中邻居实体的相似度，然后进行求和。式（2.50）基于的思想是，如果与两个待匹配实体连接紧密的邻居实体之间的相似度越高，那么这两个实体就越相似。百科网站中候选实体的邻居主要从该实体页面中摘要和知识卡片中的锚文本中提取，如图 2.17 所示。对于百度百科的“黄河”消歧页中解释为“中国第二长河”的“黄河”实体，其摘要中有锚文本“黄河水系”“青海”“四川”“甘肃”“宁夏”“内蒙古”“陕西”“山西”“河南”“山东”“青藏高原巴颜卡拉山脉”“汾河”“洮河”等，将它们作为邻居实体以辅助消歧。

中文名称	黄河	发源地	青藏高原巴颜喀拉山脉
英文名称	Yellow River	主要支流	汾河、洮河、渭河等
别　称	中国母亲河、河水、浊河	河　长	约5464公里
所属水系	黄河水系	河流面积	约752443平方公里
地理位置	中国北部	平均流量	2571立方米/秒
流经地区	青海、四川、甘肃、宁夏、内蒙古、陕西、山西、河	注入海洋	渤海
	南、山东	沿岸重要城市	兰州、银川、郑州、济南、东营

图 2.17　百度百科中义项是“中国第二长河”的“黄河”的知识卡片锚文本

2.2.4　基于词典的属性对齐

属性对齐和属性值融合是知识卡片融合的核心部分，其最终目的是通过融合获得关于实体的基于三大百科的更全面、更准确的属性–属性值列表，属性对齐工作建立在实体消歧工作完成的基础上，是属性值融合的基础，通过属性对齐工作可以移除三大百科中的冗余知识。

通过分析发现，现三大百科关于共指实体的属性存在重复、相同属性的表述不一致等问题。属性对齐阶段需要完成以下工作。

① 识别显式重复的属性–属性值对，由于三大百科中知识卡片上的属性名通常是对该实体特征的描述，对于实体特征的描述通常没有歧义，因此对于某些表象相似度较大的属性，本小节认为它们表述的是相同的特征。有些属性名只需要通过简单的编辑距离，计算认为满足一定阈值的便将其归类为相同属性，如百度百科中对于义项是“中国第二长河”的“黄河”页面的知识卡片中“中文名称：黄河”和互动百科中的“中文名：黄河”便可通过此方法识别出共指关系。

② 识别属性名无法通过简单的基于字符串相似度距离计算得出的但语义相同的属性，并为它们创建统一描述。需要注意的是，属性对齐只是属性名层次的融合，除了第一种情况中如果属性名显示相同，属性值也显示相同的属性–属性值对可以直接删除重复项只保留一个外，其他的属性在对属性名对齐的基础上，其属性值仍然要在标记其属于哪一个数据源的基础上进行保存。例如，百度百科对于义项是“中国第二长河”的“黄河”的知识卡片中属性名是“地理位置”给出的属性值是“中国北部”，而互动百科对于属性名是“地理位置”给出的属性值是“中国”，具体选择哪一个值作为属性“地理位置”的值将留给后续属性真值发现阶段进行处理。

另外，如果对于数据源 A 中的每个属性与数据源 B、C 中的每个属性都进行相似度比较，效率将非常低。为了提高属性对齐效率，将属性划分为对象型、字符串型和数值型，并对在同一数据源中的属性按类型进行分块，属性类型识别使用中科院开发的可添加用户自定义词典的 NLPIR 分词系统进行识别。

主要方法如下。

① 如果属性名间的表象相似度大于阈值并且属性值相似度大于阈值，则认为该属性对共指，表象相似度度量使用编辑距离来计算。

② 在同类型属性对之间通过属性名在《同义词词林扩展版》中位置的比较来发现属性名之间是否存在同义关系。

属性对齐之后，对于多百科间的重复属性，将为它们建立统一描述并移除冗余信息。

2.2.5 基于贝叶斯分析的属性真值发现

三大百科是“独立自治”的，由于知识背景差异、数据源更新频率不同、拼写错误等，不同百科网站关于同一实体的同一属性提供的值有时会存在差异。经分析发现对齐后的属性值的冲突主要可以分为两个层次。

第一个层次的冲突是数据源提供的属性值其实是相同的，只是表述方式存在差异。例如，对于百度百科对于义项是“中国第二大河”的“黄河”的“平均流量”属性给出的属性值是“2 571 立方米/秒”，而中文维基百科对于解释是“中国第二长河”的“黄河”的“平均流量”属性给出的属性值是“2 571 m³/s”，事实上二者只是表达不同，“2 571 立方米/秒”和“2 571 m³/s”是不存在根本上的冲突的，因此对仅表述存在差异而指向相同的属性值只需要将其值进行统一，而不需要经过真值发现处理。

第二个层次的冲突是数据源间提供的值是不同的。例如，互动百科对义项是“中国第二大河”的“黄河”的“平均流量”属性给出的值是“580 亿”，而百度百科给出的值是“2 571 立方米/秒”，这两个值是完全不同的，因此需要制定冲突解决方案，为“平均流量”属性从“580 亿”和“2 571 立方米/秒”这两个冲突的属性值中发现最可能为真的值。这是单真值发现问题，因为“平均流量”属性的属性值只能是一个。而有些属性可能有多个值，如“别称”属性就可能有两个或多个，因此可能三大百科对该属性提供的值不完全相同，每个百科提供若干原子值，我们需要为“别名”属性找到一组正确概率较高的原子值。

综上所述，需要为单真值属性和多真值属性分别设计真值发现方案。本小节设计的真值发现方法属于基于迭代的真值发现方法，主要包含三大模块，分别是数据源初始权重分配模块，属性值为真概率计算模块和数据源权重更新模块。下面将具体介绍各模块的内容。

1. 数据源初始权重分配

为了打破以往真值发现方法在初始情况下给每个数据源提供相同权重带来的限制，探索通过抽样的方法给每个数据源分配初始权重。为保证所分配权重的代表性的同时处理成本，采取分层抽样方法引入少量先验知识从而为数据源分配初始权重。首先将所有存在冲突的属性值按照数据源–属性值的次序集中在一起，然后根据属性的冲突程度进行排序，排序的依据是如果候选属性越多，则对于真值存在的分歧越大，冲突的程度也越大，冲突程度用信息熵来度量，如式（2.51）所示。

$$\mathrm{Diff}(a)=-\sum\nolimits_{v\in V}\frac{|s_a^v|}{|s_a|}\log\frac{|s_a^v|}{|s_a|} \tag{2.51}$$

其中，$|s_a^v|$ 是为属性 a 提供属性值 v 的数据源数量，$|s_a|$ 是为属性 a 提供属性值的所有数据源的数量，V 为属性值集合。依据属性值的冲突程度将属性分为三个层次，用 α_1、α_2 作为界值，如果 $\mathrm{Diff}(a)<\alpha_1$，则 a 属于冲突小的属性，求真难度较低；如果 $\alpha_1\leqslant\mathrm{Diff}(a)\leqslant\alpha_2$，则 a 属于冲突中等的属性，求真难度中等；如果 $\mathrm{Diff}(a)>\alpha_2$，则 a 属于冲突程度较大的属性，求真难度很大。然后对这三个层次的属性分层进行随机取样，通过官方数据或咨询专家的方式来人工确定真值，根据已知的真值和三大数据源所给值的情况来对数据源进行评分。单真值发现和多真值发现需要进行区分，对于单真值发现方法，初始权重只有精度，如式（2.52）所示。

$$\mathrm{Pre}(s)=\sum\nolimits_{v\in\mathrm{Inter}(V_i,V_c)}\log\frac{|s_{a_j}|}{|s_a^v|} \tag{2.52}$$

其中，V_i 表示数据源 s_i 为相应属性所提供的值，V_c 表示这些值存在冲突的属性的正确属性值，$|\mathrm{Inter}(V_i,V_c)|$ 是数据源 s_i 提供的正确属性值的个数，即对于存在冲突的属性中，数据源 i 提供了多少真值，$|s_{a_j}|$ 表示为该存在冲突的属性 a 提供值的数据源的个数，$|s_a^v|$ 表示为属性 a 提供正确属性值的数据源个数。

在单真值发现问题中，主要考虑数据源提供值的准确性。在分层抽样中，根据数据源给出的值分配初始权重时，不仅考虑了数据源所提供值的正确性，而且考虑了所提供正确值的难度，把提供数值的数据源考虑成参加许多次考试的学生，对于大多数学生能做出来的题目所给的分数不高，而只有极少数学生才能做出来的题目设置较高的分数，这一点也在式（2.52）中体现了出来。

在多真值发现问题中，不仅要考虑数据源的精确率，即由该数据源提供的属性值为真的概率，还要考虑其排除错误值的准确率，即该数据源没有提供的属性值为错误值的概率，也就是排除错误的准确率，其计算方法如式（2.53）、式（2.54）所示。

$$\mathrm{Pre}(V_j^i)=\frac{|\mathrm{Inter}(V_j^i,V_j)|}{|V_j^i|}\left(\sum\nolimits_{v\in\mathrm{Inter}(V_j^i,V_j)}\log\frac{|s_{a_j}|}{|s_{a_j}^v|}\right) \tag{2.53}$$

$$\mathrm{Tne}(V_j^i)=\frac{|TV_j^i|}{|TV_j^i|+|V_j-\mathrm{Inter}(V_j^i,V_j)|}\left(\sum\nolimits_{v\in TV_j^i}\log\frac{|s_a^v|}{|s_{a_j}|}\right) \tag{2.54}$$

其中，V_j 为第 j 个属性 a_j 的完整真值列表，V_j^i 为数据源 s_i 提供的关于属性 j 的多值列表，对于数据源 s_i，V_j' 是其他数据源提供的关于第 j 个属性的错误值集合，s_{a_j} 表示所有为第 j 个属性提供属性值的数据源集合，$s_{a_j}^v$ 表示所有为第 j 个属性 a_j 提供属性值 v 的数据源集合，TV_j^i 表示

$V_j' - (V_j^i - \mathrm{Inter}(V_j^i - V_j))$， $\mathrm{Inter}(V_j^i - V_j)$ 为数据源 s_i 提供的属性值列表与完整真值列表的交集，$\mathrm{Pre}(V_j^i)$ 表示数据源 s_i 第 j 个属性 a_j 所得的准确性分数，$\mathrm{Tne}(V_j^i)$ 表示数据源 s_i 关于第 j 个属性 j 的正确排除错误属性值所得的分数。

通过分层抽样，对于单值属性数据源的准确性初始分数的计算如式（2.55）所示。

$$\mathrm{Pre}(s_i) = w_1 \cdot \mathrm{simple} + w_2 \cdot \mathrm{medium} + w_3 \cdot \mathrm{difficult} \tag{2.55}$$

对于多值属性数据源的精确率和正确排除率的初始分数的计算分别如式（2.56）和式（2.57）所示。

$$\mathrm{Pre}(s_i) = w_1 \cdot \mathrm{simple}_i^{\mathrm{Pre}} + w_2 \cdot \mathrm{medium}_i^{\mathrm{Pre}} + w_3 \cdot \mathrm{difficult}_i^{\mathrm{Pre}} \tag{2.56}$$

$$\mathrm{Tne}(s_i) = w_1 \cdot \mathrm{simple}_i^{\mathrm{Tne}} + w_2 \cdot \mathrm{medium}_i^{\mathrm{Tne}} + w_3 \cdot \mathrm{difficult}_i^{\mathrm{Tne}} \tag{2.57}$$

其中，$\mathrm{simple}_i^{\mathrm{Pre}}$，$\mathrm{medium}_i^{\mathrm{Pre}}$，$\mathrm{difficult}_i^{\mathrm{Pre}}$ 分别是数据源 s_i 在求真难度简单、中等和难度较大三个层次获得的分数，w_1，w_2，w_3 为分配的权重。$\mathrm{Pre}(V_j^i)$ 表示数据源 s_i 在提供该属性值上的精度，表示该数据源提供的值是正确值的概率，$\mathrm{Tne}(V_j^i)$ 表示当数据源没有提供某个值时，该值是错误值的概率，它们是数据源 s_i 的准确性与排除错误值的准确性的初始权重。

2. *属性值为真概率计算*

本小节采用基于贝叶斯分析的方式考虑候选值为真的概率[97]。$\alpha(v)$ 是属性值 v 为真的先验概率，其计算如式（2.58）所示，$\alpha'(v)$ 是属性值 v 为真的后验概率，其计算如式（2.59）[97]所示。其中 $\mathrm{Pr}(\varphi(a)|v)$ 是属性值 v 为真的条件下各数据源可靠性的条件概率，$\mathrm{Pr}(\varphi(a)|\overline{v})$ 是属性值 v 为假的条件下各数据源可靠性的条件概率。

$$\alpha(v) = \frac{|s_a^v|}{|s_a|} \tag{2.58}$$

$$\begin{gathered}\alpha'(v) = \mathrm{Pr}(v|\varphi(a)) = \frac{\mathrm{Pr}(\varphi(a)|v)\mathrm{Pr}(v)}{\mathrm{Pr}(\varphi(a)|v)\mathrm{Pr}(v)+\mathrm{Pr}(\varphi(a)|\overline{v})\mathrm{Pr}(\overline{v})} = \\ \frac{\mathrm{Pr}(\varphi(a)|v)\alpha(v)}{\mathrm{Pr}(\varphi(a)|v)\alpha(v)+\mathrm{Pr}(\varphi(a)|\overline{v})(1-\alpha(v))} = 1\Big/\left(1+\frac{\mathrm{Pr}(\varphi(a)|\overline{v})}{\mathrm{Pr}(\varphi(a)|v)}\cdot\frac{1-\alpha(v)}{\alpha(v)}\right)\end{gathered} \tag{2.59}$$

单真值发现方案与多真值发现方案在这两个条件概率的计算方法上有所区别。

对于单值型属性主要考虑所有提供其值和未提供其值的数据源的准确性。$\mathrm{Pr}(\varphi(a)|v)$ 使用式（2.60）计算，$\mathrm{Pr}(\varphi(a)|\overline{v})$ 使用式（2.61）计算。其中 s_a^v 表示所有为属性 a 提供原子属性值 v 的数据源集合，$s \in s_a^{\overline{v}}$ 表示所有没有为属性 a 提供属性值 v 的数据源的集合。因为可能存在所有数据源都没有能提供真值的情况，因此对于单真值发现方案和多真值发现方案都应设置一定的阈值以避免把错误值当作真值输出。对于单值型属性最后返回的是大于预先所设阈值的为真概率最大的属性值。对于多真值属性返回的是大于所设阈值的一组原子值。

$$\mathrm{Pr}(\varphi(a)|v) = \prod_{s \in s_a^v} \mathrm{Pre}(s) \prod_{s \in s_a^{\overline{v}}} (1-\mathrm{Pre}(s)) \tag{2.60}$$

$$\Pr\left(\varphi(a)\middle|\overline{v}\right)=\prod\nolimits_{s\in s_a^{\overline{v}}}\mathrm{Pre}(s)\prod\nolimits_{s\in s_a^{v}}\left(1-\mathrm{Pre}(s)\right) \tag{2.61}$$

对于多真值型属性的求真方法，因为其真值个数多于一个，此时不同数据源对于同一属性给出的属性值可能是相互补充的，这种情况下寻找真值相对于单真值属性的过程更加复杂，简单地分析数据源的可靠性和数据源支持数是不够的。综合考虑各个数据源提供知识的准确度和完整度，统计出所有不重复的值，考虑所有提供该值的数据源的准确率和未提供该值的数据源的排除错误值的准确性，通过贝叶斯分析依次计算每个值为真的后验概率，贝叶斯公式同式（2.59），与单真值发现方法不同，多真值发现的 $\Pr\left(\varphi(a)\middle|v\right)$ 由式（2.62）计算得出，$\Pr\left(\varphi(a)\middle|\overline{v}\right)$ 通过式（2.63）计算得出，其中 S_a^v 为所有为属性 a 提供属性值 v 的数据源集合，$s\in S_a^{\overline{v}}$ 为所有没有为属性 a 提供属性值 v 的数据源的集合。关于对象型属性是单值型还是多值型的判断，根据多个数据源的经验数据来进行度量。

$$\Pr\left(\varphi(a)\middle|v\right)=\prod\nolimits_{s\in s_a^{v}}\mathrm{Pre}(s)\prod\nolimits_{s\in s_a^{\overline{v}}}\left(1-\mathrm{Tne}(s)\right) \tag{2.62}$$

$$\Pr\left(\varphi(a)\middle|\overline{v}\right)=\prod\nolimits_{s\in s_a^{\overline{v}}}\mathrm{Tne}(s)\prod\nolimits_{s\in s_a^{v}}\left(1-\mathrm{Pre}(s)\right) \tag{2.63}$$

3. **数据源权重更新**

随着求真过程的进行，计算了更多各属性值为真的概率的同时也获得了更多关于数据源质量的知识，需要对数据源的权重进行更新。对于单真值发现方法只需要将数据源的准确性进行更新，计算方法如式（2.64）所示；对于多真值发现方法，要继续将数据源的准确性进行更新，也需要将数据源排除错误值的准确性进行更新，其计算方法如式（2.65）、式（2.66）所示。

$$\mathrm{Pre}(s_i)=\sum\nolimits_{v\in\mathrm{Inter}(V_j^i,V_j)}\log\frac{\left|s_{a_j}\right|}{\left|s_a^v\right|} \tag{2.64}$$

$$\mathrm{Pre}(s_i)=\sum_{1}^{|A(s_i)|}\left(\frac{\left|\mathrm{Inter}(V_j^i,V_j)\right|\cdot\left(\sum\nolimits_{v\in\mathrm{Inter}(V_j^i,V_j)}\log\frac{\left|s_{a_j}\right|}{\left|s_a^v\right|}\right)}{\left|V_j^i\right|\cdot\left|A(s_i)\right|}\right) \tag{2.65}$$

$$\mathrm{Pre}(s_i)=\frac{\left|V_j'-\left(V_j^i-\mathrm{Inter}(V_j^i,V_j)\right)\right|\cdot\left(\sum\nolimits_{v\in TV_j^i}\log\frac{\left|s_a^v\right|}{\left|s_{a_j}\right|}\right)}{\left(\left|V_j'-\left(V_j^i-\mathrm{Inter}(V_j^i,V_j)\right)\right|+\left|V_j-\mathrm{Inter}(V_j^i,V_j)\right|\right)\cdot\left|A(s_i)\right|} \tag{2.66}$$

其中，$\left|A(s_i)\right|$ 为数据源 s_i 提供的属性值的个数。

属性真值发现是知识卡片融合工作的最后阶段，本小节创新性地为所有参与的数据源进行了初试权重分配，在真值发现方法中增加了初试权重模块，使用贝叶斯分析公式来对候选属性值为真的概率进行建模。本小节也针对单真值发现问题和多真值发现问题，分别计算了模块中每个候选属性值为真的条件概率。对于单真值发现问题，本小节提出的方案将提供该候选值的数据源的可靠性与未提供该值的数据源的可靠性考虑了进去；对于多真值发现问题，本小节提出的方案将提供该候选值的数据源的准确性与未提供该候选值的数据源的对错误值排除的准确性考虑了进去。

2.2.6 实验分析

1. 数据集和评测指标

实验使用的本地知识库是水利对象基础知识库。三大百科中的知识卡片通过自定义“爬虫抓取”模块获得，随机选取“湖泊”类对象下的 3 129 个实体、“河流”类对象下的 45 203 个实体以及“水库”类对象下的 26 743 个实体作为待扩充的水利对象，将其名称作为关键字根据三大百科的特点拼接成 url 进行页面“爬取”和解析。通过解析每个页面获得的语料是该页面的 url、标题、摘要、知识卡片、词条标签以及摘要和知识卡片中的超链接文本。按照本地知识库中的实体在三大百科中未注册的水利对象数、抓取到的总的属性-属性值对数目进行统计，它们在三大百科中的分布信息如表 2.15 所示。

表 2.15 从三大百科抓取到的样本的统计信息

百科类别	湖泊类对象	河流类对象	水库类对象	湖泊类属性总数	河流类属性总数	水库类属性总数
百度百科	768	2 482	3 351	15 192	31 214	26 512
互动百科	757	2 437	3 349	15 044	31 102	26 147
中文维基百科	843	2 742	3 825	15 359	32 407	28 042

百科网站在某类水利对象下的数目指的是本地知识库中的该水利对象在百科网站中已注册，即没有返回“尚未收录该词条”的提示并且能够“抓取”到对象标题等信息，由于“抓取”到的信息未经过知识融合处理，因此存在很多对于本地知识库中的水利对象来说无用的信息，如本地知识库中的“黄河”实体在百度百科中有 60 个候选实体，最终关于该实体抓取到的属性总数有近 100 个，这也解释了为什么“湖泊”类对象在百度百科中已注册的有 768 个，但属性总数高达 15 192 个，相较“湖泊”类对象，“水库”类对象的属性总数较少，通过观察实验数据发现这主要是因为“水库”类对象的候选实体列表较少，从而属性总数较少。

对于基于多特征的命名实体消歧方法、基于词典的属性对齐方法以及基于贝叶斯分析的属性真值发现方法，选择机器学习中分类算法常用的评估指标，即精确率 P、召回率 R 和 F_1 值。它们的计算公式分别如式（2.67）、式（2.68）、式（2.69）所示。

$$P=\frac{N}{S}\times 100\% \tag{2.67}$$

$$R=\frac{N}{T}\times 100\% \tag{2.68}$$

$$F_1 = \frac{2 \cdot P \cdot R}{P + R} \times 100\% \tag{2.69}$$

其中，N 表示实验结果中正确识别出的关系对数，S 表示实验结果中判定为存在关系的对数，T 表示真实存在的关系对数。

2. 总体评估结果

经过本节提出的知识卡片融合方法处理后获得的水利对象的统计信息如表 2.16 所示。与表 2.15 对应，百科网站在某类水利对象下的数目指的是本地知识库中的该类水利对象与该百科网站中的实体建立了映射的对象数，即本地知识库中的“黄河”实体已与百度百科中义项是“中国第二长河”的“黄河”实体建立了映射，去除了候选实体列表中的其他 59 个实体，此时抓取到的属性总数大大减少。从表 2.16 可以看出，水库类对象的平均属性个数比湖泊类对象少，这是因为在百科网站中“水库”类对象较“湖泊”类对象领域，其专业性更强，但编辑人数及编辑信息有限，而“湖泊”类对象的旅游信息更加丰富，编辑人数更多。

表 2.16　从三大百科抓取到的处理后的水利对象的统计信息

百科类别	湖泊类对象	河流类对象	水库类对象	湖泊类属性总数	河流类属性总数	水库类属性总数
百度百科	724	2 341	3 328	6 973	24 137	26 439
互动百科	712	2 329	3 327	6 850	23 975	25 933
中文维基百科	830	2 645	3 791	7 386	28 911	27 832

本节实验主要分为命名实体消歧实验、属性对齐实验和属性真值发现实验。随机选取 100 个待扩充的实体用以评估命名实体消歧方法的有效性，随机选取 100 个对齐的属性用以评估属性对齐方法的有效性，随机选取 100 个存在冲突的属性值用以评估属性真值发现方法的有效性。

图 2.18 所示是在知识卡片融合过程中，基于多特征的命名实体消歧方法、基于词典的属性对齐方法以及基于贝叶斯分析的属性真值发现方法在“湖泊”类对象、“河流”类对象以及“水库”类对象实验中的精确率与召回率。从图 2.18 可以看出，基于多特征的命名实体消歧方法的精确率在三类水利对象的对齐实验中均保持在 90%左右，召回率保持在 70%以上，验证了本文所提的命名实体消歧方法的有效性。

从图 2.18 可看出属性对齐方法的精确率略低，这主要是因为《同义词词林扩展版》包含的词汇量对常用词语的覆盖比较全面，但关于本节研究的水利领域的属性覆盖上稍显欠缺，所以部分精确率较低，但召回率保持在 60%以上的同时仍可获得 70%左右的精确率。因此，本小节的方法具有可用性，后续也会深入研究对属性对齐方面的改进。

从图 2.18 可看出基于贝叶斯分析的属性真值发现方法的精确率稳定在 80%以上，通过实验分析发现在三大百科提供的属性值存在冲突时，百度百科和互动百科提供的值有相当一部分值存在雷同，其中又有一部分是错误的，不排除它们之间存在抄袭的可能性，后续的研究可以从这方面改进。

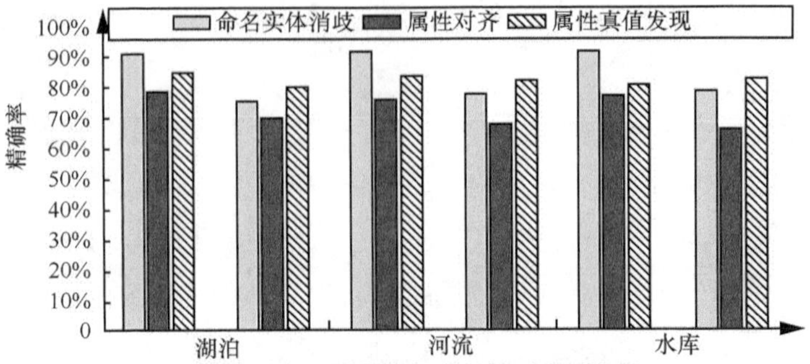

(a) 三种方法在不同对象中的精确率

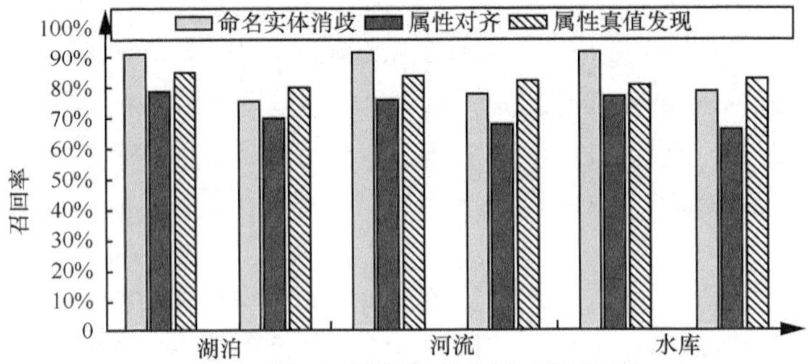

(b) 三种方法在不同对象中的召回率

图 2.18 知识卡片融合实验结果

图 2.19 所示为基于多特征的命名实体消歧方法、基于词典的属性对齐方法以及基于贝叶斯分析的属性真值发现方法在“湖泊”类对象、“河流”类对象以及“水库”类对象实验中的 F_1 值。可以发现基于多特征的命名实体消歧方法在三类水利对象上的表现均比较稳定，F_1 值保持在 80%以上。可以发现，本节提出的命名实体消歧方法在“水库”类对象上的消歧效果略优于在“湖泊”类对象上的消歧结果，经分析发现这主要是因为“水库”类对象的领域专业信息区分度更大，干扰属性信息及邻居实体更少，而“湖泊”类对象的邻居实体干扰性更大，如“某某景区”，属性信息更偏向娱乐一类。

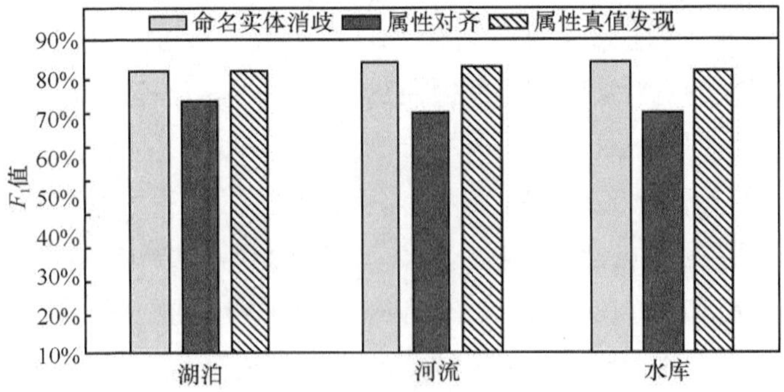

图 2.19 知识卡片融合实验结果 F_1 值

基于词典的属性对齐方法仍有待改进，这主要是因为实验数据比较依赖词典《同义词词林扩展版》，但该词典关于水利对象的领域属性覆盖仍有待完善，这也是为什么属性更偏向旅游信息类的常识性更强的"湖泊"对象的属性对齐结果较优于"水库"对象的属性对齐结果。

特别需要关注的是，基于贝叶斯分析的属性真值发现方法的实验结果的 F_1 值在三类水利对象上均保持在 80%以上，该方法具有良好的扩充性，后续可进一步在更大数量级的冲突数据源上应用该方法。

基于多特征的实体消歧方法、基于词典的属性对齐方法以及基于贝叶斯分析的属性真值发现方法在大样本上的实验效果良好，可对水利知识图谱的常识进行有效扩充，证实了所提方法的有效性。

2.2.7 总结

为更高效地获得和管理知识，对现有的异构知识库进行融合具有非常大的研究和实用意义，本节主要研究中文通用知识库的构建。通过现有对百科类网站的分析，选择中文维基百科、百度百科、互动百科作为主要数据来源，研究了如何从这三大百科的知识卡片中抽取知识并加以融合，以获得关于实体的新的、完整的结构化描述，从而构建一个较大规模的知识库。

本节主要完成了以下工作。

① 为本地知识图谱中的待扩充实体找到其在三大百科中的对应页面，从而为三大百科关于该待扩充实体建立映射。本节提取了从百科网站返回的消歧列表中每个候选实体的义项、摘要、知识卡片、标签信息，借助《同义词词林扩展版》综合计算了候选实体的概念相似度、属性相似度、上下文相似度这三个维度的特征，通过命名实体消歧来对三大百科实体建立映射。为提高效率，过滤概念与待匹配实体明显差距较大的候选实体，并首先精确匹配排名前三的候选实体，当其未达到阈值时，才对全部实体进行精确匹配。

② 为三大百科中建立映射的知识卡片中的属性进行对齐。建立映射关系的实体的知识卡片需要融合，为降低冗余，需要先进行属性对齐。将属性划分为对象型、字符串型、数值型三种，并分块进行匹配，以克服两两匹配造成的低效浪费的问题。在此过程中，仍以《同义词词林扩展版》提供语义支持。

③ 为三大百科中存在冲突的属性找到最可能为真的属性值。不同数据源对相同属性可能提供不同的值，属性真值发现是知识卡片融合的最后一步也是很关键的一步。通过调研可以发现属性可分为单值型属性和多值型属性，因此针对不同情况设计了真值发现策略。

2.3 知识存储

2.3.1 引言

随着知识图谱在信息检索、智能问答以及一些垂直领域的广泛应用，大量图结构的 RDF

数据产生。传统的关系型数据库无法适应语义数据的存储特点，且在既有单节点上安装图数据库难以应对大规模 RDF 数据的查询处理。因此，RDF 数据的分布式存储与查询方法逐渐成为研究热点。

分布式环境下 RDF 数据的划分主要存在以下问题。

① 在数据存储时，为了提升查询效率而对部分数据内容进行复制从而增加存储空间代价，并且数据存储模式较少考虑查询负载的影响，实际查询过程中只有一小部分的冗余数据会被频繁访问。

② SPARQL 查询由集群主节点分配到所有从节点进行处理，各个从节点在进行局部计算时需要对产生的中间结果进行大量的复制与交换，在此过程中产生较高的通信代价。

如何能够使用尽可能少的数据冗余和尽可能低的通信代价实现更加高效的查询处理是 RDF 数据分布式存储领域的研究难点，因此，研究一种适应查询负载的 RDF 数据划分方法并且创建高效的索引机制成为提升分布式环境下大规模 RDF 数据查询效率的有效解决方案。

2.3.2 相关工作

RDF 数据划分是指将一个完整的 RDF 图分割成若干子图。分布式环境下的 RDF 数据划分方法主要可以分为两类：基于图结构的划分方法；基于语义的划分方法。

1. 基于图结构的划分方法

基于图结构的划分方法从图结构的角度，不考虑 RDF 图中各个顶点和边所表示的语义关系，通过挖掘 RDF 图中包含的丰富的结构特征信息[101]，如顶点的出入度[102-103]、顶点间距离以及由某些特殊顶点构成的路径[104]等，将整个 RDF 图划分成若干子图。基于图结构的划分方法主要包括：多粒度层次划分、模板划分和聚类划分。多粒度层次划分的主要思想是首先将整个 RDF 图中连接较为密集的子图结构映射为一个顶点，将这些顶点连接之后形成一个粗化的 RDF 图，接着使用图分割工具 METIS 进一步划分粗化图并且得到若干子图，再将粗化图的子图中的每个顶点还原成原先 RDF 图中的子图，最后得到若干个子图分片[105]。模板划分的主要思想是首先定义出划分时使用的模板类型，接着基于人工设置的规则将划分模板与 RDF 图的顶点和边进行连接，直至形成指定大小的子图分片[106]。聚类划分的主要思想是分析 RDF 图的结构特征信息，找出图中位置邻近的顶点或者路径，并且对其进行聚类后形成若干子图[107]。

2. 基于语义的划分方法

基于语义的划分方法根据 RDF 图中的顶点及边表示的语义信息（即每个顶点表示三元组的主语或者宾语，而顶点之间的连接边则表示谓词或属性），将 RDF 图划分后得到的各个子图存储到不同的分布式集群节点。基于语义的划分方法主要包括：哈希划分、垂直划分和模式划分。哈希划分的思想是首先定义哈希函数，以三元组中的主语作为键值计算出其对应的哈希值，然后将哈希值相同的三元组划分到相同的哈希分片并且存入同一集群节点[108]。垂直划分根据三元组的谓词创建两列表，包含相同谓词的三元组的主语、宾语被分别存入同一张垂直表的两列[109]。针对大规模 RDF 数据的分布式存储方法研究，许多学者基于目前主流的大数据处理框架 Hadoop 和计算引擎 Spark 扩展并改进了传统的垂直划分[110-112]。模式划分的主要思想是通过分析查询日志中出现的 SPARQL 查询模式进行 RDF 数据存储方式的设计[113]。

借助 Hadoop 和 Spark 良好的可扩展性和容错性有助于解决分布式环境下大规模 RDF 数据的管理问题，然而相关研究仍然存在如下两点问题。

（1）数据冗余问题没有完全解决

RDF 数据划分方法仅从一定限度上缓解了数据冗余问题，但实际查询中仍然只有一小部分的冗余数据会被频繁访问，并且数据存储模式无法在查询负载不断变化的情况下进行动态地调整。

（2）通信代价高的问题仍然存在

SPARQL 查询被分配到所有集群节点，处理时需要对各个从节点在局部计算过程中产生的中间结果进行大量的复制以及数据交换，从而产生较高的通信代价。

针对上述问题，本节提出了基于频繁谓词的扩展垂直划分（Frequent Predicates Extended Vertical Partitioning，FP-ExtVP）方法用于减少 RDF 数据分布式存储过程中的数据冗余；提出了基于频繁谓词树（Frequent Predicates Tree，FR-tree）的 SPARQL 查询方法，该方法能够在查询负载动态变化的情况下良好地维持存储及查询性能的稳定性，有效降低 RDF 数据分布式查询时的通信代价。

2.3.3　基于频繁谓词的扩展垂直划分方法

1. 总体架构

基于频繁谓词的扩展垂直划分方法的总体架构如图 2.20 所示，该架构主要包括三部分：哈希划分、垂直划分和 FP-ExtVP 构建。首先，哈希划分将 RDF 三元组的主语输入哈希函数中，主语哈希值相同的三元组将被划分到相同的哈希分片存入同一集群节点；然后，在每个节点中采用垂直划分以两列表的形式组织 RDF 数据，包含相同谓词的三元组将被存入相同的垂直表，写入磁盘；接着，在混合划分的基础上通过计算历史 SPARQL 查询中各个谓词的访问频率找出频繁谓词；最后，构建频繁谓词扩展垂直表对这些频繁谓词的垂直表之间的半连接结果进行预计算，并将结果写入内存。

2. 哈希+垂直混合划分

给定一个三元组 $<subject,predicate,object>$，首先采用哈希划分计算主语 subject 的编码 s，然后将其输入式（2.70）所示的哈希函数，根据计算出的哈希值将哈希值相同的三元组划分到相同的哈希分片并且存入同一集群节点。计算过程如式（2.70）所示，其中，s 为主语的哈希编码，k 为集群节点的个数，根据哈希值 i 将三元组分配至 Worker(i) 节点。例如，图 2.20 中最

上方的平行四边形 HP_0 表示 Worker(0) 中的哈希分片，该分片中所有三元组的主语计算出的哈希值均为 0。

$$\mathrm{Hash}(s) = s \bmod k = i \tag{2.70}$$

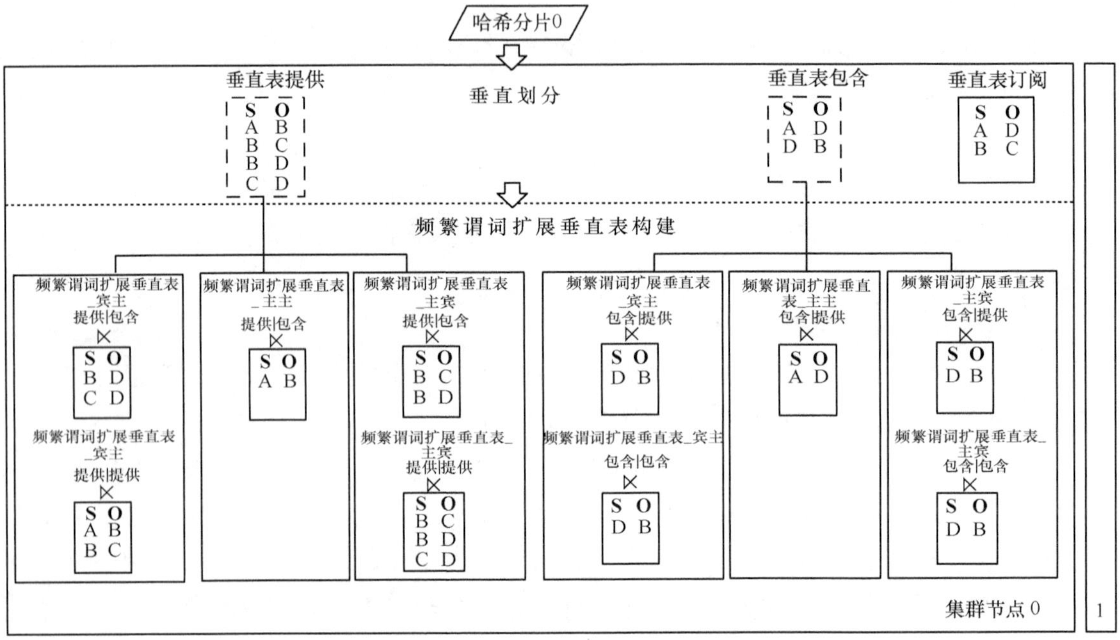

图 2.20　基于频繁谓词的扩展垂直划分方法的总体架构

本小节采用垂直划分在每个集群节点内将哈希分片进一步组织成垂直表的形式存储在 HDFS 上，写入磁盘。如图 2.20 所示，图中用虚线方框表示频繁谓词的垂直表，粗线方框表示非频繁谓词的垂直表，实线方框表示所构建的频繁谓词扩展垂直表。哈希分片 HP_0 中的三元组一共包含三个不同的谓词，分别是：offers，includes 和 subscribes。因此，在垂直划分时，分别对应地创建三个垂直表，即 VP_{offers}， VP_{includes} 和 $VP_{\text{subscribes}}$，用于存储不同谓词的三元组。每张垂直表中均只有两列，其中 S 列表示主语，O 列表示宾语。

3. ***频繁谓词扩展表构建***

（1）频繁谓词选择

在进行频繁谓词选择之前，首先定义谓词频率 Freq 用于计算某个谓词在查询负载中出现的频率。

定义 2.1　谓词频率：给定 SPARQL 查询负载 $Q=\{Q_1,Q_2,\cdots,Q_s\}$ 和谓词 p，将谓词频率 Freq_p 记为

$$\mathrm{Freq}_p = \frac{N_p}{S} \tag{2.71}$$

其中，N_p 表示包含谓词 p 的 SPARQL 查询数量，S 表示 SPARQL 查询总数。

若谓词 p 的频率 Freq_p 不小于阈值 t，则称谓词 p 为频繁谓词，否则谓词 p 为非频繁谓词。通过设置不同的阈值 t，构建频繁谓词扩展垂直表，观察不同阈值下查询运行时间和空间复制比的变化情况，从而确定最优阈值。

（2）频繁谓词扩展垂直表的创建

频繁谓词扩展垂直表构建的基本思想是给定一个包含 n 个频繁谓词垂直表的集合 $\{\mathrm{VP}_{\mathrm{fp1}},\mathrm{VP}_{\mathrm{fp2}},\cdots,\mathrm{VP}_{\mathrm{fp}n}\}$，根据三元组模式的变量连接关系计算每个频繁谓词垂直表和该集合中其余垂直表之间的半连接结果，存入频繁谓词扩展垂直表。变量连接关系取决于执行查询时做连接操作的变量在三元组模式中所处的位置，如图 2.21 所示。总共有 4 种连接关系：主语–主语连接（SS）、宾语–主语连接（OS）、主语–宾语连接（SO）和宾语–宾语连接（OO）。

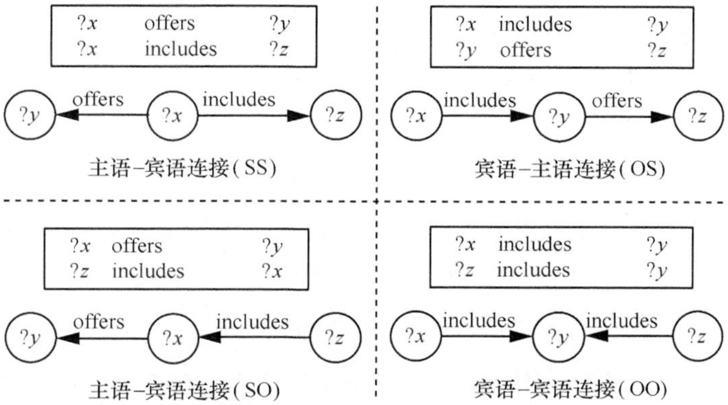

图 2.21 三元组模式的连接关系

假设谓词 offers 和 includes 为查询负载中出现的频繁谓词（图 2.20 中虚线方框标记），subscribes 为非频繁谓词，通过分析垂直表 $\mathrm{VP}_{\mathrm{offers}}$ 和 $\mathrm{VP}_{\mathrm{includes}}$ 的变量连接关系构建频繁谓词扩展垂直表。例如，$\mathrm{VP}_{\mathrm{offers}}$ 一共有三个分支：$\mathrm{FP-ExtVP\_OS}$、$\mathrm{FP-ExtVP\_SS}$ 和 $\mathrm{FP-ExtVP\_SO}$，分别表示宾语–主语连接、主语–主语连接和主语–宾语连接的频繁谓词扩展表。$\mathrm{FP-ExtVP\_OS}$ 一共包含两个扩展表：$\mathrm{FP-ExtVP}^{\mathrm{OS}}_{\mathrm{offers|includes}}$ 和 $\mathrm{FP-ExtVP}^{\mathrm{OS}}_{\mathrm{offers|offers}}$。$\mathrm{FP-ExtVP}^{\mathrm{OS}}_{\mathrm{offers|includes}}$ 为垂直表 $\mathrm{VP}_{\mathrm{offers}}$ 的宾语列（O 列）和 $\mathrm{VP}_{\mathrm{includes}}$ 的主语列（S 列）做左连接操作后返回的结果，可以发现做连接的变量为 D，因此返回结果为 $\mathrm{VP}_{\mathrm{offers}}$ 中的“BD”和“CD”。$\mathrm{FP-ExtVP}^{\mathrm{OS}}_{\mathrm{offers|offers}}$ 为垂直表 $\mathrm{VP}_{\mathrm{offers}}$ 的宾语列和其自身的主语列做左连接操作后返回的结果，可以发现做连接的变量为 B 和 C，因此返回结果为 $\mathrm{VP}_{\mathrm{offers}}$ 中的“AB”和“BC”。

4. 实验结果与分析

（1）实验环境及数据集

本实验租赁了 10 台阿里云华东地区 ECS 云服务器搭建分布式集群，每台服务器的具体硬件配置如表 2.17 所示。分布式集群中的每台服务器均安装了 Ubuntu 16.04 操作系统，搭建了 Hadoop、Spark 以及 sbt 环境。其中，安装的 Hadoop 版本为 2.2.02，Spark 版本为 1.5.1，sbt 版本为 1.1.1。

表 2.17　ECS 云服务器的租赁配置

实例类型	CPU	内存	磁盘	Spark 运行内存
内存型	4 核	32 GB	256 GB	20 GB

本实验采用了广泛应用于 RDF 数据管理方法研究的合成数据集 WatDiv[114]与真实数据集 YAGO3[115]验证本小节所提方法在解决数据冗余问题方面的有效性。各个数据集包含的三元组数量和原始数据存储空间如表 2.18 所示。

表 2.18　实验数据集

数据集	三元组数量/百万个	存储空间/GB
WatDiv 100M	109	15
WatDiv 1000M	1 092.16	149
YAGO3	1 899.74	128

（2）频繁谓词最优阈值

本实验通过设置不同的阈值，观察累计查询时间和空间复制比随之变化的情况，从而确定频繁谓词的最优阈值，实验结果如图 2.22 和图 2.23 所示。当阈值从 4%升至 8%时，找出的频繁谓词频率增加，数量随之减少，构建的频繁谓词扩展表数量也随之减少，因此复制的冗余数据减少，查询时间随之增加。当阈值从 5%升至 8%，查询时间增加了约 5 s，空间复制比降低了 0.24，相应的冗余数据仅减少了 10 MB。因此，当频繁谓词阈值为 5%时，累计查询时间和空间复制比均趋于稳定，二者之间取得了最佳平衡。

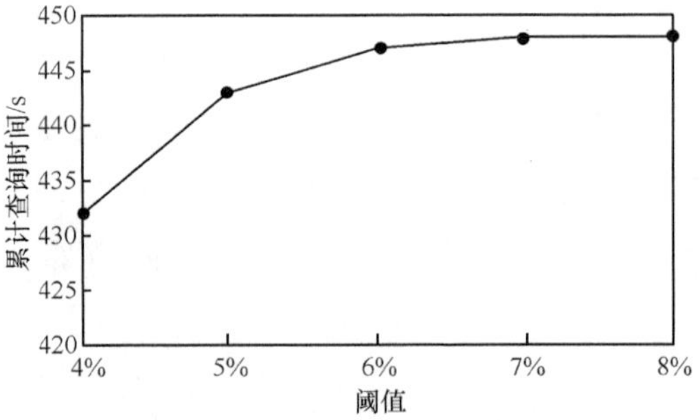

图 2.22　不同阈值下的累计查询时间

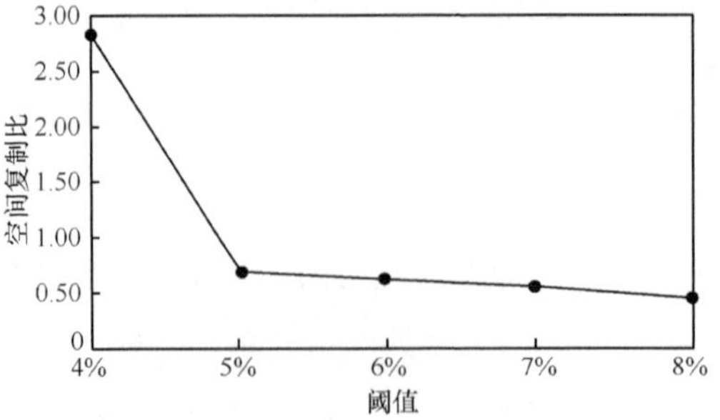

图 2.23　不同阈值下的空间复制比

（3）存储空间及载入时间

本实验选取 S2RDF[110]以及同样采用混合存储模式的 PRoST[111]和 SPT+VP[112]共同作为 FP-ExtVP 的对比方法，测试它们的存储性能。

S2RDF 采用传统的垂直划分方法并且引入扩展垂直表对不同垂直表之间的半连接结果进行预计算，有效减少查询输入规模，但存储代价过高。PRoST 采用属性表与垂直划分的混合存储模式，其存储空间仅为 S2RDF 的 1/3，在处理部分星形查询时优于 S2RDF，但在其余查询类型上表现不佳。SPT+VP 采用子集属性表与垂直划分的混合存储模式，在处理星形查询时的性能要优于 S2RDF，但其在复杂查询方面仍然表现不佳。

实验结果如表 2.19 所示，从表中可以看出 FP-ExtVP 具有最短的数据载入时间和最小的数据存储空间。这是因为 FP-ExtVP 通过构建频繁谓词扩展表将存储的冗余数据控制在一个合理的范围内，同时大幅减少了数据的预计算以及加载时间。S2RDF 在数据存储时花费了大量的时间进行数据的预计算和加载，因此其载入时间最长，存储空间最大。PRoST 和 SPT+VP 虽然都属于混合划分模式，但它们除了垂直划分以外在属性表构建阶段又重复存储了一遍 RDF 数据，相比之下 FP-ExtVP 的哈希划分不会产生额外的数据存储代价。此外，在进行频繁谓词扩展表的构建时通过设置最优阈值有效降低了数据冗余，因此 FP-ExtVP 在载入时间和存储空间上均表现出优于其他方法的性能。

表 2.19　三种方法的载入时间及存储空间统计

数据集	载入时间/s				存储空间/GB			
	FP-ExtVP	S2RDF	PRoST	SPT+VP	FP-ExtVP	S2RDF	PRoST	SPT+VP
WatDiv 100M	**554**	3 203	1 695	961	**0.62**	1.41	0.84	1.17
WatDiv 1000M	**5 609**	21 258	13 674	6 587	**6.95**	15.6	9.52	13.94
YAGO3	**8 643**	31 816	21 574	9 288	**5.97**	13.2	8.19	12.05

2.3.4　基于频繁谓词树的 SPARQL 查询方法

1. 频繁谓词树

（1）频繁谓词树构建

频繁谓词树（Frequent Predicates Tree，FP-tree）的结构主要分为两部分：谓词索引和时间索引，如图 2.24 所示。在构建索引之前，首先采用哈希编码技术对 FP-tree 中的节点进行编码，根据每个垂直（VP）表或频繁谓词扩展垂直（FP-ExtVP）表所代表的谓词计算出其哈希编码 pCode，下面首先给出谓词编码 pCode 的定义。

定义 2.2　谓词编码：一个谓词的哈希编码被表示为一个 M 位长度初始值为全 0 的二进制字符串。设 $|\text{pCode}| = M$，首先将每个谓词表示为一个 n-grams 集合，集合中的每个元素为给定待编

码字符串的一个长度为 n 的子串。例如，谓词 offers 可以用 3-grams 表示为集合 $\{(off),(ffe),(fer),(ers)\}$。接着，从哈希函数集合 $\{H_i \mid i=1,2,3,\cdots,m\}$ 中为每个 n-gram g 选取一个哈希函数并计算哈希值 $H_i(g)$。最后，将 pCode 中（$H_i(g)$ MOD M）位置的字符置为 1。

频繁谓词树的具体结构如图 2.24 所示，具备如下属性。

① 从根节点到叶子节点的每条路径长度均为 h，即树的高度。

② 每个叶子节点均对应集群节点中存储的一个 VP 表或 FP-ExtVP 表。FP-ExtVP 表的谓词编码由与其相关的两个 VP 表的谓词编码经过与操作（AND）后获得。

③ 每个中间节点都有一个指向其子节点的指针。

④ 每个叶子节点的父节点都对应一个集群节点 Worker。例如，图 2.24 中 FP-tree 的 N_0 节点表示集群节点 $Worker_0$。

⑤ 每个叶子节点的父节点所包含的子节点数量等于其对应的集群节点中存储的 VP 表和 FP-ExtVP 表的数量总和。

⑥ 每个非叶节点的哈希编码由其所有子节点的哈希编码经过或操作后得到。

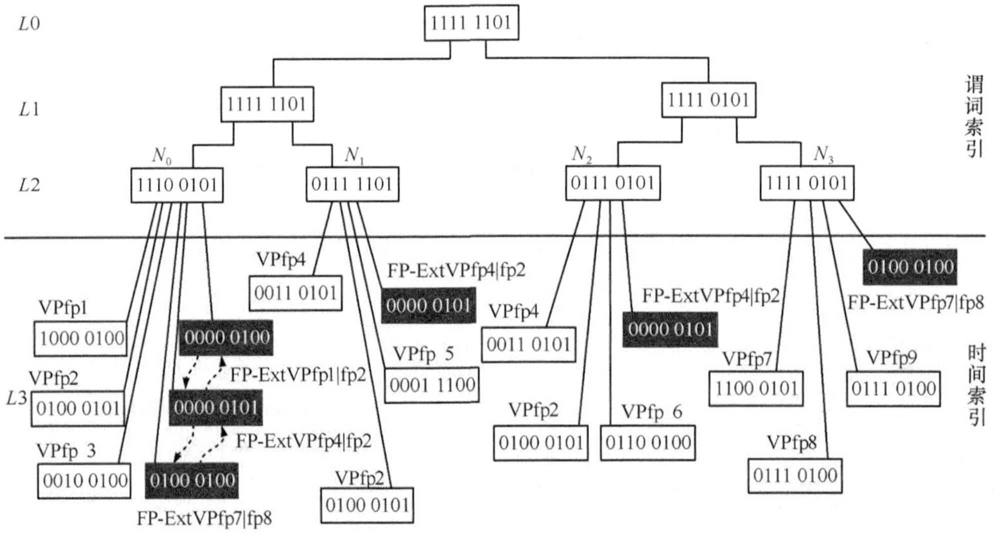

图 2.24　频繁谓词树的具体结构

谓词索引作为主索引创建在集群中的主节点（Master），用于索引每个集群节点中存储的垂直表和频繁谓词扩展垂直表，在查询时通过遍历 FP-tree 将 SPARQL 查询分发到存在候选解的特定的从节点（Worker）中。谓词索引结构的覆盖范围包括所有的非叶子节点层（图 2.24 中 $L0$，$L1$，$L2$ 层）。查询时，先在 Master 中遍历谓词索引，从根节点开始按照深度优先搜索策略将被查询谓词的哈希编码依次与 FP-tree 中各个节点进行与操作，然后找到包含候选表的特定集群节点，将查询文件分发至这些节点中进行处理。

时间索引作为辅助索引创建在集群的各个从节点中，用于实时地监测每个谓词在查询负载中的访问频率变化情况并且定期地对内存中存储的频繁谓词扩展垂直表的数据进行动态重划分。时间索引的覆盖范围仅包括叶子节点层（图 2.24 中 *L*3 层）。每个叶子节点中存储了一些元数据信息作为数据更新时的参考依据，具体如表 2.20 所示。

表 2.20　叶子节点元数据信息

元数据名称	标识	作用
表标识	Tableid	唯一地标识每一张表
表访问频率	Freq	观察表的访问频率变化情况
表大小	Size	找出最小的候选表作为最终的查询表
最近一次被访问时间	Timestamp	在频繁谓词树更新时删除最近最久未访问的表

时间索引的结构为一个双向链表，具体如图 2.24 中 *L*3 层所示，它将每个 Worker 中存储的频繁谓词扩展垂直表（黑色方框标识）连接在一起。链表中的每个元素均设置一个多位计时器，每当扩展表被访问时，系统的绝对时间 Timestamp 记入计时器。时间索引的更新采用了最近最久未使用算法，当一个扩展表被访问时，将该表对应的元素移动到链表头部，这样，位于链表尾部的元素始终是最近最久未访问的扩展表，在进行索引更新时，通过检索表尾元素即可删除最近最久未被访问的表，检索代价仅为 $O(1)$。

（2）频繁谓词树更新算法

每次查询执行完毕时，在空闲时刻对各个叶子节点中存储的谓词频率 Freq 和最近一次被访问时间 Timestamp 进行更新。频繁谓词树的更新有两种情况：非频繁谓词变为频繁谓词和频繁谓词变为非频繁谓词。

① 非频繁谓词变为频繁谓词。为新增的频繁谓词创建对应的扩展垂直表（SS-SO-OS），并且根据新增的频繁谓词扩展垂直表的数量对应地删除相同数量的最近最久未被访问的扩展垂直表，从而使扩展表数量维持在较为稳定的水平。

② 频繁谓词变为非频繁谓词。先分析是否同时出现了前一种情况，即是否出现了新增的扩展表，有的话则根据前面所述的处理方法删除较长时间内没有被访问的表。如果没有新增的扩展表，也就是扩展表总数没有发生变化的情况下，采用延迟处理的方式，即不对该谓词对应的扩展表进行及时删除，从而尽可能地避免不必要的更新，降低数据更新的代价。

频繁谓词树的更新过程如算法 2.2 所示。当 fptree 的根节点非空时遍历开始（1～3 行）。依次检查每个叶子节点的状态位 Status，若该节点的 Status 由 0 变为 1，说明其对应的谓词状态由非频繁变为频繁（4～6 行），则将其在内存中的临时表的标识位由 *N* 置为 *Y*，升级为正式的频繁谓词扩展表，并将其在垂直表中剩余的三元组与其他频繁谓词三元组之间的半连接结果存入扩展表中。然后，在双向链表 dbList 中插入新增的扩展表并且对 newFreq 计数，再在 dbList 的尾部对应地删除 newFreq 个最近最久未被访问的元素（12～18 行）。若该节点的 Status 由 1 变为 0，说明其对应地谓词状态由频繁变为非频繁（7～8 行），则首先判断是否同时出现了新增的频繁谓词，若变量值 newFreq $\neq 0$，说明出现了新增的频繁谓词，则按照前一种情况进行处理。否则，则采用延迟处理的方式（19～23 行）。最后，输出更新后的频繁谓词树 new_fptree（25 行）。

算法 2.2 频繁谓词树的更新算法

输入 频繁谓词树 fptree；双向链表 dbList；

输出 更新后的频繁谓词树 new_fptree

1）**if** fptree.root = ϕ **then** //判断根节点是否为空

2） exit（）;

3）**else**

4） **for each** leaf node lnode **in** fptree //根节点非空，依次检查每个叶节点的访问频率

5） **if** lnode.status($0 \to 1$) //若状态值 status 由 0 变为 1，该节点由非频繁变为频繁

6） updateUnfreq() ;//进行非频繁至频繁的数据更新过程

7） **else if** lnode.status($1 \to 0$) //若状态值由 1 变为 0，该节点由频繁变为非频繁

8） updateFreq() ;//进行频繁至非频繁的数据更新过程

9） **end if**

10） **end for each**

11）**end if**

12）**Procedure** updateUnfreq() //非频繁至频繁的数据更新过程

13） Temptable.type($N \to Y$)； //将临时表的标识位由 N 置为 Y，成为新增的扩展表

14） dbList.insert()； //向链表中插入新增的扩展表

15） newFreq++； //对新增扩展表进行计数，将其值+1

16） **for**(int $i=0; i<$ newFreq; i++)

17） dbList.delete()； //删除 dbList 中最长时间未被访问的 newFreq 个元素

18）**return;**

19）**Procedure** updateFreq() //频繁至非频繁的数据更新过程

20） **if** newFreq $\neq 0$ **then** //检查变量 newFreq，判断是否同时出现了新增的频繁谓词

21） updateUnfreq() //若出现了新增的谓词，则按照前一种情况处理

22）**else**//若没有同时出现新增的频繁谓词

23） delay()； //延迟处理

24） **end if**

25）**return** new_fptree； //输出更新后的频繁谓词树 new_fptree

频繁谓词树更新完成之后，对各个新增或删除的叶子节点对应的频繁谓词扩展垂直表进行创建或删除，对于那些在更新过程中没有发生变化的节点，其对应的表保持不变。

（3）SPARQL 查询处理

查询处理过程分为三个阶段：查询转换、查询分配以及查询执行。

查询转换阶段主要根据 RDF 数据组织形式将 SPARQL 查询转换为能够在垂直表或频繁谓词扩展垂直表中查询的 SQL 语句并且写入查询文件。

查询分配阶段通过遍历频繁谓词树 FP-tree 找出查询文件中涉及的表所在的特定集群节点，然后将查询文件分发到这些节点中。查询分配算法的基本思想是按照深度优先搜索策略从根节点开始通过遍历频繁谓词树 FP-tree 找出查询文件中包含的谓词所在的特定集群节点，然后将查询文件分发至这些节点中进行处理，对不相关的节点进行剪枝操作，从而有效地减小搜索空间，降低节点间数据交换产生的通信代价。

查询转换和分配阶段结束之后，一个给定的 SPARQL 查询会被转换成 SQL 语句并且写入查询文件，然后分发到特定的集群节点中通过 Spark SQL 进行查询处理，最后返回查询结果。

2. 实验设计与结果分析

（1）实验环境及数据集

本小节的实验环境和数据集均与 2.3.3 节中的实验一致，并且基于 2.3.3 节中实验划分后得到的垂直表和频繁谓词扩展垂直表展开查询实验。

由于 FP-ExtVP 采用的是磁盘+内存混合存储，而其他三种对比方法 S2RDF[110]、PRoST[111] 和 SPT+VP[112]均只采用磁盘存储，为了客观全面地验证 FP-ExtVP 的有效性，实验按照存储介质的不同针对 FP-ExtVP 设计了三种形式，如表 2.21 所示。

表 2.21　FP-ExtVP 的 3 种形式

形式	存储介质	作用
FP-ExtVP-D	磁盘	将垂直表与频繁谓词扩展垂直表均存储在磁盘中，在相同存储介质下测试本小节方法与对比方法的查询性能差异，排除内存存储对查询性能的影响
FP-ExtVP	磁盘+内存	将垂直表存储在磁盘中，频繁谓词扩展垂直表存储在内存中，测试本小节方法与对比方法的查询性能差异
FP-ExtVP-AP	磁盘+内存	将垂直表存储在磁盘中，频繁谓词扩展垂直表存储在内存中，并且在 FP-ExtVP 的基础上引入了查询负载适应性能（频繁谓词树）

（2）WatDiv 100 M 查询性能

WatDiv 100 M 数据集中包含约 1 亿三元组，各方法在 20 个查询模板上的平均查询时间如图 2.25 和图 2.26 所示。从图中可以看出，对于线形查询，FP-ExtVP-D 在 L1～L3 的查询上优于 S2RDF，而在 L4、L5 的查询上表现较弱，这是因为线形查询过程中需要主语（宾语）–宾语（主语）做连接操作，而 FP-ExtVP-D 相比于 S2RDF 构建了较少数量的 SO 和 OS 连接关系的扩展垂直表。

对于星形查询，FP-ExtVP-D 在 S1、S2、S4、S6 和 S7 表现较好，这是由于采用哈希划分使得需要对主语做连接操作的星形查询可以在单个集群节点内求解，从而降低了处理时的通信代价。FP-ExtVP-D 在 S3 和 S5 上表现较弱，产生这种现象的原因在于 S3 和 S5 查询中的主语不仅存在于一个哈希分片，从而导致在查询时需要访问多个哈希分片求解，产生额外的通信代价。对于雪花查询，FP-ExtVP-D 在 F3～F5 表现较好，这是因为雪花查询的结构是若干星形查询的组合。对于复杂查询，FP-ExtVP-D 在 C1 和 C3 表现较好，在 C2 上表现较弱，出现这种现象的原因是 C2 查询中包含了较少的星形查询模式。

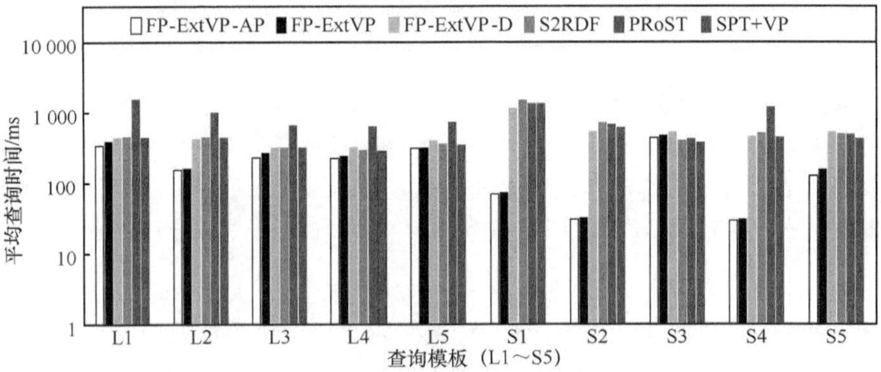

图 2.25　WatDiv 100 M 平均查询时间（L1～S5）

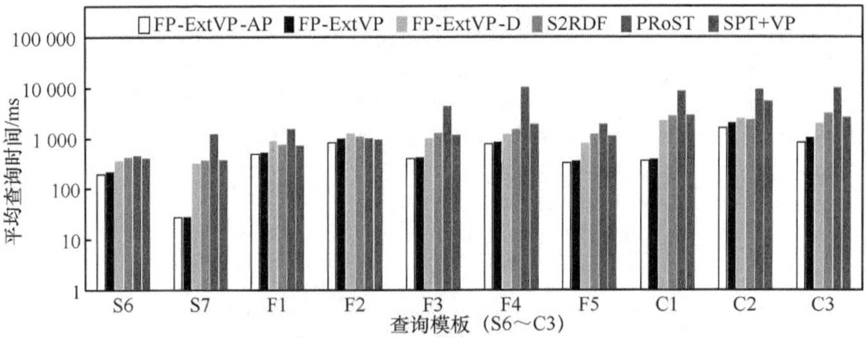

图 2.26　WatDiv 100 M 平均查询时间（S6～C3）

此外，FP-ExtVP 的总体查询时间小于 FP-ExtVP-D，尤其体现在 L2，S1，S2，S4，S7，F3，F5 和 C1 查询上，这是因为这些查询中包含数量较多的频繁谓词，而 FP-ExtVP 将频繁谓词扩展表存储在内存而非磁盘中，因此相比于 FP-ExtVP-D，FP-ExtVP 能够更加快速地得到查询结果。FP-ExtVP-AP 的总体查询时间略小于 FP-ExtVP 的查询时间，并始终维持在一个稳定的水平，这是因为 FP-ExtVP-AP 在 FP-ExtVP 的基础上引入了频繁谓词树，具备一定的负载适应性能，使得查询效率始终保持稳定的状态。

（3）WatDiv 1000 M 查询性能

WatDiv 1000 M 数据集中包含约 10 亿三元组，各方法在 20 个查询模板上的平均查询时间如图 2.27 和图 2.28 所示。

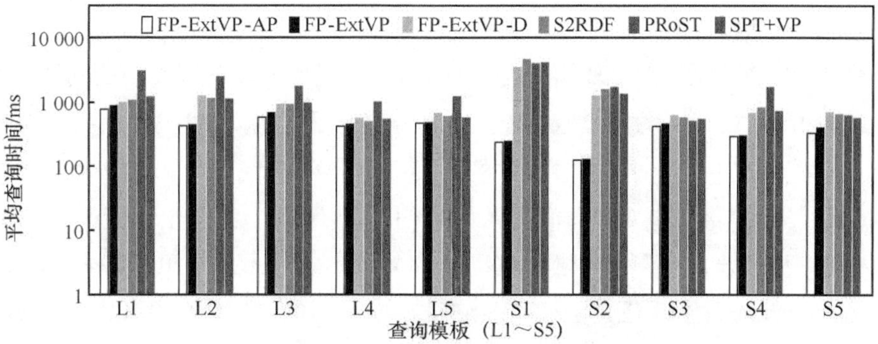

图 2.27　WatDiv 1000 M 平均查询时间（L1～S5）

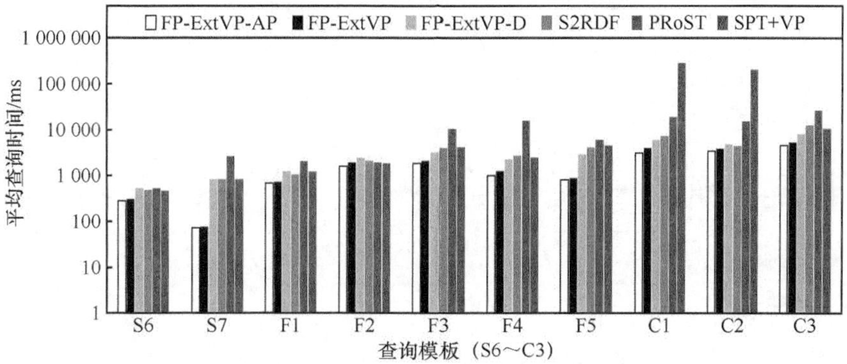

图 2.28　WatDiv 1000 M 平均查询时间（S6～C3）

当数据量增大至 10 亿时，FP-ExtVP-D 在 L2 和 L3 查询上性能变慢，但是在大规模数据集上，本小节方法仍然表现出与 S2RDF 相似的星形查询性能以及综合表现优于 S2RDF 的雪花查询性能。此外，FP-ExtVP 和 FP-ExtVP-AP 仍然表现出与 WatDiv 100M 实验中类似的查询性能。

（4）YAGO3 查询性能

YAGO3 数据集中包含约 18 亿三元组，各方法在 4 种查询上的平均查询时间如图 2.29 所示。从图中可以明显看出总体的查询时间要大于合成数据集 WatDiv 的查询时间。不过，FP-ExtVP-D 仍然在 4 类查询上表现出优于其他三种方法的性能。此外，FP-ExtVP 和 FP-ExtVP-AP 仍然表现出与 WatDiv 100M 实验中类似的查询性能。

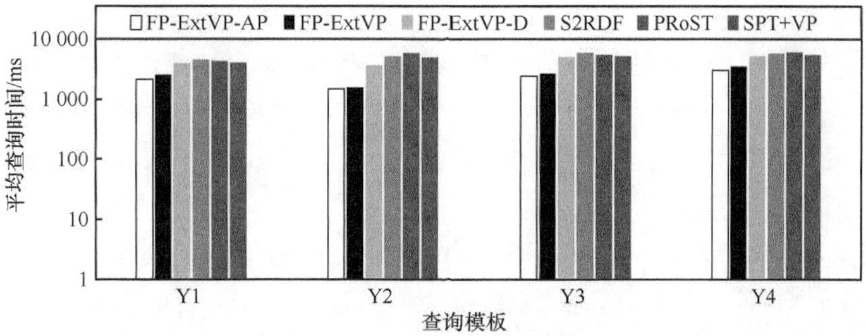

图 2.29　YAGO3 平均查询时间

（5）查询负载适应性能

本实验模拟查询负载中频繁谓词的变化情况，观察引入负载适应性能的方法FP-ExtVP-AP和FP-ExtVP的累计查询时间，测试二者的查询负载适应性能。如图2.30所示，当输入查询数量少于1 000时，两种方法的查询时间较为接近。当查询执行数量从1 000升至10 000时，FP-ExtVP-AP的查询时间开始出现明显的增长，这是由于随着查询数量的增加，频繁谓词树逐渐进入一个不断构建的过程。当查询执行数量从10 000升至20 000时，FP-ExtVP-AP的查询性能逐渐趋于稳定，这是因为此时的频繁谓词树的构建已基本完成，相比于前一阶段，该阶段主要的时间消耗在索引的更新过程。FP-ExtVP中未引入频繁谓词树，其无法适应查询负载变化，从而对频繁谓词扩展表进行动态重划分，导致FP-ExtVP在该阶段的查询时间依旧呈现出上升态势。总体上，可以看出FP-ExtVP-AP的累计查询时间约为FP-ExtVP的1/2。

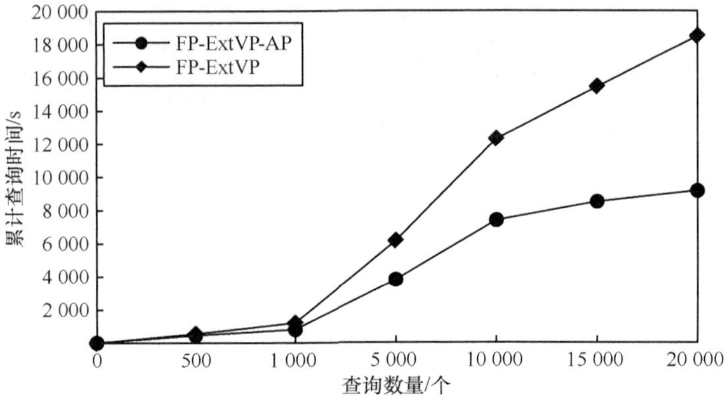

图2.30　负载适应性能累计查询时间对比

2.3.5　基于混合存储模式的分布式SPARQL查询优化

近年来，研究者提出很多借助大数据相关技术，探索RDF数据的存储和查询的方法，如H2RDF+[116]、Sempala[117]、PigSPARQL[118]、P-Spar(k)ql[119]、S2X[120]、PRoST[121]等。这些方法虽然能够对RDF数据进行管理，但其偏向于解决传统的单机模式无法应对不断增长的大规模RDF数据存储问题，对于SPARQL查询处理仍然存在一些不足之处。首先，在上述方法中使用的大数据技术平台通常只支持基于主键的高效查询，而对非主键的查询响应较慢[122-123]。SPARQL是一种类SQL语言，合理利用索引可以有效提升SPARQL查询处理的效率。在SPARQL查询处理过程中因索引的使用不够充分，使得针对RDF数据的查找代价较大，SPARQL查询效率低。其次，上述方法对于SPARQL查询的核心操作BGP（Basic Graph Pattern）匹配存在缺点，其一般通过简单的启发式规则（如三元组模式中变量的个数等）确定最终的BGP匹配顺序，导致查询过程中处理过多无效的中间结果数据，最终带来不必要的性能消耗。为了更好地管理和使用不断增长的 RDF 数据，使其更好地服务基于知识图谱的上层相关应用，本小节对基于混合存储模式的分布式 SPARQL 查询处理优化方法进行研究。

1. **基于混合存储模式的索引与数据过滤机制**

根据对真实应用场景中的 SPARQL 查询日志的分析，发现高频出现的 SPARQL 查询主要为线形查询和星形查询[124]。同时，SPARQL 查询中的三元组模式的谓语大多为常量。所以，为了对 SPARQL 查询提供良好的支持并减少数据的冗余，结合 SPARQL 查询语句的特点，本小节对 RDF 数据采用了一种基于 VP 表（Vertical Partitioned Table）与 WP 表（Wide Property Table）的混合存储模式。索引与数据过滤机制是在此混合存储模式的基础之上构建完成的。图 2.31 显示了索引与数据过滤机制创建的整体流程。首先在初始 RDF 数据加载过程中，对数据预处理后生成其对应的元组数、谓词等数据统计信息以及特征集信息；然后对 RDF 数据进行 VP 和 WP 逻辑划分生成相应的物理表格并以 ORC（Optimized Row Columnar）列式格式存储在磁盘中；最后依据划分的 VP 表，结合上述 RDF 数据统计信息，针对不同谓词下主语和宾语之间的对应关系创建相应的索引，在数据进行列式存储时，结合元组个数分组，为每一组的数据生成相应的布隆过滤器。索引与数据过滤机制使得在 SPARQL 查询处理过程中减少不必要的磁盘 I/O 操作，提升 SPARQL 查询处理的效率。

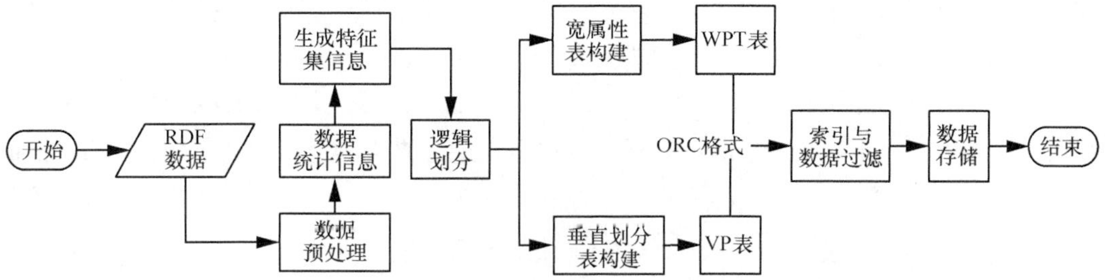

图 2.31　索引与数据过滤机制创建的整体流程

（1）索引的构建

为了根据 RDF 数据存储模式创建合理的索引，在加速 SPARQL 查询的同时能够避免数据的冗余，本小节结合 SPARQL 查询三元组的模式谓语多为常量和 RDF 数据多由字符串构成这两个特点，构建以前缀树 Trie 为基础的索引（Trie-Based-Index，TBI）。AdPart 的存储节点可以根据已知的谓语返回与谓语相关的所有元组，若三元组的主语和谓语是已知的则可以获得与其相关的宾语。同时，可根据已知的宾语和谓语返回与其关联的主语集合。但是 AdPart 中 RDF 数据采用哈希划分的方式，其应用模式并不适用于关系模式下的 RDF 数据管理。本小节参照 AdPart 数据存储模块中数据存储的特点，在避免数据冗余的同时结合数据划分模式，构建以主语和宾语为主线的两个索引。将通过已知的主语和谓语检索到宾语的索引记为 TBI-SP-O，将通过已知的宾语和谓语检索得到主语的方式记为 TBI-OP-S。

前缀树索引是基于高级数据结构 Trie，对数据节点信息进行增强的产物。在 RDF 三元组中，主语、谓语和宾语一般使用不同的字面量或者字符串来表示，其中最具代表性的就是用国际化资源描述符（IRI）描述不同实体以及实体之间关系的字符串。由于很多的字符串具有相同的前缀，并且在一个字符串中前缀的长度相对于字符串的长度占据很大比例，因此可利用公共前缀的这一特点，在对关系模式下的 RDF 数据构建索引的同时减少存储空间的使用。

（2）布隆过滤器的构建

为了提升 SPARQL 查询的效率，在基于 VP 表与 WP 表列式存储的基础上，为存储在磁盘上的数据生成对应的布隆过滤器，当进行磁盘扫描查找目标数据的时候可以快速过滤不包含目标值的数据，减少在数据查询过程中的磁盘 I/O 操作，提升数据查找的速度。创建一个布隆过滤器的核心操作是 add()和 lookup()，前者表示向布隆过滤器中添加一个元素，后者表示查找一个元素，lookup()操作的返回结果为 True 或者 False，分别表示查找的元素可能存在或一定不存在于目标数据集合中。

2. 基于特征集的分布式 SPARQL 查询优化

本小节将基数评估框架 G-CARE[125]与利用 Spark 技术处理 SPARQL 查询的方式相结合，使用 G-CARE 中基于特征集（Characteristic Set）的基数估计方法 C-SET[126]对 SPARQL 查询进行基数评估，以更加精确的基数评估信息生成最优的 SPARQL 查询计划。以这样一种方式获得的 SPARQL 查询计划，会以最优的顺序处理 SPARQL 查询的基本图模式（BGP）匹配操作，从而有效减少查询处理过程中不必要的中间结果的产生，提升分布式 SPARQL 查询处理的效率。本小节对 SPARQL 查询的整体处理流程如图 2.32 所示。首先，使用 Jena ARQ 对 SPARQL 查询进行预处理；接着，利用基于特征集的基数估计信息构造出最优的逻辑查询计划；然后，根据查询计划中节点的不同情况，将节点对应的子查询转化为等价的 SQL 语句；最后，将查询语句提交到 Spark SQL 引擎上，根据操作表的具体情况使用不同的连接算法获取子查询结果，合并各个自查询的结果得到并返回 SPARQL 查询操作的最终结果。

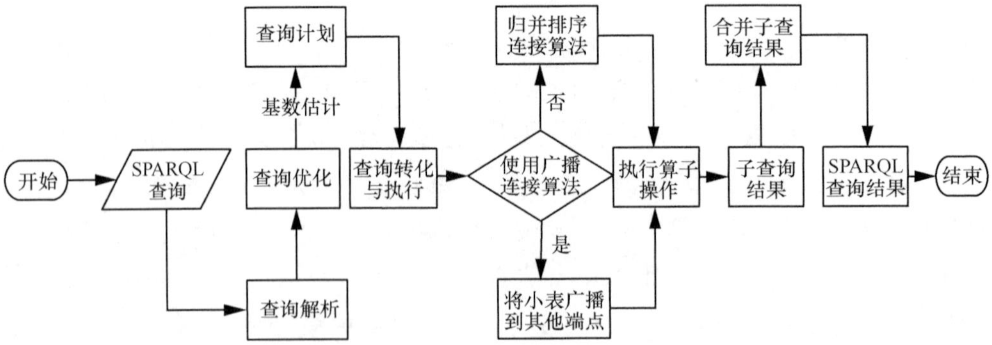

图 2.32　SPARQL 查询处理流程

执行 SPARQL 查询需要对 SPARQL 语句进行解析，本小节使用 Jena ARQ 解析 SPARQL 查询语句。通过查询工厂 QueryFactory 的 read()方法读取 SPARQL 查询，然后使用语法树生成器 AlgebraGenerator 对查询语句进行编译，获取每一个 SPARQL 查询的语法树 JAT（Jena Algebra

Tree），JAT 包含 SPARQL 查询语句中的所有三元组模式，最终将 JAT 转化为由 BGP 组成的查询语法树 AlgebraTree，并封装到一个查询 Query 对象中。

传统的查询计划包括左深连接树（left-deep-join-tree）和右深连接树（right-deep-join-tree），但有很多研究[127-128]已经表明浓密连接树（Bushy-Join-Tree，BJT）的处理效率，远远高于上述两种连接树的效率。因此本小节基于特征集和数据的混合存储模式，构建浓密连接树。BJT 中的每一个节点对应 SPARQL 查询中的一个 BGP，利用基于特征集的基数估计方法和一些启发式规则确定 BJT 中的节点的优先级，根据不同节点的优先级进行顺序的调整，构建最终的查询计划，即 BJT。对构建好的 BJT 采用深度优先搜索的方式进行处理，每处理 BJT 中的一个节点，则获取查询的部分结果数据，最终 BJT 的根节点所包含的数据即为 SPARQL 查询的结果。

根据 SPARQL 查询的核心是 BGP 匹配操作的特点，利用解析得到的 JAT 获得 SPARQL 中的所有三元组模式，使用 BGPNode 表示查询计划 BJT 中的基本节点，每一个 BGPNode 包含一个或多个三元组模式，这取决于三元组模式的特点。本小节利用优先级队列 PriorityQueue，使用特征集的基数估计创建一个比较器 NodeComparator，将所有的三元组模式放入优先级队列中，结合 BGPNode 不同的实现方式，创建查询计划，其生成算法流程如算法 2.3 所示。

算法 2.3 的输入包括 SPARQL 查询的三元组模式和一个节点比较器，该比较器利用特征集信息对节点进行排序，算法的输出是一个查询计划 BJT。算法 2.3 的 1～10 行利用输入信息初始化一个 PriorityQueue，紧接着将所有的三元组模式按照谓语为常量或者变量进行分组，存入不同的容器之中。算法第 11～22 行针对谓语为常量的三元组模式构建不同的 WPNode 或 VPNode，并加入优先级队列中，其中每一个节点对应 SPARQL 查询的子查询。同理，算法第 23 行处理谓语为变量的节点。处理完所有的三元组模式后，获取并返回最终的 SPARQL 查询计划。在构造查询计划时，除了利用特征集信息进行基数估计决定连接计划中的节点优先级外，本小节同时使用了一些简单的启发式规则。对于含有常量的三元组模式，本小节设定其具有最高的优先级。因为在执行 SPARQL 查询过程中，消耗最大的操作就是连接操作，先计算涉及数据量较少的连接操作，可有效减少数据传输导致的性能消耗。对于一个存在常量的三元组模式，其对结果元组的数量具有很大的约束作用，因此对此类三元组模式赋予最高的优先级，将其下推到查询计划 BJT 的最下方。

算法 2.3 查询计划生成算法

输入 SPARQL 查询中的三元组模式 triples、利用特征集进行基数估计的节点比较器 NodeComparator

输出 SPARQL 查询计划

1）BGPNodesQueue\getsnew PriorityQueue（triples.size, NodeComparator）;

2） **initilize two empty container lpt and vpt;**

3） **for** each triple **in** triples //根据三元组模式谓语进行分类

4） **if**（triple.predicate = literal） **then**

```
        lpt.add ( triple ) ;//谓语为常量
    else
      vpt.add ( triple ) ;
  end if
  end for
  while ( !lpt.isEmpty() ) do //处理谓语是常量的三元组模式
    forwardTriplesGroup←lpt; //提取星形结构的三元组模式
    WPNode←createWPNode ( forwardTriplesGroup ) ;
    if ( WPNode != null ) then
    从 lpt 中移除已经提取的三元组模式;
    BGPNodesQueue.add ( WPNode ) ;
    end if//构建一个 WPNode 并添加到优先级队列中
    VPNode←使用剩下的三元组模式创建节点;
          if ( VPNode != null ) then
                BGPNodesQueue.add ( VPNode ) ;
                从 lpt 中删除相关的三元模式;
          end if
    end wihle
    处理 vpt 中三元组模式创建相应的节点并添加到 BGPNodesQueue;
    return BGPNodesQueue
```

BJT 中的节点类型由不同的子查询决定，根据最终执行子查询所操作的物理表的不同将 BJT 中的 BGPNode 节点具体实现分为 VPNode、WPNode 以及 TTNode。其中 VPNode 主要根据子查询的特点，决定使用操纵 VP 表的方式获取子查询的结果，对于 VPNode 的生成最明显的特点就是当前子查询中的三元组模式中，谓语是常量，如字符串、数值等。对于 WPNode，则根据 SPARQL 查询中星形查询的特点，将子查询为星形查询的类型封装到一个 WPNode 中，这样在执行查询的时候可以根据 WP 表的特点，减少连接操作，从而提升查询处理效率。TTNode 是备用节点，虽然 SPARQL 查询中大多数的三元组模式谓语是已知的字面量，但存在少数的查询中三元组模式谓语为变量的情形，因此为了更全面地处理不同情况的查询，将谓语为变量的单个三元组模式封装到一个 TTNode 中。对于谓语为变量的三元组模式，若使用 VP 表检索，则需要扫描所有的 VP 表，而使用 WP 表的话处理则需要扫描整张表，依次进行匹配。使用 TTNode 则可以通过利用布隆过滤器的原理快速检索到可能的目标值。

3. 实验与分析

为了进行查询效果的评估，本小节在不同规模的数据集 WatDiv[129]（Waterloo SPARQL Diversity Test Suite）上进行实验，其详细信息如表 2.22 所示。

表 2.22　实验数据信息

数据集	三元组数	不同主语数	不同谓语数	不同宾语数
WatDiv10 M	10 MB	2 MB	86	0.9 MB
WatDiv100 M	100 MB	5 MB	86	18 MB

依据 SQTC(SPARQL Query Optimization Enhanced by Trie-Based-Index and Characteritic Set),本小节首先在 WatDiv10 M 数据集上与原型方法 PRoST 进行对比实验，分别验证索引与数据过滤机制 SQTC-TF（SQTC Enhanced by Trie-Based-Index and Data Filtering）以及基于特征集的 SPARQL 查询优化的方法 SQTC-CS (SQTC Enhanced by Characteristic Sets) 的有效性，并依据本小节采用的混合存储模式进行星形结构划分应至少包含区分三元组模式个数的实验，选取一个合理的阈值；紧接着在 WatDiv100 M 与 WatDiv1000 M 数据集上将 SQTC 方法与 PRoST 方法以及文献[130]中所提方法 SPT+VP 进行对比，选择 SPT+VP 方法的原因是该方法基于分布式内存系统 Spark，并采用了关系模式的数据模型来管理 RDF 数据，同时在文献[130]中的实验表明其综合性能优于 SPARQLGX 和 S2X。

实验 1　在 WatDiv10 M 数据集上对本小节所提方法的有效性进行验证，同时针对本节的 VP 与 WP 混合存储模式，通过实验为 SPARQL 查询处理过程中操作 WP 表的星形结构应至少包含的三元组模式的个数设置一个合理的阈值。

图 2.33 显示了在 WatDiv10M 数据集上 SQTC-TF、PRoST 和 SQTC-CS 的不同查询类型下整体查询效率的对比，L、S、F、C 分别表示线形查询、星形查询、雪花查询和复杂查询。星形结构至少包含三元组模式的个数采用 PRoST 的默认值 2。根据图中数据可以看出在线形查询中 SQTC-TF 的效率相较于 PRoST 提升较高，而 SQTC-CS 变化不大，这是因为线形查询涉及的查询模式较为简单，在基数评估后查询计划变化不大，而通过索引可以减少连接的次数，提升查询的效率。在更加复杂的查询类型中，整体上 SQTC-CS 的效率是较好的，这主要是因为查询涉及的三元组模式较多，通过利用基于特征集的基数评估优化了 BGP 的匹配顺序，减少了中间结果的产生，整体上 SQTC-TF 与 SQTC-CS 相较于 PRoST 在查询处理的效率上均有所提升。

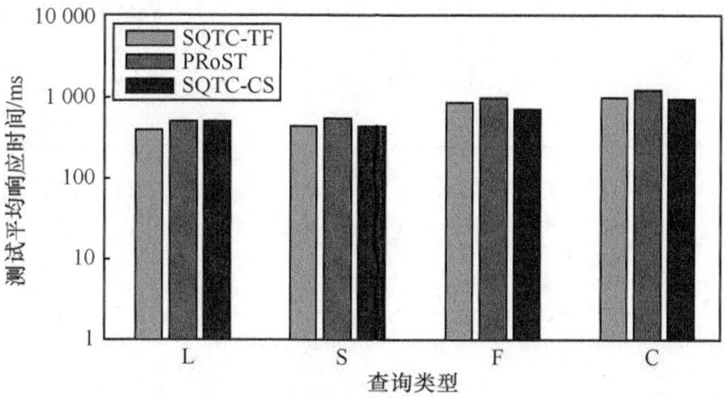

图 2.33　WatDiv 基准测试平均响应时间（WatDiv10 M）

本小节采用的 VP 和 WP 的混合分区存储模式，在查询处理过程中涉及物理表的选取，所以本小节在 WatDiv10 M 数据集上进行实验，通过控制星形结构中至少包含的三元组模式的个数，对 SQTC 方法查询性能进行验证。图 2.34 展示了星形结构中至少包含不同的三元组模式个数情形下，SPARQL 查询执行效率的对比，其中 G1～G4 分别表示星形结构至少包含 1～4 个三元组模式。

由图 2.34 可以看出，随着星形结构的最小三元组模式个数由 1 增加到 3，不同类型下查询执行所需要的时间逐渐减小，时间效率相差三倍到六倍。但是当数值增加到 4 的时候，查询所需要的时间不减反增，这主要是因为涉及处理的数据量不同。虽然使用 WP 表的方式，可以减少连接的次数，但 WP 表本身包含了 RDF 数据图的全部数据，数据量远远大于 VP 表。如图 2.35 所示，在 WatDiv10 M 数据集对应的 VP 表中，表的元组数量最少只有 9 个，最多的元组数量为 4 491 141。所以对于三元组模式匹配数量较少的情况，采用 VP 表的方式对应的处理效率高于使用 WP 表的效率。基于上述的实验，本小节对使用 WP 表的星形结构应包含的三元组模式的数量设置了一个合理的阈值 3，其余数据集上的实验均是基于这个阈值进行的。

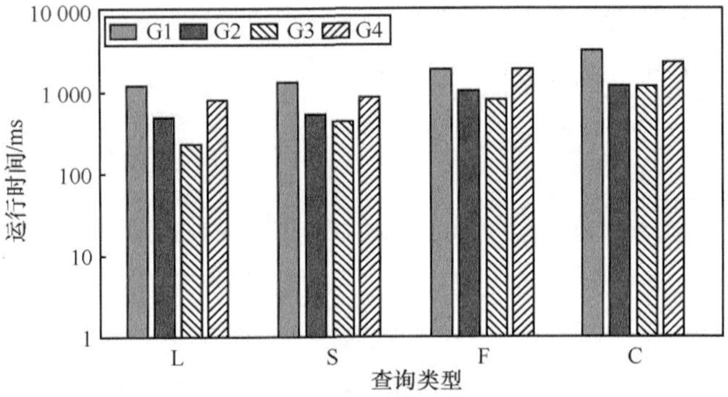

图 2.34　星形结构包含不同三元组模式个数下的 SPARQL 查询执行效率

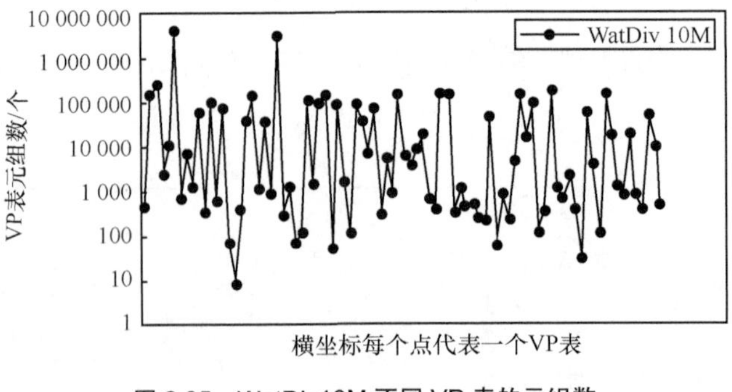

图 2.35　WatDiv10M 不同 VP 表的元组数

实验 2　在 WatDiv100 M 数据集上将 SQTC 与 PRoST、SPT+VP 进行查询性能的对比实验，并详细分析查询结果。

根据上述实验得到的星形结构至少包含的三元组模式个数的阈值 3，本小节在 WatDiv100 M 数据集上进行对比实验。图 2.36 显示了 WatDiv100 M 上不同的管理方法，对应的 WatDiv 基准测试 SPARQL 查询的平均响应时间情况。图 2.36 展示了在执行不同类型的查询时，每一个类型下查询执行的平均响应时间。根据图 2.37 可以看出，SQTC 的整体效率高于其他两种方法的查询效率，这是由于在查询过程中通过索引与数据过滤机制减少了数据的磁盘操作，同时在基于特征集进行查询计划的构建中，通过特征集进行基数评估的值与真实情况的基数误差较小，从而可以获得最优的查询计划，减少了中间结果数据的产生。

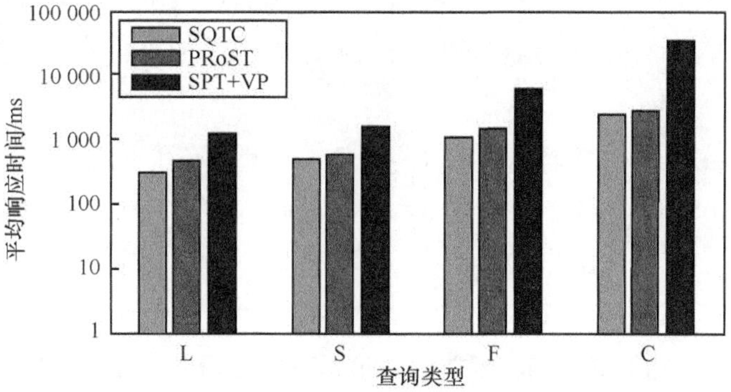

图 2.36 WatDiv 基准测试平均响应时间（WatDiv100 M）

为了更加详细地分析不同地查询响应情况，图 2.37 给出了不同 SPARQL 查询类型下不同 SPARQL 查询语句的具体执行效率情况。

SQTC 的线形查询 L2 和 L5 的查询效率相较于其他两种方法提升了两倍左右，这是由于在这两个查询中存在主语和谓语均为常量的三元组模式，且主语和宾语为一对一的关系，所以可以通过索引直接获取对应的变量，避免了相应数据表的扫描，减少了表之间的连接次数。与此同时，线形查询 L1、L3 和 L4 的性能相较于 PRoST 有了一些提升，这是由于 SQTC 在磁盘扫描进行数据查找的过程中使用了布隆过滤器机制，避免了不必要的数据扫描，减少了磁盘 I/O 的操作。

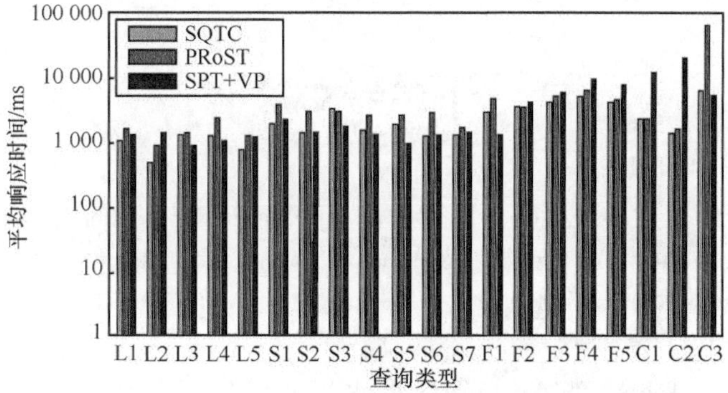

图 2.37 SPARQL 查询语句平均响应时间（WatDiv100 M）

在星形查询中，SQTC 的 S3 查询效率比 PRoST 的较差，这是由于查询语句结构的特点，S3 查询语句的查询图对应一个星形，则在构造查询计划时，将所有的三元组模式形成了一个对应的

WPNode 节点，而 SQTC 在经历过查询优化处理后与 PRoST 原本的查询计划并没有本质区别。雪花查询和复杂查询的结构由基本的线形结构和星形结构组成，所以对这两种查询的处理会首先将其进行查询图分解然后重组，根据实际情形构造不同的连接树节点，这两种查询的整体性能较原始方式有所提升。SPT+VP 的整体效率相比于 SQTC 方法是较差的，SPARQL 查询变得越复杂，SPT+VP 方式的查询性能变得越差。虽然将属性表进行细分，在执行查询处理时可以减少数据的输入，但这种方法导致了连接操作次数的增加，而在 SQTC 中可以使用 WP 表对特定结构的查询进行一次扫描，即可获取查询结果。基于上述分析可以得知 SQTC 的综合性能相比于其他两种方法是较优的。

上述实验结果验证了 SQTC 的可行性和高效性。通过在不同数据集上进行大量的 SPARQL 查询实验，并与 PRoST 和 SPT+VP 进行综合对比，结果表明 SQTC 在 SPARQL 查询处理上具有较高的效率，验证了该方法的高效性。

4. 小结

实现分布式环境下 SPARQL 查询的高效处理，对有效利用 RDF 数据服务基于知识图谱的上层应用具有重要意义。从不同数据模型的角度来存储 RDF 数据，则相应的 SPARQL 查询处理方式和效率有明显的差异。本小节主要从关系模式的角度出发，研究基于分布式内存引擎 Spark 处理 SPARQL 查询的相关方法，进一步提升了分布式 SPARQL 查询处理的效率。

2.3.6 总结

本节针对分布式 RDF 数据管理存在的数据冗余和通信代价高的问题，分别提出了基于频繁谓词的扩展垂直划分方法和基于频繁谓词树的 SPARQL 查询方法。实验表明，面向 10 亿量级的 RDF 数据集，本节提出的基于频繁谓词的扩展垂直划分方法在存储空间上较最优基线算法减少近 26%，本节提出的基于频繁谓词树的 SPARQL 查询方法在星形和复杂查询上取得 15%以上的效率提升。

| 参考文献 |

[1] MINTZ M, BILLS S, SNOW R, et al. Distant supervision for relation extraction without labeled data[C]//Proceedings of the Joint Conference of the 47th Annual Meeting of the ACL and the 4th International Joint Conference on Natural Language Processing of the AFNLP: Volume 2-ACL-IJCNLP '09. 2009: 1003-1011.

[2] HEARST M A. Automatic acquisition of hyponyms from large text corpora[C]//Proceedings of the 14th Conference on Computational Linguistics. 1992: 539-545.

[3] AONE C, RAMOS-SANTACRUZ M. REES: a large-scale relation and event extraction system[C]// Proceedings of the Sixth Conference on Applied Natural Language Processing. 2000: 76-83.

[4] FUKUMOTO J, MASUI F, SHIMOHATA M, et al. Oki electric industry: description of the Oki system as used for MUC-7[C]//Proceedings of the 7th Message Understanding Conference. 1998.

[5] HUMPHREYS K, GAIZAUSKAS R, AZZAM S, et al. University of Sheffield: description of the LaSIE-II system as used for MUC-7[C]//Proceedings of Seventh Message Understanding Conference (MUC-7). 1998.
[6] SHUJEEVAN K K. Temporal information extraction in clinical domain[R]. 2016.
[7] RIEDEL S, YAO L M, MCCALLUM A. Modeling relations and their mentions without labeled text[C]//Machine Learning and Knowledge Discovery in Databases. 2010: 148-163.
[8] HOFFMANN R, ZHANG Congle, LING Xiao, et al. Knowledge-based weak supervision for information extraction of overlapping relations[C]//Proceedings of the 49th Annual Meeting of the Association for Computational Linguistics: Human Language Technologies. 2011: 541-550.
[9] SURDEANU M, TIBSHIRANI J, NALLAPATI R, et al. Multi-instance multi-label learning for relation extraction[C]//Joint Conference on Empirical Methods in Natural Language Processing & Computational Natural Language Learning. 2012: 455-465.
[10] ZENG D J, LIU K, LAI S W, et al. Relation classification via convolutional deep neural network[C]//Proceedings of the 25th International Conference on Computational Linguistics. 2014: 2335-2344.
[11] LIN Y K, SHEN S Q, LIU Z Y, et al. Neural relation extraction with selective attention over instances[C]//Proceedings of the 54th Annual Meeting of the Association for Computational Linguistics (Volume 1: Long Papers). 2016: 2124-2133.
[12] JI G L, LIU K, HE S Z, et al. Distant supervision for relation extraction with sentence-level attention and entity descriptions[C]//AAAI. 2017: 3060-3066.
[13] GUAN D H, WEI H Q, YUAN W W, et al. Improving label noise filtering by exploiting unlabeled data[J]. IEEE Access, 2018, 6: 11154-11165.
[14] QIN P D, XU W R, WANG W Y.Robust distant supervision relation extraction via deep reinforcement learning [C]//ACL. 2018: 2137-2147.
[15] 归耀城. 远监督关系抽取中的训练样例选择方法研究[D]. 南京：东南大学, 2019.
[16] 陈佳沣, 滕冲. 基于强化学习的实体关系联合抽取模型[J]. 计算机应用, 2019, 39(7): 1918-1924.
[17] 瞿剑峰. 远监督关系抽取中的样本去噪与模型优化[D]. 长春：吉林大学, 2016.
[18] PENG M, HUANG J M, SUN Z Y, et al. Improving distant supervision of relation extraction with unsupervised methods[C]//Web Information Systems Engineering - WISE 2016. 2016: 561-568.
[19] RU C S, TANG J T, LI S S, et al. Using semantic similarity to reduce wrong labels in distant supervision for relation extraction[J]. Information Processing & Management, 2018, 54(4): 593-608.
[20] 苏家琦. 网络人物属性关系抽取方法研究[D]. 成都：电子科技大学, 2019.
[21] NADEAU D, SEKINE S. A survey of named entity recognition and classification[J]. Linguisticae Investigationes, 2007, 30(1): 3-26.
[22] RINK B, HARABAGIU S. Utd: classifying semantic relations by combining lexical and semantic resources[C]//Proceedings of the 5th International Workshop on Semantic Evaluation. 2010: 256-259.
[23] ZHENG S C, XU J M, BAO H Y, et al. Joint learning of entity semantics and relation pattern for relation extraction[C]//Machine Learning and Knowledge Discovery in Databases. 2016: 443-458.
[24] PASSOS A, KUMAR V, MCCALLUM A. Lexicon infused phrase embeddings for named entity resolution [J]. arXiv preprint arXiv:1404.5367, 2014.
[25] LUO G, HUANG X J, LIN CY, et al. Joint entity recognition and disambiguation[C]//Proceedings of the 2015 Conference on Empirical Methods in Natural Language Processing. 2015: 879-888.
[26] REI M, CRICHTON G K O, PYYSALO S. Attending to characters in neural sequence labeling models[J]. arXiv preprint arXiv:1611.04361, 2016.
[27] SOCHER R, HUVAL B, MANNING C D, et al. Semantic compositionality through recursive matrix-vector

spaces[C]//Proceedings of the 2012 Joint Conference on Empirical Methods in Natural Language Processing and Computational Natural Language Learning. 2012: 1201-1211.

[28] ZHOU P, SHI W, TIAN J, et al. Attention-based bidirectional long short-term memory networks for relation classification[C]//Proceedings of the 54th Annual Meeting of the Association for Computational Linguistics (Volume 2: Short Papers). 2016: 207-212.

[29] SINGH S, RIEDEL S, MARTIN B, et al. Joint inference of entities, relations, and coreference[C]// Proceedings of the 2013 Workshop on Automated Knowledge Base Construction. 2013: 1-6.

[30] MIWA M, BANSAL M. End-to-end relation extraction using lstms on sequences and tree structures [J]. arXiv preprint arXiv:1601.00770, 2016.

[31] KATIYAR A, CARDIE C. Going out on a limb: Joint extraction of entity mentions and relations without dependency trees[C]//Proceedings of the 55th Annual Meeting of the Association for Computational Linguistics (Volume 1: Long Papers). 2017: 917-928.

[32] ZHENG S C, WANG F, BAO H Y, et al. Joint extraction of entities and relations based on a novel tagging scheme[J]. arXiv preprint arXiv:1706.05075, 2017.

[33] SINGHAL A. Introducing the knowledge graph: things, not strings[J]. Official google blog, 2012, 5.

[34] 刘峤, 李杨, 段宏, 等. 知识图谱构建技术综述[J]. 计算机研究与发展, 2016, 53(3): 582-600.

[35] RUIZ-CASADO M, ALFONSECA E, CASTELLS P. Automatic extraction of semantic relationships for WordNet by means of pattern learning from wikipedia[C]//Natural Language Processing and Information Systems. 2005: 67-79.

[36] 刘绍毓, 周杰, 李弼程, 等. 基于多分类 SVM-KNN 的实体关系抽取方法[J]. 数据采集与处理, 2015, 30(1): 202-210.

[37] 余丽, 陆锋, 刘希亮. 开放式地理实体关系抽取的 Bootstrapping 方法[J]. 测绘学报, 2016, 45(5): 616-622.

[38] 邓敏, 徐锐, 李志林, 等. 空间查询中自然语言空间关系与度量空间关系的转换方法研究: 以面目标为例[J]. 测绘学报, 2009, 38(6): 527-531.

[39] 梅家驹, 竺一鸣, 高蕴琦. 同义词词林（第二版）[M]. 上海: 上海辞书出版社, 1996.

[40] 李海光. 基于位置和语义特征的中文命名实体关系抽取研究[D]. 合肥: 合肥工业大学, 2011.

[41] 陈超. 基于互联网的二元实体关系抽取研究[D]. 上海: 华东师范大学, 2013.

[42] 鲁松, 白硕. 自然语言处理中词语上下文有效范围的定量描述[J]. 计算机学报, 2001, 24(7): 742-747.

[43] BUNKYOKU H, MATSUO Y, ISHIZUKA M. Relation extraction from Wikipedia using subtree mining Dat P.T. Nguyen[C]//National Conference on Artificial Intelligence. 2013.

[44] CHE W X, LI Z H, LIU T. LTP: a Chinese language technology platform[C]//COLING 2010, 23rd International Conference on Computational Linguistics. 2010.

[45] KLEIN D. Accurate unlexicalized parsing[C]//Proceedings of the 41st Meeting of the Association for Computational Linguistics. 2003.

[46] FENG J, HUANG M L, LI Z, et al. Reinforcement learning for relation classification from noisy data[C]//Proceedings of AAAI Conference on Artificial Intelligence. 2018: 5779-5786.

[47] NG ANDREW Y, HARADA D, RUSSELL S. Policy invariance under reward transformations: Theory and application to reward shaping[C]//Proceedings of the sixteenth International Conference on Machine Learning. 1999: 278-287.

[48] QIU Y Q, WANG Y Z, JIN X L, et al. Stepwise reasoning for multi-relation question answering over knowledge graph with weak supervision[C]//Proceedings of the 26th International Conference on Web Search and Data Mining. 2020: 474-482.

[49] VASHISHTH S, JOSHI R, PRAYAGA S S, et al. RESIDE: improving distantly-supervised neural relation

extraction using side information[C]//Proceedings of the 2018 Conference on Empirical Methods in Natural Language Processing. 2018: 1257-1266.

[50] REN X, WU Z Q, HE W Q, et al. Cotype: joint extraction of typed entities and relations with knowledge bases[C]//Proceedings of the 26th International Conference on World Wide Web. 2017: 1015-1024.

[51] LIU L Y, REN X, ZHU Q, et al. Heterogeneous supervision for relation extraction: A representation learning approach[C]//Proceedings of the 2017 Conference on Empirical Methods in Natural Language Processing. 2017: 46-56.

[52] LAMPLE G, BALLESTEROS M, SUBRAMANIAN S, et al. Neural architectures for named entity recognition[C]//Proceedings of the 2016 Conference of the North American Chapter of the Association for Computational Linguistics: Human Language Technologies. 2017: 260-270.

[53] DAI D, XIAO X Y, LYU Y J, et al. Joint extraction of entities and overlapping relations using position-attentive sequence labeling[J]. Proceedings of the AAAI Conference on Artificial Intelligence, 2019, 33: 6300-6308.

[54] 林海伦, 王元卓, 贾岩涛, 等. 面向网络大数据的知识融合方法综述[J]. 计算机学报, 2017, 40(1): 1-27.

[55] PREECE A, HUI K, GRAY A, et al. The KRAFT architecture for knowledge fusion and transformation[M]// Research and Development in Intelligent Systems XVI. London: Springer, 2000:23-38.

[56] GUO H Z, CHEN Q C, CUI L, et al. An interactive semantic knowledge base unifying Wikipedia and HowNet[C]//Proceedings of the 7th International Conference on Information, Communications and Signal Processing (ICICS). 2009:1-5.

[57] RODRIGUEZ M, GOLDBERG S, WANG D. SigmaKB: multiple probabilistic knowledge base fusion[J]. Proceedings of the VLDB Endowment, 2016, 9(13):1577-1580.

[58] DONG X, GABRILOVICH E, HEITZ G, et al. Knowledge vault: A Web-scale approach to probabilistic knowledge fusion[C]//Proceedings of the 20th ACM SIGKDD International Conference on Knowledge Discovery and Data Mining. 2014: 601-610.

[59] GUO X Y, CHEN Y G, CHEN J C, et al. ITEM: extract and integrate entities from tabular data to RDF knowledge base[C]//Asia-Pacific Web Conference. 2011: 400-411.

[60] 杨秀璋. 实体和属性对齐方法的研究与实现[D]. 北京: 北京理工大学, 2016.

[61] 张永新. 面向 Web 数据集成的数据融合问题研究[D]. 济南: 山东大学, 2012.

[62] 徐增林, 盛泳潘, 贺丽荣, 等. 知识图谱技术综述[J]. 电子科技大学学报, 2016, 45(4): 589-606.

[63] 百科知识图谱构建[EB].

[64] XU B, XU Y, LIANG J Q, et al. CN-DBpedia: a never ending Chinese knowledge extraction system[C]// Proceedings of the International Conference on Industrial, Engineering and Other Applications of Applied Intelligent Systems. 2017: 428-438.

[65] NIU X, SUN X R, WANG H F, et al. Zhishi.me-weaving Chinese linking open data[C]//Proceedings of the International Semantic Web Conference. 2011: 205-220.

[66] LI M Y, SHI Y, WANG Z G, et al. Building a large-scale cross-lingual knowledge base from heterogeneous online wikis[C]//International conference on Natural Language Processing and Chinese Computing. 2015: 413-420.

[67] 杨光, 刘秉权, 刘铭. 基于图方法的命名实体消歧[J]. 智能计算机与应用, 2015, 5(5): 52-55.

[68] 曾维新, 赵翔, 冯滔, 等. 面向领域的命名实体消歧方法改进研究[J]. 计算机工程与应用, 2018, 54(17): 126-134.

[69] BAGGA A, BALDWIN B. Entity-based cross-document coreferencing using the vector space model[C]//Proceedings of the 36th annual meeting on Association for Computational Linguistics. 1998: 79-85.

[70] 王旭阳，姜喜秋．基于上下文信息的中文命名实体消歧方法研究[J]．计算机应用研究，2018，35(4): 1072-1075.

[71] 唐博蓉．基于维基百科的命名实体消歧研究[D]．北京：北京理工大学, 2011.

[72] 王雪鹏，刘康，何世柱，等．基于网络语义标签的多源知识库实体对齐算法[J]．计算机学报，2017，40(3): 701-711.

[73] WANG H F, FANG Z J, ZHANG L, et al. Effective online knowledge graph fusion[C]//International Semantic Web Conference. 2015: 286-302.

[74] 王洪亮．基于词向量聚类的中文微博产品命名实体识别[J]．兰州理工大学学报, 2017, 43(1): 104-110.

[75] 高艳红，李爱萍，段利国．面向实体链接的多特征图模型实体消歧方法[J]．计算机应用研究，2017，34(10): 2909-2914.

[76] 怀宝兴，宝腾飞，祝恒书，等．一种基于概率主题模型的命名实体链接方法[J]．软件学报，2014，25(9): 2076-2087.

[77] 张雄，陈福才，黄瑞阳．基于双词主题模型的半监督实体消歧方法研究[J]．电子学报，2018，46(3): 607-613.

[78] 朱新华，郭小华，邓涵，等．基于抽象概念的知网词语相似度计算[J]．计算机工程与设计，2017，38(3): 664-670, 713.

[79] WU Z B, PALMER M. Verbs semantics and lexical selection[C]//Proceedings of the 32nd annual meeting on Association for Computational Linguistics. Association for Computational Linguistics. 1994:133-138.

[80] 江敏，肖诗斌，王弘蔚，等．一种改进的基于《知网》的词语语义相似度计算[J]．中文信息学报，2008，22(5): 84-89.

[81] 王小林，王义．改进的基于知网的词语相似度算法[J]．计算机应用, 2011, 31(11): 3075-3077, 3090.

[82] 程涛，施水才，王霞，等．基于同义词词林的中文文本主题词提取[J]．广西师范大学学报(自然科学版), 2007, 25(2): 145-148.

[83] 陈宏朝，李飞，朱新华，等．基于路径与深度的同义词词林词语相似度计算[J]．中文信息学报，2016，30(5): 80-88.

[84] 吕立辉，梁维薇，冉蜀阳．基于词林的词语相似度的度量[J]．现代计算机(专业版), 2013(1): 3-6, 9.

[85] YIN X X, HAN J W, YU P S. Truth discovery with multiple conflicting information providers on the Web[J]. IEEE Transactions on Knowledge and Data Engineering, 2008, 20(6): 796-808.

[86] LI Y L, GAO J, MENG C S, et al. A survey on truth discovery[J]. ACM Sigkdd Explorations Newsletter, 2016, 17(2):1-16.

[87] DONG X L, BERTI-EQUILLE L, SRIVASTAVA D. Data fusion: resolving conflicts from multiple sources[C]//Web-Age Information Managemen. 2013: 293-318.

[88] DONG X L, BERTI-EQUILLE L, SRIVASTAVA D. Truth discovery and copying detection in a dynamic world[J]. Proceedings of the VLDB Endowment, 2009, 2(1): 562-573.

[89] YIN XX, TAN W Z. Semi-supervised truth discovery[C]//Proceedings of the 20th International Conference on World Wide Web. 2011: 217-226.

[90] PASTERNACK J, ROTH D. Knowing what to believe (when you already know something)[C]//Proceedings of the 23th International Conference on Computational Linguistics. 2010:877-885.

[91] ZHANG C, ZHU L H, XU C, et al. LPTD: achieving lightweight and privacy-preserving truth discovery in CIoT[J]. Future Generation Computer Systems, 2019, 90:175-184.

[92] YAO L Y, SU L, LI Q Q, et al. Online truth discovery on time series data[C]//Proceedings of the 2018 SIAM International Conference on Data Mining. Society for Industrial and Applied Mathematics. 2018:162-170.

[93] ZHAO B, RUBINSTEIN B I P, GEMMELL J, et al. A Bayesian approach to discovering truth from conflict-

ing sources for data integration[J]. Proceedings of the VLDB Endowment, 2012, 5(6): 550-561.

[94] LI X, DONG X L, LYONS K B, et al. Truth finding on the deep web: Is the problem solved[J]. Proceedings of the VLDB Endowment, 2012, 6(2):97-108.

[95] FANG X. Truth discovery from conflicting multi-valued objects[C]//Proceedings of the 26th International Conference on World Wide Web Companion. International World Wide Web Conferences Steering Committee. 2017:711-715.

[96] LI F R, DONG X L, LANGEN A, et al. Discovering multiple truths with a hybrid model[J]. arXiv preprint arXiv:1705.04915v, 2017.

[97] LIN X L, CHEN L. Domain-aware multi-truth discovery from conflicting sources[J]. Proceedings of the VLDB Endowment, 2018, 11(5): 635-647.

[98] WANG X Z, SHENG Q Z, FANG X S, et al. An integrated Bayesian approach for effective multi-truth discovery[C]//Proceedings of the 24th ACM International on Conference on Information and Knowledge Management. Melbourne Australia. 2015: 493-502.

[99] WANG X Z, SHENG Q, YAO L N, et al. Truth discovery via exploiting implications from multi-source data[C]//Proceedings of the 25th ACM International on Conference on Information and Knowledge Management. 2016: 861-870.

[100]田久乐，赵蔚. 基于同义词词林的词语相似度计算方法[J]. 吉林大学学报(信息科学版), 2010, 28(6): 602-608.

[101]PENG P, ZOU L, GUAN R Y. Accelerating partial evaluation in distributed SPARQL query evaluation[C]//2019 IEEE 35th International Conference on Data Engineering (ICDE). 2019: 112-123.

[102]赵翔，李博，商海川，等. 一种改进的基于 BSP 的大图计算模型[J]. 计算机学报, 2017, 40(1): 223-235.

[103]CHEN R, SHI J X, CHEN Y Z, et al. PowerLyra: differentiated graph computation and partitioning on skewed graphs[J]. ACM Transactions on Parallel Computing, 2018, 5(3):13-39.

[104]YUAN P P, LIN L L, KOU Z J, et al. Big RDF data storage, computation, and analysis: a strawman's arguments[C]//2019 IEEE 39th International Conference on Distributed Computing Systems (ICDCS). 2019: 1693-1703.

[105]GAI L, LIU J M, WANG X M, et al. Querying RDF graph over partitioned indexes[C]//Proceedings of 13th International Conference on Natural Computation, Fuzzy Systems and Knowledge Discovery. 2017: 2262-2267.

[106]WYLOT M, CUDRÉ-MAUROUX P. DiploCloud: efficient and scalable management of RDF data in the cloud[J]. IEEE Transactions on Knowledge and Data Engineering, 2016, 28(3): 659-674.

[107]WU B W, ZHOU Y L, YUAN P P, et al. Scalable SPARQL querying using path partitioning[C]//2015 IEEE 31st International Conference on Data Engineering. 2015: 795-806.

[108]HARBI R, ABDELAZIZ I, KALNIS P, et al. Accelerating SPARQL queries by exploiting hash-based locality and adaptive partitioning[J]. The VLDB Journal, 2016, 25(3): 355-380.

[109]ABADI D J, MARCUS A, MADDEN S R, et al. Scalable semantic web data management using vertical partitioning[C]//Proceedings of the 33rd International Conference on Very Large Data Bases. 2007: 411-422.

[110]SCHATZLE A, ZABLOCKI P M, SKILEVIC S, et al. S2RDF: RDF querying with SPARQL on Spark[J]. Proceedings of the Very Large Data Bases Endowment, 2016, 9(10): 804-815.

[111]COSSU M, FARBER M, LAUSEN G. PRoST: distributed execution of SPARQL queries using mixed partitioning strategies[C]//Proceedings of the 21th International Conference on Extending Database Technology. 2018: 469-472.

[112]HASSAN M, BANSAL K S. Data partitioning scheme for efficient distributed RDF querying using Apache

Spark[C]//Proceedings of the 13th IEEE International Conference on Semantic Computing. 2019:24-31.
[113]PENG P, ZOU L, CHEN L, et al. Adaptive distributed RDF graph fragmentation and allocation based on query workload[J]. IEEE Transactions on Knowledge and Data Engineering, 2019, 31(4): 670-685.
[114]ALUC G, HARTIG O, TAMER ÖZSU M, et al. Diversified stress testing of RDF data management systems[C]//Proceedings of the 13th International Semantic Web Conference. 2014:197-212.
[115]MAHDISOLTANI F, BIEGA J, SUCHANEK M F. Yago3: a knowledge base from multilingual wikipedias[C]//Proceedings of the 7th Biennial Conference on Innovative Data Systems Research. 2015.
[116]PAPAILIOU N, TSOUMAKOS D, KONSTANTINOU I, et al. H 2 RDF+: an efficient data management system for big RDF graphs[C]//Proceedings of the 2014 ACM SIGMOD International Conference on Management of Data. 2014: 909-912.
[117]SCHÄTZLE A, PRZYJACIEL-ZABLOCKI M, NEU A, et al. Sempala: interactive SPARQL query processing on Hadoop[C]//The Semantic Web-ISWC 2014, 2014: 164-179.
[118]SCHÄTZLE A, PRZYJACIEL-ZABLOCKI M, LAUSEN G. PigSPARQL: mapping SPARQL to pig Latin[C]//Proceedings of the International Workshop on Semantic Web Information Management-SWIM '11. 2011: 1-8.
[119]GOMBOS G, KISS A. P-spar（k）ql: SPARQL evaluation method on spark GraphX with parallel query plan[C]//2017 IEEE 5th International Conference on Future Internet of Things and Cloud (FiCloud). 2017: 212-219.
[120] SCHÄTZLE A, PRZYJACIEL-ZABLOCKI M, BERBERICH T, et al. S2X: graph-parallel querying of RDF with GraphX[C]//Biomedical Data Management and Graph Online Querying. 2016: 155-168.
[121]COSSU M, FÄRBER M, LAUSEN G. Prost: distributed execution of SPARQL queries using mixed partitioning strategies[C]//Proceedings of the 21st International Conference on Extending Database Technology. 2018: 469-472.
[122]ALI W, SALEEM M, YAO B, et al. A survey of RDF stores & SPARQL engines for querying knowledge graphs[J]. arXiv preprint arXiv:2102.13027, 2021.
[123]马友忠，孟小峰. 云数据管理索引技术研究[J]. 软件学报, 2015, 26(1): 145-166.
[124]BONIFATI A, MARTENS W, TIMM T. An analytical study of large SPARQL query logs[J]. Proceedings of the VLDB Endowment, 2017, 11(2): 149-161.
[125]PARK Y, KO S, BHOWMICK S S, et al. G-CARE: a framework for performance benchmarking of cardinality estimation techniques for subgraph matching[C]//Proceedings of the 2020 ACM SIGMOD International Conference on Management of Data. 2020: 1099-1114.
[126]NEUMANN T, MOERKOTTE G. Characteristic sets: Accurate cardinality estimation for RDF queries with multiple joins[C]//2011 IEEE 27th International Conference on Data Engineering. 2011: 984-994.
[127]GURAJADA S, SEUFERT S, MILIARAKI I, et al. TriAD: a distributed shared-nothing RDF engine based on asynchronous message passing[C]//Proceedings of the 2014 ACM SIGMOD International Conference on Management of Data. 2014: 289-300.
[128]GOASDOUÉ F, KAOUDI Z, MANOLESCU I, et al. CliqueSquare: flat plans for massively parallel RDF queries[C]//2015 IEEE 31st International Conference on Data Engineering. 2015: 771-782.
[129]ALUC G, HARTIG O, ÖZSY M T, et al. Diversified stress testing of RDF data management systems[C]//Proceedings of the International Semantic Web Conference. 2014: 197-212.
[130]HASSAN M, BANSAL S K. Data partitioning scheme for efficient distributed RDF querying using apache spark[C]//2019 IEEE 13th International Conference on Semantic Computing (ICSC). 2019: 24-31.

第 3 章

事理图谱构建

人类的记忆是以“事件”为存储单位的[1]，事件代表了客观事物相互作用的现象。一组存在显著因果关系的事件集构成了一个场景，因此随事件的产生变化能形成大量变化的场景。虽然场景易于变化，然而事件间的变化规律是相对稳定的，这种稳定的规律被称为模式，因此从大量无规律的场景中可以提取有规律的模式，聚集相同类别的场景为模式，形成模式库。模式库能归纳关于事件间相对稳定的变化规律，这种规律是由事件间的因果关系驱动的，因此挖掘事件间的因果关系是理解事件演化的关键。事理图谱以事件为节点，以事件间因果关系为有向边，能显式描述事件间的因果关系，它是分析、描述、理解事件演化的有力工具，已应用于城市内涝成因分析[2]、网络舆情事件预测[3]等。

本章从事件和场景抽取、模式库构建以及事理规则挖掘三个角度对事理图谱构建的相关研究进展梳理，并对其中的关键性问题进行探索与尝试。

① 事件和场景抽取主要关注从非结构化数据中抽取挖掘出事件所对应的时空数据，实现场景构建，主要分为事件抽取和场景分割。

② 模式库构建主要关注挖掘场景中的典型模式，主要分为多元时间序列聚类、时间序列模体挖掘和关联规则挖掘。

③ 事理规则挖掘主要关注如何从事件数据中挖掘事件演化规则，研究从历史事件中挖掘事件转移概率。

| 3.1 事件和场景抽取 |

3.1.1 引言

事件抽取来源于信息抽取，它的目标是从非结构化文本中抽取出用户感兴趣的结构化事件信息[4]。事件是贯穿文本的一种重要信息，是信息检索、事理图谱构建、事件预测等现实应用的基础。场景是存在显著因果关系的事件构成的集合，描述了事件演化的过程。以下是对事件和场景的定义。

一个事件的发生往往涉及多个角色，ACE 标准[5]中一个事件的组成部分如下。

事件提及（Event Mention）：描述了事件信息的句子或者短语，其中包含事件的触发词和事件元素。

事件触发词（Event Trigger）：能够清楚、明确地表达一个事件发生的主要词语，是事件的标志。通常是动词或动名词短语。

事件元素（Event Argument）：事件中扮演某个角色的参与者，主要由实体、时间、数值等组成。

元素角色（Argument Role）：事件元素与事件之间的语义关系，即事件元素在相应的事件中扮演的角色。

事件类型（Event Type）：当前事件所属的类别，这通常是预先定义好的。每个事件类型都有一组对应的触发词和事件元素。

一个时空场景往往是由一些相互关联的水文事件数据组成的，当然本小节提出的时空场景概念不只限于水文领域，也可以推广到气象、金融等领域。其时空场景形式化定义如下。

给定所有站点监测到的事件数据以及时空数据 $E=\{(X_i,f_s^i,f_t^i)|1\leqslant i\leqslant n\}$，其中 X_i 表示第 i 个事件时间序列数据，f_s^i 表示第 i 个事件所对应的空间数据，f_t^i 表示第 i 个事件所对应的时间数据；监测到的事件数据以及时空数据可以被分成 k 个场景 $\{\text{Scene}_1,\text{Scene}_2,\cdots,\text{Scene}_k\}$，其中每个时空场景中包含一些站点的事件数据和时空特征数据，则第 i 个时空场景形式化表达如式（3.1）所示。

$$\text{Scene}_i=\{(X_{u_{i,1}},f_s^{u_{i,1}},f_t^{u_{i,1}}),(X_{u_{i,2}},f_s^{u_{i,2}},f_t^{u_{i,2}}),\cdots,(X_{u_{i,l_i}},f_s^{u_{i,l_i}},f_t^{u_{i,l_i}})\} \quad (3.1)$$

其中，$u_{i,l_i}\in\{1,2,\cdots,n\}$ 代表 $X_{u_{i,l_i}}$ 事件数据属于第 i 个时空场景，而 l_i 则表示第 i 个时空场景中事件数据的个数。

近年来，随着互联网的不断发展，水利部门响应国家号召不断推进智慧水利建设[6-7]，希望采用信息化的手段，对灾害发生的原因进行分析，对历史发生的灾害进行重现，力求从源头上防止灾害的发生以及在灾害发生后采取有效的应对措施[8]。水利行业积累了海量异构的数据，其中包含结构化数据库和非结构化的文本、网页信息等。随着大数据挖掘和人工智能等技术的进步和发展，从海量数据中获取有效的水旱灾害事件信息成为可能。

然而，目前中文事件抽取任务还不够健全和开放，面向水旱灾害的事件抽取研究相对较少，面向水旱灾害的事件抽取任务还存在许多问题。首先，虽然弱监督或无监督的方法能快速得到大量标注数据，但许多弱监督的方法需要借助外部知识库。然而水旱灾害事件抽取任务仍在起步阶段，没有可以用于回标数据的大型领域知识库。在抽取性能方面，通过弱监督或无监督方法得到的数据仍然存在噪声，抽取的效果仍然有待提升。因此，领域内的事件抽取任务大多采用有监督的方式。其次，在有监督的事件抽取任务中，需要事先给定事件框架，一方面人为地确定事件类型和对应角色需要丰富的专家经验，另一方面完全采用无监督方法构建出的事件框架可能脱离实际。最后，目前主流的方法将事件抽取模型转化为序列标注模型，但仍使用静态词向量，没有考虑到一词多义的问题。上述问题使得水旱灾害事件的抽取比较困难，亟须研究一种面向水旱灾害的事件抽取方法。

为了更高效地利用时间序列中的信息，更全方面地对水文时间序列数据进行智能管理，需要从原始多元时间序列数据中较为准确地挖掘出事件所对应的时空数据，从而实现场景构建。在场景构建过程中，时间序列分割技术是必需的，同时也是数据挖掘研究中的重要方向之一。时间序列分割技术将时间序列分解成具有相同性质的多个小的时间序列片段，去除细节干扰，这样有利于提高时间序列查询的效率和准确性，从而显示整个时间序列的特征形态并挖掘其内部的性质[9]。

目前，时间序列分割技术难以满足时空场景构建过程中的需求，尤其在性能和效率上仍然不够完善。在一元时间序列分割技术方面，一元时间序列分割技术难以识别出事件数据（如水质富营养化等），也难以较为准确地分割出事件数据，尽管借鉴视频分割等领域中的神经网络技术，也难以直接对水文时间序列数据进行分割；在多元时间序列时间分割方面，由于水文数据中各变量数据间具有时滞性，需要挖掘各变量数据间关系紧密相关的异步分割段（同一个分割段中各变量上的分割点位置不同），但目前多元时间序列分割技术的结果为同步分割段（同一个分割段中的各变量上分割点位置相同），无法挖掘事件发生时所对应的异步分割段。

因此，针对时间序列分割技术与时间序列聚类技术在时空场景构建过程中的不足，在一元时间序列分割方面，本节结合特征点窗口分割技术和改进的神经网络技术，分割出较准确的事件数据；在多元时间序列分割方面，基于一元时间序列分割结果，使用滑动窗口采样等技术和改进的度量方式，挖掘出事件发生时所对应的多元时间序列异步分割数据。

3.1.2　相关工作

事件抽取主要分为模式匹配方法和机器学习方法两大类，机器学习方法又可以分为传统机器学习方法和基于神经网络方法[10]。

模式匹配方法通过模仿人的思维方式构造事件与事件要素的抽取规则，该方法准确率高、操作性强、运行速度快。但是，定义的模式难免会有遗漏，造成召回率低、难以在通用领域中应用等问题。除此以外，定义事件模式常常需要领域专家的指导，且标注大量的数据费时费力。因此，人们开始借助机器学习的方式实现事件抽取。

传统机器学习方法需要人工构建特征。通过开源的 NLP 工具获取输入语料中的词汇特征、句法特征和语义特征等信息，构建出不同的特征应用于分类器的训练。因此，研究的重点在于特征以及分类器的选择。CHIEU 和 NGUYEN[11]提出应用特定的机器学习算法，即最大熵模型

（Maximum Entropy Model，MaxEnt），在单个统计模型中权衡事件特征的多个来源。它们提取的特征很大限度上来源于目标短语的局部上下文和短语本身。AHN[12]使用 MaxEnt 作为分类器，同时利用触发词、事件类型等大量特征来训练，从而正确识别事件元素。

2015 年，利用神经网络从文本中直接获取特征成为研究的热点。HUANG 等[13]将双向长短时记忆（Long Short-Term Memory，LSTM）网络与 CRF 的组合模型作为一个应用于文本内容的序列标注任务，证明了这种模型的准确性和有效性。NGUYEN 等[14]利用 BiLSTM 遍历句子以学习更丰富的句子表示，然后利用这种表示来联合预测事件触发词和事件元素，这种方法在简化了特征提取的基础上提升了抽取的效果，是非常好的方法。MA 等[15]提出一个新颖的神经网络结构 LSTM-CNNs-CRF，该结构自动从单词和字符级表示中获取特征。李彦[16]利用基于自注意力机制的序列标注模型实现事件论元的抽取，识别事件中的参与者。综上所述，与传统机器学习的方法相比，神经网络的方法可以在自动获取隐藏特征的同时减少 NLP 工具获取特征过程中的误差传递，通用性更强。而 BiLSTM 可以捕获到上下文的长距离信息，在处理序列标注任务时有很大的优越性。

场景构建过程中需要使用时间序列分割技术，依据数据维度不同，将时间序列分割技术分成一元时间序列分割和多元时间序列分割。其中一元时间序列分割方法主要分为三类：基于分段数据表示的时间序列分割，基于特征点的时间序列分割和基于模型构建的时间序列分割。由于本小节所使用的方法借鉴视频分割、行为识别以及中文分词领域中使用的技术，因而增加了神经网络在分割应用中的相关研究。

分段线形表示（Piecewise Linear Representation，PLR）方法[17-18]使用分割段近似表示时间序列数据，可以分割时间序列数据，但该方法对非平稳的时间序列分割的效果不是很理想。廖俊等[19]提出一种基于重要点的时间序列分割方法，将考察时间窗扩展到前一个重要点和待考察点之间，再通过考察点两边模式变化幅度来确定重要点，从而以前一个重要点和待考察点作为分割断点，实现时间序列分割。基于特征点的分割算法取得一定成果，但需要人工提取特征，并且容易造成理想时间序列段被分割成多段的情况；此外，一些研究者则针对不同数据建立相应模型，实现时间序列分割的目的。庄玉[20]将隐马尔可夫模型（Hidden Markov Model，HMM）用于时间序列分割，通过预测时间序列流进行分割，但 HMM 需要建立状态转移矩阵以及状态－结果矩阵，这需要耗费大量时间和空间。崔世杰[21]使用基于平滑指数预测的时间序列分割方法对时间序列进行分割，但该类方法都通过预测的方式确定分割断点，无法从原始时间序列数据中分割完整的事件（如水质富营养变化等）数据。

近年来，长短时记忆单元神经网络被广泛应用于视频分割、中文单词分割以及行为识别等领域。从时间角度看，视频帧和中文语句类似于时间序列数据结构。SUN 等[22]提出了一种 Lattice-LSTM（L^2STM）神经网络，该网络通过对 LSTM 单元结构进行扩展和改进，实现识别视频中的人体行为信息。MA 等[23]提出了利用 LSTM 单元和双向 RNN 进行汉语分词，从中文语句中提取中文词语的神经网络，该神经网络可以在许多流行的数据集上获得比基于更复杂的神经网络架构的模型更高的准确性。神经网络方法具有很好的记忆性功能，但易受到信息的干扰，难以直接对时间序列数据进行分割。

多元时间序列的分割方法主要为基于模糊聚类的多元时间序列分割方法、基于动态规划的多元时间序列分割方法以及其他多元时间序列分割方法。ABONYI 等[24]提出一种基于 Gath-Geva 聚类算法的多元时间序列分割方法，该方法将数据的时间信息作为一个额外的变量加入聚类过程中，从而实现分割。YU 等[25]在 Gath-Geva 聚类算法的基础上进行进一步改进，提出将主成分分析方法引入 Gath-Geva 聚类算法（Multivariate Time Series Clustering Algorithm，MTSCA）中，实现多元时间序列的同步分割。郭月红[26]提出一种以自动回归模型为目标函数并结合动态规划算法的多元时间序列分割（Multivariate Time Series Segmentation Based on DP algorithm，MTS-DP）方法，该方法主要利用自回归模型和动态规划算法提高分割断点的查询速度，降低分割计算的时间复杂度，但该方法没有考虑分割段中各变量数据的关系，只能对多元时间序列实现同步分割。除了上述两种主要方法外，还有一些其他方法，如孙竹斌[27]利用动态因子模型对多元时间序列进行分割，其优点是对数据进行了降维，提高了分割效率，但动态因子的选择比较困难。

3.1.3　基于预训练模型的事件抽取

本小节的事件抽取模型主要分为两个核心模块：基于触发词词典的水旱灾害事件框架自动构建和基于序列标注的水旱灾害事件抽取模型，总体架构如图 3.1 所示。

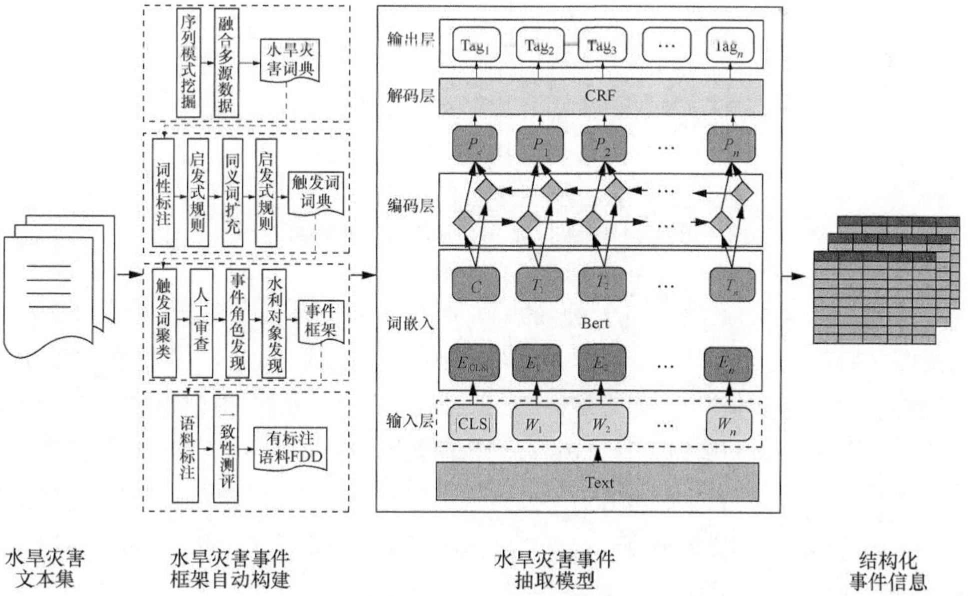

图 3.1　事件抽取模型架构

事件抽取中的事件检测任务需要识别事件触发词并对其进行分类，事件元素抽取任务需要抽取出事件元素并为其分配相应的角色，如降雨事件中的时间、地点、最大降雨量等信息。按照是否将事件检测与事件元素抽取联合起来，事件抽取分为流水线式抽取和联合抽取两大类。考虑到在水旱灾害文本上抽取结果的准确性，本小节采用更适合领域事件抽取的流水线式方式[28]。但是，流水线方法中的两个任务比较独立，容易造成误差的累积，因此，本小节使用构建触发词词典的方式构建事件框架，从而提高触发词识别的准确率。由于输入和输出均为序列，从本质上讲，这是一个典型的序列标注任务，因此，本小节采用序列标注的方法来完成水旱灾害事件抽取任务。

1. *基于触发词词典的事件框架构建*

利用触发词词典指导构建水旱灾害事件框架，并基于事件框架指导标注原始语料得到有标注的训练语料。

水旱灾害是一个全新的领域，为了对领域内常见的事件类型以及事件元素进行归纳和总结，从而指导数据标注以及后续的模型训练，需要构建水旱灾害事件框架。然而，手动地从大规模的语料中发现触发词和判定事件类型成本高昂，需要领域专家且费时费力，另外完全采用无监督方法构建的事件框架可能会脱离实际。为了解决这个问题，本小节提出了一种基于触发词词典的事件框架自动构建方法，具体流程如图 3.2 所示。

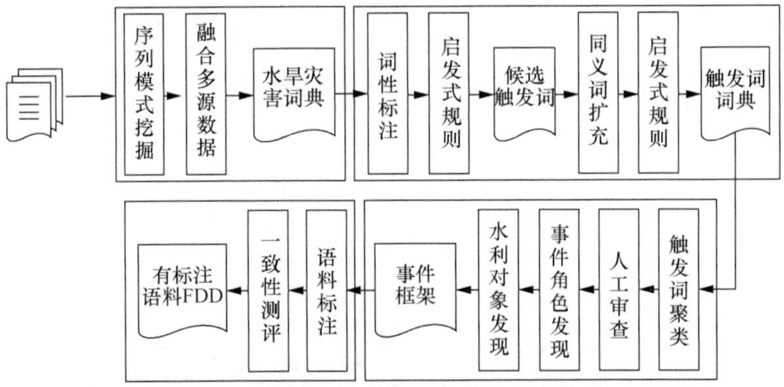

图 3.2　基于触发词词典的事件框架自动构建流程

为了提高文本分词的精确率，本小节构建了水旱灾害词典。通过多方调研，获取多源水旱灾害词。针对数据集中存在大量专有词汇难以发现的问题，提出一种基于序列模式挖掘的水旱灾害专有词汇发现算法，挖掘出实验数据集中的一些专有词汇，通过与多源词汇融合，构建出水旱灾害词典。

将水旱灾害词典作为用户词典添加在分词和词性标注工具中，可以解决词性标注精确率低的问题。对水旱灾害文本进行词性标注、启发式规则判断和同义词扩充，从而得到触发词词典。

对触发词词典按照词义相似度进行聚类和人工审查得到事件类型和对应触发词表，提供水旱灾害事件的定义和分类，并给出对应事件类型下的触发词。再经过专家指导，确定每个类型对应的事件元素和角色。由于在水旱灾害事件中水利对象以及对象的属性值最值得关注，因此还要定义每类事件的对象及其属性值，从而构建出水旱灾害事件框架。

在事件框架的指导下，采用 BIO 方式标注原始语料，得到有标注的水旱灾害事件语料。

在这一系列过程中构建出水旱灾害词典、触发词词典、事件框架和有标注的数据。

2. **基于序列标注的事件抽取模型**

输入和输出均为序列，从本质上讲，这是一个典型的序列标注任务。因此，采用序列标注的方法来完成水旱灾害事件抽取任务，即结合水旱灾害事件语料库，利用基于序列标注的事件抽取模型从水旱灾害文本中抽取出事件信息。

从深度学习的角度考虑，采用 BiLSTM-CRF 模型，避免了传统机器学习方法无法自动学习特征、无法捕获长距离信息、通用性较差等问题。在 BiLSTM 的基础上增加 CRF 模型后，对输出标签转移关系进行建模，增加了标签之间的约束。相比于 BiLSTM 模型，BiLSTM-CRF 模型拥有更好的性能。BiLSTM-CRF 已经成为解决序列标注问题的经典模型。

考虑到静态词向量无法解决一词多义的问题，本小节提出一种基于 Bert-BiLSTM-CRF 的序列标注模型。该模型在 BiLSTM-CRF 的基础上引入 Bert 模型，生成动态词向量，解决了使用静态词向量存在一词多义而导致事件抽取性能下降的问题。实验结果表明，本小节提出的模型在水旱灾害事件抽取任务上取得了不错的效果。基于 Bert-BiLSTM-CRF 的序列标注模型的整体网络结构如图 3.3 所示。

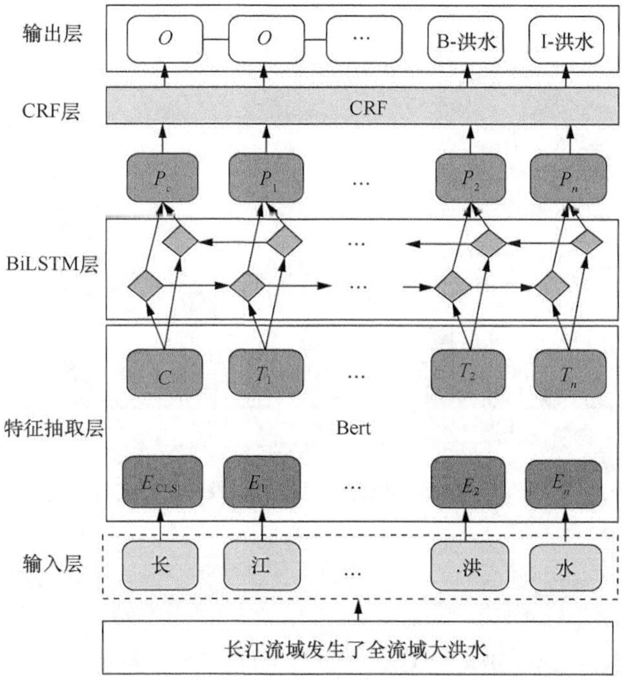

图 3.3　基于 Bert-BiLSTM-CRF 的序列标注模型的整体网络结构

本小节使用流水线方法，先识别事件的触发词和对应的事件类型，再根据事件类型识别出对应的元素和角色。事件元素抽取任务需要在事件检测的基础上，根据识别出的事件类型，分配不同的论元标签。这样减少了标签数量，有助于提高模型的精确率，相比于将所有类型的事件放在一起做，事件元素抽取任务的效果更好。基于 Bert-BiLSTM-CRF 的序列标注模型分为 5 个部分：输入层、特征抽取层、BiLSTM 层、CRF 层和输出层。

3. 实验结果与分析

（1）事件检测

事件检测任务的实验结果如图 3.4 和图 3.5 所示。图 3.4 和图 3.5 以柱状图的方式，分别清晰地展示了各个模型在 ACE2005 数据集和水旱灾害数据集 FDD 上，精确率 P 和 F_1 值的数值和变化趋势。

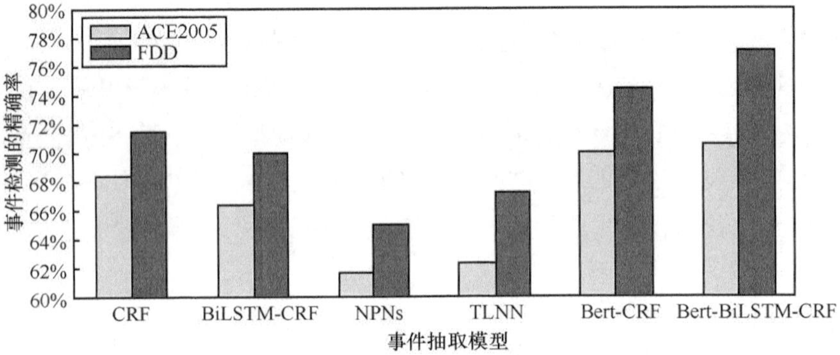

图 3.4　在两个数据集上各模型事件检测的 P 对比

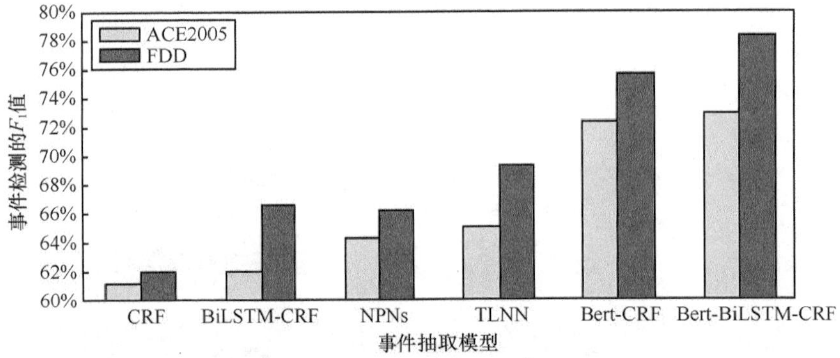

图 3.5　在两个数据集上各模型事件检测的 F_1 值对比

在 ACE2005 数据集上，根据图 3.4、图 3.5 可知，将 BiLSTM 与 CRF 模型结合后，可以利用 BiLSTM 学习更丰富的句子表示，并利用 CRF 对输出标签转移关系进行建模，增加了标签之间的约束，相比于 CRF 模型，BiLSTM-CRF 模型拥有更好的性能。

虽然 NPNs 采用 CNN 模型来抽取特征，但该模型对触发词不匹配问题做了大量优化，在特征选择的部分充分考虑到了词和字符的特征。因此，与 BiLSTM-CRF 相比，虽然 NPNs 的精确率不高，但 F_1 值较高。TLNN 模型通过引入外部知识库和优化特征提取器，在各个指标上都取得了优于 NPNs 模型的效果。

Bert-CRF 模型利用 Bert 进行语义编码取得了明显的优化，而本小节所提模型利用 Bert 来进行语义编码，BiLSTM-CRF 进行解码。Bert 使用基于自注意力机制的 Transformer 模型，因此在训练的过程中弱化了位置信息和方向信息，而这在序列标注任务中非常重要。因此，使用 BiLSTM 学习观测序列上的依赖关系是非常必要的。如果直接使用 CRF，模型只能学习到状态序列，即标签之间的关系，导致效果降低。从图中也可以看到，Bert-BiLSTM-CRF 模型与 Bert-CRF 模型相比，在精确率和 F_1 值上均有所提升。

在水旱灾害数据集 FDD 上，各个模型的指标与在 ACE2005 上相比均有一定的提升。经过分析，在 ACE2005 数据集中只定义了 33 种事件类型，对于不同的应用来说，其覆盖率非常低。此外，在标记的事件中，约 60%的事件类型的实例少于 100 个，其中有 3 种事件类型的实例甚至少于 10 个。而 FDD 数据集由于在每个事件类型的平均数据量上优于 ACE2005 数据集，因此在各个模型上的指标均有一定提升。

NPNs 和 TLNN 模型在 FDD 数据集上的表现与 BiLSTM-CRF 相比不如在 ACE2005 数据集上提升明显。NPNs 和 TLNN 模型的主要目标是解决单词触发词不匹配以及触发词存在多义性的问题。而在水旱灾害事件中，因为水旱灾害语料的触发词相对固定和明确，模型的主要效果体现在提取语义特征的优越性上，因此事件检测的效果较差。其中，FDD 数据集中部分事件类型的事件检测结果如表 3.1 所示，R 表示召回率。

表 3.1 在事件检测任务中 F_1 值排名前五的事件类型实验结果

事件类型	数据量	数据量排名	P	R	F_1 值
生态干旱	378	2	83.4%	85.4%	84.4%
内涝	254	6	82.6%	82.3%	82.4%
降雨	426	1	81.3%	77.5 %	79.4 %
台风	303	4	79.9%	78.2%	79.0 %
洪水	359	3	79.4%	77.8%	78.6 %

F_1 值排名前五的事件类型与数据集中事件类型对应的样本数量相关。其中降雨类型的事件数量最多，但该类型的 F_1 值并不突出，猜测是由于文本中台风事件和降雨事件往往相伴出现，触发词对应的上下文结构类似，因此模型学习到的特征很相似，在后续的训练过程中没有很好地将两者区别开。

实验结果表明，在没有人为设计的特征和外部资源的情况下，本小节提出的神经网络模型在 ACE2005 和 FDD 数据集上的性能与传统的基于特征的方法相当。

（2）事件元素抽取

事件元素抽取的实验结果如图 3.6 和图 3.7 所示。由于 NPNs 和 TLNN 模型只做事件检测任务而不做事件元素抽取任务，因此本部分不将它们作为对比实验。图 3.6 和图 3.7 分别展示了各个模型在 ACE2005 数据集和水旱灾害数据集 FDD 上 P 和 F_1 值的数值和变化趋势。

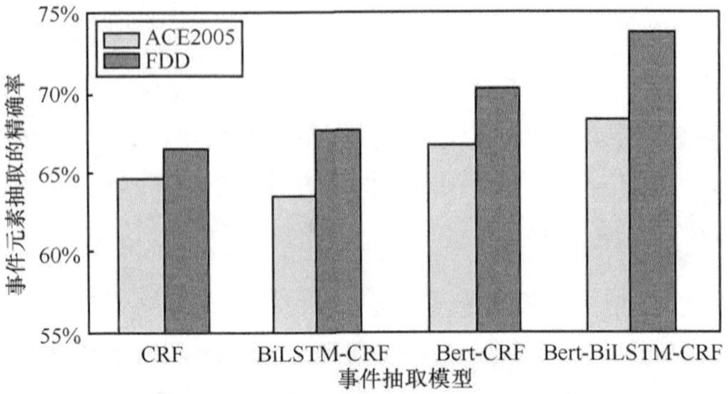

图 3.6　在两个数据集上各模型事件元素抽取的 P 对比

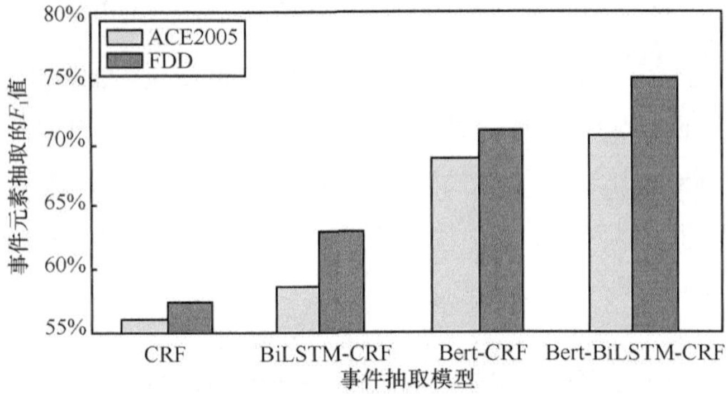

图 3.7　在两个数据集上各模型事件元素抽取的 F_1 值对比

从图 3.6 和图 3.7 可知，与其他模型相比，Bert-BiLSTM-CRF 模型在事件元素抽取任务上的性能有一定的提升。但相比于事件检测任务，事件元素抽取任务的标签数量更多，涉及的语义解析更为复杂。因此，在事件元素抽取任务中，可以发现整体的精确率和 F_1 值与事件检测任务相比都有一定的降低。

与 BiLSTM-CRF 模型相比，虽然 Bert-CRF 模型没有利用双向 LSTM 来获取语义信息，但 Bert 强大的表征能力很好地弥补了这一点，因此 Bert-CRF 模型在各个指标上都有较大的提升。其中，在 FDD 数据集中，部分事件类型的事件元素抽取结果如表 3.2 所示。

表 3.2　在事件元素抽取任务中 F_1 值排名前五的事件类型实验结果

事件类型	数据量	数据量排名	平均每个事件元素对应数据量	平均每个事件元素对应数据量排名	P	R	F_1 值
内涝	254	6	124	3	79.2%	81.4%	80.3%
泥石流	153	21	148	1	79.5%	80.8%	80.1%
生态干旱	378	2	106	6	77.7%	80.5%	79.1%
降雨	426	1	113	4	79.6%	78.4%	79.0%
城镇缺水	177	16	108	5	79.4%	77.6%	78.5%

在事件元素抽取阶段，F_1值排名前五的事件类型与数据集中平均每个事件元素对应数据量相关，单纯地比较该事件类型的数据量是没有意义的。其中，平均每个事件类型对应数据量的计算方法是用该事件类型中所有事件元素出现的次数除以事件元素的个数。通过计算得到事件类型中每个事件元素，即序列标注中的每个标签对应的数据量，分析实验结果。

从表 3.2 可以看出，在事件检测中 F_1 值较高的台风事件在事件元素抽取中并未出现，这是因为台风事件的事件元素较多。其中，台风等级这个事件元素对应的数据量特别少，拉低了整体的实验效果。相反，虽然泥石流事件总量不高，但是由于事件元素简单，平均每个事件类型对应的数据量较大，因此实验效果较好。与泥石流事件类似的还有城镇缺水事件，虽然总数据量排名为第16，但平均每个事件元素对应的数据量为第 5，因此效果较好。

3.1.4　基于 Bi-LG-LSTM 神经网络的一元时间序列分割

随着硬件技术的不断提升，不同领域涌现出大量传感时间序列数据，如水文领域中的降雨量、温度、湿度等多要素时间序列数据，水质检测中 TN（总氮量）、TP（总磷量）、透明度等多要素时间序列数据，以及空气质量检测中的 SO_3、CO 等要素时间序列数据。在上述领域中，都会有相应的事件发生（如水利领域的洪水，水质领域中的富营养化以及空气质量领域中的大气污染），而每一个事件的发生，在不同属性监测下，都会产生相应的数据，因而在实际应用中，需要从大量监测的时间序列数据中，分割出针对事件所对应的时间序列数据，这样有利于后续时间序列分析，便于时间序列操作。

本小节对原始时间序列数据进行分割，获取所设定事件的时间序列数据，但传统时间序列分割技术只关注分割后的时间序列压缩率和拟合率，如 PLR、SlidingWindows、TopDown 等算法，忽视时间序列本身具有的事件特征，这样会导致分割过程中，存在大量信息丢失或者难以发现的情况。例如，在分割洪水流量原始数据过程中，需要提取一场完整的洪水流量时间序列段，但经常发生从洪水流量峰值处分割时间序列序列情况，这样就导致一场洪水流量时间序列段出现不完整现象，在后续分析中，难以了解整场洪水流量情况以及进行数据分析，导致出现重要信息缺失现象。

1. **算法模型**

针对上述问题，本小节在特征点窗口分割方法（Fixed Window Segmentation Based on Feature Point，WFS）的基础上，结合 Bi-LG-LSTM 神经网络模型，提出一种基于 Bi-LG-LSTM 神经网络的一元时间序列分割方法（Segmentation Method Based on WFS and Bi-LG-LSTM Neural Network，WFS-Bi-LG-LSTM），该方法主要分为两个步骤。

步骤一：对原始时间序列数据进行特征点提取，通过特征点的提取，确定事件的发生，再使用人工设置的固定长度窗口，获取事件初始分割数据。

步骤二：由于使用固定长度窗口对数据进行分割，则初始分割数据中包含大量冗余数据（即非事件数据)，因而需要剔除冗余数据。利用 Bi-LG-LSTM 神经网络模型，充分考虑时间序列的全局信息和局部信息，利用人工标注的数据集对模型进行训练，使其学习事件数据所包含的隐含特征信息，并在测试中对时间序列数据进行分割，获得事件数据。

(1) 基于特征点提取的窗口分割技术

特征点：能够反映事件特征的数据，本小节中所给的特征点为超过（或低于）某阈值（threshold）的极值点。给定一元时间序列 $\boldsymbol{x}=\{x_1,x_2,\cdots,x_n\}$ 中的特征点为 x_k，则具有以下形式。

超过阈值的极大值点：

$$x_k=\begin{cases}x_k>x_{k-1}\\x_k>x_{k+1}\end{cases}\quad x_k>\text{threshold},k\in[2,n-1] \tag{3.2}$$

低于阈值的极小值点：

$$x_k=\begin{cases}x_k<x_{k-1}\\x_k<x_{k+1}\end{cases}\quad x_k<\text{threshold},k\in[2,n-1] \tag{3.3}$$

根据上述特征点的计算方式，基于特征点提取的窗口分割技术对原始时间序列数据中进行特征点提取，再以特征点的位置为中心，使用固定长度窗口进行数据提取，将提取的数据作为初始窗口分割数据。

(2) Bi-LG-LSTM 神经网络构建

当采用 LSTM 神经网络进行特征提取时，LSTM 通过门机制和内部记忆单元的配合，能够不断地学习和记忆时间序列信息。换句话说，通过 LSTM 提取时间序列序列的特征后，时间序列序列的每一个特征都包含过去的相关信息，最后一个特征则包含整个序列的时间序列信息。通过 LSTM 直接对时间序列序列进行特征提取，最后一个特征值将包含大量的过去信息，即时间序列的全局信息。在这种情况下，有效的后续分割点将很难被识别出来。因此，综合考虑时间序列的局部信息和全局信息将有助于快速地找到有效特征分割点，本节提出局部/全局特征提取长短时记忆（Local/Global Feature Extract Long Short-Term Memory，LG-LSTM）神经网络结构，如图 3.8 所示。

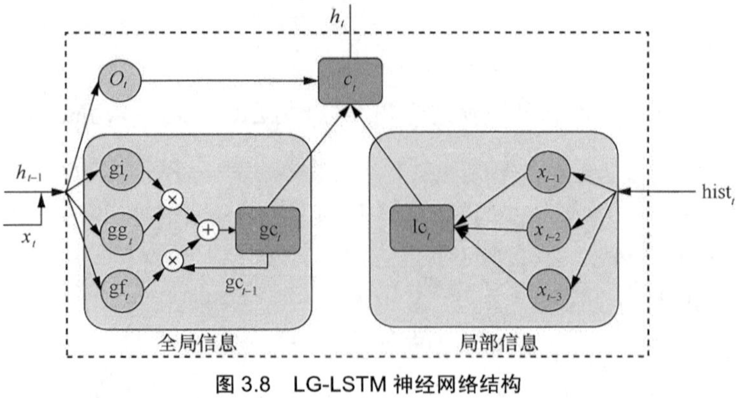

图 3.8　LG-LSTM 神经网络结构

a. LG-LSTM 神经网络

LG-LSTM 神经网络结构包括全局信息和局部信息两个部分，全局信息部分与传统 LSTM 一致，其中全局输入门 gi_t 、全局输入调制门 gg_t 、全局遗忘门 gf_t 和全局记忆单元 gc_t 的计算与 LSTM 完全一致，该部分用来学习并记忆时间序列的全局时间序列特征。局部信息部分的主要结构是前 k 时刻的数据输入，一个感知机对该数据进行特征提取，作为局部信息。

图 3.8 中主要符号的计算公式如下：

$$\mathrm{gc}_t = \sum_{m=1}^{t-1}\left(\prod_{k=m+1}^{t} f_k\right) i_m \cdot g_m + i_t \cdot g_t \tag{3.4}$$

$$\mathrm{hist}_t = [x_{t-1}, x_{t-2}, \cdots, x_{t-k}] \tag{3.5}$$

$$\mathrm{lc}_t = \sigma(\mathrm{hist}_t \cdot [wl_k, wl_{k-1}, \cdots, wl_1]) \tag{3.6}$$

$$c_t = \alpha \cdot \mathrm{gc}_t + (1-\alpha) \cdot \mathrm{lc}_t \tag{3.7}$$

在传统的 LSTM 中添加一个固定大小为 k 的滑动窗口，当 LG-LSTM 递归学习时，LG-LSTM 中的局部信息部分将学习并且记忆前 k 个时刻的相关信息，图 3.8 中的数据输入为 $\mathrm{hist}_t = [x_{t-1}, x_{t-2}, \cdots, x_{t-k}]$ ，局部信息单元计算公式为 $\mathrm{lc}_t = \sigma(\mathrm{hist}_t \cdot [wl_k, wl_{k-1}, \cdots, wl_1])$ ，其中 $[wl_k, wl_{k-1}, \cdots, wl_1]$ 为输入数据的权重参数，而 σ 为 Sigmoid 函数。

b. Bi-LG-LSTM 神经网络

LG-LSTM 结构是在 LSTM 结构的基础上进行了一定的改进，但仍然有一些缺点，LSTM 和 LG-LSTM 都只能记忆过去的信息而无法看到将来的信息。在实际问题中，一个数值仅对比过去的信息，是无法完全确定的，还要看将来的信息。为了解决这个问题，本小节采用双向递归神经网络（Bi-LG-LSTM），如图 3.9 所示，同时学习过去和将来的时间序列特征。

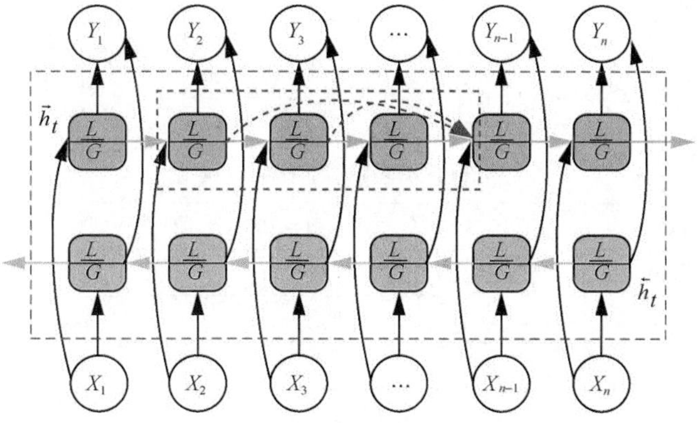

图 3.9　Bi-LG-LSTM 提取局部/全局特征结构

双向递归神经网络输出的 Y_t 与 Y 如式（3.8）、式（3.9）所示。

$$Y_t = W_{\vec{h}_t} \cdot \vec{h}_t + W_{\overleftarrow{h}_t} \cdot \overleftarrow{h}_t + b_t \tag{3.8}$$

$$Y = [Y_1, Y_2, \cdots, Y_n] \tag{3.9}$$

其中，Y_t表示t时刻数据的输出，其数值范围为[0,1]；Y_t当小于 0.5 时，则代表该时刻数据为非事件数据，当Y_t大于或等于 0.5 时，则代表该时刻数据为事件数据。

本小节在 LG-LSTM 的基础上，采用双向递归神经网络，得到 Bi-LG-LSTM，并用其提取时间序列的局部/全局时间序列特征。图 3.9 展示了通过 Bi-LG-LSTM 提取时间序列的局部/全局特征的流程。对于时间序列X，图 3.9 中第二行方块表示时间序列X的正向 LG-LSTM 计算过程，是 LG-LSTM 的节点展开表示方式，第三行方块代表时间序列X的反向计算过程。图 3.9 中的小虚线方框表示 LG-LSTM 中的局部信息计算，在这里滑动窗口的大小k被设置成 3。从图 3.9 可以看出，时间序列最终的输出Y_t是正向序列输出$\vec{h}_t$和反向序列$\overleftarrow{h}_t$输出整合，如式（3.8）所示。

损失函数：将时间序列数据X输入 Bi-LG-LSTM 神经网络进行训练，获得标签数据Y'，根据人工标注的标签数据Y和神经网络获得的标签数据Y'，建立如下损失函数：

$$\text{loss} = \underset{W_t,b_t}{\arg\min}\left|Y - Y'\right| \tag{3.10}$$

其中，W_t,b_t为 Bi-LG-LSTM 神经网络中参数，其中$Y' = \left[Y_1', Y_2', \cdots, Y_n'\right]$，$Y_j' \in \{0,1\}$。

2. **实验分析**

（1）数据集和评测指标

本小节的实验数据集是太湖流域望虞河东岸区域的水质数据[1]，共收集到 21 个站的数据，每个站的水质监测变量包括总磷含量（TP）、总氮含量（TN）和透明度。收集的时间从 2008 年 1 月 1 日到 2008 年 12 月 31 日，具体信息如表 3.3 所示。

表 3.3　太湖流域望虞河区域站点水质实验数据集信息

信息名称	具体信息
站点个数	21
站点名称	江边闸内 江边闸外 虞义大桥 望亭立交闸下 大桥角新桥 鸟嘴渡桥 荡口大桥 友谊获泽桥 冶长泾闸 小湾里水厂 五七大桥 琳桥船闸 新师桥 羊尖桥 大义（望）望亭自动 望亭立交闸上 贡湖水厂 金墅湾水厂 锡东水厂 张桥（望）
数据时间范围	2008 年 1 月 1 日—2008 年 12 月 31 日
采样数据间隔	1 天
数据变量名称	TP、TN、透明度
单变量数据长度	366 天

神经网络分割结果的度量主要采取机器学习领域中常用的正确率 Acc、精确率P、召回率R以及F_1值。在实验过程中，针对水质时间序列的分割，水质富营养化分割等价于识别数据是否为水质富营养化数据，可以将真实标签数据和神经网络预测的标签数据的组合划分为真正例（TP）、

注1　太湖流域管理局水文水资源监测局

假正例（FP）、真反例（TN）以及假反例（FN）4 种情形，则正确率、精确率、召回率以及 F_1 值的计算如下：

$$\mathrm{Acc}=\frac{\mathrm{TP}+\mathrm{TN}}{\mathrm{TP}+\mathrm{TN}+\mathrm{FN}+\mathrm{FP}} \tag{3.11}$$

$$P=\frac{\mathrm{TP}}{\mathrm{TP+FP}} \tag{3.12}$$

$$R=\frac{\mathrm{TP}}{\mathrm{TP+FN}} \tag{3.13}$$

$$F_1=\frac{2\cdot P\cdot R}{P+R} \tag{3.14}$$

（2）实验设置

首先，给出本小节所提的分割方法实验步骤；然后，给出对比实验方法；最后，给出实验参数设置和实验环境配置。

实验步骤：首先使用特征点窗口分割方法对水质时间序列数据进行特征点提取，然后以特征点为作为窗口长度中心，进行数据初始分割，接着对分割数据进行相应人工标注；构建 Bi-LG-LSTM 神经网络模型；运用交叉实验方法，依次轮流选择 1 个站点窗口分割数据作为测试集，剩余 20 个站点窗口分割数据作为训练集，从而获得分割数据并验证神经网络的性能。

实验对比：由于本小节提出的方法中包含对 LSTM 神经网络的改进，因此选择基于特征点窗口分割和 RNN 神经网络的分割方法（WFS-RNN）、基于特征点窗口分割和 LSTM 神经网络的分割方法（WFS-LSTM）以及基于特征点窗口分割和双向长短时记忆神经网络的分割方法（WFS-Bi-LSTM）作为对比实验，并通过实验验证本小节提出的神经网络性能。

实验参数：WFS 方法中的窗口长度设置为 30 天，主要原因是人工分割结果的长度为 15 天至 30 天；针对 TP、TN 以及透明度变量进行基于特征点窗口分割过程中，TP 变量中的特征点为超过 0.010 mg/L 的极大值点，TN 变量中的特征点为超过 0.10 mg/L 的极大值点，透明度变量中的特征点为不超过 3.0 m 的极小值点，以上设置主要根据地表水资源质量评价技术规程（SL395-2007）[29]；Bi-LG-LSTM 神经网络中的窗口参数 k 设置为 3，进行局部信息提取。

（3）实验结果与分析

由于实验数据过多，无法展示所有的神经网络分割结果，所以选择贡湖水厂站点 2008 年的某时段 TN 数据。

图 3.10（a）是贡湖水厂 2008 年 TN 数据（时间为 6 月 13 日至 7 月 12 日），该数据是采用基于特征点的窗口分割方法分割得到的，其中虚线线段为人工分割结果；而图 3.10（b）是图 3.10（a）中数据进行人工标注的标签数据。图 3.10（b）中纵坐标为人工标注数值，其值为 0 代表冗余数据；数值为 1 代表水质富营养化事件数据。

图 3.11 展示了 WFS-RNN、WFS-LSTM、WFS-Bi-LSTM 以及 WFS-Bi-LG-LSTM 方法在图 3.10（a）数据上的分割结果。从图 3.11（a）和图 3.11（b）中可以得出 RNN 和 LSTM 神经网络

可以有效地分割时间序列的前半部分，但后半部分的分割效果较差，随着时间序列不断增长，后续神经网络节点只能获得过去信息，无法获得未来信息，从而导致判断失误；而 Bi-LSTM 神经网络和 Bi-LG-LSTM 神经网络根据上下文信息挖掘水质富营养化变化数据，可以很好地获得分割断点，但 Bi-LSTM 神经网络在前半部分的分割结果与人工分割结果仍有区别，因而需要提高神经网络的局部信息获取能力。

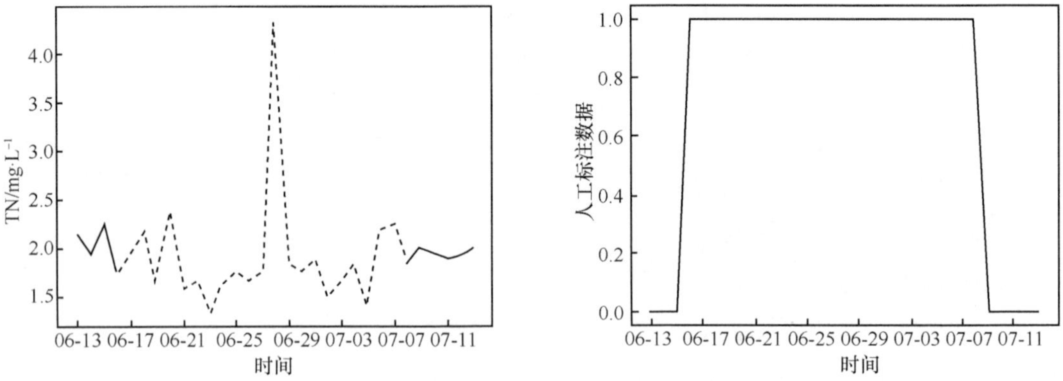

（a）贡湖水厂某时段总氮含量窗口分割数据　（b）贡湖水厂某时段总氮含量人工标注数据

图 3.10　贡湖水厂 2008 年 6 月 13 日至 2008 年 7 月 12 日时段窗口分割数据及人工标注示意

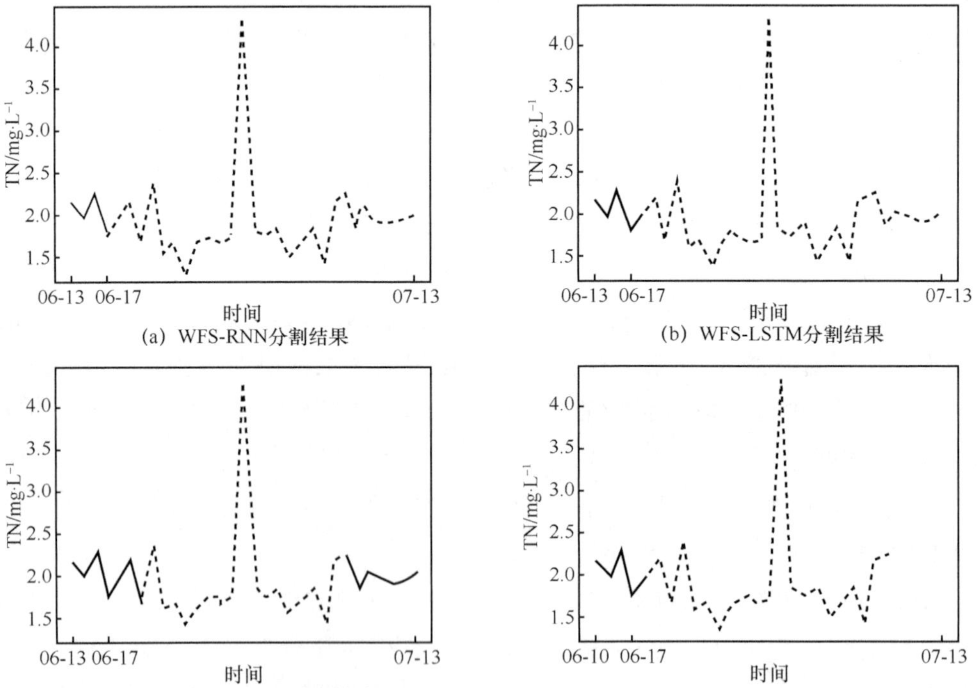

（a）WFS-RNN分割结果　（b）WFS-LSTM分割结果

（c）WFS-Bi-LSTM分割结果　（d）WFS-Bi-LG-LSTM分割结果

图 3.11　贡湖水厂 2008 年 6 月 13 日至 7 月 13 日时段 TN 数据下的 4 种神经网络分割结果

本实验使用 Acc、P、R 以及 F_1 值进行评估；由于使用交叉验证法，并且存在多组实验结果，因而对多组 Acc、P、R 以及 F_1 评估值进行平均值计算，从而比较 4 种神经网络分割结果。

表 3.4 为 4 种神经网络在 TN、TP 以及透明度变量上的评估性能结果。在 TN 变量数据上，WFS-Bi-LG-LSTM 的 Acc、P 以及 F_1 值最高，分别为 83.3%、85.7%以及 85.2%；在 TP 变量数据上，WFS-Bi-LG-LSTM 的 Acc、P 以及 F_1 值最高，分别为 77.0%、78.1%以及 76.7%；在透明度变量数据上，WFS-Bi-LG-LSTM 的 Acc、P 以及 F_1 值最高，分别为 82.5%、83.3%以及 83.0%；从表 3.4 可以发现，WFS-Bi-LG-LSTM 的 Acc、P 以及 F_1 值最高，而 WFS-RNN 或 WFS-LSTM 的 R 较高，其主要原因是 WFS-RNN 或 WFS-LSTM 在分割段结束处表现较差，受到前面时间序列信息影响，后面所有的数据被误认为是水质富营养化变化数据，R 变高；综合 F_1 值来看，WFS-Bi-LG-LSTM 比 WFS-Bi-LSTM 要高出 5%左右。

表 3.4　4 种神经网络的实验评估性能结果

变量名称	实验方法	Acc	P	R	F_1 值
TN	WFS-RNN	65.3%	63.5%	90.7%	73.4%
	WFS-LSTM	66.7%	65.7%	**92.4%**	75.4%
	WFS-Bi-LSTM	76.8%	78.5%	84.4%	79.6%
	WFS-Bi-LG-LSTM	**83.3%**	**85.7%**	87.2%	**85.2%**
TP	WFS-RNN	64.5%	58.7%	**86.7%**	68.7%
	WFS-LSTM	64.6%	59.5%	85.7%	68.8%
	WFS-Bi-LSTM	74.7%	71.7%	77.3%	73.0%
	WFS-Bi-LG-LSTM	**77.0%**	**78.1%**	78.1%	**76.7%**
透明度	WFS-RNN	63.8%	59.9%	**91.7%**	71.5%
	WFS-LSTM	63.6%	59.9%	90.6%	71.1%
	WFS-Bi-LSTM	73.2%	70.7%	88.8%	77.3%
	WFS-Bi-LG-LSTM	**82.5%**	**83.3%**	85.2%	**83.0%**

3. 小结

针对传统一元时间序列分割方法无法完整分割事件序列数据，同时分割段中包含过多冗余信息的情况，引入了神经网络技术，对分割结果进行重新分割，同时改进 LSTM 神经网络，提出了 Bi-LG-LSTM 神经网络。从实验结果看，本小节提出的方法提高了分割的精度，同时减少了分割段中的冗余信息。

3.1.5　基于滑动窗口采样和 DTWCorr 度量方式的多元时间序列分割

相比于一元时间序列数据，多元时间序列具有复杂性、关联性以及干扰性等特点，对多元时间序列分割技术的研究则更具有挑战性。多元时间序列分割方法主要有基于动态规划的多元时间序列分割[25]以及基于 Geva-Gath 聚类的多元时间序列分割[26]，而这两种方法的分割结果都为同步分割结果，即每一个多元时间序列分割段中的各变量分割点的位置是相同的。同步分割方法容易导致在某些变量分割段中存在冗余数据，同时分割段中各变量数据之间的关联性较弱，严重影响后续实验的性能，因而需要进行多元时间序列异步分割。为了对多元时间序列数据进行异步分割，本小节采取的方法流程如图 3.12 所示。首先，利用一元时间序列分割方法，对多元时间序列数据中的每个变量数据进行一元时间序列分割，获取多个单变量数据上的分割结果；再根据分割段的时间信息，对多个变量分割结果进行时间关联，获取时间关联分割结果；然后，针对数据冗余和缺失问题，采用滑动窗口采样技术，对每一个时间关联分割结果的每一变量分割段进行重采样，获得滑动窗口重采样数据；最后，采用 DTWCorr 距离度量挖掘分割段之间的关联关系，使用多段图最短路径算法[30]得到多元时间序列异步分割结果。

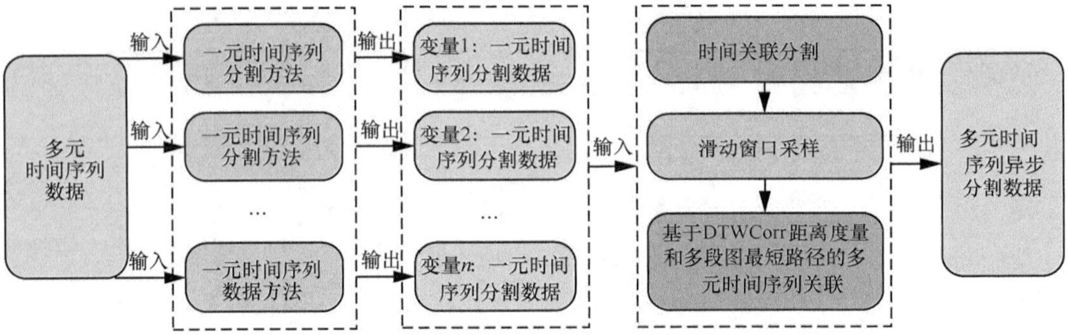

图 3.12　基于滑动窗口采样技术和 DTWCorr 距离度量方式的多元时间序列分割流程

1. 算法模型

给定 k 个变量的多元时间序列 $\boldsymbol{X}=\{\boldsymbol{x}_1,\boldsymbol{x}_2,\cdots,\boldsymbol{x}_k\}$，$\boldsymbol{x}_k=\{x_{k,1},x_{k,2},\cdots,x_{k,n}\}$，对时域 $\{1,2,\cdots,n\}$ 进行划分。假设将时间序列划分成 N 个片段，所获得的分割结果为 $\boldsymbol{t}=\{\boldsymbol{t}_1,\boldsymbol{t}_2,\cdots,\boldsymbol{t}_k\}$，其中 $\boldsymbol{t}_i=\{t_{i,1},t_{i,2},\cdots,t_{i,N}\mid t_{i,j}=\{s_{i,j},e_{i,j}\}\}$ 代表第 i 变量的数据分割结果，$s_{i,j}$ 代表第 i 个变量第 j 个分割段的开始时刻，$e_{i,j}$ 则代表第 i 个变量第 j 个分割段的结束时刻。令分割结果 $\boldsymbol{t}=\{\boldsymbol{t}_1,\boldsymbol{t}_2,\cdots,\boldsymbol{t}_k\}$ 的分割代价为 $J(\boldsymbol{t})$，则 $J(\boldsymbol{t})$ 定义为

$$J(\boldsymbol{t})=\sum_{j}^{N}\sum_{i=1}^{k}\mathrm{dist}_1\left(\boldsymbol{X}_{t_{i,j}},\boldsymbol{X}_{t'_{i,j}}\right)+\sum_{j=1}^{N}\sum_{i=1}^{k-1}\mathrm{dist}_2\left(\boldsymbol{X}_{t_{i,j}},\boldsymbol{X}_{t_{i+1,j}}\right) \tag{3.15}$$

其中，$\boldsymbol{X}_{t_{i,j}}$ 代表第 j 个多元时间序列分割段第 i 个的变量数据，$\boldsymbol{X}_{t'_{i,j}}$ 代表第 j 个多元时间序列分割段第 i 个变量的理想分割数据，$\mathrm{dist}_1()$ 度量分割结果的准确性，$\mathrm{dist}_2()$ 度量多元时间序列中各元数据间的紧密性。

由于难以直接获得式（3.15）的解，因而将式（3.15）拆分成式（3.16）和式（3.17），先求解式（3.16），然后在式（3.16）分割结果的基础上，对式（3.17）进行求解，获得的解作为式（3.15）的近似解。

$$J_1(\boldsymbol{t}) = \sum_{j}^{N}\sum_{i=1}^{k}\mathrm{dist}_1\left(\boldsymbol{X}_{t_{i,j}}, \boldsymbol{X}_{t'_{i,j}}\right) \tag{3.16}$$

$$J_2(\boldsymbol{t}) = \sum_{j=1}^{N}\sum_{i=1}^{k-1}\mathrm{dist}_2\left(\boldsymbol{X}_{t_{i,j}}, \boldsymbol{X}_{t_{i+1,j}}\right) \tag{3.17}$$

对式（3.16）求解，可以使用一元时间序列分割方法，根据该方法可以获得多元时间序列数据中各变量的分割数据，所获数据作为式（3.16）的解。但是，在式（3.16）解的基础上求解式（3.17），依然存在三个难点：对式（3.16）求解，获得的一元时间序列分割结果仍然存在冗余数据和重要数据缺失的情况，不利于挖掘关联性更紧密的分割段；给出式（3.17）中 $\mathrm{dist}_2()$ 的具体表达式，该表达式需要度量各变量分割段之间的关联关系；对单个多元时间序列分割段中的各变量数据进行重采样，如何寻找最优组合，使式（3.15）的值最小。

针对第一个难点，本小节采用时间关联分割技术和滑动窗口采样技术进行处理；针对第二个难点，本小节结合 DTW 距离公式和皮尔森相关系数公式，给出 DTWCorr 距离方式度量分割段之间的关联关系；针对第三个难点，本小节将每一个多元时间序列分割段中的各变量数据关系图形化，然后采用多段图最短路径算法求得最优组合。

（1）时间关联分割

为了使多元数据分割段具有实际应用价值，多元时间序列分割段中各变量数据应当具有时间相关性，也就是分割段在时间上具有重合部分；同时为了便于后续分割操作处理，使用时间关联分割方法对已经进行一元时间序列分割的多元时间序列分割结果进行时间关联，如图 3.13 所示。其中，连续且具有样式的区域为分割段，小虚线框所包含的数据为时间关联分割数据。

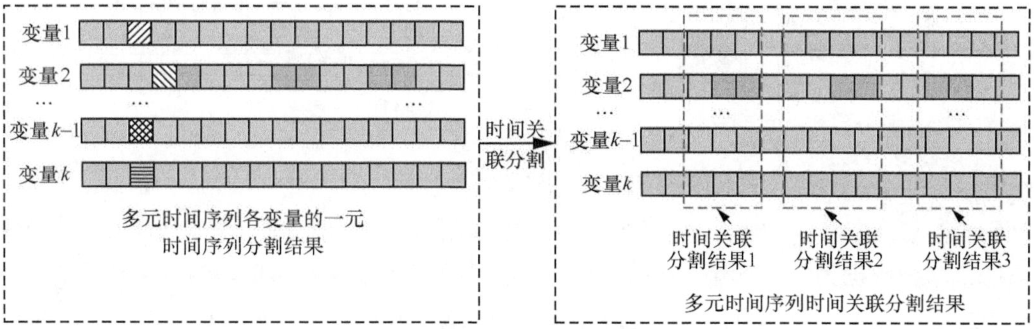

图 3.13　时间关联分割示意

时间关联分割中输入的数据为多元时间序列上各变量一元时间序列分割结果 $\boldsymbol{t} = \{\boldsymbol{t}_1, \boldsymbol{t}_2, \cdots, \boldsymbol{t}_k\}$，$\boldsymbol{t}_i = \{t_{i,1}, t_{i,2}, \cdots, t_{i,N_i}\}$，其中 N_i 为第 i 个变量的分割段个数；经过时间关联分割后，获得时间关联分割结果为 $\boldsymbol{T} = \{\boldsymbol{T}_1, \boldsymbol{T}_2, \cdots, \boldsymbol{T}_N\}$，$\boldsymbol{T}_i = \{t'_{1,i}, t'_{2,i}, \cdots, t'_{k,i}\}$，$t'_{i,j} = \bigcup_{k=m}^{n} t_{i,k} (1 \leqslant m \leqslant n \leqslant N_i)$，其中 $\boldsymbol{T}_i$ 为第 i 个时间关联分割段，$t'_{i,j}$ 为具有时间相关的分割段区间的合并。时间关联分割主要步骤如下。

步骤一：依次选择变量 i 中的分割段，进行和变量 $i+1$ 中的分割段进行时间关联，获取关联的分割段，关联方法如式（3.18）。

$$\mathrm{Union}(t_{i,m},t_{i+1,n})=\begin{cases}\mathrm{True}, & t_{i,m}\cap t_{i+1,n}\neq\varnothing\\ \mathrm{False}, & t_{i,m}\cap t_{i+1,n}=\varnothing\end{cases}\tag{3.18}$$

其中，$t_{i,m}$ 为第 i 个变量的第 m 个分割段，$t_{i+1,n}$ 为第 $i+1$ 个变量的第 n 个分割段，$t_{i,m}\cap t_{i+1,n}$ 表示两个分割段时间重合区域。

步骤二：在已关联的分割段的基础上，与下一个变量的分割段进行关联，直到关联到最后一个变量的分割段被关联，获得的关联分割段作为基于时间的关联分割结果。

（2）滑动窗口采样

一元时间序列分割方法在多元时间序列数据分割过程中，没有考虑各变量数据之间的关联关系，容易造成分割结果中出现数据冗余或数据丢失的情况，因而，需要采取滑动窗口技术进行数据采样，获得滑动窗口分割数据。其采样示意如图 3.14 所示，图 3.14 左部分中小虚线框代表一个时间关联分割段，而右部分中每一个虚线框代表时间关联分割段中的一个变量的采样数据。

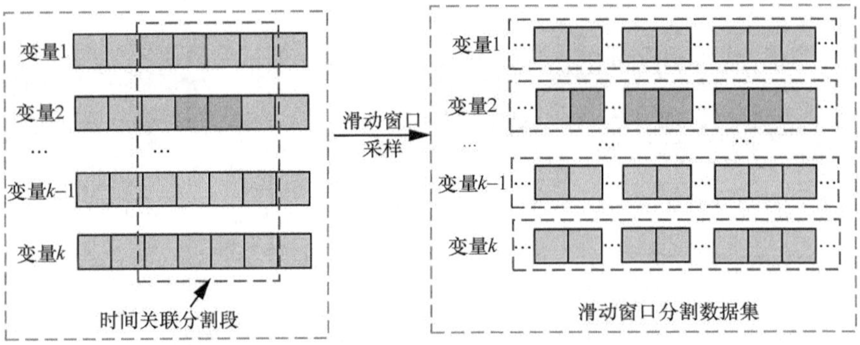

图 3.14　滑动窗口采样示意

滑动窗口采样技术中输入数据为第 i 个多元时间关联分割段 $\boldsymbol{T}_i=\{t'_{1,i},t'_{2,i},\cdots,t'_{k,i}\}$、滑动窗口大小集合 $\mathrm{SW}=\{\mathrm{sw}_1,\mathrm{sw}_2,\cdots,\mathrm{sw}_{n1}\}$ 和滑动步长 step；对第 i 个多元时间关联分割片段 $\boldsymbol{T}_i$ 进行滑动窗口采样，输出数据为第 i 个滑动窗口采样的多元时间序列分割数据 $\mathrm{SegST}_i=\{\mathrm{ts}_{1,i},\mathrm{ts}_{2,i},\cdots,\mathrm{ts}_{k,i}\}$，$\mathrm{ts}_{i,j}=\{t^1_{i,j},t^2_{i,j},\ldots,t^{m_{i,j}}_{i,j}\}$，其中 $\mathrm{ts}_{i,j}$ 表示第 i 个多元时间关联段中第 j 个变量的滑动窗口采样数据集，$m_{i,j}$ 表示第 i 个多元时间关联段第 j 个变量的滑动窗口采样数据个数。

实现滑动窗口采样的步骤：首先，扩展已分割的时间序列段的范围，获得新时间序列段的范围；然后，在该范围内进行数据采样，一般情况下，滑动窗口的大小是固定的，但为了更好地挖掘不同长度数据的信息，同一个时间序列使用多个不同窗口大小进行采样。

（3）基于 DTWCorr 距离度量和多段图最短路径的多元时间序列关联

针对每一个滑动窗口采样数据，为了挖掘分割段之间更为紧密的关联关系，本小节综合考虑相似度和相关性度量方式，使用 DTWCorr 距离进行度量，同时使用分段图最短路径方法求得滑动窗口采样数据中最优组合。

① DTWCorr 距离度量。滑动窗口采样数据集中数据为非等长的时间序列数据，虽然 DTW 距离能够很好地度量非等长时间序列数据间的相似度，但 DTW 距离难以度量数据的负相关性；皮尔森相关系数方法可以度量数据之间的相关性，但无法度量非等长时间序列数据。因而，综合考虑两种度量方式，本小节提出 DTWCorr 度量方式。给定两个时间序列分别为 $\boldsymbol{x}=\{x_1,x_2,\cdots,x_n\}$ 和 $\boldsymbol{y}=\{y_1,y_2,\cdots,y_n\}$，则 DTWCorr 的度量计算如下。

$$\mathrm{DTWCorr}(\boldsymbol{x},\boldsymbol{y})=\frac{\mathrm{DTW}\left(\boldsymbol{x}-\overline{\boldsymbol{x}},(-1)^t(\boldsymbol{y}-\overline{\boldsymbol{y}})\right)}{1+\left|\rho_{\max(\boldsymbol{x},\boldsymbol{y})}\right|}\quad t=\begin{cases}0, & \rho_{\max(\boldsymbol{x},\boldsymbol{y})}\geqslant 0\\ 1, & \rho_{\max(\boldsymbol{x},\boldsymbol{y})}<0\end{cases}\tag{3.19}$$

式（3.19）的分子为 DTW 度量方法，由于考虑到时间序列数据可能成负相关关系，因而对其中的一个时间序列 $\boldsymbol{y}$ 进行以期望值 $\overline{\boldsymbol{y}}$ 为对称轴的轴对称变换；分母为皮尔森相关系数，为了防止分母为零，进行平滑处理；由于时间序列之间非等长，对较长时间序列按照较短时间序列长度进行分割，获得分割段集合，求得分割段集合中的时间序列与较短时间序列的相关系数值，从中选择最大的值 $\rho_{\max}(\boldsymbol{x},\boldsymbol{y})$ 作为相关系数，其计算方式如式（3.20）所示。

$$\rho_{\max}(\boldsymbol{x},\boldsymbol{y})=\begin{cases}\max\{\rho(\boldsymbol{x}[i,i+n],\boldsymbol{y})\mid 1\leqslant i\leqslant m-n)\}, & m\geqslant n\\ \max\{\rho(\boldsymbol{x},\boldsymbol{y}[i,i+n])\mid 1\leqslant i\leqslant n-m)\}, & m<n\end{cases}\tag{3.20}$$

其中，$m=\mathrm{len}(\boldsymbol{x}),n=\mathrm{len}(\boldsymbol{y})$。

② 基于多段图最短路径的多元时间序列关联。针对每一个滑动窗口采样数据，从该数据中各变量选择出一个分割段，组合成该滑动窗口采样数据所对应的多元时间序列异步分割结果，使式（3.17）的值最小。本小节使用基于多段图最短路径的多元时间序列关联，将问题抽象成多段图最短路径问题，其数据转化形式如图 3.15 所示，图中的节点代表分割段，相同样式的节点则是同一个变量使用滑动窗口采样算法获得的分割段集，而节点之间的线段权重则代表不同变量的分割段之间的关联关系，可以看出，采用多段图最优路径算法可以找到最优路径。

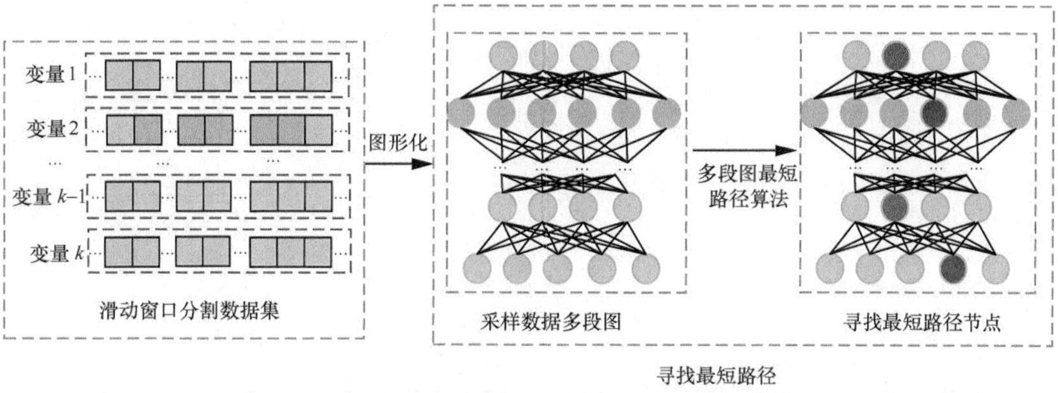

图 3.15　基于多段图最短路径寻找的多元时间序列关联示意

给定第 i 个滑动窗口采样的多元时间序列分割数据 $\mathrm{SegST}_i=\{\mathrm{ts}_{1,i},\mathrm{ts}_{2,i},\cdots,\mathrm{ts}_{k,i}\}$，$\mathrm{ts}_{j,i}=$

$\{t_{j,i}^1, t_{j,i}^2, \cdots, t_{j,i}^{m_{j,i}}\}$ 代表第 j 个变量的采样数据，$m_{j,i}$ 为该变量的采样数据个数。根据式（3.17）可知，目标是寻找到组合 $\boldsymbol{T}_i = \{t_{1,i}^*, t_{2,i}^*, \cdots, t_{k,i}^*\}$ 使式（3.17）解最小。多段图最短路径算法[30]的内核是动态规划方法，其状态转移方程如下：

$$\text{distAll}_{t_{j,i}^k} = \min_{u=1}^{m_{i,j}} \left\{ \text{distAll}_{t_{j,i}^u} + \text{DTWCorr}(X_{t_{j-1,i}^u}, X_{t_{j,i}^k}) \right\} \tag{3.21}$$

其中，$\text{distAll}_{t_{j,i}^k}$ 表示从第一个变量分割段到第 j 个变量第 k 个分割段的最优路径，是关联最大的分割段组合。$X_{t_{j,i}^u}$ 表示第 i 个窗口采样数据中第 j 个变量第 u 个采样数据。

2. **实验分析**

（1）数据集和评测指标

本实验选择的数据是 2008 年太湖流域中望虞河区 21 个站点的水质数据，并且本实验是基于 3.1.4 小节的分割结果进行的，由于不能显示 3.1.4 小节所有站点的分割结果，所以选择了 2008 年贡湖水厂的各变量一元时间序列分割结构。

由于需要度量多元时间序列分割段中各变量数据间的关系，因而使用相关性评估方式进行度量。为了评估多元时间序列分割段中各元数据之间的相关性，采用皮尔森系数进行评估，但本小节多元时间序列分割段中的各元数据长度是不同的，因而需要对皮尔森系数方法进行改进，使其符合上述评估情况。其度量方式如图 3.16 所示。

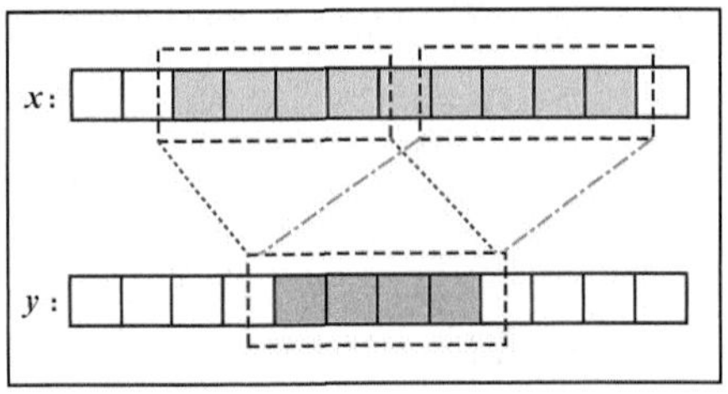

图 3.16　非等长时间序列相关性度量示意

给定两个时间序列 $\boldsymbol{x}$ 和 $\boldsymbol{y}$，二者的长度为 m 和 n，$m>n$；本小节采取以最小长度时间序列为标准，对较长时间序列进行切割，得到（$m-n$）个长度为 n 的时间序列段，再计算与标准分割段的相关性绝对值，从中选择最大相关绝对值作为分子，时间序列长度差占总长度比作为分母，并对分母进行平滑处理，以防止分母为 0。其评估公式如下。

$$\text{Corr}(\boldsymbol{x}, \boldsymbol{y}) = \frac{\rho_{\max}(\boldsymbol{x}, \boldsymbol{y})}{1 + \left| \dfrac{m-n}{m+n} \right|} \quad m = \text{len}(\boldsymbol{y}), n = \text{len}(\boldsymbol{x}) \tag{3.22}$$

其中，$m>n$，当 $m = n$ 时，式（3.22）就变成皮尔逊系数计算公式；当分子值不变时，两个序列长度差值占总长度的比值越大，则分母值越大，整体值就会越小。其中 $\rho_{\max}(\boldsymbol{x}, \boldsymbol{y})$ 的计算如下。

$$\rho_{\max}(\boldsymbol{x}, \boldsymbol{y}) = \max_{0 \leqslant i \leqslant m-n} \{\rho(\boldsymbol{x}, \boldsymbol{y}[i, i+n])\} \tag{3.23}$$

（2）实验设置

首先，给出本小节方法的实验步骤；然后，给出对比实验方法；最后，给出实验参数设置和实验环境配置。

实验步骤：先用一元时间序列分割技术对各元数据进行一元时间分割，然后进行时间关联分割，再使用滑动窗口对分割数据采样，最后使用改进的距离度量方式度量各元数据间的关系以及多段图最短路径算法挖掘最优分割段组合，从而实现多元时间序列异步分割。

实验对比：本小节进行基于滑动窗口采样技术和 DTWCorr 度量方式的多元时间序列分割方法（MTSWS-DTWCorr）、基于滑动窗口采样技术和 DTW 度量方式的多元时间序列分割方法（Multivariate Time Series Segmentation Method Based on Sliding Window Sampling and DTW Distance, MTSWS-DTW）、基于动态规划的多元时间序列分割方法[17]（MTS-DP）以及基于 Gath-Geva 模糊聚类的多元时间序列分割方法[19]（MTSCA）实验。

实验参数：在 MTS-DP 实验中，分割阶数设置为人工分割段数，其中采用自回归模型来计算误差，自回归阶数设置为 3；在 MTSCA 实验中，设置聚类的个数为该时间序列的人工分割段数，但根据聚类结果，最终分割的数目和聚类个数是不相同的。

（3）实验结果与分析

为了验证多元时间序列分割算法的分割结果中各变量之间的相关性，使用相关性评估标准对各变量数据间关系进行评估。由于分割段个数过多，因而统计相关性的平均值、最大值以及最小值。其评估结果如表 3.5 所示。

表 3.5　基于 21 个站点水质数据的 4 种多元时间序列分割方法相关性评估结果

实验方法	TP-TN	TN-透明度	透明度-TP
MTS-DP	0.471	0.141	0.387
MTSCA	0.509	0.198	0.384
MTSWS-DTW	0.491	0.288	0.395
MTSWS-DTWCorr	**0.560**	**0.415**	**0.408**

从表 3.5 中可以看出，从平均值层面来看，MTSWS-DTWCorr 方法在 TP-TN、TN-透明度以及透明度-TP 相关性中的数值分别为 0.560、0.415 以及 0.408，比其他三种分割方法的数值要高，因而可以得出结论，相比于其他三种分割方法，MTSWS-DTWCorr 使分割结果中的各元数据间的相关性有所提高，为后续的数据使用和处理奠定基础。

3.1.6　总结

针对事件抽取技术研究，本节提出了一种基于预训练模型的事件抽取技术，与传统事件抽取技术进行对比，在水利数据上进行实验，提高了事件抽取的性能。时空场景构建过程中涉及时间序列分割技术，本节针对传统一元时间序列分割方法无法完整分割事件序列数据的问题，引入了神经网络技术，对分割结果进行重新分割，同时改进 LSTM 神经网络，提出了 Bi-LG-LSTM 神经网络，从实验结果看，该方法提高了分割的精度。同时针对多元时间序列中各元数据之间具有滞后性的特点，提出了基于滑动窗口和 DTWCorr 度量距离的多元异步时间序列分割方法，相比于传统的多元时间序列同步分割方法，该方法的分割结果具有准确性以及关联性特点。

3.2 事件模式库构建

3.2.1 引言

时间序列数据聚类技术则主要根据相关性度量方式将数据集划分为不同的集群，旨在尽量减少不同聚类簇之间的相关性，确保聚类簇内部具有更高的关联度[31]。对时间序列数据进行聚类分析，可以发现其中常见或罕见的模式，获得数据之间的关联关系等信息。在时间序列聚类技术方面，引入混合特征提取和特征选择技术，对多变量非等长时间序列数据进行聚类，提高聚类效率及效果，为后续时间序列分析、检索、相似度匹配以及预测等应用提供坚实的数据基础。

多元时间序列记录的是同一现象随时间演化的不同状态，反映了不同属性间的相互影响。通过挖掘多元时间序列关联规则探究事件间的关联关系显得尤为重要。一方面，挖掘蕴藏其中的自然演变规律和人类活动影响的信息，为决策制定提供支持；另一方面，通过提取数据中潜在的模式，对理解不同事件在邻近时间域内的相互作用机制具有重要的意义。

3.2.2 相关工作

时间序列聚类方法比传统聚类方更为复杂，时间序列聚类方法主要以基于原始数据的时间序列聚类、基于特征提取的时间序列聚类以及基于模型的时间序列聚类为主。

基于原始数据的时间序列聚类算法是对原始数据不进行任何处理，直接实行聚类操作，大多数是改进传统聚类算法[32-35]的度量方式，直接将聚类算法应用到时间序列数据上。LI 等[36]提出了一种基于属性加权的多元时间序列聚类算法（Fuzzy Clustering Based on Feature Weights for Multivariate Time Series，FCFW），该方法在动态时间弯曲距离（Dynamic Time Warping, DTW）和 SBD 距离的基础上，生成模糊隶属矩阵，利用模糊聚类算法对模糊隶属矩阵获得聚类结果。基于特征提取的时间序列聚类算法首先对原始序列进行特征提取或特征选择，获取具有代表性的有效特征；然后，利用聚类算法对特征进行聚类。WANG 等[37]提出一种对多元时间序列进行聚类的新方法，通过获取时间序列的统计特征，如趋势、偏度以及峰度等统计特征，捕获时间序列全局结构，使用传统聚类算法（如 *k*-means 或分层聚类）进行聚类。基于模型的时间序列聚类算法尝试从一组数据中寻找到符合原始数据概率分布的模型，根据模型中的参数进行聚类[38]。基于模型的时间序列聚类方法有统计方法和神经网络方法。基于统计方法模型的时间序列聚类算法有高斯混合模型[39]、整合移动平均自回归模型[40]和 HMM 模型[41-42]。基于神经网络模型的时间序列聚类方法有自组织映射（Self-Organizing Maps，SOM）聚类。

基于时间序列模体挖掘的研究主要集中在单时间序列数据，按照模体的不同定义可分为基于支持度和基于相似度两类。现有基于支持度的时间序列模体挖掘方法可归纳为以下三类。

① 采用符号化表示的近似时间序列模体挖掘。该类算法在符号化处理时间序列的基础上引入各类方法并提取重复相似的片段。文献[43]提出将暴力算法引入模体挖掘，找到包含数量最多的相似序列子集中的子序列为时间序列模体（多实例模体），为克服暴力算法的缺点提出了 EMMA 算法挖掘模体；CHIU 等[44]将 SAX 算法与概率思想相结合，提出了使用随机投影方法在符号序列中挖掘模体。

② 基于聚类的时间序列模体挖掘方法以各种聚类方法为算法核心，通常将滑动窗口提取出的所有子序列组成模体候选集合，并将集合作为聚类过程的输入[45]。通过进一步分析聚类后的结果，一些研究者认为通过聚类子序列挖掘得到的模体缺少实际意义[46]。

③ 结合图论算法的方法将时间序列模体挖掘问题转化为解决图中相关问题。LIN 等[47]通过构建 R 树完成子序列连接操作并转化成图，使用 *k*-连通图算法得到模体。朱跃龙等[48]将时间序列模体挖掘问题转化为求解图的最大团问题，这类方法的主要缺点是子序列连接过程和图的相关计算成本较高。

时间序列关联规则挖掘方法大多基于传统关联规则方法的扩展，主要包括数据预处理、数据压缩、规则获取和评价与解释 4 个步骤。对多元时间序列关联挖掘的相关研究取得了一定成果。按照规则挖掘是否考虑时间序列关系，将多元时间序列关联规则挖掘方法分为同步规则（事务内关联规则）和异步规则（跨事务关联规则）两类[49]。挖掘同步规则的方法得到的结果不能体现时间的先后顺序。郑邦祺[50]基于 FP-growth 算法，首先利用时间序列分段技术离散化时间序列，然后构建 FP 树，挖掘频繁模式。上述算法都没有考虑时间特性，一些研究者开始关注考虑时间序列关系的异步规则挖掘，如徐昭邦[51]基于时间约束对多元时间序列中的每条序列都构建一棵频繁模式树，这样虽然提高了规则挖掘的准确率，但构建多棵频繁模式树造成了系统资源浪费。

3.2.3 基于特征提取与选择的多元时间序列聚类

时间序列聚类是数据挖掘技术中的一个重要研究方向，时间序列聚类方法比传统聚类方法更复杂。传统聚类方法适用于离散数据，针对多元时间序列之间的数据长度以及多元时间序列中各变量数据长度不同的情况，则难以进行聚类，需要对传统聚类方法进行改进。常见的方法有对度量方式改进，从而实现非等长时间序列聚类，但该方法的效率较低；基于特征提取的聚类方法则对时间序列数据进行特征提取，降低了数据维度，然后通过利用提取出的特征进行聚类，提高了聚类效率。然而，时间序列特征提取的方法多种多样，不同的特征提取方法有其独特的优缺点，但无法确定某种特征对聚类效果的有效性。为了提高数据的聚类效果，需要综合不同特征提取方法的优点，获取混合特征，再使用特征选择方法，选择高效有用的特征，从而提高聚类效率。本小节提出一种基于混合特征提取与特征选择的模糊聚类方法。

本小节所提方法主要分为以下步骤：首先，使用多种特征提取方法对多元时间序列分割段进行特征提取，获取混合特征；然后，使用 LVW+*k*-NN 特征选择方法，从混合特征中剔除冗余特征，从而获取到高效有用的特征；最后，对所获的特征数据进行模糊聚类，获取聚类簇。

1．算法模型

由于非等长多元时间序列数据结构复杂，使用 *k*-means 聚类算法难以获取质心点，且存在数据维度灾难问题，提出基于混合特征提取及特征选择的模糊聚类（Fuzzy Clustering Based on Hybrid Feature Extraction and Feature Selection，FCHFEFS）算法，通过该聚类算法对多元时间序列分割段集合进行聚类，从而构建聚类簇。

（1）混合特征提取

本小节所采取的时间序列混合特征提取算法（Time Series Hybrid Feature Extraction Algorithm，TSHFE）主要分成三类。第一类是基于时域统计的特征提取，使用统计方法直接对原始时间序列数据进行统计特征提取；第二类是基于频域统计的特征提取，对原始时间序列数据进行离散傅里叶变换，获取幅度值，然后使用统计方法提取统计特征；第三类是基于神经网络的隐含特征提取方法，对原始时间序列数据进行预处理，变成等长时间序列数据，再使用自动编码器进行隐含特征提取。

在混合特征提取过程中，输入数据为多元时间序列分割数据集 $E=\{X_1,X_2,\cdots,X_n\}$，其中 X_i 表示多元时间序列数据集中第 i 个多元时间序列分割数据，$X_{i,j}$ 表示第 i 个多元时间序列分割数据中第 j 个变量的时间序列数据，则对第 i 个多元时间序列分割数据进行混合特征提取，输出特征数据集 MF。

① 基于时域统计的特征提取。对第 i 个多元时间序列分割数据中第 j 个变量的时间序列数据 $X_{i,j}$，采用统计方法提取特征，数据均值、标准差、中位数、最大值、最小值、偏度和峰度作为统计特征，其表示如下：

$$\begin{aligned}\text{StatisticalFeature}(X_{i,j})=[&\text{mean}(X_{i,j}),\text{std}(X_{i,j}),\text{median}(X_{i,j}),\\&\max(X_{i,j}),\min(X_{i,j}),\text{skew}(X_{i,j}),\text{kurt}(X_{i,j})]\end{aligned} \tag{3.24}$$

其中，StatisticalFeature 表示对时间序列数据进行上述 7 种统计特征提取，并组成一个特征向量。

② 基于离散傅里叶变换的特征提取。对第 i 个多元时间序列分割数据中第 j 个变量的时间序列数据 $X_{i,j}$ 采用频域统计特征提取方法，首先进行离散傅里叶变换，获取变换后的幅度值序列，然后采用统计特征提取方法对幅度值序列进行统计特征提取，其公式如下：

$$\text{DFTStatisticFeature}(X_{i,j})=\text{StatisticalFeature}(\text{DFT}(X_{i,j})) \tag{3.25}$$

其中，$\mathrm{DFT}(X_{i,j})$ 表示对第 i 个多元时间序列分割数据中第 j 个变量的时间序列数据 $X_{i,j}$ 进行离散傅里叶变换，获取幅度值，然后对幅度值进行统计特征提取，获取幅度值的统计特征值组成特征向量。

③ 基于自动编码器的特征提取。自动编码器具有一个隐藏层结构，其中第一层为输入层，第二层为隐藏层，主要提取固定长度的特征数据，第三层为输出层，其目的是保证输出数据和输入数据尽可能相似，自动编码器近似等价于一个恒等函数。用于特征提取的自动编码器结构如图 3.17 所示。

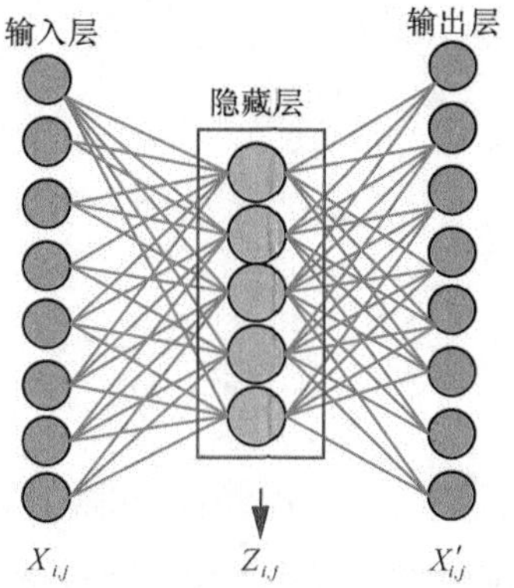

图 3.17　用于特征提取的自动编码器结构

为了进行特征提取，对多元时间序列集 E 抽取第 j 个变量数据，并进行零值填充处理，获得第 j 个变量所对应的等长数据集为 $E'_j=\{X_{1,j},X_{2,j},\cdots,X_{n,j}\}$，对数据集 E'_i 进行自动编码器特征抽取，获取隐藏层输出数据；并将其作为特征数据。使用式（3.26）进行表示。

$$\mathrm{AutoEncoderFeature}(E'_j)=\{f_1(W_1\cdot X_{1,j}+b_1),\cdots,f_1(W_1\cdot X_{n,j}+b_1)\}=\{Z_{1,j},Z_{2,j},\cdots,Z_{n,j}\} \tag{3.26}$$

其中，$Z_{i,j}=[Z^1_{i,j},Z^2_{i,j},\cdots,Z^k_{i,j}]$ 表示第 i 个多元时间序列中第 j 个变量所对应的特征数据，$f_1()$ 为自动编码器中的 Tanh 函数，W_1 和 b_1 为编码层的参数。

④ 混合特征提取。基于时域的统计特征提取能够提取原始数据的统计信息；基于傅里叶变换的特征提取能够从频域角度提取信息；自动编码器可以提取时间序列数据中的隐含信息。综合三种特征提取方法，建立混合特征提取，如算法 3.1 所示。

算法 3.1　时间序列混合特征提取算法

Algorithm 3.1 TSHFE（E）

输入　多元时间序列数据集: $E=\{X_1,X_2,\cdots,X_n\}$，$X_i=\{X_{i,1},X_{i,2},\cdots,X_{i,k}\}$

输出　多元时间序列集合所对应的混合特征数据集合：MF

1）$E'=\{E'_1,E'_2,\cdots,E'_k\}$，其中 $E'_i=\{X_{1,i},X_{2,i},\cdots,X_{n,i}\}$ //提取多元时间序列各维数据

2）$E^*=\{E^*_1,E^*_2,\cdots,E^*_k\}$ 其中 $E^*_i=\mathrm{fillZeros}(E'_i)$，表示对 E'_i 中各维数据尾端进行补零操作，使得各维数据的长度相等

3）$Z=\{Z_1,Z_2,\cdots,Z_k\}$，其中 $Z_i=\text{AutoEncoderFeature}(E_i^*)$ //使用自动编码器对每个变量数据进行特征提取，获取每个变量所在维度的特征数据

4）$\text{MF}\leftarrow\varnothing$

5）**for** $i=1$ to n **do**

6） $\text{MF}_i\leftarrow\varnothing$

7） **for** $j=1$ to k **do**

8） $F_{\text{sta}}\leftarrow\text{StatisticalFeature}(X_{j,i})$ //多元时间序列第 j 变量数据的统计特征提取

9） $F_{\text{dfts}}\leftarrow\text{DFTStatisticFeature}(X_{j,i})$ //多元时间序列第 j 变量数据的基于离散傅里叶变换的统计特征提取

10） $\text{MF}_i.\text{append}(F_{\text{sta}}\cup F_{\text{dfts}}\cup Z_{j,i})$ //对多元时间序列第 j 变量数据的三种特征进行混合

11） **end for**

12） $\text{MF}.\text{append}(\text{MF}_i)$

13）**end for**

（2）LVW+*k*-NN 特征选择

对原始时间序列数据进行特征提取后，存在特征冗余现象，并非所有的特征都可以进行聚类，因而需要通过对特征进行筛选，选择比较适合的特征或者特征组合。由于本小节所面对的数据是无标签的，因而有监督特征选择方法无法适用本小节所针对的问题，而拉斯维加斯（LVW）方法是包裹式特征选择方法的一种特征选择框架，符合无监督特征选择方法。本小节以 LVM 方法为基础，提出基于 *k*-NN 评估方法的拉斯维加斯算法（LVW+*k*-NN），如算法 3.2 所示。

算法 3.2 基于 *k*-NN 评估方法的拉斯维加斯算法

Algorithm 3.2 LVW+*k*-NN（*E*,*F*,EKNN,*T*,*K*）

输入 多元时间序列数据集：$E=\{X_1,X_2,\cdots,X_n\}$，多元时间序列特征数据集：MF，特征评估算法：EKNN，停止条件控制参数：T，*k*-NN 参数：*K*

输出 特征选择后的多元时间序列特征数据集：MF^*

1） 从特征数据集 MF 中获取特征集 *F*

2） $\text{Err}=\infty;d=|F|;F^*=F;t=0$ //初始化各参数值

3） **while** $t<T$ **do**

4） 递归式消除 *F* 中的一个特征，产生特征子集 F'

5） 根据特征子集 F′ 和特征数据集 MF 获取特征子集数据集 MF′

6） $d'=|F'|$;

7） 在 *E*、MF′ 和 *K* 数据下，基于 *k*-NN 的评估方法计算评估误差 Err′

8） **if**（$\text{Err}'<\text{Err}\vee(\text{Err}'=\text{Err})\wedge(d'<d)$）**then**

9） $t=0;\text{Err}=\text{Err}';d=d';\text{MF}^*=\text{MF}'$

10） **else**

t=t+1

end if

end while

聚类的数据为无标签数据，因而使用近邻的思想来度量特征选择的优劣。本小节使用一种基于 *k*-NN 的评估方法（EKNN）进行评估特征，EKNN 注重将原始数据映射到特征空间中，尽量减少特征空间中数据之间关系的变化。其评估过程如图 3.18 所示。

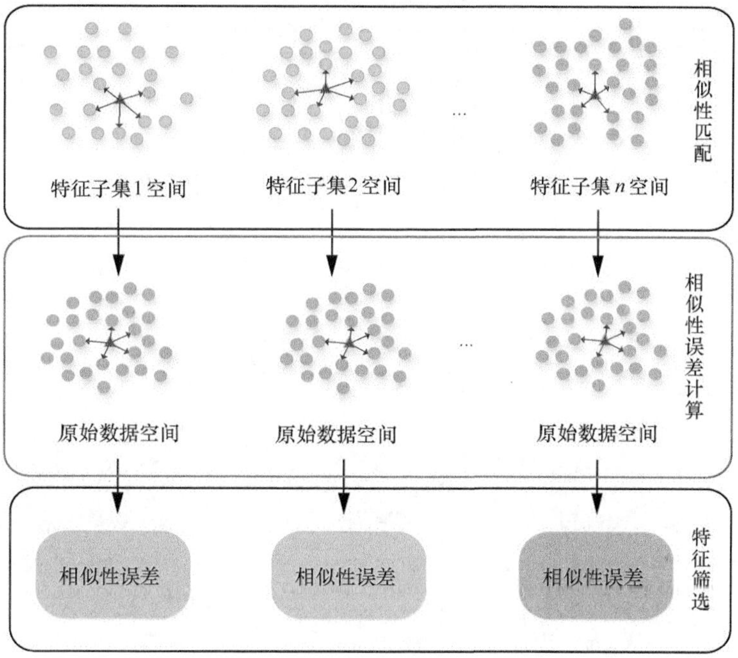

图 3.18　基于 *k*-NN 方法的评估过程示意

EKNN 的步骤如下：首先，将原始时间序列数据映射到特征子集数据空间，在特征子集数据空间中对每个特征数据间求最近邻数据；然后，根据特征子集数据空间中的最近邻，获取原始空间中各个数据与特征子集空间中最近邻的相似度误差的倒数；最后，将倒数作为特征评分，相似度误差越大，评分越小，特征空间中数据之间的关系和原始数据空间中的关系差异性越大。

（3）基于混合特征提取和特征选择的模糊聚类算法

本小节在混合特征提取技术和特征选择技术的基础上，对非等长的多元时间序列进行特征提取，获得混合特征数据；然后，使用 LVW+*k*-NN 特征选择方法对特征进行筛选；再对特征数据进行归一化，归一化的数据作为模糊聚类算法的数据输入，得到特征数据的聚类簇；最后，根据特征数据找到所对应的原始时间序列数据，从而得到非等长的多元时间序列模糊聚类结果。基于混合特征提取和特征选择的模糊聚类如算法 3.3 所示。

算法 3.3　基于混合特征提取和特征选择的模糊聚类算法

Algorithm　3.3　FCHFEFS（E, k）

输入 多元时间序列数据集：$E=\{X_1,X_2,\cdots,X_m\}$；聚类簇个数：k

输出 聚类簇集合：$\tau=\{C_1,C_2,\cdots,C_k\}$

1） 使用 TSHFE 算法对数据集 E 提取混合特征，得到 $\mathrm{MF}=\{\mathrm{MF}_1,\mathrm{MF}_2,\cdots,\mathrm{MF}_m\}$

2） 使用 LVW+k-NN 特征选择算法对混合特征 $\mathrm{MF}=\{\mathrm{MF}_1,\mathrm{MF}_2,\cdots,\mathrm{MF}_m\}$ 进行特征选择，获得特征选择后的特征数据 $\mathrm{MF}'=\{\mathrm{MF}_1',\mathrm{MF}_2',\cdots,\mathrm{MF}_m'\}$

3） 对特征数据集 $\mathrm{MF}'=\{\mathrm{MF}_1',\mathrm{MF}_2',\cdots,\mathrm{MF}_m'\}$ 中的每一维数据进行归一化 $F=\{F_1,F_2,\cdots,F_m\}$

4） $O=\mathrm{FCM}(F,k)$ //对特征数据集进行模糊聚类

5） **for** O_i in O **do** //遍历所有聚类簇

6） $C_i=\varnothing$

7） **for** F_j in O_i **do** //遍历每个聚类簇中的特征数据

8） $C_i=C_i\cup\{E_j\}$ //找到特征数据所对应的数据，并将数据加入新聚类簇中

9） **end for**

10） **end for**

11） **return** $\tau=\{C_1,C_2,\cdots,C_k\}$ //返回数据的聚类簇

2. 实验分析

（1）数据集和评测指标

为了验证本小节所提出算法的性能，同时对多元时间序列数据构建场景且将其应用到实际情况，选择 UCI 公共数据集中部分多元时间序列数据以及太湖流域水质数据集进行实验。

UCI 公共数据集包括等长多元时间序列数据和非等长多元时间序列数据，其中各个数据具体含义是不同的，因而，不再一一详述，各个数据的信息如表 3.6 所示。

表 3.6 UCI 公共数据集信息

数据集名称	变量个数	单维时间序列长度	类别个数	样本个数
ArabicDigits	13	4～93	10	2 000
AUSLAN	22	45～136	96	960
Character_trajectories	3	109～205	20	858
CMUsubject16	62	127～580	2	58
ECG	2	39～152	2	200
JapaneseVowels	12	7～29	9	640
KickvsPunch	62	274～841	2	16
Libras	2	45	15	360
NetFlow	4	50～997	2	534
UWave	3	315	8	200
Wafer	6	104～198	2	298
WalkvsRun	62	128～1 918	2	44

针对有标签的数据集，采用聚类外部评价指标度量聚类算法；针对无标签数据，采用聚类内部评价指标进行度量，尤其是针对本小节使用的水质数据（该数据为无标签数据）。

采用兰德系数（Rand Index，RI）作为指标评价算法的性能，兰德系数是常用的聚类效果评价指标，计算方法如式（3.27）所示。

$$\mathrm{RI}=\frac{\mathrm{TP}+\mathrm{TN}}{\mathrm{TP}+\mathrm{FP}+\mathrm{FN}+\mathrm{TN}} \tag{3.27}$$

对于一个有 N 个数据点的集合，有 $N(N-1)/2$ 个集合对。TP 代表同一个种类的数据点被分到相同簇的个数，TN 代表不同种类的数据被分到不同簇的数目，FP 代表不同种类的数据被分到相同簇的数目，FN 代表不同种类数据被分到不同簇的数目。较大的 RI 值代表较好的聚类效果。

（2）实验设置

首先，给出对比实验算法；然后，给出实验参数设置；最后，给出实验环境配置。

实验对比：为了验证本小节算法的高效性，采用进行对比实验的算法为基于 DTW 度量距离方式的谱聚类（Spectral Cluster Based on DTW，SC-DTW）算法[33]，基于 DTW 度量距离方式的近邻传播聚类（Affinity Propagation Cluster Based on DTW，APC-DTW）算法[35]，基于 DTW 度量距离方式的密度聚类（DBSCAN Clustering Based on DTW，DBSCANC-DTW）算法[34]，基于 DTW 度量距离方式的密度峰值聚类（Clustering by Fast Search and Find of Density Peaks Based on DTW，DPC-DTW）算法[32]以及基于属性加权的多元时间序列聚类（Fuzzy Clustering Based on Feature Weights for Multivariate Time Series，FCFW）算法[36]，这些算法使用 DTW 距离方式进行距离度量，因而可以对非等长多元时间序列进行聚类。

实验参数：本实验主要进行基于混合特征提取和特征选择的多元时间序列聚类算法实验，其中对每个变量时间序列数据提取 7 个时域统计特征以及 7 个频域统计特征，使用自动编码器进行特征提取的过程中，本实验设置中间特征层的节点个数为 20；同时基于 k-NN 算法的评估方法中的 k 值设置为 4。

（3）实验结果与分析

在 UCI 公共数据集上，为了证明本小节算法的高效性，所针对的数据集为非等长数据，因而选择一些可以进行非等长时间序列数据聚类的经典算法来比较。

表 3.7　基于 UCI 数据集的各聚类算法 RI 评估结果

数据集	SC-DTW	APC-DTW	DBSCANC-DTW	DPC-DTW	FCFW	FCHFEFS
ArabicDigits	0.800	0.701	0.550	0.550	**0.829**	0.818
AUSLAN	0.981	0.681	0.785	0.886	**0.983**	0.983
Character_trajectories	0.950	0.878	0.885	0.827	0.961	**0.992**
CMUsubject16	0.513	0.639	0.497	0.687	0.660	**0.710**
ECG	0.501	0.510	0.552	0.529	0.534	**0.633**
JapaneseVowels	0.807	0.764	0.708	0.728	0.783	**0.891**

（续表）

数据集	SC-DTW	APC-DTW	DBSCANC-DTW	DPC-DTW	FCFW	FCHFEFS
KickvsPunch	0.480	0.492	0.492	0.483	**0.529**	0.492
Libras	0.884	0.775	0.712	0.844	0.862	**0.908**
NetFlow	0.544	0.524	**0.692**	0.512	0.535	0.659
UWave	0.780	0.819	0.721	0.787	0.801	**0.913**
Wafer	0.550	0.802	0.764	0.782	**0.818**	0.711
WalkvsRun	0.498	0.594	0.594	0.493	0.794	**0.955**
平均	0.691	0.682	0.663	0.676	0.757	**0.805**

从表 3.7 可以看出与其他算法相比，FCHFEFS 聚类分析算法能够产生良好的聚类效果，对不同算法在所有数据集上的 RI 系数值取均值比较，本小节所提出的算法要优于其他算法；虽然从表 3.7 可以看出发现，相比于其他算法，本小节的算法在某些数据集上，并不是最优的，但比较接近最大值；在 Wafer 数据集上，本小节算法的效果是比较差的，原因是在使用 EKNN 评估方法时，难以度量特征的优劣，自动编码器提取的特征占比过大，聚类效果接近基于自动编码器特征的聚类方法效果。总而言之，本小节算法在 UCI 数据集上的聚类效果是比较明显的。

3.2.4 基于子序列全连接的时间序列模体挖掘

时间序列模体挖掘是指不依赖任何先验信息，从时间序列中挖掘出重复出现的未知模式[43]。现有基于支持度的时间序列模体挖掘方法存在以下问题：模体长度是模体挖掘过程中重要的参数，需要用户预先设置，但现有研究缺少明确的选取依据或合理的取值范围；符号化处理时间序列能够有效压缩数据，从而保证挖掘算法的可拓展性，但这样可能会丢失部分关键特征信息，并在一定限度上影响挖掘结果（近似结果）；相似度度量是时间序列模体挖掘过程中的重要环节，而现有方法仍需要较高的距离计算成本。

因此，为解决上述问题，本小节提出了一种基于模体长度估计和子序列全连接优化的模体挖掘方法（SFC_Motif）。

1. 算法模型

SFC_Motif 主要包括三部分内容。第一部分为模体长度估计，为满足不同用户的需求，分析模体长度的合理取值范围，从而挖掘得到具有实际意义的模体，利用时间序列分段算法进行模体长度估计，并使用滑动窗口提取所有子序列。第二部分、第三部分是 SFC_Motif 的核心内容，首先，通过子序列全连接过程计算子序列间的距离，该过程基于三角不等式下界距离优化和 MASS 算法[52]实现；然后，通过距离矩阵构建 S-Matrix Profile 结构挖掘时间序列模体，详细的流程如图 3.19 所示。

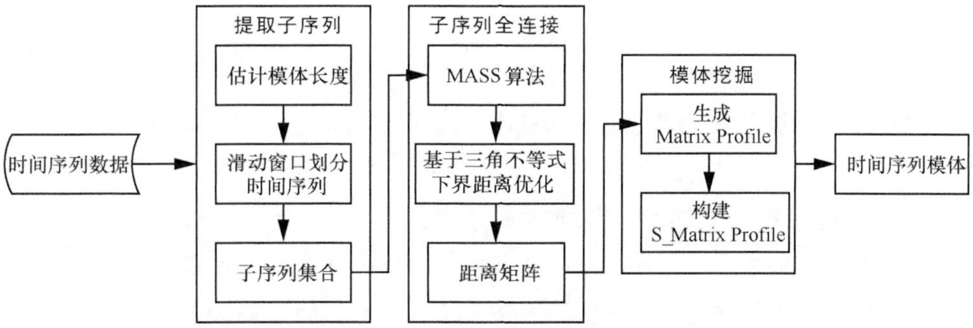

图 3.19　基于模体长度估计和子序列全连接优化的模体挖掘方法流程

（1）模体长度估计

模体长度是时间序列模体挖掘过程中一个重要的参数，能够在一定限度上影响最终的挖掘结果。面向领域的研究中模体长度参数的设置是由领域知识结合专家经验指导确定的。大多数研究主要针对通用领域提出方法，但其中鲜有提及模体长度设置的解释说明。为解决这一问题，本小节将时间序列分段算法引入参数的选择过程，通过计算时间序列长度及划分后的子序列数量，给出模体长度这一参数的取值范围，为后续挖掘中过程中模体长度的设置提供选取依据。

SWAB 算法[53]是一种结合滑动窗口和自底向上的时间序列分段算法，其主要思想是定义一个足够大且包含若干个（5 个或 6 个）分段的缓冲区，为自底向上过程提供数据，接着在这个缓冲区中使用滑动窗口定义新的入口点，并加入新的数据点。

给定长度为 n 的时间序列 T，采用 SWAB 算法可以将时间序列 T 分为 N 个子序列段，即分段数目为 N。这些子序列主要依赖时间序列的极值点进行划分，将时间序列分割为相对较小的子序列，可以由此确定模体长度选取的最小值 $M_{\min}$。时间序列提取子序列过程中，滑动窗口需要尽可能多地提取子序列，因此存在大量的平凡匹配，若子序列长度大于时间序列的一半时，提取到的子序列需要剔除平凡匹配。基于去除时间序列平凡匹配的考虑，避免滑动窗口提取出的子序列均属于平凡匹配，模体长度选取的需要设置最大值 $M_{\max}$，具体计算如式（3.28）、式（3.29）所示，其中 a 表示长度为 n 的时间序列的所有子序列为平凡匹配的划分系数。

$$M_{\min} = \frac{n}{N} \tag{3.28}$$

$$M_{\max} = \frac{n}{a} \tag{3.29}$$

若设置时间序列模体长度 $m < M_{\min}$，则时间序列划分过于细碎，提取到的子序列过于局部，难以反映时间序列趋势特征的变化，无法表示时间序列的整体情况；若设置时间序列模体长度 $m > M_{\max}$，则滑动窗口提取出的子序列均为平凡匹配，进行剔除平凡匹配后将不存在具有意义的子序列。因此，时间序列模体长度这一参数的合理取值范围应为 $M_{\min} \leqslant m \leqslant M_{\max}$。下面将此作为模体长度选择的范围依据，结合应用场景及相关经验设置合适的模体长度，进入子序列全连接过程。

（2）子序列全连接

时间序列子序列全连接是指计算时间序列 T 中所有长度为 m 的子序列间的距离，这一过程通常具有较高的计算复杂度。因此，本小节通过 MASS 算法完成序列间的距离计算（子序列全连接），并结合下界距离技术进一步优化计算过程，最终实现时间序列 T 距离矩阵 $\boldsymbol{M}$ 的构建。本小节将详细阐述 MASS 算法及距离计算优化过程。

MASS 算法的实现过程包括 SlidingDotProducts、ComputeMeanStd 和 CalculateDistanceProfile 三个子过程。时间序列子序列间距离度量计算过程中涉及的查询序列 Q 与时间序列 T 中所有子序列间的点积由 SlidingDotProducts 算法得到。

下面主要介绍相关推导过程及涉及公式，首先明确相关系数 C 与欧氏距离间 D 的关系：

$$C(x,y)=\frac{1-D^2(T_x,T_y)}{2m} \tag{3.30}$$

$$D=2m-2mC \tag{3.31}$$

其中，$D(T_x,T_y)$ 表示子序列间的欧氏距离。

接着，给出欧氏距离（经归一化处理后）的计算公式如下：

$$D[i]=\sqrt{\sum_{j=1}^{m}(\hat{Q}_j-\hat{T}_j)^2} \tag{3.32}$$

其中，$\hat{Q}_j=\frac{1}{\sigma_Q}(Q_j-\mu_Q)$，$\hat{T}_j[i]=\frac{1}{\sigma_T}(T_j[i]-\mu_T)$。

然后，基于以上相关系数和欧氏距离间关系可得：

$$C(Q,T[i])=1-\frac{D^2[i]}{2m} \tag{3.33}$$

进一步整理可得：

$$C(Q,T[i])=\frac{QT[i]-m\mu_Q\mu_T[i]}{m\sigma_Q\sigma_T[i]} \tag{3.34}$$

最后，z-归一化的欧氏距离计算公式如式（3.35）所示，详细推导过程可参考文献[54]。

$$D[i]=\sqrt{2m\left(1-\frac{QT[i]-m\mu_Q\mu_T[i]}{m\sigma_Q\sigma_T[i]}\right)} \tag{3.35}$$

其中，m 表示子序列长度，μ_Q 表示子序列 Q 的平均值，σ_Q 表示子序列 Q 的标准差，μ_T 表示 $T_{i,m}$ 的平均值，σ_T 表示的 $T_{i,m}$ 标准差。

为进一步优化子序列全连接过程，引入下界距离技术对距离计算过程进行优化。欧氏距离已被证明是满足三角不等式的时间序列相似度计算方法[55]，用 S_k,S_i,S_j 分别表示不同的时间序列子序列，基于三角不等式有：

$$\mathrm{Dist}(S_k,S_i)-\mathrm{Dist}(S_k,S_j)\leqslant \mathrm{Dist}(S_i,S_j) \tag{3.36}$$

$\mathrm{low\_bound}(S_i,S_j)=\left|\mathrm{Dist}(S_i,S_k)-\mathrm{Dist}(S_i,S_j)\right|$，表示 $\mathrm{Dist}(S_i,S_k)$ 与 $\mathrm{Dist}(S_i,S_j)$ 的距离差。在计算子序列距离矩阵时，给定相似度阈值 R，若满足 $\mathrm{low\_bound}(S_i,S_j)>R$，则无须计算子序列 S_i 与 S_j 间距离，从而实现快速剪枝操作。

（3）模体挖掘

通过上述子序列全连接过程可以快速得到子序列间的距离矩阵，YEH 等[56]利用子序列距离矩阵，提出了 Matrix Profile 结构挖掘基于相似度的时间序列模体。本小节通过子序列距离矩阵构建 S-Matrix Profile 结构，并利用 Matrix Profile 结构选取合适的相似度阈值进行时间序列模体挖掘。

Matrix Profile 是保存所有时间序列子序列的距离最小值的一维向量，其中最小值所对应的索引为时间序列基于相似度的模体，即时间序列中距离最小（最相似）的子序列对。$\max(D_T)$ 表示存储每条时间序列子序列距离最小集合中的最大值，此时对应的子序列为异常子序列。若设置相似度阈值 $R>\max(D_T)$，则最终挖掘得到的模体中可能包含一定的假阳性结果，那么将无法保证方法的准确率。$\min(D_T)$ 表示存储时间序列子序列距离矩阵中的最小距离。若设置相似度阈值 $R<\min(P_T)$，则时间序列中不存在满足要求的子序列，此时也不存在满足要求的模体。因此，选取相似度阈值 R 的取值范围为 $\min(P_T)\leqslant R\leqslant \max(P_T)$。

根据相似度阈值的取值范围，确定相似度阈值 R。结合选定的相似度阈值 R，利用子序列距离矩阵 $\boldsymbol{M}$，构建 S-Matrix Profile 结构，具体如图 3.20 所示。

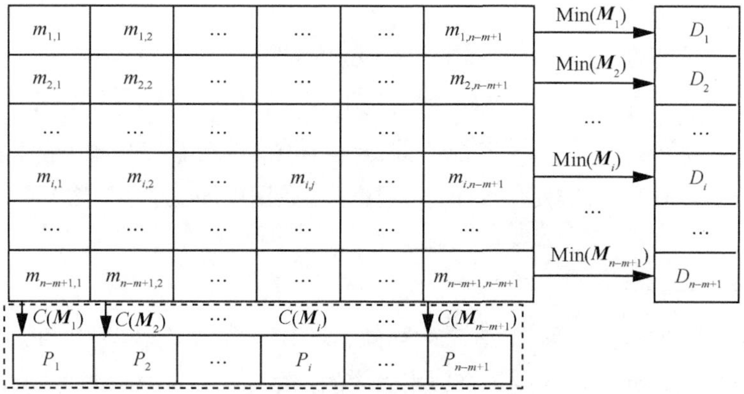

图 3.20　S-Matrix Profile 结构

2. 实验分析

（1）数据集和评测指标

本实验使用时间序列数据挖掘领域公开的 UCR 时间序列数据集和 UCI 空气质量数据集中的部分数据，具体信息如表 3.8 所示。

表 3.8 数据集说明

序号	数据集名称	长度	简述
1	脑电图数据集 EEG	5 000	检测头皮电压差，反映神经细胞的活动
2	眼电图数据集 EOG	5 000	视网膜功能检测眼静电位随光照改变的变化
3	心电图数据集 ECG	5 000	记录心脏心动周期内多种形式电位变化情况
4	昆虫行为数据 Insect Behavior_A	5 000	昆虫背部电压水平的波动
5	空气数据 1 PM2.5	5 000	2016 年 3 月北京市部分空气污染物监测数据
6	空气数据 2 CO	5 000	2016 年 3 月北京市部分空气污染物监测数据

（2）实验设置

从准确性、可拓展性和鲁棒性三方面，将 SFC_Motif 与基准 Brute Force（BF）算法[57]及其优化算法（Tri-BF）[43]，Random Projection（RP）算法[58]以及基于最大团的时间序列模体 TSSJMC 算法[48]进行比较。

为探究时间序列模体挖掘过程中模体长度参数的设置，针对表 3.8 中的 6 个时间序列数据集，采用 SWAB 算法，给出模体长度的取值范围 $M_{\min}$ 和 $M_{\max}$，结合相关对比算法设置各数据集模体长度 m 及对应的相似度阈值 R。

为验证 SFC_Motif 算法的可拓展性，基于相同的模体长度，在各数据集长度不同的情况下，比较分析 BF 算法、Tri-BF 算法、RP 算法、TSSJMC 算法和 SFC_Motif 算法这 5 个算法挖掘模体所需的运行时间。其中，PM2.5 和 CO 数据集中中 m=168，其余数据集中 m=128，然后以固定步长（1 000）增加实验数据集的长度。

为验证算法的鲁棒性，使用 Python 中的 awgn 函数对表 3.8 中的数据集添加加性高斯白噪声。控制不同程度的信噪比条件，基于原始数据挖掘得到的模体数量，对比分析 SFC-Motif 算法和 TSSJMC 算法加入噪声前后的变化情况。实验选择与准确性分析过程相同的参数设置，控制信噪比范围在 5 dB 到 50 dB，每次变化 5 dB。对比不同数据集加噪前后，各算法发现模体数量的实验结果。

（3）实验结果与分析

① 方法准确性结果与分析。由图 3.21 可知，以 BF 算法为基准算法，RP 算法因其挖掘结果为近似结果，相较其他两个算法在 6 个数据集中的挖掘结果都存在一定差距。在 EOG、ECG 和 PM2.5 这三个数据集中，TSSJMC 算法和 SFC_Motif 算法挖掘模体的数量与基准算法一致，但在 EEG、Insect Behavior_A 和 CO 这三个数据集中，TSSJMC 算法发现模体的数量明显低于基准算法，原因是 TSSJMC 算法的子过程采用启发式最大团搜索算法。最大团搜索过程可能存在一定的误差，导致挖掘得到的模体数量存在一定偏差，从而少于基准算法挖掘的模体数量，而 SFC-Motif 算法与 BF 算法在 6 个数据集中挖掘得到的模体数量均相同。由此可见，采用 SFC-Motif 算法挖掘时间序列模体具有较高的准确性。

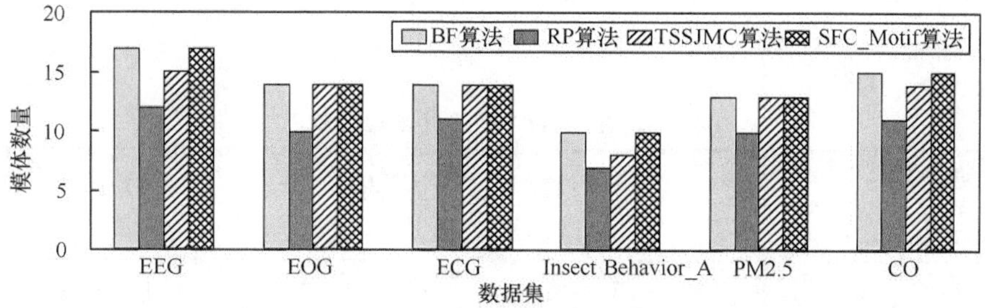

图 3.21　各算法准确性实验结果

② 方法可扩展性结果与分析。从图 3.22 可以看到，对于每个数据集，随着数据集长度的增加，各个算法的运行时间都呈现增长的趋势。基准算法的运行时间随着数据集长度的增加呈较明显的增长趋势；Tri-BF 算法运行时间略低于 BF 算法，但相较于其他 3 个算法的运行时间仍处于较高水平；TSSJMC 算法、RP 算法、以及 SFC_Motif 算法比 BF 算法和 Tri-BF 算法的增长平缓许多。SFC_Motif 算法能够在各个数据集长度不断增加的情况下，保持运行时间变化趋势相对平缓。除此之外，TSSJMC 算法在各个数据集长度相对较短的情况时，与 SFC_Motif 算法所需的运行时间不相上下。但是随着数据集长度的持续增加，对应运行时间的增长趋势逐渐凸显，而 SFC_Motif 算法的运行时间不仅相较其他 4 个算法一直处于较低数量级，且增长速率始终能够保持在较低的水平。

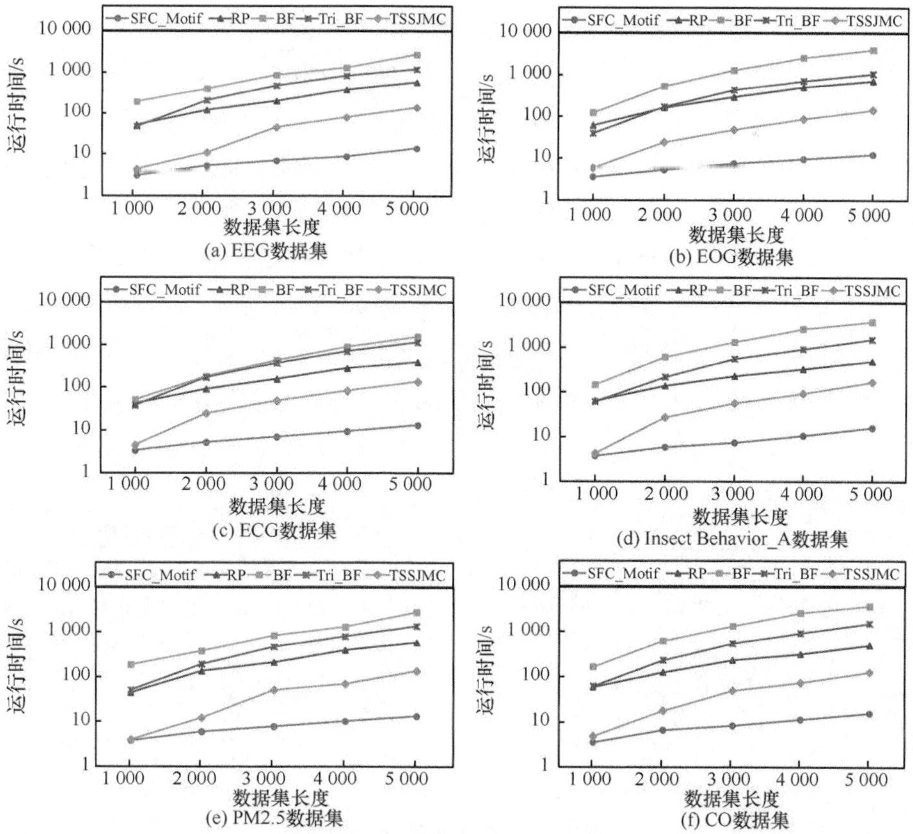

图 3.22　各数据集拓展性实验结果

RP 算法的参数如表 3.9 所示。

表 3.9 RP 算法的参数说明

数据集	PAA_size	α	repeat
EEG	30	5	100
EOG	25	5	100
ECG	20	5	100
Insect Behavior_A	30	5	100
PM2.5	168	5	100
CO	168	5	100

由此可见，BF 算法采用暴力搜索存在明显的效率低的缺点。尽管其他 4 种算法在一定限度上提高了算法的运行效率，但在数据量相对较大的情况下，运行时间仍然高于 SFC_Motif 算法。因此，本小节所提算法的运行时间增长趋势最为平缓，并且所需的总时间最少，效率更高。

③ 方法鲁棒性结果与分析。分析图 3.23 可知，在加入一定噪声数据后，SFC_Motif 算法和 TSSJMC 算法挖掘的模体数量由信噪比的变化受到不同限度的影响。对于 6 个数据集，SFC_Motif 算法和 TSSJMC 算法在信噪比高于 30 dB 的情况下，挖掘模体实例的数量与原始数据保持相同。对于 EEG、EOG、Insect Behavior_A、PM2.5、CO 这 5 个数据集，SFC_Motif 算法在实验数据的信噪比低于 25 dB 的情况下，挖掘的模体数量略微少于在原始数据上挖掘到的模体数量，而 TSSJMC 算法在 EOG 和 ECG 数据集信噪比低于 30 dB 的情况下，原始数据上挖掘模体的数量都多于 TSSJMC 算法挖掘得到的模体数量；对于 ECG 数据集，SFC_Motif 算法和 TSSJMC 算法在实验数据的信噪比都少于 30 dB 的情况下，模体数量略微少于原始数据上挖掘到的模体数量。若将加入噪声前后的比值作为准确率，则 SFC_Motif 算法挖掘模体数量的准确率在 6 个数据集均能达到原始数据的 85%以上，TSSJMC 算法则达到原始数据的 80%以上。

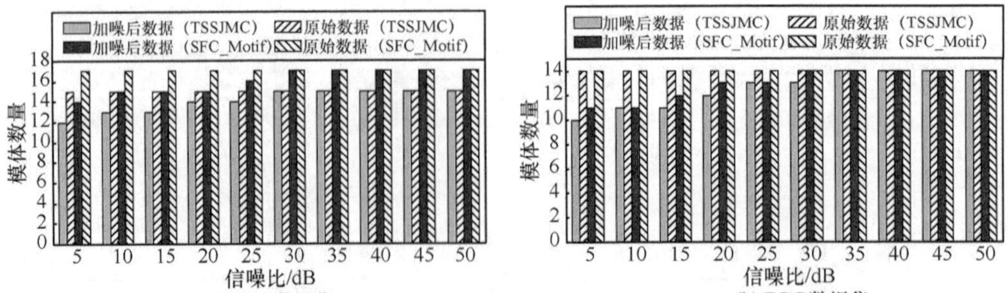

(a) EEG 数据集　　(b) EOG 数据集

图 3.23 各数据集鲁棒性实验结果

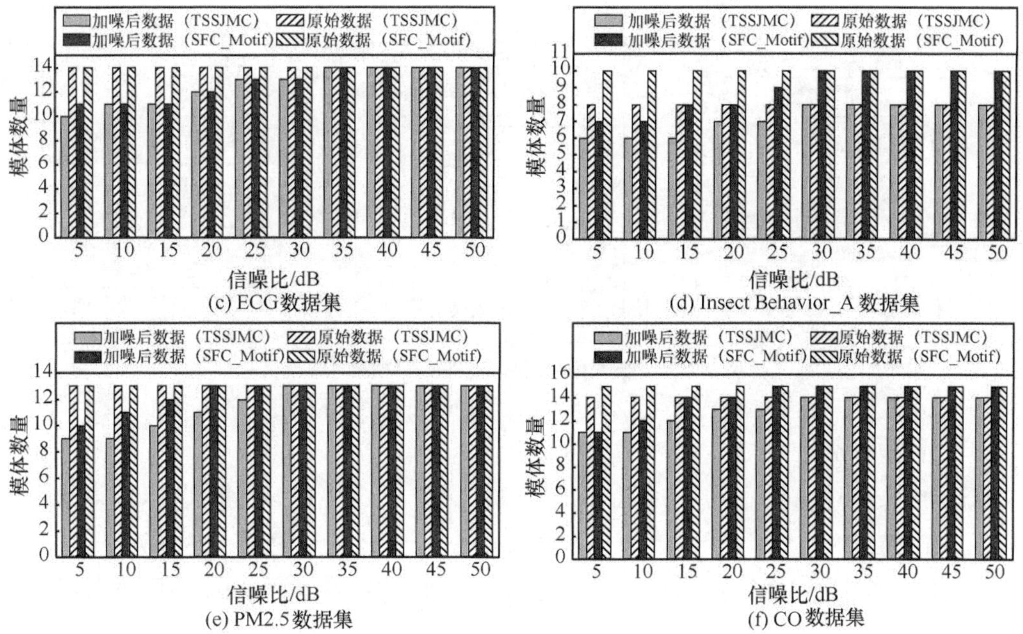

(c) ECG数据集　(d) Insect Behavior_A 数据集

(e) PM2.5数据集　(f) CO数据集

图 3.23　各数据集鲁棒性实验结果（续）

3.2.5　基于时间序列关系的多元时间序列关联规则挖掘

多元时间序列关联规则是挖掘基于具有时间约束的关联规则，也称之为时态关联规则。本小节将多元时间序列关联规则挖掘方法分为基于传统关联规则挖掘和基于时间序列模体挖掘两类。前者存在符号化表示关键信息丢失、规则冗余、挖掘效率不高的问题；后者相较前者的主要区别是引入模体挖掘，将时间序列表示为模式序列，之后通过聚类、改进 Apriori 等方法挖掘多元时间序列关联规则，虽然能够在一定限度上提高挖掘效率，但仍存在规则冗余的问题。这两类方法大多忽略了有序数据中重要的时间序列关系，从而无法充分挖掘具有时态关系的关联规则。虽然后续研究考虑开始关注时态约束，但大多是针对相同的时间间隔，即同步规则，较少考虑时间间隔不同步。因此，为解决上述问题，本小节提出了一种基于约束条件和频繁模式树的多元时间序列关联规则挖掘算法，挖掘具有时间序列关系的关联规则。

1. **算法模型**

基于约束条件和频繁模式树的多元时间序列关联规则挖掘算法（MT-CCFP-tree），首先，针对多元时间序列的每条（维）序列进行模体挖掘，并将挖掘结果表示为模式序列；然后，充分考虑序列间时间序列关系，通过定义约束条件构建频繁模式树；最后，挖掘得到具有时间序列关系的关联规则。MT-CCFP-tree 算法流程如图 3.24 所示，算法流程主要由挖掘多元时间序列频繁模式模块和生成时态关联规则模块组成。

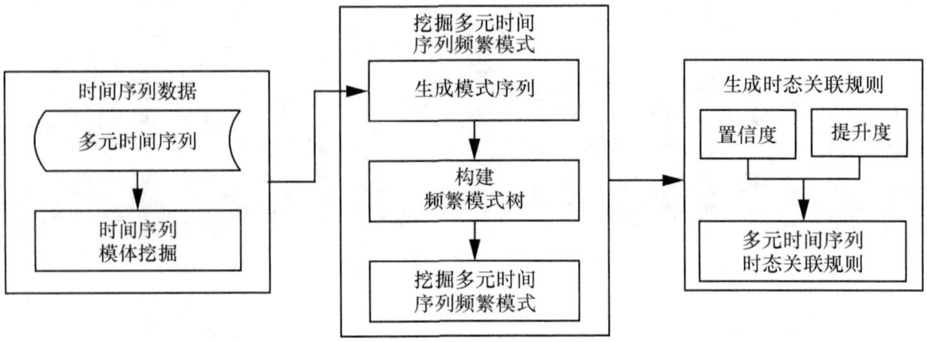

图 3.24 多元时间序列时态关联规则挖掘算法流程

（1）定义约束条件

因符号化表示时间序列只能得到近似结果，而时间序列模体能够有效保留时间序列特征且具有多次重复的特点。本小节引入时间序列模体挖掘，将多元时间序列表示成多元序列模式，作为本小节算法的输入，这样能够有效解决传统方法因离散化导致信息丢失的问题，从而为得到有实际意义的规则提供保障。

多元时间序列关联规则方法大多缺少对序列间时间序列关系的考虑，易产生大量冗余规则，造成挖掘效率不高的问题。因此，本小节算法定义模式间的时态关系，构建频繁模式树、挖掘描述所有时间序列关系的频繁模式，从而减少对数据集的扫描次数，避免产生大量的候选项集，进一步提高规则挖掘的效率。

本小节充分考虑序列间模式的时间序列关系，通过设定时间间隔 T 来约束模式间的关系。若两个模式同时出现在同一时间间隔 T 内，则认为模式间存在关系，否则认为模式间不存在关系，并且两者后续将不再进行连接作为候选。为避免序列间模式计算过度，本小节定义了两个新的参数（最小时间间隔 $\min_T$ 和最大时间间隔 $\max_T$），使时间间隔 T 满足 $\min_T \leqslant T \leqslant \max_T$。针对不同的应用场景，选择不同的最小和最大时间间隔，不仅可以挖掘得到具有时间序列关系的关联规则而且能够减少不必要规则的产生数量。

为进一步描述模式间的关系，根据不同的关联规则（同步和异步）定义，本小节算法设置最小重叠阈值 min_overlap，进一步区分模式间的关系。重叠率（over_rate）是记录两个模式间的重叠部分，用以判断两者是否存在同步关系，计算模式间重叠率的前提是模式间存在关系，即两个模式同时出现在同一时间间隔 T 内，其计算如式（3.37）所示。

$$\text{over\_rate} = \frac{\text{overlap}(m_i, m_j)}{\text{length}(m_i)} \tag{3.37}$$

其中，$\text{overlap}(m_i, m_j)$ 用于计算 m_i, m_j 的重叠部分，计算如下。

$$\text{overlap}(m_i, m_j)=\min(\text{end}(m_i),\text{end}(m_j))-\max(\text{start}(m_i),\text{start}(m_j)) \tag{3.38}$$

其中，m_i, m_j 表示属于不同时间序列的模式，$\text{start}(m_i)$ 和 $\text{end}(m_i)$ 分别用于获得模体的开始和结束时刻（位置）。

（2）构建频繁模式树、挖掘多元时间序列频繁模式

下面将详细描述通过约束条件式（3.37）、式（3.38）构建频繁模式树，挖掘多元时间序列间频繁模式的具体过程。

① 生成模式序列样。输入多元时间序列数据 TN，对其中每条时间序列进行模体挖掘，并将其表示为模式序列。

② 重新排列模式序列。比较每条序列中第一个模体的开始时间，按照开始时间升序排列不同模式序列，后续挖掘过程将以重排列后的多元模式序列作为输入。

③ 生成频繁 2-模式。根据模式序列，将所有频繁 1-模式存入矩阵，并将满足约束条件式（3.37）、式（3.38）的不同模式进行两两连接，得到候选 2-模式。由最小支持度计数挖掘频繁 2-模式，并记录每个频繁模式的关系。

④ 构建初始频繁模式树。利用前一步中得到的频繁 1-模式和频繁 2-模式构建初始频繁模式树。首先，创建根节点 root；然后，逐次将所有频繁 1-模式插入树结构中构建频繁模式树的第 1 层，其中每个节点包括模式及模式间关系；最后，以频繁 1-模式为父节点，构建其子节点，将满足的频繁 2-模式存入其中；重复这一过程，直到所有频繁 2-模式全部插入树结构。

⑤ 构建完整频繁模式树、挖掘所有频繁模式。初始频繁模式树存储了所有频繁 1-模式和频繁 2-模式的时间序列关联关系。对于任意频繁 k（$k \geqslant 3$）-模式，需要先查找其前 $k-2$ 个模式相同的两个频繁 $k-1$ 模式，然后将频繁 $k-1$ 模式的最后两个模式进行连接，此过程需要判断是否满足设置的最小值支持度阈值，若不满足则无须进行连接操作。重复上述操作，直到不再产生新的频繁模式为止。最后，从叶子节点开始按照自底而上的顺序依次遍历频繁模式树中的所有分支，挖掘所有节点中的频繁模式。

（3）生成时态关联规则

结合预先设置的最小置信度阈值生成具有时间序列关系的关联规则。基于参考文献[62]中描述的多元关联规则：定义规则前件为 X，规则后件为 Y，将相同时间 T 内发生的规则，称为同步规则（事务内规则），表示为 $X \overset{T}{\Rightarrow} Y$；若规则前件 X 与规则后件 Y 间存在一定时间滞后，且延迟系数为 k，则称为异步规则（跨事务规则），表示为 $X \overset{kT}{\Rightarrow} Y$。融入时间序列关系的规则简化表示形式如下。

$$X \overset{T,\lambda}{\Rightarrow} Y, \min_T \leqslant T \leqslant \max_T \tag{3.39}$$

其中，X 和 Y 分别表示规则的前后件，λ 是描述时间序列关系的参数，参数 $\min_T$ 和 $\max_T$ 用以约束时间间隔 T 的范围。规则前件还可以包含多条时间序列上的多个模式进行拓展，即 $X=P_1 \wedge P_2 \wedge \cdots \wedge P_m$。若规则中 $\lambda=0$，则表示同步关联规则，即关联规则前件和后件发生在相同的时间间隔，表示为 $X \overset{T}{\Rightarrow} Y$。若规则中 $\lambda=1$，则表示异步关联规则，可以描述规则前后件间的时间序列关系。

2. 实验分析

（1）数据集和评测指标

本实验采用的数据集具体信息如表 3.10 所示。

表 3.10　数据集说明

序号	数据集名称	数据集描述
1	Earthquakes	该数据集来自北加利福尼亚州地震数据中心，从 1967 年 12 月 1 日至 2003 年，多个监测站每一小时记录一次读数
2	Computers	该数据集主要收集了英国家庭在家用电的行为数据，包括来自 251 户家庭的读数，每 2 min 采样一次持续了一个月，每个系列长度为 720
3	Stillwater Cove Temperature Time Series	该数据集 2010—2012 年期间测量的加利福尼亚州中部海藻林 4 处深度的温度时间序列数据，温度每 5 min 记录一次，从 2010 年 6 月至 2012 年 10 月
4	Daily and Sports Activities	该数据集是日常运动和体育活动的运动传感器数据（躯干、手臂和腿部），每项活动由 8 名受试者按照自己的风格进行 5 min
5	Beijing Multi-Site Air-Quality Data Set	该数据集是 2013—2017 年北京多站点空气质量检测数据，本小节选取其中某监测站点 PM2.5 和 CO 两种空气污染物的部分数据

（2）实验设置

本小节采用两部分实验，首先验证 MT-CCFP-tree 算法的有效性；然后将本小节提出的多元时间序列关联规则挖掘算法与现有算法进行分析比较，验证 MT-CCFP-tree 算法的性能。本小节利用 Python3.6 随机函数生成多元随机数据序列。

为了验证 MT-CCFP-tree 算法的有效性，基于合成的多元时间序列数据集，随机选择模体位置，手动将其插入多元时间序列的多条序列中，形成固定已知的关联关系。在不同长度数据集（数据集中每条时间序列长度相同）、不同时间序列数量两种条件下与现有方法进行挖掘准确率比较。

为探究 MT-CCFP-tree 算法的性能，基于表 3.10 中的 5 个数据集，在不同的最小支持度阈值条件下，将 MT-CCFP-tree 算法与 Apriori 算法[60]、FP-growth 算法[61]和 Improved-Apriori 算法[62]进行比较。各算法在实验中均设置相同的置信度阈值[63]，实验中单时间序列数据符号化处理运行时间不计入总时间。

（3）实验结果与分析

① 方法有效性检验。方法有效性实验结果如图 3.25 所示。图 3.25（a）为探究不同长度数据集中不同算法的准确率。首先，在合成数据取值范围内，设置合成数据集中的时间序列条数为 2，以 1 000 为步长不断增长数据集中每条时间序列的长度（设置每条序列长度相同）；然后，将固定长度的模体（m=100）插入每条时间序列数据，每条序列插入 5 个位置，最后，比较各个算法挖掘已知规则的准确率。图 3.25（b）为探究不同维度数据中不同算法的准确率。首先，在合成数据取值范围内，固定合成数据集中每条时间序列长度（n=1 000），逐次增加数据集序列数量；然后，将固定长度的模体（m=100）插入每条时间序列数据；最后，比较各个算法挖掘已知规则的准确率。

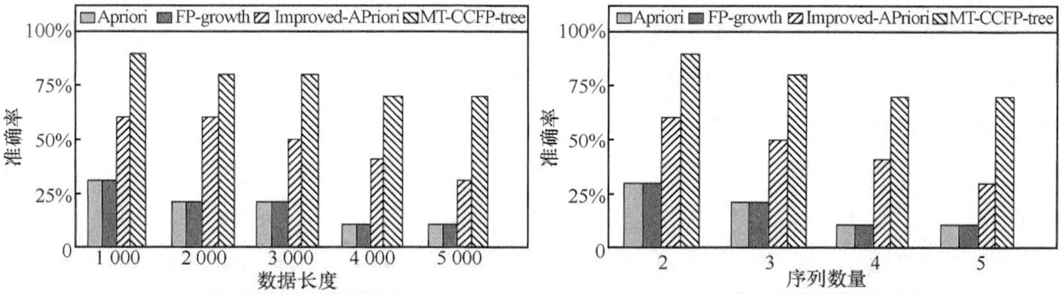

(a) 不同长度的实验数据　　(b) 不同维度的实验数据

图 3.25　有效性实验结果

由图 3.25 所示实验结果可知，对于每个数据集，随着数据集每条时间序列长度和序列数量的增加，各个算法的准确率都呈现下降的趋势。其中，特别是 Apriori、FP-growth 算法的准确率随着数据集长度和序列数量的增加呈明显下降趋势，而 MT-CCFP-tree 算法的变化相对较小；无论数据集长度或者数据集序列数量如何变化，Apriori、FP-growth 算法的挖掘准确率一直处于较低水平且明显低于其他三种算法，其原因是 Apriori 算法只能处理符号序列，即针对每条时间序列挖掘结果是近似的，其次只能挖掘相同时间内的规则，缺少对时间序列滞后关系的考虑，从而无法挖掘出具有时间序列特点的规则；Improved-Apriori 算法虽然考虑了序列间的滞后关系，并且能够挖掘出部分规则，但对单时间序列的处理与 Apriori、FP-growth 算法相同，均基于离散化处理后的符号序列，导致其单时间序列的挖掘结果是近似结果，对最终多元时间序列的挖掘准确率造成了一定限度的影响。而 MT-CCFP-tree 算法通过滑动窗口处理单时间序列，挖掘时间序列模体表示为模式序列，结合时间序列约束条件能够很好地挖掘出预先设置的规则。由此可见，MT-CCFP-tree 算法能够准确挖掘多元时间序列的时间序列关联规则。

② 方法性能结果与分析。符号化处理相关参数如表 3.11 所示。

表 3.11　符号化处理相关参数

数据集	PAA_size	α	repeat
Earthquakes	50	5	100
Computers	50	5	100
Stillwater Cove Temperature Time Series	100	5	100
Daily and Sports Activities	100	5	100
Beijing Multi-Site Air-Quality Data Set	168	5	100

由图 3.26 所示实验结果可知，基于相同的置信度阈值（min_conf=0.6），随着最小支持度阈值的持续增加，各个算法运行时间呈下降趋势。其原因是：挖掘过程中生成的频繁项集随着最小支持度阈值的增加而减少，由此产生的规则数量也相应减少，各个算法的运

行时间相对减少。特别是在 4 个数据集中，Apriori 算法下降程度相对较明显，这是因为挖掘频繁模式过程中需要多次扫描数据库，算法时间复杂度较大；另外，频繁项集生成存在产生冗余候选项集的过程，在一定限度影响算法运行时间。FP-growth 算法是 Apriori 算法的改进算法，只需扫描数据库两次，但其缺少对冗余候选项集的考虑。Improved-Apriori 和 MT-CCFP-tree 算法在多元时间序列频繁项集生成过程均加入了一定的剪枝操作，能够减少不必要的候选项集产生，从而节约了系统资源。此外，MT-CCFP-tree 算法通过时间序列模体表示每条序列，在时间成本方面优于其他算法，并且通过设置时间序列约束条件可以避免部分冗余规则的产生，从而进一步提高运行效率。此外，由图 3.26 可知，不同的支持度阈值设置将对算法的运行时间产生一定影响。若支持度阈值设置较小，将生成大量的频繁项集，从而造成算法消耗时间较多，因而选择合适的最小支持度阈值可以保证算法具有更好的效率。

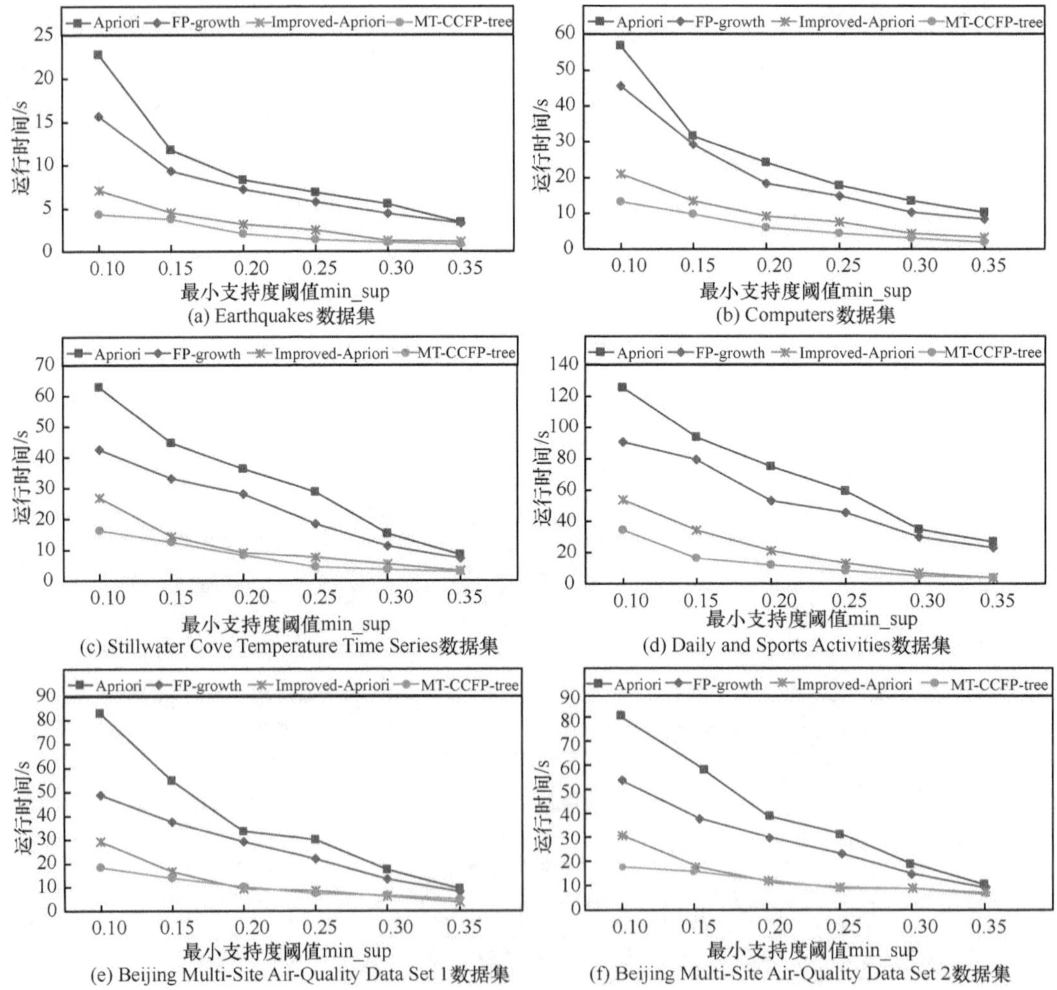

图 3.26　不同支持度阈值下算法运行时间

由图 3.27 所示实验结果可知，基于相同的置信度阈值（min_conf=0.6），随着支持度阈值的增加，各个算法挖掘得到的关联规则数量呈下降趋势。与之相反的是在支持度阈值设置相对较小的情况下，各算法挖掘得到的规则数量差距相对较大。其原因是具有时间序列关系的规则对应的支持度相对较小，随着支持度阈值的增大其数量呈明显下降趋势，因而各个算法得到的规则数量逐渐变小且差距越小，特别是 Improved-Apriori 算法和 MT-CCFP-tree 算法。由此可见，选取合适的支持度阈值对规则挖掘并分析具有重要意义。此外，Apriori 算法和 FP-growth 算法能够挖掘得到相对较多的规则，但其中包含大量冗余规则，并且这些规则大多是相同时间内的规则，而其余两种算法（Improved-Apriori 和 MT-CCFP-tree）能够挖掘得到具有时间序列关系的关联规则，并且 MT-CCFP-tree 通过设置不同的约束条件，可以同时挖掘得到同步和异步规则。

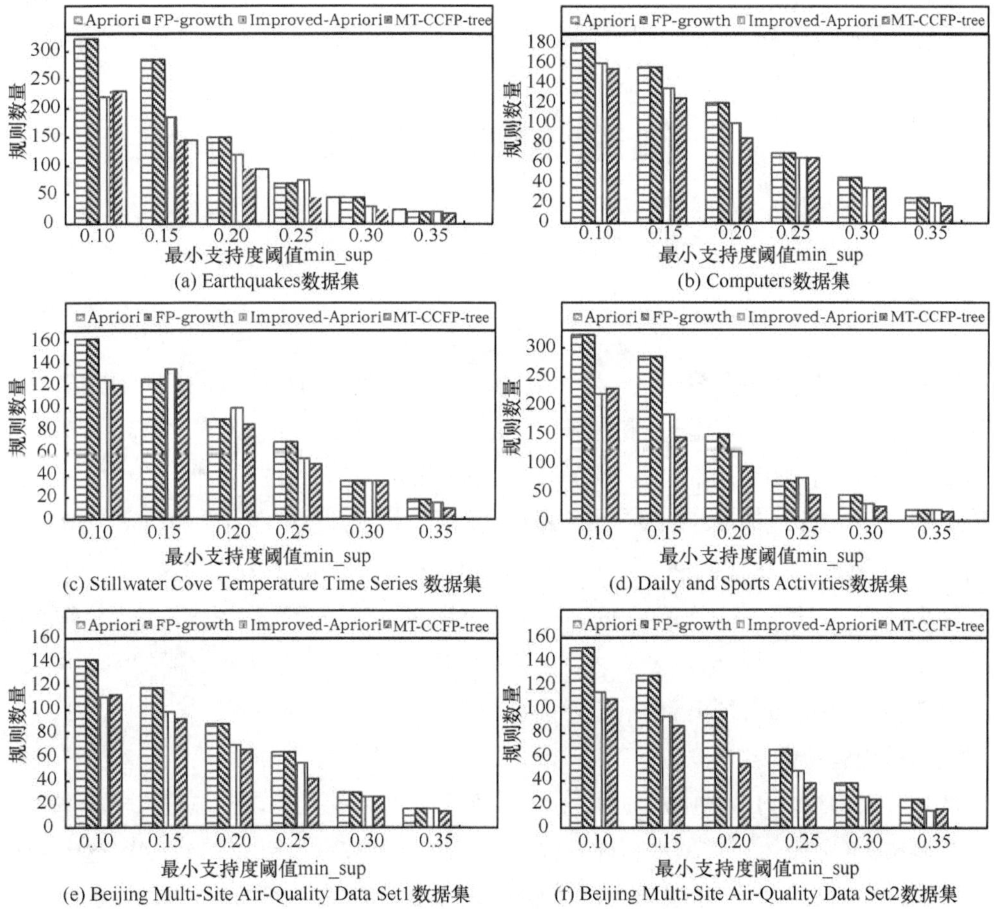

图 3.27　不同支持度阈值下的规则数目

3.2.6　总结

本节针对非等长多元时间序列难以直接进行聚类的问题，提出基于混合特征提取和特征选择的模糊聚类方法，相比于传统聚类技术，所提方法具有易用和高效等特点；在聚类效果上，所提方法与传统方法的效果比较接近，因而，本节所提出的方法在非等长多元时间序列聚类问题上，具有一定优越性。

本节介绍了一种基于模体长度估计和优化子序列全连接的模体挖掘方法。为挖掘得到具有实际意义的模体，利用时间序列分段方法划分时间序列并估计模体长度；采用滑动窗口提取所有子序列并计算彼此距离，由距离矩阵构建 S-Matrix Profile 结构挖掘时间序列模体。采用多个公开的时间数据集进行实验，结果表明本节所提方法具有较好的性能，能够挖掘出更加准确合理的模体。

本节详细阐述了多元时间序列的时态关联规则算法。首先，概述了多元时间序列关联规则挖掘的总体思路；然后，具体阐述了基于时间序列约束的频繁模式挖掘算法；接着，介绍了时间序列关联规则的生成；最后，将基于时间序列约束的多元时间序列关联规则挖掘算法与现有算法进行对比，并分析了实验结果。

3.3 事理规则挖掘

3.3.1 引言

流域突发事件对社会经济影响很大，处理突发事件是决策的目标，通过决策降低事件的危害，决策的关键是突发事件的成因分析和溯源，只有确定了事件发生的过程机理，才能“对症下药”。事件的演化和发展有内在规律，这种规律使得事件的发生存在一定的必然性。因此，发现事件演化的规律对于事件预测、成因溯源的设计具有重要的作用。为了描述事件发生的规律，DING 等[64]在知识图谱的基础上定义了事理图谱，用于揭示现实世界中事件的演化模式和发展逻辑。事理图谱以抽象事件为核心，是一个描述事件之间因果关系的事理演化逻辑有向图，能够揭示领域事件间逻辑演化的规律与模式，其中节点表示抽象的领域事件，有向边表示事件之间的因果关系，规则表示若干事件和有向边构成的子图内部逻辑关系。

事理图谱构建的重点在于挖掘事理图谱中事件的演化规则。通常采用从文本中进行频度统计形成事件转移概率的方法，这种方法假设因果关系是单对单的且文本中事件演化的概率服从真实事件演化概率，但从文本中获取的事件转移概率取决于文本工作者的曝光程度，这会导致演化概率的无效性。本节假设从长期观测数据中反映的事件关系能描述真实世界中事件的关系和演化规律，因此研究从历史事件中挖掘事件转移概率的方法以挖掘事理图谱中事件的演化规则。

3.3.2 相关工作

流域事件成因分析工作一般侧重于分析区域整体的系统性成因。李芮等[65]在局部排水分区尺度构建了北京市上清桥易积水区的城市排涝模型，对不同工程和自然条件进行模拟，对比并总结了上述条件对内涝的影响效果。刘国珍等[66]通过实测资料对深圳河流域历史内涝成因进行了分析，将人为因素（城市设计布局、施工规划）和自然因素（地势、植被和雨水情）作为内涝成因。马晋毅[67]对深圳市区内涝点分布情况进行统计分析，从排水工程角度出发，将内涝成因总结为广泛意义上的三类共性成因，以及具体到内涝点的 4 类特性原因。以上城市内涝成因分析方法均以城市内涝灾害的系统性成因为视角，采用静态化的统计分析对内涝成因的一般规律进行总结，但难以实时地分析内涝成因。曲毅等[68]在分析事件链的基本框架的基础上，设计了基于概率规则推理的事件链生成方法，规则由人工定义，概率随事件发展用后验概率修正。LI 等[69]基于本体簇建立贝叶斯网络并用于地震突发事件的演化分析和决策支持，根据地震事件历史数据建立了事件演化转移概率表，并使用一阶谓词逻辑构建基于事件转移概率的推理规则。WU[70]使用贝叶斯网络对船舶碰撞事故损失进行建模，并使用互信息评价成因的影响程度。以上方法均能实时分析成因，但无法自动应用到其他地点（即贝叶斯网络结构不可变），空间可扩展性不强。

保证实时性、空间可扩展性是大数据环境下流域事件分析的需求，同时也是难点。利用事理图谱结合知识图谱和历史数据形成对流域事件的演化机理描述，能在不同地点实时地自动构建模型，以对不同场景下的事件进行成因分析。因此，本节以城市内涝作为典型分析对象，利用事理图谱的对象关联能力自动生成以内涝点为中心的场景，使用生成的场景自动构建并训练贝叶斯网络，形成事件演化规律的状态转移概率描述。

3.3.3 基于事理图谱的时空场景事件演化成因分析

1. 算法模型

本小节利用事理图谱达到能实时、动态地分析内涝点处产生内涝的成因这一目标。当内涝事件发生时，需要实时生成内涝点处的场景，借助事理图谱的对象关联能力，结合事理图谱中的规则自动生成以内涝点为中心的对象因果关系图谱，并融入对象属性形成对象属性因果关系图谱，之后将各属性的状态进行实例化形成内涝点分析场景，这一步骤被称为场景生成。下一步是规则推理，内涝点场景分析使用离散动态贝叶斯网络确定内涝结果的影响机理。

（1）场景生成

城市内涝点数量众多，且随城市建设和发展变化，对城市中所有的内涝点分别构建场景存在时效性差的问题。为此需要借助事理图谱的对象关联能力和事理图谱中定义的规则自动生成内涝点分析场景，这包括对象实例化、属性实例化和状态实例化三个步骤。内涝场景结构化表示如图 3.28 所示。

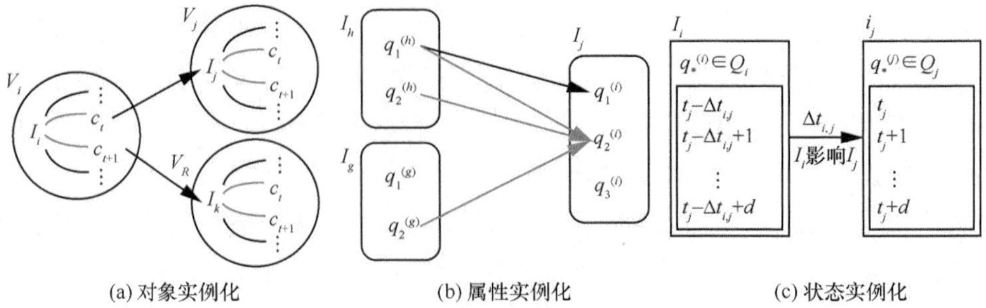

图 3.28 内涝场景结构化表示

① 对象实例化。使用内涝事理图谱的节点关系以及事理图谱中定义的规则，从已构建的流域知识图谱中获取对象，这被称为对象实例化。流域知识图谱是流域对象和其他关联对象的关系和属性构成的图，节点代表对象实体，边代表对象实体的关系和对象属性。对城市内涝事理图谱进行对象实例化形成以内涝点为中心的对象因果关系图谱，需要从任意一个已经实例化的事理节点出发，将与此节点直接相连的所有事理节点进行实例化，采用从后往前的路径进行对象实例化直到达到接受态。

将事理图谱看作非确定型自动机 M，将流域知识图谱看作包含 M 可接受语言的字符串集合 L。M 接受的字符为根据当前对象和对象实例化规则所确定的对象集合。对象实例化如图 3.28（a）所示，事理节点实例化的对象是唯一的，事理节点的对象实例化规则定义了从当前事理节点 V_i 的对象 I_i 寻找相邻事理节点 V_j 的对象 I_j 的产生式规则，记作 c_t：Λ 条件 $\vdash$ 实例化 I_j，其中 t 表示 I_i 的第 t 个规则，当所有条件均成立时，V_j 可实例化对象 I_j。

② 属性实例化。以内涝点为中心的对象因果关系图谱是对象间因果关系的描述。然而，使用贝叶斯网络进行成因分析需要考虑对象的属性状态之间的关联，因此需要将对象属性放入对象中形成对象属性因果关系图谱，这被称为属性实例化。

当事理图谱完成对象实例化后，得到事件元素集合 I，任意 I_i（$I_i \in I$）均是某个事理节点 V 的对象。由于 I_i 在图谱中的属性较多，使用所有属性将无法捕捉重要特征，为此，需要结合前置对象和定义的属性实例化规则进行当前事理元素的属性实例化，采用从前往后的路径进行属性实例化。如图 3.28（b）所示，当前置事件元素 I_h 进行属性实例化后，对当前事件元素 I_i 进行属性实例化。前置对象 I_h 实例化的属性集合记为 Q_h，属性 $q_i^{(h)} \in Q_h$，Q_h 的子集记为 $q_{h,a}$。当前对象 I_i 需要实例化的属性集合记为 Q_i，初始为空，I_i 在图谱中保存的属性集合记为 X_i，图谱中任意属性 $x_j^{(i)} \in X_i$，X_i 的子集记为 $x_{i,a}$。属性实例化规则是根据 Q_h 和 Q_i 从流域知识图谱中获取属性并提取有效特征的规则，当对象在图谱中的属性满足规则的约束时，将这些属性映射为有效特征，记为产生式规则 $p_j^{(i)}: \underset{a}{\Lambda} r(q_{h,a}, q_{i,a}) \vdash \text{PropertyOf}(q_{i,a}, I_i)$。$Q_i$ 由 X_i 映射得到，$f_i(x_{i,a}) = q_{i,a}$ 是映射函数，所有 $f_i(x_{i,a})$ 的集合构成了属性集合 Q_i。将任意 $q_{h,a}$ 与对应的 $q_{i,a}$ 相连接，形成属性间的有向图并融入对象因果关系图谱，最终形成对象属性因果关系图谱。

③ 状态实例化。对象属性因果关系图谱是内涝场景中的对象、属性和它们的有向关系的网络，但缺少了内涝场景中对各个属性的状态描述，无法形成完整的场景描述。因此，需要对属性

状态进行实例化以形成完整的内涝点分析场景，这被称为状态实例化。

为了有效利用状态进行离散贝叶斯网络的构建，需要考虑两方面。一方面是时间序列数据范围，另一方面是状态离散化。从场次事件结果出发，反向计算依次确定时间序列数据范围。随后每个属性的状态均划分为离散状态，将有效特征的连续数据按规则进行离散化。

将内涝事件发生的时刻记为 t_{event}，将最近降雨场次开始时刻记为 t_{rain}，时间序列数据长度选取从最近降雨场次开始至内涝事件发生的时间长度，表示为 $d = t_{\text{event}} - t_{\text{rain}}$。流域的汇流时间和降雨产生的地面集水时间一般采用地区的经验数值来确定，将任意两个对象 I_i、I_j 间的平均汇流时间或集水时间记为 $\Delta t_{i,j}$。如图 3.28（c）所示，对于 I_i 的任意状态 $q_*^{(i)}$ 进行实例化，若已知其后置实例 I_j 的时间序列数据范围为 $(t_j, t_j + d)$，则 I_i 的时间序列数据范围为 $(t_j - \Delta t_{i,j}, t_j - \Delta t_{i,j} + d)$，式中 * 表示任意取值。

在属性实例化步骤中，f_i 将对象 I_i 的属性映射为有效特征，在知识图谱中的属性和对象属性因果关系图谱的属性间建立了关联。对于属性子集 $x_{i,a}$ 的时间序列数据范围中任意时刻的值，先使用 f_i 定义的映射规则 MAP_i 表示为该时刻特征的值，记为 $\text{MAP}_i(x_{i,a})$，再根据 f_i 定义的离散化规则 SCATT_i 将该值进行离散化，状态实例化可记为 $f_i(x_{i,a}) = \text{SCATT}_i(\text{MAP}_i(x_{i,a}))$。

（2）规则推理

内涝事件具有显著的不确定性和时空性质，动态贝叶斯网络能对不确定性和时空性进行建模，即将不确定性形式转化为概率问题，将时空性形式化为马尔可夫性和拓扑结构。因此，本小节采用离散动态贝叶斯网络算法用于规则推理。先对离散动态贝叶斯网络进行定义，再确定针对内涝场次的贝叶斯网络参数训练方法。

① 贝叶斯网络定义。离散动态贝叶斯网络是由离散静态贝叶斯网络发展而来的。离散静态贝叶斯网络是一种表示因果关系的有向无环图模型 $G = (V, E)$。其中，V 代表节点集合，E 代表连接节点的弧的集合，节点的状态采用离散化的表示方法。

② 贝叶斯网络参数训练。离散动态贝叶斯网络结合了贝叶斯网络和马尔可夫过程以对动态数据进行建模[71]。马尔可夫过程假设当前时刻系统状态仅与上一个时刻系统状态有关，根据此假设，设贝叶斯网络的节点集合为 X，系统中每个时刻（时间片）t（$t = 1, \cdots, T$）的节点状态 $X^{(t)}$ 构成的联合概率分布可以分解为若干个条件概率分布之积，即初始状态分布 $P(X^{(0)})$ 和相邻时刻状态转移概率分布 $P(X^{(t)} \mid X^{(t-1)})$ 之积。状态转移概率分布可分解为节点间的条件概率之积，记节点条件概率分布为 $P(X_i^{(t)} \mid \pi(X_i^{(t)}))$，其中 $\pi(X_i^{(t)})$ 表示指向 t 时刻节点 X_i 的父节点。因此，未知参数有初始状态分布 $P(X^{(0)})$、状态转移概率分布 $P(X^{(t)} \mid X^{(t-1)})$ 和节点条件概率分布 $P\left(X_i^{(t)} \mid \pi(X_i^{(t)})\right)$，这些参数需要训练获得。

针对城市内涝事理图谱成因分析应用的离散动态贝叶斯网络（以下简称为贝叶斯网络）是在对象属性因果关系图谱进行定义的，贝叶斯网络的形式需要满足三个假设。

假设 1　马尔可夫性：贝叶斯网络节点在下一时刻仅影响自身和当前时刻直接相连的节点。

假设 2　结构不变性：贝叶斯网络在任意时刻的结构均保持不变。

假设 3 稳态性：属性节点的状态转移概率分布不随时间的变化而变化。

定义贝叶斯网络的节点V为对象属性因果关系图谱的属性，弧E为属性间的因果关系。根据假设 1，任意时刻节点连接的节点集合保持不变，且相邻时刻节点自身连接。根据假设 2，任意时刻的贝叶斯网络结构保持稳定。因果演化规律不受时间影响，在贝叶斯网络表现为状态转移概率分布，因此根据假设 3，任意相邻时间的状态转移概率分布参数是共享的。离散动态贝叶斯网络的结构如图 3.29 所示。图 3.29（a）中的s表示某个完整的场次。贝叶斯网络在相邻时刻的连接细节如图 3.29（b）所示。

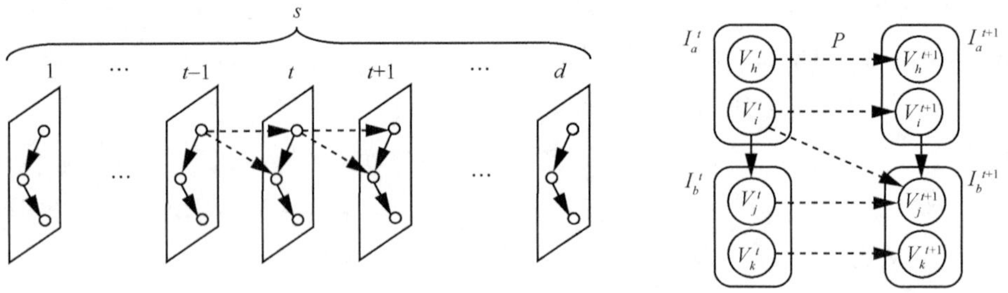

(a) 单个场次的贝叶斯网络表示　　(b) 贝叶斯网络结构细节

图 3.29　离散动态贝叶斯网络的结构

对贝叶斯网络的参数训练方法如下。对于任意场次$s \in S$，训练贝叶斯网络的状态转移概率参数P（即共享的状态转移概率分布）。设场次s的时间长度为d，贝叶斯网络的最大时间窗口为n，则对于任意场景s，抽取$d-n$个样本，采用 EM 算法进行训练。由于城市内涝应用中，自动监测站点数据无法保证完整性，因此采用 EM 算法能计算未观测到的变量的期望值，从而求得贝叶斯网络的参数。训练过程如图 3.30 所示。

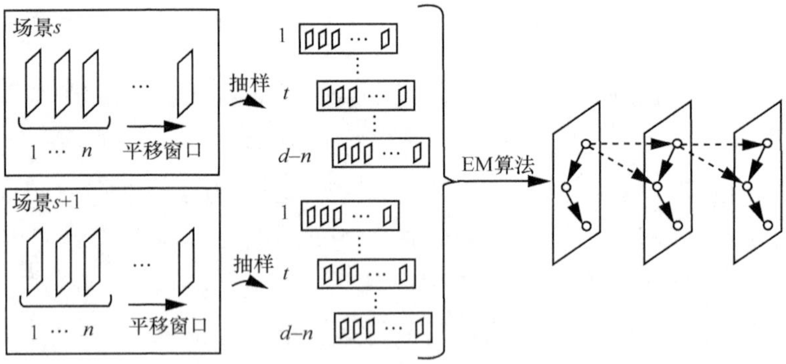

图 3.30　离散动态贝叶斯网络训练过程

2. 实验分析

东门商业街地处深圳市罗湖区中心地段，面积达 17 6000 万平方米。深圳易出现短时强降雨的天气现象，受此影响，东门商业街易发生内涝。东门商业街周边交通密集、商业较为发达，内涝将影响交通，造成经济损失。因此，本小节以东门商业街为研究区域，使用事理图谱进行成因分析，为内涝应急和决策提供支持信息。

（1）数据集

成因分析应用以构建的城市内涝事理图谱为基础，需要从流域知识图谱中提取知识进行实例化。流域知识图谱的基础数据来自深圳智慧水务大数据中心的水务大数据基础库，对象空间拓扑数据来自深圳市广汇源环境水务有限公司，监测数据来自深圳智慧水务一期工程综合监测管理平台。对象、属性和状态的实例化规则由专家经验指导建立。

为了分析东门商业街的内涝事件，本小节的流域知识图谱以东门商业街为中心，沿布吉河构建流域知识图谱，涉及的对象分为流域对象、管网对象、水利工程和市政对象。流域对象包括河道、河道断面、蓄滞洪区、地形下垫面、内涝点和排水分区；管网对象包括雨水口、检查井、排水管、排水渠、排水口、管网监测点、截污箱涵；水利工程包括潮位站、水位站、水文站、雨量站、水闸、水库、泵站和水质净化厂；市政对象包括道路、在建工地、植被。构建的流域知识图谱示例如图 3.31 所示。进行成因分析的典型内涝场次发生时间为 2018 年 8 月 29 日。

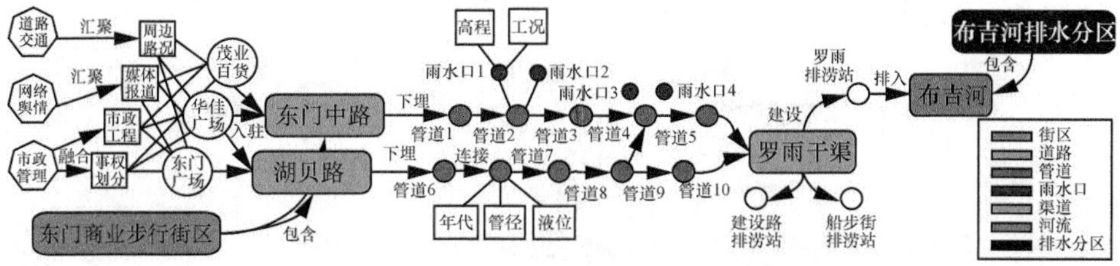

图 3.31 流域知识图谱示例

（2）实验步骤

东门商业街内涝事件的成因分析任务主要研究各类对象（如雨水口堵塞、泵站工况异常和植被落叶等）对内涝的影响。以用户选择的内涝点处的内涝事件为输入，输入值包含内涝发生时间、内涝点淹没深度、淹没流速、淹没历时。通过成因分析，系统将返回此内涝事件的事理规则。城市内涝事理图谱及其实例化如图 3.32 所示。

① 场景生成。以深圳河流域城市内涝事理图谱抽象结构为例，如图 3.32（a）所示，事理图谱 M 的接受态使用双层圆圈表示，包含降雨、潮汐和施工等事件。例如，降雨事件对象为雨量站，河道汇流对象为水库和水闸，顶托事件对象为排水口，以这三者的事理关系进行实例化，一个根据 M 进行事理图谱实例化的例子如图 3.32（b）～图 3.32（d）所示。

从已知的立新社区雨水排水口顶托事件触发进行对象实例化，M 当前状态为“顶托”，需要实例化的事件是“河道汇流”，因此对象实例化的产生式规则可表示为

$$\begin{aligned}&\text{InstanceOf}(a,\text{排水口})\wedge(\text{水闸},\text{影响},\text{排水口})\wedge(?x,\text{流向+},a)\wedge\\&\text{InstanceOf}(?x,\text{水闸})\wedge(?x,\text{流向+},?y)\wedge(?y,\text{流向+},a)\wedge\\&\text{InstanceOf}(?y,\text{水闸})\wedge\text{Filter}(\text{Count}(?y)=0)\vdash ?x\end{aligned}\tag{3.40}$$

其中，？x 表示未知变量，$\wedge$ 表示合取式。

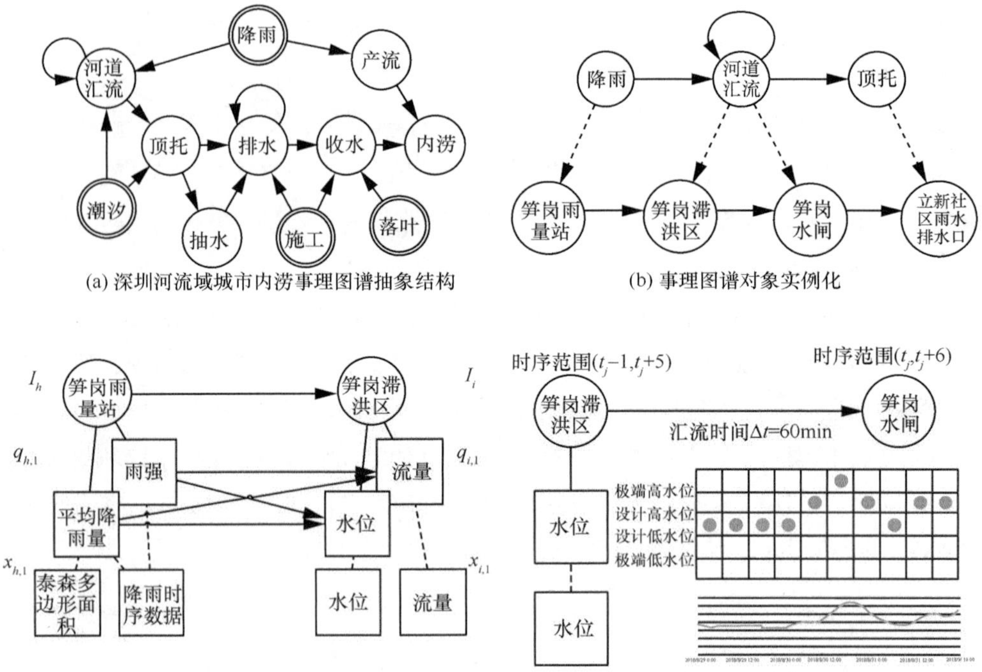

(a) 深圳河流域城市内涝事理图谱抽象结构

(b) 事理图谱对象实例化

(c) 事理图谱属性实例化

(d) 事理图谱状态实例化

图 3.32 城市内涝事理图谱及其实例化

根据规则（3.40）可以获取立新社区雨水排水口上游的笋岗水闸，且 M 状态转移为“河道汇流”。其中，InstanceOf 用于判断实例对象类型，三元组表达式用于筛选存在于对象关系图谱中的三元组，Filter 用于筛选满足条件的表达式。对河道汇流的对象实例化示例如图 3.32（b）所示。

当完成对象实例化后，需要正向遍历完成各个对象的属性实例化。以笋岗滞洪区的属性实例化为例，假设已抽取笋岗雨量站的属性，包括雨强和平均降雨量，由雨量站泰森多边形面积和降雨时间序列数据映射得到。雨量站属性至蓄滞洪区属性的映射规则可表示为

$$\begin{aligned}
&\text{InstanceOf}(?h,\text{雨量站})\wedge\text{PropertyOf}(\text{雨强},?h)\wedge\\
&\text{PropertyOf}(\text{平均降雨量},?h)\wedge(?h,\text{流向},?x)\wedge\\
&\text{InstanceOf}(?x,\text{蓄滞洪区})\wedge\text{PropertyOf}(\text{流量},?x)\wedge\\
&\text{PropertyOf}(\text{水位},?x)\vdash\text{PropertyOf}(\text{流量},?x)\wedge\\
&\text{PropertyOf}(\text{水位},?x)
\end{aligned}\tag{3.41}$$

根据规则（3.41）可以实例化笋岗滞洪区的流量、水位，并将笋岗雨量站的属性与笋岗滞洪区的属性形成关联，其中水位、流量属性直接由自身映射得到，不做进一步特征处理。对笋岗滞洪区的属性实例化示例如图 3.32（c）所示。

当完成对象因果关系图谱的属性实例化后，需要对这些属性状态进行实例化，即确认时间序列数据范围并进行状态离散化。以笋岗滞洪区的水位属性的状态实例化为例，采用从后往前的实

例化过程。假设已对笋岗水闸进行状态实例化，笋岗水闸的时间序列数据范围为 (t_j, t_j+6) 。首先，从知识图谱中获取笋岗滞洪区到笋岗水闸的平均汇流时间为 60 min，并取时间序列数据长度为定长的 6 h，则笋岗滞洪区的时间序列数据范围为 (t_j-1, t_j+5) ；其次，进行有效特征提取，由于水位属性可以直接使用，直接将知识图谱中水位属性映射为水位特征；然后，根据蓄滞洪区水位离散化规则将水位按极端高水位、设计高水位、设计低水位、极端低水位为界将水位切分为 5 个区间，最终形成以 5 种状态表示的水位状态时间序列数据。对笋岗水闸的水位属性的状态实例化示例如图 3.32（d）所示。

② 规则推理。对东门商业街内涝事件的成因分析建立在对贝叶斯网络的应用上。将生成的对象属性因果关系图谱作为东门商业街内涝事件发生位置的贝叶斯网络结构并对其参数进行训练，以事件发生时间为起点，向前搜索内涝事件发生场次直至场次生成的对象属性因果关系图谱发生变化，将这些场次用于贝叶斯网络的参数训练。

（3）实验结果

本小节选取 2018 年 8 月 29 日深圳特大暴雨导致的东门商业街内东门中路内涝点内涝灾害事件作为验证。根据分析报告和现场调研结果，东门商业街的内涝成因主要是降雨过大、管道设计标准偏低且雨水口存在堵塞导致排水缓慢。此外，密集的行道树落叶也会造成雨水口的堵塞。东门商业街的排涝水力联系概化情况如图 3.33 所示。

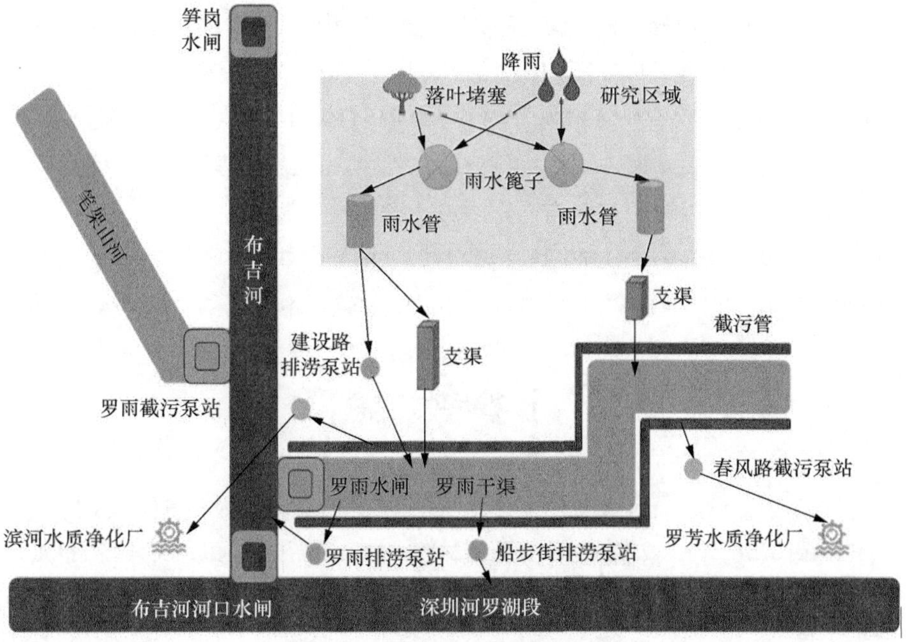

图 3.33　研究区域水力联系概化情况

实验得到的演化机理如图 3.34 所示，内涝成因主要分为降雨过大、落叶导致的雨水篦子堵塞和管网老旧导致排水能力不足三类，基本符合真实场景下内涝事件的发生机理。

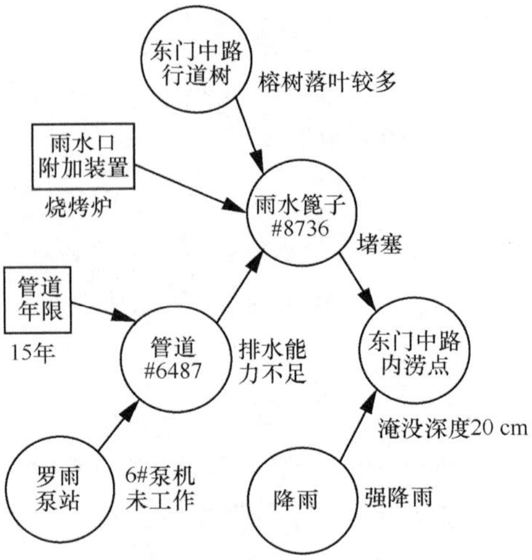

图 3.34　演化机理实验结果

3.3.4　总结

传统的流域事件成因分析方法侧重于分析事件产生的系统性原因。为了寻找变化的时空条件下不同场景的事件演化成因，本节提出了一种在事理图谱上开展事理规则挖掘的框架。

本节提出的事理规则挖掘方法，使用事理图谱的实例化，能自动构建内涝点时空条件下的场景，通过构建的场景自动形成贝叶斯网络，以挖掘内涝点处的事理规则。在实时性方面，所提方法要优于基于静态数据统计的内涝成因分析方法；在空间可扩展性方面，所提方法要优于仅基于贝叶斯网络的成因分析方法。事理规则挖掘方法能在事理图谱的基础上，应用到不同时空条件下的成因分析应用中，这可以为城市内涝乃至流域水资源决策调度提供实时性高、空间可扩展性强的成因分析方法。未来可进一步研究图谱构建时规则模板的构建和细致度平衡问题，以及事件因果演化路径的生成方法。

| 参考文献 |

[1] 刘宗田, 黄美丽, 周文,等. 面向事件的本体研究[J]. 计算机科学, 2009, 36(11): 189-192.

[2] 冯钧, 王云峰, 郛炜, 等. 城市内涝事理图谱构建方法及应用[J]. 河海大学学报(自然科学版), 2020, 48(6): 479-487.

[3] 单晓红, 庞世红, 刘晓燕, 等. 基于事理图谱的网络舆情事件预测方法研究[J]. 情报理论与实践, 2020, 43(10): 165-170, 156.

[4] 郭喜跃, 何婷婷. 信息抽取研究综述[J]. 计算机科学, 2015, 42(2): 14-17, 38.

[5] DODDINGTON G, MITCHELL A, PRZYBOCKI M, et al. The automatic content extraction (ACE) program-tasks, data, and evaluation[C]//Proceedings of the Fourth International Conference on Language Resources and Evaluation. 2004: 837-840.

[6] 蔡阳. 智慧水利建设现状分析与发展思考[J]. 水利信息化, 2018(4): 1-6.
[7] 周辉, 宋超. 智慧水利一张图与共享服务平台构建探索[J]. 水利信息化, 2020(6): 7-11.
[8] 季山. 漫话水利科技期刊[J]. 中国水利, 2018(5): 60-64.
[9] 周大镯, 李敏强. 基于序列重要点的时间序列分割[J]. 计算机工程, 2008, 34(23): 14-16.
[10] 项威, 王邦. 中文事件抽取研究综述[J]. 计算机技术与发展, 2020, 30(2): 1-6.
[11] CHIEU H L, NG H T. A maximum entropy approach to information extraction from semi-structured and free text[J]. Proceedings of the National Conference on Artificial Intelligence, 2002: 786-791.
[12] AHN D. The stages of event extraction[C]//Proceedings of the Workshop on Annotating and Reasoning about Time and Events - ARTE '06. 2006: 1-8.
[13] HUANG Z H, XU W, YU K. Bidirectional LSTM-CRF Models for Sequence Tagging[J]. Computer Science, 2015.
[14] NGUYEN T H, CHO K, GRISHMAN R. Joint event extraction via recurrent neural networks[C]// Proceedings of the Conference of the North American Chapter of the Association for Computational Linguistics: Human Language Technologies. 2016: 300-309.
[15] MA X Z, HOVY E. End-to-end sequence labeling via Bi-directional LSTM-CNNs-CRF[C]//Proceedings of the 54th Annual Meeting of the Association for Computational Linguistics. 2016: 1064-1074.
[16] 李彦. 基于序列标注模型的事件抽取算法研究[D]. 北京: 北京邮电大学, 2019.
[17] KEOGH E, CHU S, HART D, et al. An online algorithm for segmenting time series[C]//Proceedings 2001 IEEE International Conference on Data Mining. 2001: 289-296.
[18] ZHOU J J, YE G, YU D. A new method for piecewise linear representation of time series data[J]. Physics Procedia, 2012, 25: 1097-1103.
[19] 廖俊, 周中良, 寇英信, 等. 一种基于重要点的时间序列分割方法[J]. 计算机工程与应用, 2011, 47(24): 166-170.
[20] 庄玉. 基于 HMM 的时间序列分割[D]. 福州: 福州大学, 2017.
[21] 崔世杰, 于重重, 苏维均, 等. 海量实时间序列列数据指数平滑预测分割算法[J]. 计算机应用研究, 2016, 33(9): 2712-2715, 2720.
[22] SUN L, JIA K, CHEN K, et al. Lattice long short-term memory for human action recognition[C]//Proceeding of 2017 IEEE International Conference on Computer Vision (ICCV). 2017: 2166-2175.
[23] MA J, GANCHEV K, WEISS D. State-of-the-art Chinese word segmentation with Bi-LSTMs[C]//Proceedings of the 2018 Conference on Empirical Methods in Natural Language Processing. 2018: 4902-4908.
[24] ABONYI J, FEIL B, NEMETH S, et al. Modified Gath-Geva clustering for fuzzy segmentation of multivariate time-series[J]. Fuzzy Sets and Systems, 2005, 149(1): 39-56.
[25] 于重重, 吴子珺, 谭励, 等. 多元时间序列模糊聚类分段挖掘算法[J]. 北京科技大学学报, 2014, 36(2): 260-265.
[26] 郭月红. 多元时间序列分割与预测方法及应用研究[D]. 大连: 大连理工大学, 2017.
[27] 孙竹斌. 多元时间序列的分割方法及拐点识别研究[D]. 大连: 大连理工大学, 2017.
[28] XIANG W, WANG B. A survey of event extraction from text[J]. IEEE Access, 2019, 7: 173111-173137.
[29] 中华人民共和国水利部. 地表水资源质量评价技术规程 2007 S L[S]. 北京: 水利电力出版社, 2007.
[30] 陈慧南. 算法设计与分析: C++语言描述[M]. 北京: 电子工业出版社, 2006.
[31] 熊英志. 时间序列的特征表示与聚类方法研究[D]. 重庆: 重庆大学, 2016.
[32] RODRIGUEZ A, LAIO A. Clustering by fast search and find of density peaks[J]. Science, 2014, 344(6191): 1492-1496.
[33] BI Z Q, LENG Y B, LIU Z, et al. An improved spectral clustering algorithm using fast dynamic time warping

for power load curve analysis[M]//Lecture Notes of the Institute for Computer Sciences, Social Informatics and Telecommunications Engineering. Cham: Springer International Publishing. 2020: 143-159.

[34] MA R Z, ANGRYK R. Distance and density clustering for time series data[C]// Proceedings of 2017 IEEE International Conference on Data Mining Workshops (ICDMW). 2017: 25-32.

[35] AKL A, VALAEE S. Accelerometer-based gesture recognition via dynamic-time warping, affinity propagation, & compressive sensing[C]//2010 IEEE International Conference on Acoustics, Speech and Signal Processing. 2010: 2270-2273.

[36] LI H L, WEI M. Fuzzy clustering based on feature weights for multivariate time series[J]. Knowledge-Based Systems, 2020, 197: 105907.

[37] WANG X Z, WIRTH A, WANG L. Structure-based statistical features and multivariate time series clustering[C]//Proceedings of Seventh IEEE International Conference on Data Mining (ICDM 2007). 2007: 351-360.

[38] SHAVLIK J W, DIETTERICH T G. Readings in machine learning[M]. Morgan Kaufmann, 1990.

[39] BIERNACKI C, CELEUX G, GOVAERT G. Assessing a mixture model for clustering with the integrated completed likelihood[J]. IEEE Transactions on Pattern Analysis and Machine Intelligence, 2000, 22(7): 719-725.

[40] CORDUAS M, PICCOLO D. Time series clustering and classification by the autoregressive metric[J]. Computational Statistics & Data Analysis, 2008, 52(4): 1860-1872.

[41] BICEGO M, MURINO V, FIGUEIREDO M A T. Similarity-based clustering of sequences using hidden Markov models[C]//Proceedings of International Workshop on Machine Learning and Data Mining in Pattern Recognition, 2003: 86-95.

[42] HU J Y, RAY B, HAN L S. An interweaved HMM/DTW approach to robust time series clustering[C]//Proceedings of 18th International Conference on Pattern Recognition (ICPR'06). 2006: 145-148.

[43] TORKAMANI S, LOHWEG V. Survey on time series motif discovery[J]. Wiley Interdisciplinary Reviews: Data Mining and Knowledge Discovery, 2017, 7(2): e1199.

[44] CHIU B, KEOGH E, LONARDI S. Probabilistic discovery of time series motifs[C]//Proceedings of the ninth ACM SIGKDD International Conference on Knowledge Discovery and Data Mining-KDD '03. 2003: 493-498.

[45] AGHABOZORGI S, SEYED SHIRKHORSHIDI A, YING WAH T. Time-series clustering-A decade review[J]. Information Systems, 2015, 53: 16-38.

[46] KEOGH E, LIN J. Clustering of time-series subsequences is meaningless: implications for previous and future research[J]. Knowledge and Information Systems, 2005, 8(2): 154-177.

[47] LIN Y, MCCOOL M D, GHORBANI A A. Time series motif discovery and anomaly detection based on subseries join[J]. IAENG International Journal of Computer Science, 2010, 37(3): 259-271.

[48] 朱跃龙, 朱晓晓, 王继民. 基于子序列全连接和最大团的时间序列模体发现算法[J]. 计算机应用, 2019, 39(2): 414-420.

[49] HU H W, CHANG H C, LIN W S. An optimized frequent pattern mining algorithm with multiple minimum supports[C]//Proceedings of 2016 IEEE International Conference on Big Data (Big Data). 2016: 1734-1741.

[50] 郑邦祺. 基于时间序列的频繁模式挖掘研究与应用[D]. 成都: 电子科技大学, 2016.

[51] 徐昭邦. 多元时间序列关联挖掘算法研究与应用[D]. 成都: 电子科技大学, 2016.

[52] ZHU Y, ZIMMERMAN Z, SENOBARI N S, et al. Matrix profile II: exploiting a novel algorithm and GPUs to break the one hundred million barrier for time series motifs and joins[C]//2016 IEEE 16th International Conference on Data Mining (ICDM). 2016: 739-748.

[53] ZHAO Y, ZHANG T T.Discovery of Temporal Association Rules in Multivariate Time Series[J]. International Journal of Applied Engineering Research, 2019, 14(1): 79-84.
[54] MUEEN A, KEOGH E, ZHU Q, et al. Exact discovery of time series motifs[J]. Proceedings of the SIAM International Conference on Data Mining SIAM International Conference on Data Mining, 2009(2009): 473-484.
[55] KAMMERER K, HOPPENSTEDT B, PRYSS R, et al. Anomaly detections for manufacturing systems based on sensor data—insights into two challenging real-world production settings[J]. Sensors, 2019, 19(24): 5370.
[56] VARATHARAJAN R, MANOGARAN G, PRIYAN M K, et al. Wearable sensor devices for early detection of Alzheimer disease using dynamic time warping algorithm[J]. Cluster Computing, 2018, 21(1): 681-690.
[57] YEH C C M, ZHU Y, ULANOVA L, et al. Matrix profile I: all pairs similarity joins for time series: a unifying view that includes motifs, discords and shapelets[C]//2016 IEEE 16th International Conference on Data Mining (ICDM). 2016: 1317-1322.
[58] CHI L H, CHI H H, FENG Y C, et al. Comprehensive and efficient discovery of time series motifs[J]. Journal of Zhejiang University Science C, 2011, 12(12): 1000-1009.
[59] 李媛. 基于趋势符号化的多元时间序列时态关联规则挖掘[D]. 重庆: 重庆大学, 2019.
[60] HAN J W, PEI J, YIN Y W. Mining frequent patterns without candidate generation[J]. ACM Sigmod Record, 2000, 29(2): 1-12.
[61] JIANG Y, ZHAO M H, HU C Q, et al. A parallel FP-growth algorithm on World Ocean Atlas data with multi-core CPU[J]. The Journal of Supercomputing, 2019, 75(2): 732-745
[62] ZHAO Y, ZHANG TT. Discovery of temporal association rules in multivariate time series[C]//Proceedings of the International Conference on Mathematics, Modelling and Simulation Technologies and Applications. 2017: 294-300.
[63] GAN W S, LIN J C W, FOURNIER-VIGER P, et al. Mining of frequent patterns with multiple minimum supports[J]. Engineering Applications of Artificial Intelligence, 2017, 60: 83-96.
[64] DING X, LI Z Y, LIU T, et al. ELG: an event logic graph[J]. arXiv preprint arXiv:1907.08015, 2019.
[65] 李芮, 潘兴瑶, 邸苏闯, 等. 北京城区典型内涝积水原因诊断研究: 以上清桥区域为例[J]. 自然资源学报, 2018, 33(11): 1940-1952.
[66] 刘国珍, 佟晓蕾. 深圳河右岸市区内涝成因分析[J]. 水利水电技术, 2015, 46(2): 101-104, 111.
[67] 马晋毅.深圳市内涝形成原因分析与治涝对策研究[J]. 水利水电技术, 2015, 46(2): 105-111.
[68] 曲毅, 仲秋雁, 马骁霏. 基于信度规则库的突发事件链式演变推理方法[J]. 管理工程学报, 2017, 31(1): 142-148.
[69] LI S M, CHEN S H, LIU Y. A method of emergent event evolution reasoning based on ontology cluster and Bayesian network[J]. IEEE Access, 2019, 7: 15230-15238.
[70] WU B, TIAN H B, YAN X P, et al. A probabilistic consequence estimation model for collision accidents in the downstream of Yangtze River using Bayesian Networks[J]. Proceedings of the Institution of Mechanical Engineers, Part O: Journal of Risk and Reliability, 2020, 234(2): 422-436.
[71] SCUTARI M. Bayesian network models for incomplete and dynamic data[J]. StatisticaNeerlandica, 2020, 74(3): 397-419.

第 4 章

业务主题图谱构建技术

随着社会和经济的迅猛发展，各个行业都积累了大量业务文本数据。这些业务文本数据中蕴含了大量信息与规律。为了快速自动获取其中最有价值的信息，主流的方法是采用计算机算法自动挖掘这些文本数据中隐含的业务主题以及与业务主题相关的要素和关联关系，并在此基础上构建业务主题图谱。流域管理决策针对特定的管理主题展开，本章将根据国际对水资源管理的要求与媒体关注热点，结合流域管理的日常需求，挖掘河湖管理主题，并结合领域专家经验，对自动化挖掘结果进行验证，确定最终管理主题。进而挖掘不同管理主题所对应的对象属性，构建针对流域管理对象属性的业务主题图谱，网络化展现管理主题之间的相互关联，以及流域管理对象属性对管理主题的影响。

本章将从层次主题挖掘、动态主题挖掘、对象属性挖掘和主题-要素关联挖掘 4 个角度对相关研究进行梳理，并对其中的关键性问题给出本章的探索与尝试。

① 层次主题挖掘主要关注如何从海量水利文本中自动挖掘准确全面的业务主题，实现业务主题的快速自动挖掘。

② 动态主题挖掘主要挖掘主题间的关系，关注业务主题随着时间推移而产生的演进变化。

③ 对象属性挖掘主要关注如何从海量水利文本中提取出与主题相关联的对象属性。

④ 主题-要素关联挖掘主要关注如何刻画管理主题与其对象属性之间的关联强度，从而发现主题下的关键要素。

4.1 层次主题挖掘技术

4.1.1 引言

流域管理主题是决策者在流域管理决策过程中较关心的方面。在对流域管理与决策过程中所涉及的管理主题进行分析调研后，可以发现流域管理主题多且杂，管理主题之间关系错综复杂。这些管理主题之间往往存在相互关联——父子关系或兄弟关系，如“蓝藻治理”主题可以分为“蓝藻复苏控制”“蓝藻繁殖控制”“蓝藻聚集控制”“蓝藻休眠控制”4个子主题。主题之间的上下位关系被称为主题层次关系。挖掘管理主题之间的层次关系，构建管理主题层次树，能够更加细致地刻画流域管理决策所涉及的突出矛盾，为管理决策提供更加准确的指导。

主题挖掘属于文本挖掘的研究范畴。不同于数据库中存储的结构明晰的结构化数据，文本数据不仅具有非结构化数据来源广泛、形式多样的特点，而且具有自然语言表达多变、意义丰富的特点[1]。文本数据的这些特点加大了主题挖掘的难度，促使越来越多的研究者参与其中。近些年来，随着自然语言处理技术和数据挖掘算法的研究深入，研究者们提出了种类繁多的主题挖掘模型，如概率潜在语义分析模型、潜在狄利克雷分布等。这些方法与成果推动了主题挖掘研究的进展与繁荣，加速了其在不同领域的落地与实践。

互联网中积累了大量的文本数据及其相关结构信息，如何从海量文本中自动挖掘准确全面的业务主题是本节需要解决的问题。本节研究层次主题模型，从而实现业务主题快速自动挖掘。

4.1.2 相关工作

主题挖掘一直是文本挖掘领域的研究热点，研究者试图通过计算机算法自动地挖掘出文档集包含的主题。潜在语义分析（Latent Sematic Analysis，LSA）模型[2-3]将高维的文档映射到低维语义空间中，是主题挖掘较早的尝试。其后，为了克服LSA模型不具有解释能力的缺点，HOFMANN提出了概率潜在语义分析（Probabilistic Latent Sematic Analysis，PLSA）模型[4-5]，他在词语、文档的基础上明确引入了主题的概念，并将文档表示为主题的混合，主题表示为词语上的概率分布。但是，PLSA模型存在过拟合等问题。针对这些问题，BLEI提出了潜在狄利克雷分布（Latent Dirichlet Allocation，LDA）模型[6]，其在PLSA模型的基础上引入狄利克雷分布对参数的先验分布进行建模，并取得了成功，LDA模型因此成为主题挖掘领域广泛应用的模型。此后，研究者基于LDA模型提出了各式各样的主题模型，用于满足不同方面的需求，解决不同的问题。层次主题模型是其中的代表，解决了LDA没有考虑主题间的相关关系的问题[7]。

层次主题模型在挖掘主题的同时建立了主题间的层次关系，因而能够对文档集的主题信息提供更加深刻的刻画。层次潜在狄利克雷分布（Hierarchical Latent Dirichlet Allocation，HLDA）模型[8]将主题层次视作随机变量，并采用嵌套中国餐馆过程（Nested Chinese Restaurant Process，NCRP）作为先验分布将主题层次建模为一棵L层树结构。HLDA模型将主题挖掘过程与主题关系建模过程融合成一个整体，考虑了主题层次结构的不确定性。国内外关于层次主题模型的研究主要可以划分为4类：探索新的概率框架，融合文本其他方面信息，引入先验知识，整合文档外部标签信息。Pachinko Allocation Model（PAM）[9]和Hierarchical PAM[10]采用有向无环图建模主题间的关系。KIM等和ZHU等分别提出了Hierarchical Aspect Sentiment Model（HASM）模型[11]

和 Hierarchical Opinion Phrase（HOP）模型[12]，将文本情感信息融入主题建模中。Guided Hierarchical Topic Model（GHTM）[13]采用狄利克雷森林先验对先验知识进行表示。Twitter Hierarchical Latent Dirichlet Allocation（THLDA）模型[14]采用 word2vec 模型对文档词语进行语义表示。Perotte 等[15]提出 Hierarchically Supervised Latent Dirichlet Allocation（HSLDA）模型直接利用文档集的目录分类作为主题的层次结构，因而其主题层次无法扩展。毛先领等[16]提出了 Semi-Supervised Hierarchical Latent Dirichlet Allocation（SSHLDA）模型，其将主题分为带标签的主题（labeled topic）和隐含主题（latent topic），其中，带标签的主题是指文档集的标签信息。在 SSHLDA 模型中，文档的主题既可以从带标签的主题中选择，也可以从生成新的隐含主题中选择，因而 SSHLDA 既能挖掘出文档集的潜在主题，又能将文档集的标签信息整合到主题建模过程中。

4.1.3　基于标签信息的文本主题层次挖掘模型

本小节提出的基于标签信息的主题层次挖掘模型（Horizontal and Vertical Hierarchical Topic Model，HV-HTM）实现了主题层次的横向和纵向扩展。HV-HTM 以 HLDA 模型为基础，将标签信息认为是主题层次结构中的已知节点整合到主题建模过程。因此，相较于传统层次主题模型，HV-HTM 在文档路径采样过程中实现了 CRP 与标签信息的整合。当某一层中存在标签节点时，HV-HTM 既可以选择某一个已知节点，也可以生成新的未知节点，实现主题层次的横向扩展；当某一层中不存在已知节点时，HV-HTM 采用 CRP 生成新的节点，实现主题层次的纵向扩展。图 4.1 展示了 HV-HTM 的概率图。

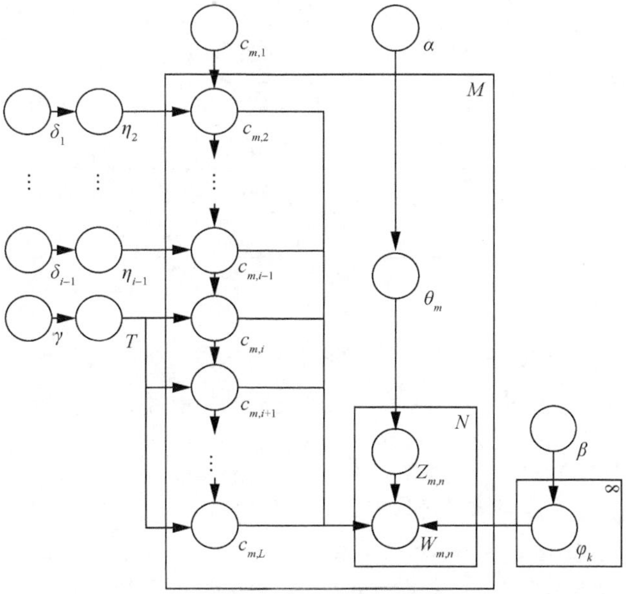

图 4.1　HV-HTM 的概率图

表 4.1 列出了本小节使用到的符号及其描述。其中下标“–”表示对应的元素被剔除；上标“·”表示所有元素。

表 4.1 本小节使用的符号及其描述

符号	描述
M	文档集包含的文档数量
N_m	第 m 篇文档包含的词语数量
V	文档集构成的词汇表的大小
T	文档路径集合
α	“文档–主题”分布的狄利克雷先验分布参数
β	“主题–词语”分布的狄利克雷先验分布参数
γ	CRP 参数
δ	在游客到达餐馆前，餐馆中本地顾客数目
$\boldsymbol{\theta}_m$	第 m 篇文档的“文档–主题”分布
$\boldsymbol{\varphi}_k$	第 k 个主题的“主题–词语”分布
$\boldsymbol{c}_m$	第 m 篇文档在主题层次树中的路径
$\boldsymbol{c}_{-m}$	文档集除去第 m 篇文档，其他文档的主题路径
$\boldsymbol{c}_{m,l}$	路径 c_m 的第 l 层节点
$\boldsymbol{z}_m$	第 m 篇文档中每个词语的主题分配
$\boldsymbol{z}_{-m}$	文档集除去第 m 篇文档，其他文档的主题分配
$\boldsymbol{z}_{m,n}$	第 m 篇文档第 n 个词语对应的主题
$\boldsymbol{z}_{-(m,n)}$	除去第 m 篇文档第 n 个词语，其他文档词语的主题分配
$\boldsymbol{w}_m$	第 m 篇文档的词语
$\boldsymbol{w}_{-m}$	文档集除去第 m 篇文档，其他文档的词语
$w_{m,n}$	第 m 篇文档第 n 个词语
$n_{c_{m,l}}^{(\cdot)}$	主题 $c_{m,l}$ 对应的词语数目
$n_{c_{m,l}}^{(w)}$	主题 $c_{m,l}$ 下词语 w 的数目

1. 文档生成过程

HV-HTM 的生成过程包含三个步骤：采样每一篇文档的主题路径 c_m；采样每篇文档每个词语的主题 $z_{m,n}$；采样生成词语 $w_{m,n}$。在采样每篇文档的主题路径时，为了实现主题层次的横向扩展，HV-HTM 将 CRP 扩展为一个更宽泛的版本，命名为 general CRP（gCRP）。gCRP 定义可以由如下场景给出。假设在游客到达之前，城市中部分餐馆已经存在本地顾客就餐。当第一位游客进入这家餐馆，他既可以坐在存在本地顾客的餐桌 i，也可以坐在一张新的餐桌。其后的每一位游客 $n(n \in \{2,\cdots,N\})$ 在选择餐桌时同样需要考虑本地顾客和之前的 $n-1$ 位游客。因此，第 n 位游客选择第 i 张被占据的餐桌或者新的餐桌的概率分布由式（4.1）给出。

$$p(\text{table } i) = \frac{n_i + \delta_i}{\gamma + \delta + n - 1}$$
$$p(\text{new table}) = \frac{\gamma}{\gamma + \delta + n - 1} \tag{4.1}$$

其中，δ_i 是餐桌 i 上本地顾客的数目；n_i 是在游客 n 到达前，餐桌 i 上游客的人数；δ 是餐馆中的本地顾客总人数；$\delta + n - 1$ 是游客 n 到达前，餐馆中的总人数。通过上述方式，gCRP 将已知的标签信息与餐馆中被本地顾客占据的餐桌相关联，这些已知的标签信息将影响文档主题路径的生成。需要解决的问题是：如何确定餐馆中被占据餐桌中本地顾客的人数。HV-HTM 采用以下三种策略用于确定餐馆中被占据餐桌中本地顾客的人数，其具体描述如下。

① 直接设置为 1。这种策略只考虑了餐桌上是否存在本地顾客，而未考虑本地顾客的人数。当文档集的标签信息没有与文档对应时，这种设置将依旧可行。采用该策略的模型记为 HV-HTM（1）。

② 设置为每个标签对应的文档数目。这种策略完整地反映了每个标签下文档的原始分布，但这种设置将导致游客选择新餐桌的概率较低。采用该策略的模型记为 HV-HTM（num）。

③ 依据每个标签下文档所占比例进行采样，通过迭代采样，直至每个标签都被采样到，统计此时每个标签被采样的次数，这些值将被设置为被占据餐桌中本地顾客的人数。这种策略既避免了游客选择新餐桌概率较低的问题，也保持了每个标签下文档的原始分布。采用该策略的模型记为 HV-HTM（sample）。

图 4.2 是 HV-HTM 运行结果示意。假设一组文档及其对应的标签信息为{A1，A2，A3，A5，A6}，如图 4.2 中灰色节点所示，并且其层次结构组织如下。设定文档集的主题层次树高度为 4，图中黑色节点表示 HV-HTM 横向扩展出的隐含主题，如虽然节点 A1 拥有两个已知标签节点{A2，A3}，HV-HTM 仍然能够横向生成隐含节点 A4。白色节点表示模型纵向扩展出的隐含主题，如节点 A3 不存在子节点，HV-HTM 在纵向上扩展出两个子节点{A8，A9}。因此，对于一篇文档 m，其主题路径的可能生成过程如下：从根节点 A1 开始，根据式（4.1）采样选择第二层中节点 A4；接着，在第三层和第四层依次选择节点 A10 和 A22；最终，文档 m 的主题路径 c_m 为{A1，A4，A10，A22}。当文档集中 M 篇文档的主题路径均采样得到后，M 条路径构成了一棵主题层次树。

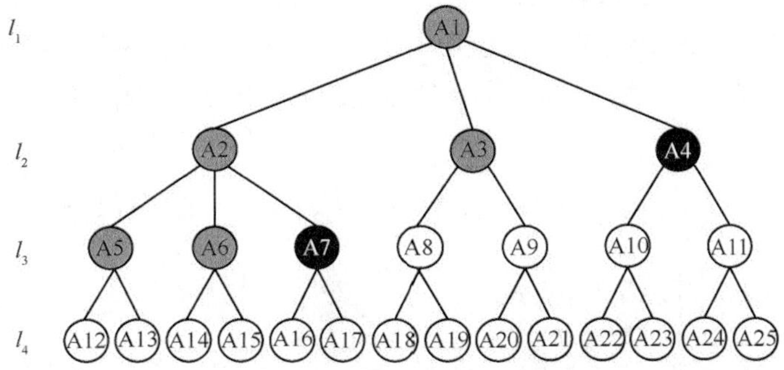

图 4.2　HV-HTM 运行结果示意

2．模型参数估计

给定一组文档，其包含的词语 $w=\{w_1,w_2,\cdots,w_M\}$ 是已知元素，同时文档集的标签信息也是已知的。HV-HTM 可以推断出最贴合文档集的隐含变量 c 和 z，使得后验概率 $p(c,z\mid w)$ 最大化。因为精确计算后验概率非常困难，吉布斯采样算法通常被用于隐变量的近似估计。吉布斯采样是一种马尔可夫链–蒙特卡洛（MCMC）方法，通过获得一个观测序列来近似一个复杂的多元概率分布。在 HV-HTM 中，后验概率计算如下：

$$p(c,z\mid w,\alpha,\beta,\delta)=p(c\mid w,\gamma,\delta,\beta)\cdot p(z\mid w,c,\alpha,\beta) \tag{4.2}$$

其中，α 和 β 是狄利克雷分布的聚合参数，其值越大，生成的主题分布与词分布越接近于均匀分布；γ 是 CRP 的参数，较大的 γ 值将使游客有更大的概率选择新的餐桌；δ 是游客到达前餐馆中的餐桌上本地顾客的人数。为了运用吉布斯采样，需要计算每篇文档的条件概率，如式（4.3）所示。

$$\begin{aligned}&p(c_m,z_m\mid w,c_{-m},z_{-m},\alpha,\beta,\gamma,\delta)=\\&p(c_m\mid w,c_{-m},z,\gamma,\delta,\beta)\cdot p(z_m\mid w,c,z_{-m},\alpha,\beta)\end{aligned} \tag{4.3}$$

上述条件概率表示了在给定其他文档的主题路径和主题分配的情况下，文档 m 的生成概率的计算过程。根据式（4.3），吉布斯采样算法可以被划分为两个独立的过程：首先，根据概率分布 $p(c_m\mid w,c_{-m},z,\gamma,\delta,\beta)$ 为文档 m 采样主题路径 c_m；接着，根据概率分布 $p(z_{m,n}\mid w,c_m,z_{-(m,n)},\alpha,\beta)$ 为文档 m 每一个词语 n 采样主题 $z_{m,n}$。

（1）路径采样

对于路径采样，因为文档中的词语是已知的，条件概率 $p(c_m\mid w,c_{-m},z,\gamma,\delta,\beta)$ 可以表达如下：

$$\begin{aligned}&p(c_m\mid w,c_{-m},z,\gamma,\delta,\beta)\propto\\&p(c_m,w_m\mid w_{-m},c_{-m},z,\gamma,\delta,\beta)=\\&p(c_m\mid c_{-m},\gamma,\delta)\cdot p(w_m\mid c,w_{-m},z,\beta)\end{aligned} \tag{4.4}$$

根据式（4.4）可知，主题路径 c_m 的后验概率受到两个因素的影响。第一个因素是在给定其他文档的主题路径的情况下，主题路径 c_m 的先验。该先验又可以分为两种情形。第一种情形是，当餐馆中存在餐桌被本地顾客占据情况时，根据 gCRP 选择一张餐桌。在这种情形下，gCRP 保证了主题能够横向拓展。第二种情形是，当餐馆中不存在餐桌被本地顾客占据时，根据 NCRP 选择一张餐桌，其保证了主题层次的纵向扩展。此时，主题路径 c_m 的先验的计算公式如下：

$$\begin{aligned}&p(c_m\mid c_{-m},\gamma,\delta)=p(c_m^o\mid c_{-m}^o,\delta,\gamma)\cdot p(c_m^e\mid c_{-m}^e,\gamma)=\\&\prod_{l=2}^{|c_m^o|}p(c_{m,l}^o=k\mid c_{-m}^o,\delta_l)\cdot\prod_{l=|c_m^o|+1}^{L}p(c_{m,l}^e=k\mid c_{-m}^e,\gamma)\end{aligned} \tag{4.5}$$

其中，c_m^o 表示在存在标签节点的层中，gCRP 生成的一组主题，其既可以是已知的标签节点，也可以是新生成的隐含节点。c_m^e 表示在不存在标签节点的层中，NCRP 生成的一组隐含节点。主题路径 c_m 由 c_m^o 和 c_m^e 构成。

在式（4.4）中，影响主题路径 c_m 的后验概率的第二个因素是在给定所有文档主题路径的情况下，获得文档 m 的词语的似然，其计算过程如下：

$$p(w_m \mid c, w_{-m}, z, \beta) = \prod_{l=1}^{L} \frac{\Gamma(n_{c_{m,l},-m}^{(\cdot)} + V\beta)}{\prod_w \Gamma(n_{c_{m,l},-m}^{(w)} + \beta)} \cdot \frac{\prod_w \Gamma(n_{c_{m,l},-m}^{(w)} + \beta)}{\Gamma(n_{c_{m,l},-m}^{(\cdot)} + n_{c_{m,l},m}^{(\cdot)} + V\beta)} \tag{4.6}$$

其中，$n_{c_{m,l},-m}^{(w)}$ 表示除去文档 m 后，词语 w 被分配为主题 $c_{m,l}$ 的次数；$\Gamma(\cdot)$ 是标准伽马函数。计算式（4.5）和式（4.6）得到主题路径 c_m 的后验概率后，根据该概率分布采样将得到文档 m 的主题路径。

（2）主题分配采样

在得到文档 m 的主题路径后，需要采样其每个词语 n 的主题分配 $z_{m,n}$。给定文档集中所有文档的主题路径，并且文档中词语是已知的，文档 m 中第 n 词语的主题分配 $z_{m,n} = k$ 的条件概率表示如下：

$$\begin{aligned} & p(z_{m,n} = k \mid z_{-(m,n)}, w, c, \alpha, \beta) \\ & \propto p(z_{m,n} = k \mid z_{-(m,n)}, \alpha) \cdot p(w_{m,n} = v \mid z, w_{-(m,n)}, c, \beta) = \\ & \frac{n_{-(m,n)}^{k} + \alpha}{n_{-(m,n)}^{(\cdot)} + |c_m|\alpha} \cdot \frac{n_{k,-(m,n)}^{k} + \beta}{n_{k,-(m,n)}^{(\cdot)} + V\beta} \end{aligned} \tag{4.7}$$

其中，$n_{-(m,n)}^{k}$ 是剔除文档 m 中第 n 个词语后，被分配为主题 k 的词语数目，$n_{k,-(m,n)}^{v}$ 是剔除文档 m 中第 n 个词语后，主题 k 下词语 v 被生成的次数。根据式（4.7）可知，文档 m 中第 n 个词语的主题可以从主题路径 c_m 中采样得到。

（3）吉布斯采样

给定马尔可夫链的初始状态 $\{c_{1:M}^{(0)}, z_{1:M}^{(0)}\}$，对于某一维变量，固定其他变量，根据计算出的条件概率 $p(c_m, z_m \mid w, c_{-m}, z_{-m}, \alpha, \beta, \gamma, \delta)$，可以采样得到该变量的一个新的状态值，依次循环，直至所有维变量都完成一轮采样，此时，达到马尔可夫链的一个新状态。重复上述过程多次，马尔可夫链将收敛至平稳分布。首先，为每篇文档采样一条主题路径，为文档中每个词语随机分配一个主题，得到吉布斯采样的初始状态；接着，开始吉布斯采样，根据条件概率公式，每一篇文档将重采样得到一条主题路径，每个词语将被重新分配一个主题。一旦所有的文档都完成了重采样，吉布斯采样也完成了一轮迭代。

在收敛状态，“主题-词语”分布 φ_k 和“文档-主题”分布 θ_m 可以分别由式（4.8）和式（4.9）统计得到：

$$\varphi_{k,v} = \frac{n_k^v + \beta}{n_k^{(\cdot)} + V\beta} \tag{4.8}$$

$$\theta_{m,k} = \frac{n_m^k + \alpha}{n_m^{(\cdot)} + |c_m|\alpha} \tag{4.9}$$

（4）实验设计与结果分析

为了验证本小节提出的基于标签信息的业务主题层次挖掘模型的性能，本小节设计实验将该模型与目前广泛引用的模型进行了对比，并采用定性评价与定量评价对实验结果进行了评价。

3. **实验设计与参数设置**

本小节将水利文本集中无类别标签的604篇语料作为测试集，剩余的2 049篇语料作为训练集。其中，2 049篇带标签的文本的类别分布如图4.3所示。

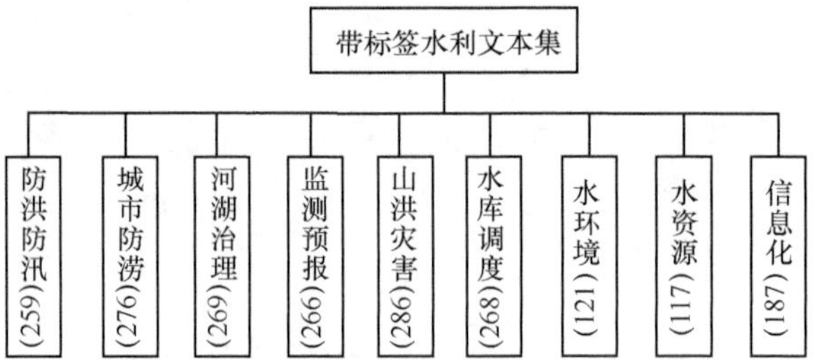

图4.3 带标签文本类别分布

为了测试本小节提出的模型在挖掘主题层次关系时能够横向和纵向扩展出新的主题，只选择“防洪防汛”“城市防涝”“河湖治理”“监测预报”和“山洪灾害”作为已知类别标签，忽略“水库调度”“水环境”“水资源”和“信息化”4个类别，从而验证本小节提出的模型是否能够横向扩展出以上4个主题。将主题层次树的高度H分别设置为3和4，从而验证模型的纵向扩展能力。

将HLDA模型和SSHLDA模型作为实验对比模型。HLDA是一个层次主题模型，其未利用文本词汇之外的其他任何信息，属于无监督模型，具有简单、方便的特点。SSHLDA是一个半监督层次主题模型，其利用语料集先验标签信息，但在进行主题层次建模时，只能在已知标签的基础上纵向扩展，无法扩展出已知标签的兄弟节点。

对于所有的模型，本小节将吉布斯采样迭代次数设置为300。模型包含的超参数包括“文档–主题”狄利克雷先验分布参数α、“主题–词语”狄利克雷先验分布参数β以及中国餐馆过程的参数γ。采用网格搜索法确定最优参数组合，其中α的取值范围为[5,50]，步长设置为5；β的取值范围为[0.01,0.1]，步长设置为0.01；γ的取值范围为[0.1,1]，步长设置为0.1。最终，三个超参数的设置为$\alpha = 10.0$，$\beta = 0.1$，$\gamma = 1.0$。

4. **评价指标与结果分析**

为了全面评估HV-HTM的性能，本小节分别采用定性评价和定量评价的方法。

（1）定性评价

定性评价通过展示模型输出结果来判断模型性能优劣。表4.2给出了HV-HTM（sample）构

建的主题层次树的结果，由于篇幅有限，在层次 3 中，仅展示了每个父节点下的一个子节点。分析表 4.2 可以发现，主题层次树第 2 层（对应于表中层次 2）生成了 7 个节点，超过了先验标签中的 5 个节点，归纳这 7 个节点，能够得到主题“防洪”“防涝”“河道治理”“洪水预报”“山洪灾害预警”“水库调度”和“水生态”，其中前 5 个主题与先验标签中的 5 个类别一一对应，剩余两个主题是 HV-HTM 扩展出的结果，说明本小节提出的模型能够突破先验标签的约束，并基于先验标签信息挖掘出潜在的兄弟主题，得到更加合理的主题类别。

表 4.2　HV-HTM 构建的主题层次树结果

层次	父节点	主题词	节点编号
1	—	防洪减灾，防洪，河道治理，暴雨，预报	1
2	1	流量，时间，防洪，水量，降雨	2
		城市内涝，城市规划，积水深度，应急管理，降雨强度	3
		河道治理，水利工程，生态水利，生态环境，水生态	4
		洪水预报，预报，实时校正，校正，预报精度	5
		临界雨量，山洪灾害预警，预警，山洪预警，预警指标	6
		流量，水文，时间，下游，水库调度	7
		污染，水文，水生态，环境，功能	8
3	2	防汛抗灾，超历史，抗洪抢险，气象服务，洪水位	9
		……	
	2	雨水，排水系统，屋顶，城市老城区，基础设施	10
		……	
	2	泥沙，水沙，泥沙调控，河道演变，悬沙浓度	11
		……	
	2	洪峰流量，前期，土壤湿度，降雨强度，降雨量	12
		……	
	2	灾害，泥石流，山洪，泥石流灾害，山洪泥石流	13
		……	
	2	遗传算法，水库优化调度，动态规划，库容，库区冲淤	14
		……	
	2	浓度，总磷，总氮，水质，溶解氧	15
		……	

另外，分析层次 3 中的主题可以发现，在层次 3 中，每个节点的主题词相较于层次 2 更加细化精确，如节点 11“泥沙，水沙，泥沙调控，河道演变，悬沙浓度”描述的是“河道泥沙控制”主题，其是层次 2 中主题“河道治理”的子主题，节点 15“浓度，总磷，总氮，水质，溶解氧”描述的是“水质”主题，其是层次 2 中主题“水生态”的子主题，这表明本小节提出的模型能够

在纵向上挖掘出更加具体细化的子主题，实现主题层次结构纵向扩展。

（2）定量评价

为了定量地、客观准确地对比不同模型的性能，选取主题模型常用的两个评价指标：困惑度（Perplexity）和点互信息（Point Mutual Information，PMI）作为本实验的定量评价指标。

① 困惑度。为了简单、方便地判断生成式模型的性能，研究者们设计了困惑度指标，其核心思想是：对于测试集中文本，能够赋予其较高概率值的主题模型较好，其表明了主题模型生成未知文本的能力[17]。对于测试集中的文本集合，困惑度的计算公式如下：

$$\text{Perplexity}(D_{\text{test}}) = \exp\left\{-\frac{\sum_{d=1}^{M}\sum_{n=1}^{N_d}\log p(w_{dn})}{\sum_{d=1}^{M}N_d}\right\} \tag{4.10}$$

其中，N_d是文档d中的词语数目，$p(w_{dn})=\sum_z p(w_n \mid z)p(z \mid d)$是文档$d$中词语$n$的生成概率。由式（4.10）可知，单词生成概率越大，困惑度越小，主题模型性能越好。本章实验将水利文本集中无类别标签的604篇语料作为测试集，剩余的2 049篇语料作为训练集。实验结果如图4.4和图4.5所示，图4.4给出了在主题层次树深度为3的情况下，随着迭代次数的增加，不同模型的困惑度变化。图4.5是主题层次树深度为4时的结果。

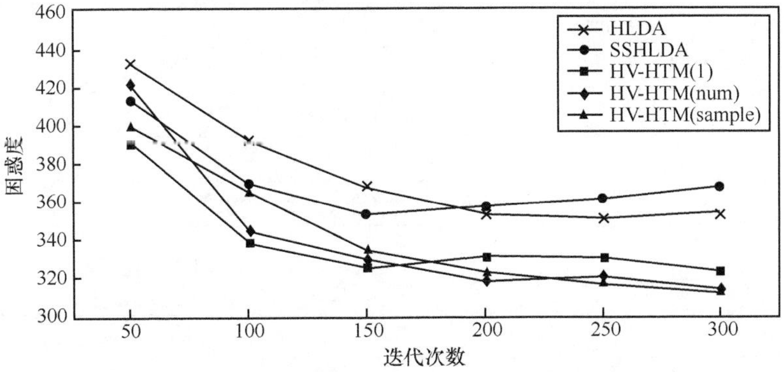

图4.4　*H*=3时，不同模型的困惑度随迭代次数变化

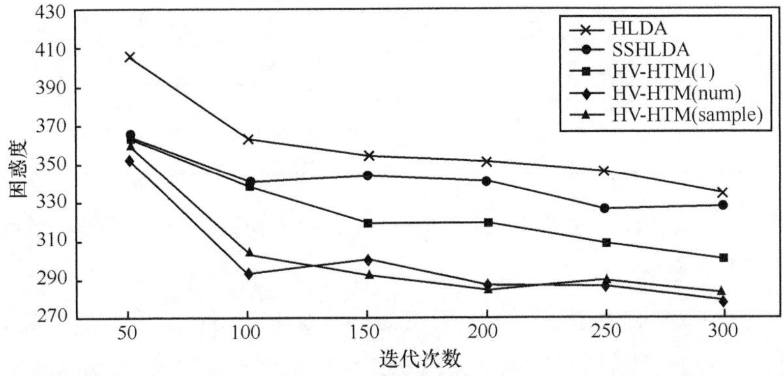

图4.5　*H*=4时，不同模型的困惑度随迭代次数变化

由图 4.4 和图 4.5 可知，当迭代次数达到 300 时，本小节提出的模型无论采用哪种策略都具有更小的困惑度，当主题层次树深度为 3 时，本小节提出的模型的困惑度在 320 左右，而对比模型的困惑度在 350 左右，下降幅度约为 8.6%；当主题层次树深度为 4 时，本小节提出的模型的困惑度低于 290，而对比模型的困惑度均高于 330，下降幅度约为 13%。这是因为本小节提出的模型相较 HLDA 模型，其利用先验标签信息，从而指导主题层次树的生成；而相较于 SSHLDA 模型，本小节提出的模型具有横向扩展能力，能够发现先验节点的兄弟节点，从而得到更加合理的主题层次结构。

另外，观察两个折线图的下降速率可以发现：HV-HTM 和 SSHLDA 相较于 HLDA 模型在迭代早期（0～100 次）具有更快的下降速率，并且初始困惑度明显更低，这说明标签信息能够提供有价值的先验信息，指导主题层次结构的生成，提高吉布斯采样的前期效率；本小节的两个对比模型在迭代 150 次以后，困惑度均下降非常缓慢，甚至不再下降，而 HV-HTM 的困惑度随着迭代次数增加一直在下降，直至获得最低的困惑度，这表明本小节提出的模型在迭代过程中能够不断优化主题结构和主题内容，从而获得更加准确合理的主题信息。因此，综合数值对比结果和下降速率对比结果，可以总结得到，HV-HTM 能够生成更加准确合理的主题。

② 点互信息。点互信息用于描述两个对象之间的相似度[18]，采用点互信息度量每个主题下两两词语之间的相似度，从而衡量主题模型挖掘出的主题的合理性和可解释性。两个词语之间的点互信息计算公式如下：

$$\mathrm{PMI}(\mathrm{word}_1,\mathrm{word}_2)=\log\left(\frac{p(\mathrm{word}_1,\mathrm{word}_2)}{p(\mathrm{word}_1)p(\mathrm{word}_2)}\right) \tag{4.11}$$

其中，$p(\mathrm{word}_1,\mathrm{word}_2)$ 是词语 word_1 和词语 word_2 在自定义窗口内的共现频率，$p(\mathrm{word}_1)$ 是词语 word_i 的出现频率。由式（4.11）可知，词语 word_1 和词语 word_2 越相关，$p(\mathrm{word}_1,\mathrm{word}_2)$ 相较于 $p(\mathrm{word}_1)p(\mathrm{word}_2)$ 越大，PMI 值越大。PMI>1，表示 word_1 和 word_2 正相关；PMI=1，表示两者不相关；PMI<1，表示两者负相关。本实验选取每个主题概率值排名前 20 的词语作为主题词，并将自定义窗口设置为文档，即若词语 word_i 在某篇文档中出现了则记为 1。在计算出主题下两两词语之间的 PMI 值后，其平均值被设置为该主题的 PMI 值，即

$$\mathrm{PMI}-\mathrm{topic}_k=\mathrm{mean}\{\mathrm{PMI}(w_{ki},w_{kj})\} \quad i,j\in[1,20] \tag{4.12}$$

在计算出每个主题的 PMI 值后，将其中位数设置为整棵主题层次树的 PMI 值，即模型的 PMI 值，如式（4.13）所示。

$$\mathrm{PMI}-\mathrm{tree}=\mathrm{median}\{\mathrm{PMI}-\mathrm{topic}_k\} \quad k\in[1,K] \tag{4.13}$$

在吉布斯采样迭代 300 次后，图 4.6 和图 4.7 分别给出了主题层次树深度为 3 和 4 时不同模型的 PMI 值。

根据图 4.6 和图 4.7 的结果，可以发现主题层次树深度无论是 3 还是 4，HV-HTM 都具有明显更高的 PMI 值，这表明 HV-HTM 能够挖掘出更加相关的词语用于表达每个主题，使得主题更

加明晰。在两个图中，HLDA 模型的 PMI 值都是最低的，因为其没有利用任何先验信息。当主题层次树深度为 3 时，HV-HTM（sample）具有最高的 PMI 值（1.64），相较 HLDA 模型和 SSHLDA 模型分别提升了约 31.2%和 28.1%；当主题层次树深度为 4 时，HV-HTM（num）具有最高的 PMI 值（1.39），相较 HLDA 模型和 SSHLDA 模型分别提升了约 32.4%和 95.8%。虽然主题层次树深度增加时，所有模型的 PMI 值都有下降，但本小节提出的模型下降幅度更低，这表明 HV-HTM 更加稳定。

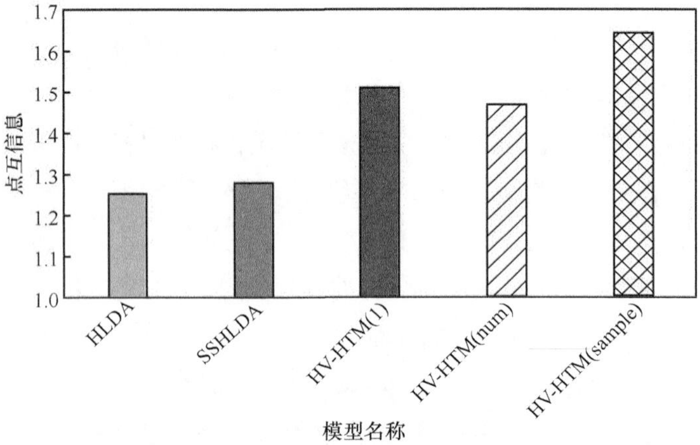

图 4.6 *H*=3 时，不同模型的 PMI 值

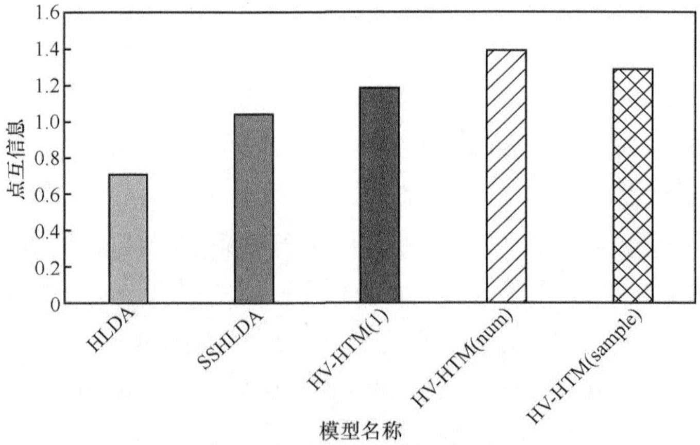

图 4.7 *H*=4 时，不同模型的 PMI 值

4.1.4 总结

本节在收集并整理大量文本数据的基础上，结合文本标签信息和业务主题特性，构建了面向文本的层次主题挖掘模型，实现了业务主题挖掘和主题层次关系构建。

4.2　动态主题挖掘技术

4.2.1　引言

流域管理与决策通常针对特定的管理主题展开，目前流域管理主题主要依靠专家经验确定。但是，管理主题随时间动态变化，仅凭专家经验能确定的管理主题有限，且不能很好地把握管理主题随着时间推移的演进情况。另外，随着水利信息化的推进以及电子出版物的积累，可供利用的非结构化水利文本越来越多，这些文本中隐藏了大量的公众或研究关注点。这些关注点随着水文水利研究的推进而迁移，与之相关的管理主题所涉及的内容在不断扩展、更新。结合流域日常管理的实际需求，自动挖掘这些文本中隐含的管理主题，同时关注管理主题随着时间推移而产生的演进变化，挖掘主题演化路径，将为流域管理决策提供更加全面、准确的管理主题。

4.2.2　相关研究

大多数的主题模型基于一个前提，即文档集中的文档是不具有时间属性的，换言之，在进行主题挖掘时不考虑文档的先后顺序。这样的前提不但忽视了某些文本信息只出现在某时间点的特定性，而且忽略了信息随时间发生演进变化的动态性[19]。为了解决上述问题，关注主题动态性的主题演化挖掘相关研究随之出现[20-21]。

关于主题动态演化关系挖掘的工作可以追溯到话题检测和跟踪技术，这是一项由美国国防高级研究计划局发起的倡议，旨在调查在一系列广播新闻故事中发现和跟踪新闻事件的高新技术[22]。话题检测和跟踪技术的研究主要集中在文本集的主题演化上，包括主题内容演化和主题强度演化；对新闻事件的时间线分析[23-24]和文本信息的故事情节生成[25-26]也进行了类似的研究。这些研究代表了从文本语料库到简单主题的演变基本轮廓。

MEI 等[27]提出的 TTM（Temporal Text Mining）模型是基于概率主题模型的主题动态演化关系挖掘方法，TTM 模型在 PLSA 模型的基础上进行改进，通过 KL（Kullback-Leibler）散度对主题间的相似度进行评估，从而构建了主题演化关系图。叶春蕾等[28-29]提出了 CTM（Citation-Topic Model），CTM 的贡献主要体现在两个方面：在 LDA 模型的基础上进行改进，在进行文档主题挖掘的过程中加入了对附加信息（参考文献）的考虑；利用社交网络[30]来构建主题间的相关性关系网络，并以社交网络分析挖掘出主题的演化路径。GAUL 等[31]利用二部图的形式来表现主题演化变化，并且提出一种采用“展望”与“回顾”策略，聚焦于子图的主题演化路径挖掘方法。张金柱等[32-33]使用战略坐标图，从中心度和密度两个维度上评估了不同主题，完成了主题演变分析和主题突变识别。LIU 等[34]开发了一种新的演化路径挖掘方法，该方法利用分层狄利克雷过程，并使用主题河流图对演化路径进行展示。

4.2.3 基于主题关联度的动态主题演化路径挖掘

按照演化的不同角度划分，在主题动态演化领域主要有两个研究方向，分别是主题内容演化和主题强度演化。主题内容演化通常关注主题在不同时间片内的出现、分裂、合并以及消失过程，而主题强度演化则着重于研究主题随时间发生的强度变化，预测未来热点主题。

1. **主题内容演化**

为了探究主题内容随时间发生的演变过程，在构建主题演化网络图之前，先要对不同主题进行关联分析，即计算主题间的相似度。主题相似度由不同主题的主题–词分布矩阵计算所得，两个主题之间越相似，它们的主题–词分布矩阵的构成也越一致。基于上述观点，主流的相似度计算方法有 Jaccard 相似系数法和 KL 散度法。

Jaccard 相似系数用来比较两个集合之间的相似度，但在主题–词分布矩阵中，每一个词对该主题的重要程度不同，Jaccard 相似系数仅使用次数来衡量相似度显然是不合理的。KL 散度也称相对熵，通常用来衡量两个概率分布的相似情况。同样地，KL 散度的不足之处在于其仅考虑了主题之间的相似度而忽视了差异性。

本小节采用 YE 等提出的相似度计算公式，主题 i 和主题 j 之间的相似度由指数 p_{ij} 表示，计算如下：

$$p_{ij} = \frac{\sum_{n=1}^{s}(w_{in} + w_{jn})}{\sum_{n=1}^{m} w_{in} + \sum_{n=1}^{s} w_{in}} \tag{4.14}$$

其中，w_{in} 和 w_{jn} 分别表示主题 i 和主题 j 中词语 n 的概率分布，s 代表两个主题–词分布中相同的词的数目，m 代表每个主题–词分布中词的总数。两个主题–词分布中所含相同词语越多，主题相似度也就越高，并且相似度也与词语的概率分布越相关，反之亦然。同时，主题 i 和主题 j 之间的相似度不仅取决于相同词语的概率分布，而且取决于主题 i 本身的信息特征，因此由相似度计算公式所得的主题相似度矩阵是不对称的，即主题 $i \to j$ 的相似度不等于主题 $j \to i$。

通过相似度计算公式，可以得到任意两个主题的相似度。将主题作为节点，相似度大于阈值的两个主题设置一条边，从而可以得到用于分析的主题演化网络有向图。

2. **主题强度演化**

主题内容演化关注不同时间片上不同主题间的相似度，把握主题的动态演化趋势，而主题强度演化则着重于通过分析同一时间片内的主题中心性和密度等静态特性来反映热点主题，挖掘主题演化潜力。

中心性这一概念最早在“社会网络”研究中被提出，通常被用于评价网络图中节点的重要程度，是一种图局部度量。中心性主要有 4 个评价指标，分别是度中心性、中介中心性、接近中心性和特征向量中心性。

本小节选取特征向量中心性作为主题强度演化的指标之一。特征向量中心性是在度中心性的思想上做了进一步的细化，强调一个节点的重要性不仅取决于该节点的直接邻居节点数目，而且取决于该节点邻居节点的重要性。特征向量中心性的计算公式如下，x_i 表示节点 v_i 的重要性，c 为比例常数。

$$C_e(i) = x_i = \mathrm{c}\sum_{j=1}^{n} a_{ij} x_j \tag{4.15}$$

本小节选择通过绘制战略坐标图的形式来对每一个时间片内的主题特征进行展示。战略图的横轴表示密度，纵轴表示特征向量中心性，坐标原点表示密度和特征向量中心性的平均数。各个时间片上的主题被放置在战略坐标图中，不同象限可以用来描述主题的强度和发展趋势。战略坐标图概况如图 4.8 所示。

战略图中的密度表示主题在时间段内的成熟度，在数值上等于该主题下文本数量与该时间片内所有文本的数量之商。密度越高说明主题的相关文本越多，该主题越热门。特征向量中心性考量了主题之间的关系，特征向量中心性越高，则说明该主题与其他主题联系较为紧密，影响力越大。

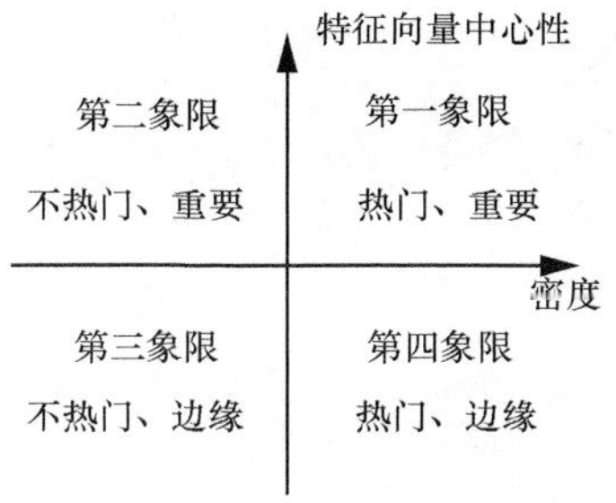

图 4.8　战略坐标图概况

3. 实验设计与结果分析

本小节选取水利部太湖流域管理局中“水利要闻”和“太湖要闻”模块 2012 年至 2019 年的所有新闻文本作为实验数据集。该实验数据集共 838 篇文档，并按照一年为一个时间片放入不同文件夹中。每篇文档均以 TXT 格式独立存储，文件名以“时间”加“新闻标题”的形式命名，文本内容为新闻完整内容。

本小节依次使用按年份划分好的水利文本作为 LDA 模型的输入，并设置好模型参数：$\alpha = 0.5$，$\beta = 0.1$，$\gamma = 0.1$，每个时间片的主题数为 5，模型迭代次数为 500。经过多次迭代后得到每个时间片的文档–主题分布和主题–词分布，为了方便区分和表述，将每个主题设置一个三位数的 ID，ID 的百位数代表年份的末位数字，ID 的个位数代表在这个时间片的编号，如“Top702”代表在 2017 年的二号主题。2017 年主题–词分布部分数据如图 4.9 所示。

Top701	Top702	Top703	Top704	Top705
推进*0.018	太湖流域*0.015	台风*0.014	河长*0.044	会议*0.012
流域*0.013	防洪*0.013	水电*0.013	河湖*0.018	生态*0.009
治水*0.013	长江*0.012	官兵*0.011	河道*0.015	治理*0.008
机制*0.012	水库*0.011	支队*0.010	江苏*0.014	流域*0.007
节水*0.010	洪水*0.011	抢险*0.008	全面推行*0.012	鸟类*0.007

图 4.9　2017 年主题-词分布部分数据

图 4.9 展示了 2017 年主题-词分布的部分实验结果，节选了每个主题下相关性排名前 5 的词语。星号后面的数字代表了该词的概率分布，概率分布权重越大，说明词语与主题的相关性越强。从表 4.3 中可以看出，701 号主题有关“治水机制与节水措施”；702 号主题有关“太湖流域防洪”；703 号主题有关“防御台风与灾情抢险”；704 号主题有关“河湖长制度的推行”；705 号主题有关“水环境水生态”。

在构建主题演化网络图时，将滑动窗口设定为两年，即仅计算相邻两年的主题间的相似度。在根据式（4.14）计算相邻两年的主题相似度后，设定阈值为 0.8，将相似度大于阈值的两个主题节点设置一条边，得到主题演化网络图。局部主题演化网络图如图 4.10 和图 4.11 所示。

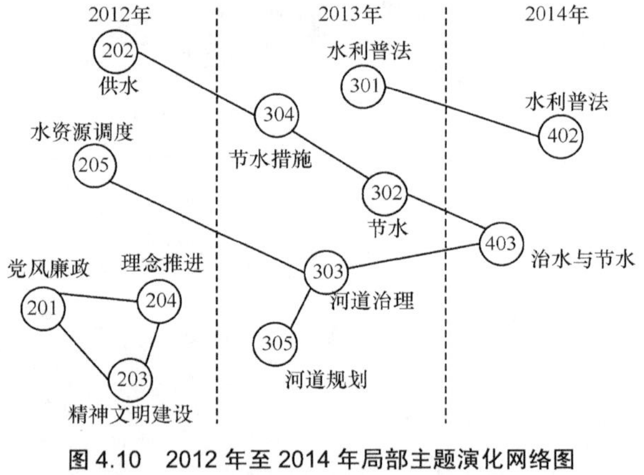

图 4.10　2012 年至 2014 年局部主题演化网络图

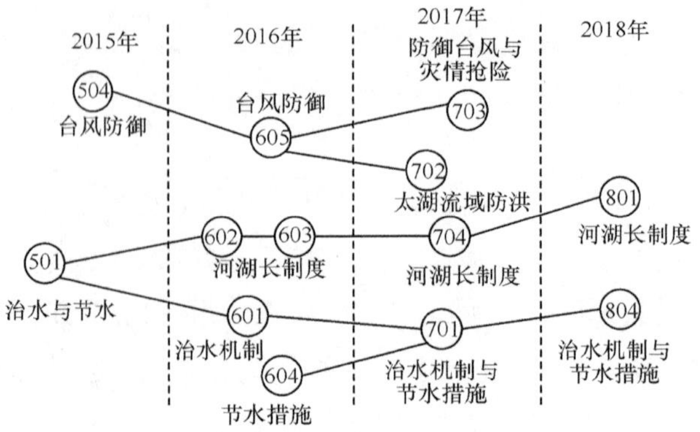

图 4.11　2015 年至 2018 年局部主题演化网络图

从图 4.10 中主题的关联关系结合各个主题的词分布可以看出，2012 年水利部太湖流域管理局发布的新闻中主题数目较少，201、203 和 204 号主题的相似度较高，且都与党风廉政、精神文明建设文件相关，与水利领域关联较弱，因此在之后的 2013 年未出现关联主题。202 号主题与 205 号主题分别有关“节水”与“治水”两方面，并在 2013 年得到了丰富，最终随着主题数目的增多，在 2014 年合并为同一个主题。2013 年与 2014 年两年间全国掀起了一股水利普法热潮，因此有关水利普法知识竞赛的新闻在 2013 年大量出现并形成 301 号主题，并逐步演化为 2014 年的 402 号主题，至此演化结束。

图 4.11 中 501 号主题由 2014 年的 403 号主题演化而来，同样有关“治水”与“节水”，但随着 2016 年中共中央办公厅、国务院办公厅印发了《关于全面推行河长制的意见》，501 号主题最终在 2016 年分裂出了有关“河湖长制度”的 602 号主题。

构建不同年份的战略图是分析主题强度演化的重要手段。构建战略坐标图首先根据文档-主题分布，将每篇文档概率最高的主题作为此文档的主题，然后计算每个主题的密度，作为战略坐标图的横轴。其次，利用上文构建好的主题演化网络图和式（4.15），计算每个主题节点的特征向量中心性，并将其作为战略坐标图的纵轴。部分年份的主题分布战略坐标图如图 4.12 ~ 图 4.14 所示。

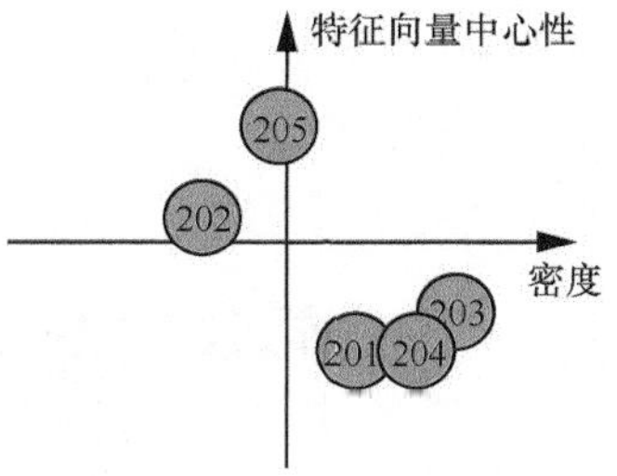

图 4.12　2012 年主题分布战略坐标图

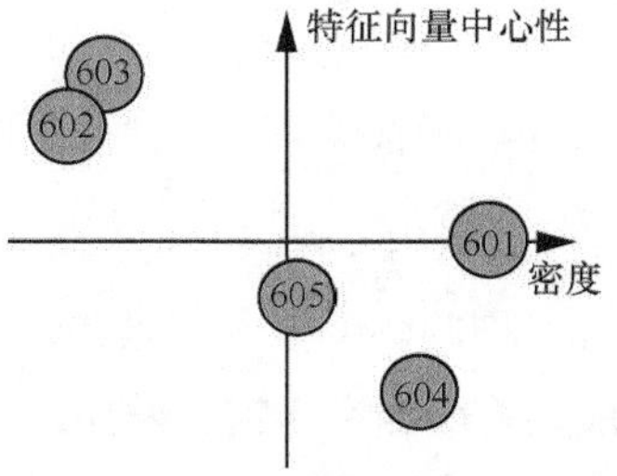

图 4.13　2016 年主题分布战略坐标图

图 4.12 是 2012 年各主题的战略坐标图，在该时期，有关党风廉政、精神文明建设文件的主题是热门，新闻数量较多，但在结构演化网络上并不十分重要，属于边缘主题，因此后续的发展潜力不高。剩余两个节点分别属于“治水”与“节水”主题，虽然在密度上不高，但特征向量中心性较高，说明该主题已初具规模，有待发展。2016 年和 2017 年的战略坐标图如图 4.13 和图 4.14 所示，河湖长制在 2016 年年底才开始发布，导致刚分裂出来的 602 号和 603 号主题在数量还不具规模，

但中心性较高，与其他主题联系密切，因此很具有发展潜力，由它们演化而来的 704 号主题在 2017 年迅速占据热门位置，成为时段内的焦点主题。

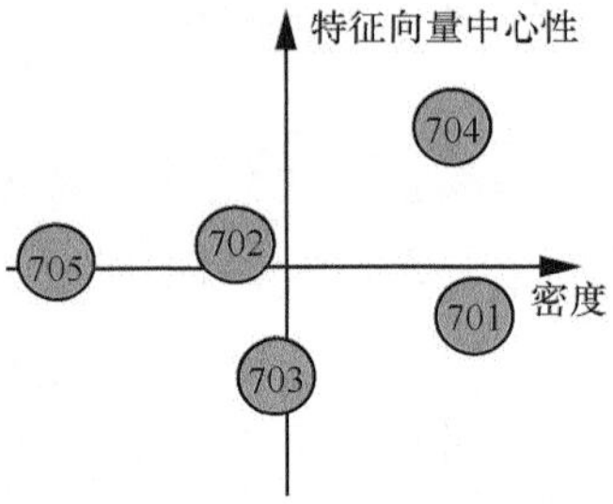

图 4.14　2017 年主题分布战略坐标图

4.2.4　总结

文档中包含的主题是随时间推移而逐步演进变化的，利用好文档自身的时间序列因素能够帮助把握文档主题的演化规律。多年来，水文水利领域已经积攒了大量的非结构化文本材料，使用考虑了时间序列因素的动态主题挖掘模型能够有效地帮助挖掘流域管理主题，并发现这些管理主题随时间推移所发生的相应变化。

4.3　对象属性挖掘技术

4.3.1　引言

近年来，随着信息社会的飞速发展，大量的数据不断出现在人们的日常生活中，互联网上也因此汇集了大量与流域管理相关的文本数据，其中包含了许多有价值的信息[35]，即流域对象属性。流域对象属性发生变化是管理主题出现问题的根本原因，如水环境与洪涝灾害两个主题均包含降雨这一属性，水环境中降雨量的增大将增加洪涝灾害发生的可能性。因此，尽可能全面地挖掘出文本中与水利对象相关联的水文要素，提取出与管理主题相关联的对象属性，将有助于相关人员快速了解文本所传达的重要信息，更加及时地通过对象属性的变化掌握领域主题的变化，进而深刻理解水利领域行业当下所面临的问题以及发展状况。

4.3.2　相关工作

从海量水利数据的文本类型水利数据中挖掘管理主题关联的对象属性，与从商品评论中挖掘产品特征有着极为相似的研究方法。关于评论挖掘中产品特征的抽取，较有代表性的研究始于 2004 年 HU 等[36]对数码产品中产品特征（如“电池使用时间”“屏幕”等）评价的总结。同时，HU 等还将产品特征分为两类，一类是显式产品特征，另一类是隐式产品特征。目前对产品特征提取的研究主要集中在显式特征的提取上。显式特征抽取方法可以简单分为两类：有监督的抽取方法和无监督的抽取方法。有监督的抽取方法将显式产品特征抽取当作序列标注或分类问题。LI 等[37]在条件随机场（Conditional Random Field，CRF）的基础上提出了 Skip-CRF 和 Tree-CRF，利用 Skip-CRF 来解决词汇之间较远距离的依赖关系，利用 Tree-CRF 来学习评论句中所包含的语法关系。YU 等[38]将标注好的数据利用 SVM 分类来抽取产品特征，此外，还对相似的产品特征进行聚类。无监督的显式特征抽取主要包括基于词频等统计特征、基于产品特征和情感词关系以及基于主题模型。QIU 等[39]利用种子情感词和特征之间的依存关系来抽取产品特征，并采用方向传播算法，利用抽取得到的产品特征重新抽取新的情感词和产品特征。隐式特征在文本中通常是显式特征的同义词，因此，往往通过同义词发现的方法抽取隐式特征。《同义词词林》《知网》《WordNet》[40-41]等语义词典常被用来识别产品特征同义词。除了基于同义词词典，有研究者提出了一系列针对产品特征相似度计算的方法，如 TFIDF 相似度[42]、SimRank 相似度[43]等。而随着深度学习的兴起，word2vec 被越来越多的学者用来挖掘文本语义，如 LUO 等[44]利用 word2vec 计算领域文本中词语之间的相似度，并在此基础上实现了领域词的聚类。

4.3.3　基于 LDA 和同义词识别的对象属性挖掘

随着主题模型的不断发展，一些研究者利用主题模型 LDA 及其多种衍生体进行产品特征的提取，并取得了不错的效果。但是，由于主题模型在参数推断过程中对词频的考虑，LDA 在模型抽取的产品特征大多是出现次数较高的名词（全局特征），不能细化到某些评论句中对于此全局特征的具体解释和描述（局部特征），针对上述问题，本小节提出了 LDA 和同义词识别相结合的产品特征提取算法。

1. **算法模型**

本小节在公共的商品评论数据集上进行产品特征的提取，探索所提算法的可用性。产品特征提取流程如图 4.15 所示。首先，利用传统的 LDA 进行全局特征的提取，并在此过程之前使用 TFIDF 进行了名词和名词词组的初步筛选；其次，使用困惑度作为 LDA 主题模型主题个数的选取依据，并对模型中的参数进行参数搜索；然后，利用全局特征进行同义词发现，通过同义词词典（《同义词词林》《WordNet》）和相似度算法［基于 TFIDF、基于 word2vec 以及挖掘产品特征之间的关系（Mining Relationship between Product Features，MRBPF）及多挖掘产品特征之间的关系（Multi-Mining Relationship between Product Features，M-MRBPF）］进行局部产品特征的补充，最终得到全部的产品特征。

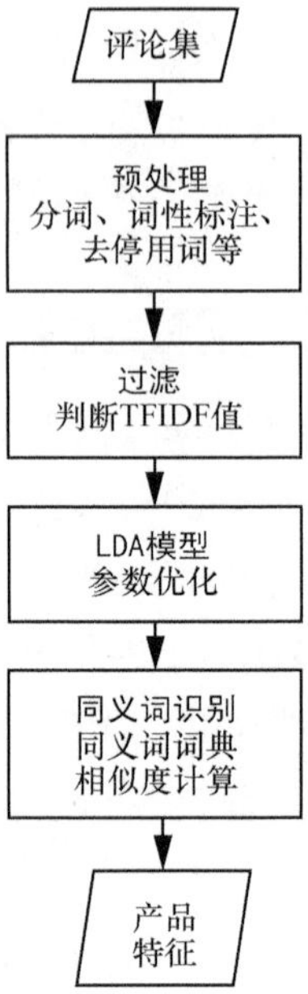

图 4.15 产品特征提取流程

（1）基于 LDA 的全局产品特征提取

① 数据预处理。由于商品评论都是非结构化的数据，不能直接对其进行分析，需要将这些数据进行预处理，其中最重要的就是进行分词和词性标注。本实验采用 jieba 工具包进行中文的分词和词性标注，采用 NLTK 进行英文词汇的词干提取和词性还原。本小节采取停用词表作为中文停用词，选取 NLTK 中的 stopwords 模块作为英文停用词。

② 非特征词过滤。采用 TFIDF 来过滤产品特征，TFIDF 的计算公式如下所示。

$$\mathrm{TFIDF(word)} = \mathrm{TF(word)} \cdot \mathrm{IDF(word)} \tag{4.16}$$

其中，TF(word) 指单词在文档中出现的频率。IDF(word) 指的是逆文档频率，反映的是单词是否只会在某个文档中经常出现。TFIDF 值越大，这个单词在文档中是产品特征的可能性越大。本小节设置一个阈值 ε 作为一个名词是产品特征必须要达到的 TFIDF 值。

③ 模型参数设置。需要输入 LDA 模型的参数有：LDA 模型的超参数 α ， β ；主题数 K ；初始名词过滤的 TFIDF 阈值 ε ；每个主题下产品特征候选词的概率阈值 σ 。

首先，α 和 β 为人工指定，均采用经验值，α 为 $K/50$ ，β 为 0.01，实验表明这种取法效果最佳。其次，K 值的选取采用困惑度来确定，本实验使用 Python 中 gensim 模块的 log_perplexity 函数计算困惑度。对于初始名词过滤的 TFIDF 阈值 ε 和每个主题下全局特征候选词的概率阈值 σ ，从准确率、召回率和 F_1 值三个指标来进行测试和比较。模型训练的过程采取网格搜索进行调参，在所有的候选参数中，通过循环遍历，尝试每一种可能性，表现最好的参数就是最终的结果。

（2）同义词识别的局部产品特征提取

通过 LDA 模型训练，得到产品评论全局特征集合，在此基础上，进行产品特征的同义补充，寻找出产品评论的所有局部特征。

① 基于同义词典进行产品特征的同义补充。对于中文，本小节选取《同义词词林》作为同义词词典，选取《WordNet》作为英文同义词词典，从而搜寻一个单词的近义词集。基于同义词词典的产品特征补充算法如算法 4.1 所示。

算法 4.1 基于同义词词典的产品特征补充算法

Algorithm 4.1 Mining product features by synonym

输入 LDA 提取全局特征集 S_1，同义词词典 Synonym， D 语料（评论集）

输出 扩充后的全局特征集 S_2

1）**while** S_1 is not change

2） **for** each word w_i in S_1 **do**

3） **if** w_i has near-synset t in Synonym //据同义词词典查找该词在其中的同义词集合 t

4） put t in S_1 if t appear in D & t not in S_1 //将同义词集合 t 中曾在语料中出现过的词加入集合 S_1 中

5） **end for**

6）**end while** //继续遍历 S_1 直到其不再发生变化

7）**return** S_2 = removeduplicate(S_1) //去除集合 S_1 中重复元素

② 产品特征相似度算法。经过同义词词典可以对产品特征进行一部分补充，但还有一定的局限。在产品评论中一些描述同一特征的词或词组，在同义词词典中并不是同义词，主要原因是同义词词典都是通用的，而不是针对商品评论语料的，因此，本小节将直接面向商品评论语料，挖掘其中特征之间的相似度，进一步扩充产品特征。经过对语料中产品特征的分析，针对产品评论中的产品特征，本小节设计了以下相似度原则。

规则 1：如果产品特征 m_i 和 m_j 出现在同一条评论中，则认为它们具有潜在的相似度，如“餐厅食物”。

规则 2：如果产品特征 m_i 和 m_j 前后具有并列关系或从属关系，则认为它们具有极强的相似度，如“床单和枕头”“卫生间的马桶”等。

规则 3：如果产品特征 m_i 和 m_j 具有转折关系，则认为它们不具有相似度，如“虽然位置远，但是价格低”，“位置”和“价格”不具有相似度。

根据设计的相似度原则，提出 MRBPF 算法，如下所示。

算法 4.2 产品特征间相似度计算算法 MRBPF

Algorithm 4.2 Mining relationship between product features

输入 $M' = \{m'_1, m'_2, \cdots, m'_t\}$ 为产品特征集合，$M = \{m_1, m_2, \cdots, m_p\}$ 为语料中所有名词集合，$D = \{d_1, d_2, \cdots, d_n\}$ 为商品评论集

输出 Matrix $C[t][p]$ // 输出产品特征相似矩阵

1）$i = 1, C[t][p] =$ zero matrix //初始化

2）**while** $i \leqslant t$ **do**　//对矩阵中每一个单元的值赋值

3）　$j=1$

4）　**while** $j \leqslant p$ **do**

5）　　**for each**　$d \in D$ **do**//循环遍历所有评论

6）　　　**if** (m_i, m_j) in d && $m_i' \neq m_j$ **then**

7）　　　　$C[i][j]=C[i][j]+1$ //符合规则 1

8）　　　**if** $(m_i^{'}, m_j)$ hasrelationA in d **then**

9）　　　　$C[i][j]=C[i][j]+1$ //符合规则 2

10）　　　**if** (m_i', m_j) hasrelationB in d **then**

11）　　　　$C[i][j]=C[i][j]-1$ //符合规则 3

12）　　　$j=j+1$

13）　　$i=i+1$

14）**for each** row$i=i+1$**do**

15）　　row = normal(row)

16）**end for**

17）**return**　C_1

其中，hasrelationA 表示满足规则 2，hasrelationB 表示满足规则 3。normal 是归一化函数，用来保证向量中每一维都处在[0,1]内。本小节利用矩阵 C_1 存储全局特征名词和剩余名词之间的相似度，其中 0 代表两个词语完全不相似，越接近 1 说明两个词语越相似。

③ 基于信息熵的相似度融合算法。考虑到相似度计算方式的多样性，同样的两个词语在不同的模型和计算方式下会得到不同的相似度。因此，为了尽可能全面且准确地挖掘产品特征，本小节考虑了另外两种常用的相似度计算方法，即基于 word2vec 的方法和基于 TFIDF 的方法，并将得到的相似度结果按照同样的结构存储于矩阵 C_2 和 C_3 中。通过矩阵 C_1、C_2 和 C_3 可以得到 MRBPF、word2vec 以及 TFIDF 三种不同的相似度，分别记作 $\mathrm{sim_m}$、$\mathrm{sim_w}$ 以及 $\mathrm{sim_t}$。定义 w_1、w_2 和 w_3 分别表示三种相似度的权重，采用熵权法对三种不同的相似度进行权重的确定。具体步骤如下。

a. 将三种不同方法得到的相似度进行标准化处理，C_1、C_2 和 C_3 中存储着 M' 和 M 两个集合中任意两个产品特征的相似度，每个矩阵大小都为 $t \times p$。为了计算方便，将三种相似度矩阵转化为三个数组 X_1, X_2, X_3,其中。$X_i=\{x_1, x_2, \cdots, x_{t \times p}\}$，其中 $x_1 \sim x_n$ 表示每种相似度算法求得的全部的 $t \times p$ 个相似度。假设标准化后的值为 Y_1, Y_2, Y_3,具体计算如式（4.17）所示。

$$Y_{ij}=\frac{X_{ij}-\min(X_i)}{\max(X_i)-\min(X_i)} \tag{4.17}$$

计算第 i 种相似度计算方法下，第 j 个相似度值所占比重，计算如下：

$$p_{ij} = \frac{Y_{ij}}{\sum_{j=1}^{t \times p} Y_{ij}} (i = 1, 2, 3) \tag{4.18}$$

b. 求各相似度算法的信息熵，根据信息论中信息熵的定义，对于第 i 种相似度的熵值 e_i 的计算公式如下：

$$e_i = -k \sum_{j=1}^{t \times p} P_{ij} \log(P_{ij}), k = 1 / \ln(t \times p) \tag{4.19}$$

如果 $p_{ik} = 0$，则定义 $\lim_{p_{ij} \to 0} p_{ij} \log(p_{ij}) = 0$。

通过信息熵计算各相似度的权重，计算公式如下：

$$w_i = \frac{1 - e_i}{\sum (1 - e_i)} (i = 1, 2, 3) \tag{4.20}$$

最终两个产品特征之间的相似度可以通过式（4.21）计算得到，将这种相似度计算方法命名为 M-MRBPF。

$$\text{sim}(m_i, m'_j) = w_1 \text{sim}_{\text{m}}(m_i, m'_j) + w_2 \text{sim}_{\text{w}}(m_i, m'_j) + w_3 \text{sim}_{\text{t}}(m_i, m'_j) \tag{4.21}$$

c. 对于每一个产品特征，根据 M-MRBPF 计算得到的相似度，选取与两个名词相似度大于 0.8 的名词作为新的产品特征名词进行补充。

2. **实验结果与分析**

针对商品评论中的产品特征提取，本小节在英文商品评论领域进行测试，使用的是 HU 和 LIU 所收集整理并被许多研究者广泛使用的数据集。数据集如表 4.3 所示。

表 4.3　产品数据集

产品名称	句子数量	产品特征数量
Digital camera（Canon）	597	237
Digital camera（Nikon）	346	174
Cell phone（Nokia）	546	302
MP3 player（Creative）	1 716	674
DVD player（Apex）	740	296

本小节实验总共分为两部分：第一部分，测试使用 TFIDF 阈值 ε 对名词进行过滤；第二部分，将本小节提出的产品特征相似度算法与传统的相似度算法做比较，验证所提算法在产品特征提取的有效性。

实验 1　测试 TFIDF 阈值 ε 的有效性

通过观察发现，最终模型选取的 ε 多处于 0.3 左右。因此，ε 值从 0 开始，以 0.05 为步长，逐渐递增，直到 0.3，分别计算观察产品特征提取精确率（P）、召回率（R）和 F_1 值的变化。需要注意的是，首先，此时模型其他的参数固定不变；其次，后续的同义词扩展全部采用的是

M-MRBPF 算法。

实验结果如图 4.16 和图 4.17 所示，随着 ε 的逐渐增加，5 类产品的精确率 P 都得到了一定提升，但产品的召回率都得到了一定限度的下降。综合来看，5 类产品中有 4 类产品的 F_1 值得到了提升（相对于阈值 ε 为 0 来说），只有 Nikon 一类产品的 F_1 略有下降。

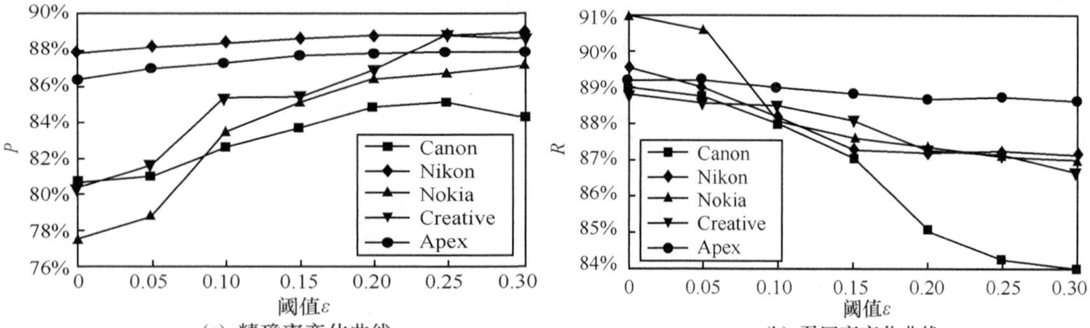

(a) 精确率变化曲线 (b) 召回率变化曲线

图 4.16 精确率 P 和召回率 R 随阈值 ε 的变化

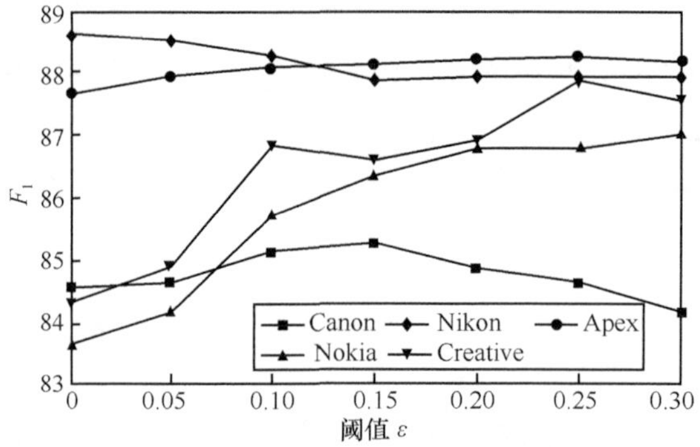

图 4.17 F_1 随阈值 ε 的变化

由此可见，采用 TFIDF 设置阈值对语料中的名词进行过滤可以显著提升产品特征抽取的精确率。随着阈值 ε 的不断增大，有一些名词是产品特征但是由于出现的频率较低，会被过滤掉。因此，产品特征抽取的召回率不断降低，同时说明产品特征抽取的精确率提高是由于抽取得到的候选产品特征的数量即 F_1 值的减小。此外，随着阈值 ε 的不断增加，Creative 和 Nokia 的 F_1 值和 ε 为 0 相比得到了极大的提高，Canon 的 F_1 值略微提高，但 Nikon 的 F_1 值略微下降。这是由于 Creative 和 Nokia 中所包含的句子总数和词汇相对丰富，但 Nikon 所包含的句子数量和词汇相对较少。随着阈值 ε 的增大，Nikon 产品特征抽取的召回率下降的影响要大于精确率的提高。

实验 2 测试 MRBPF 和 M-MRBPF 算法对于产品特征提取的有效性

采用两种通用的词语相似度算法，即基于 word2vec 和基于 TFIDF 与 MRBPF 和 M-MRBPF 做比较，同样从产品特征提取结果的 P，R，F_1 值三个指标进行比较。对于 4 种不同的相似度计算算法，设置模型其余的参数保持一致。

实验结果如图 4.18 和图 4.19 所示。从精确率 P 来说，基于 TFIDF 的语义相似度在 5 类产品中的精确率都是最差，而 word2vec 方法在语料中评论数量比较丰富的 Creative 和 Apex 两类产品中表现较好，但在评论较少的 Nikon 和 Canon 两类产品中表现较差，而 MRBPF 和 M-MRBPF 算法比较稳定，在 5 类产品的产品特征提取精确率上都表现出了较好的性能。从召回率 R 来说，TFIDF 的表现依旧是最差，word2vec 在评论较少的 Nikon 和 Canon 两类产品中表现也不好，MRBPF 和 M-MRBPF 算法表现得较为稳定，M-MRBPF 在 5 类产品特征提取的召回率 R 上都取得了最好的结果。同样，对于产品特征提取的 F_1 来说，MRBPF 和 M-MRBPF 算法的表现比较稳定，M-MRBPF 也都取得了最好的结果。

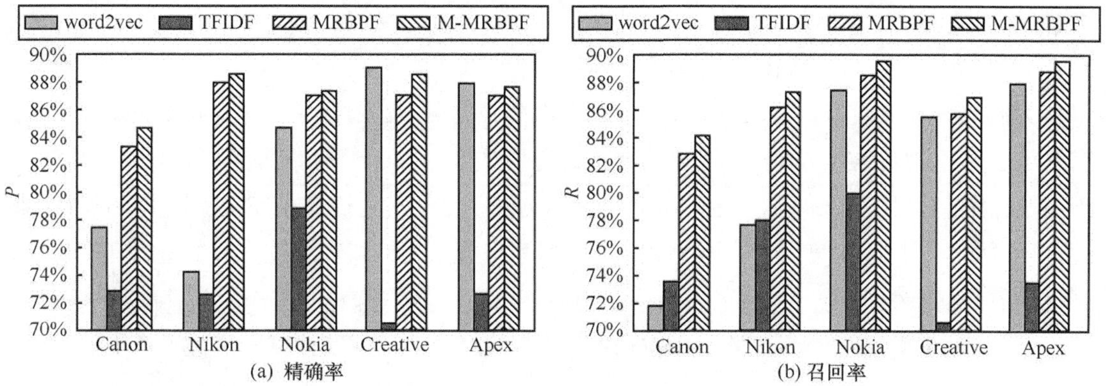

图 4.18　不同相似度算法下产品特征提取的准确率 P 和召回率 R

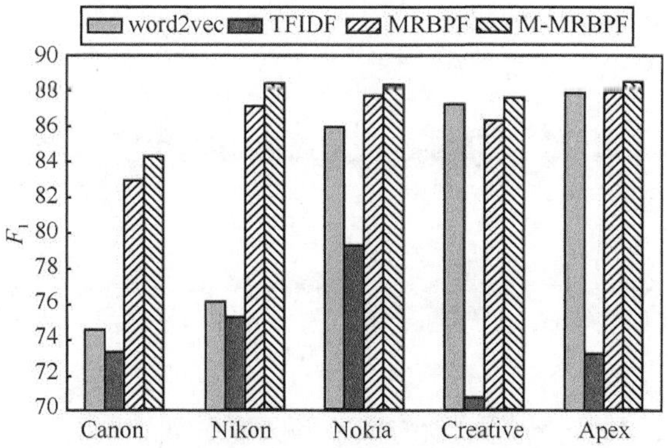

图 4.19　不同相似度算法下产品特征提取的 F_1

由此可见，利用 TFIDF 相似度来提取产品特征，由于只考虑了上下文的提取，效果并不理想。而利用 word2vec 计算相似度提取特征，虽然在某些语料上取得了很好的效果，但 word2vec 对语料数量的依赖很大，如果语料资源不够丰富，word2vec 的性能将会产生很大的下滑。而依据商品评论具体特点的 MRBPF 算法，在不同种类商品都取得了较好且稳定的效果。其次，由于 M-MRBPF 算法融合了上述三种相似度算法，虽然精确率上不总是最优，但召回率却得到了提升，最终 F_1 值也表现最优。其次，三种相似度通过信息熵求得的权重平均值（30 次）结果如表 4.4 所示。

表 4.4　三种不同相似度的平均权值

产品名称	word2vec	TFIDF	MRBPF
Canon	0.301	0.015	0.684
Nikon	0.183	0.065	0.752
Nokia	0.341	0.135	0.524
Creative	0.379	0.154	0.467
Apex	0.314	0.113	0.573

4.3.4 总结

为解决管理主题与要素关系的问题，在探索模型的可用性过程中，本节首先在研究已较为丰富的电子商务领域进行实验，即将问题类比到商品评论文本与产品特征提取领域，提出了一种基于主题模型 LDA 和同义词识别的产品特征提取方法。然后，通过 TFIDF 对评论中的非特征性名词进行过滤，利用困惑度确定主题个数，并采用网格搜索的方式对涉及的参数进行选择优化，得到初始的产品特征。其次，结合商品评论中产品特征出现的规律，设置了产品特征相似度规则，提出了 MRBPF 算法。最终，将 MRBPF 算法和其他通用的相似度计算方法进行基于信息熵的加权融合，得到了 M-MRBPF 算法，利用 M-MRBPF 和同义词词典对主题模型提取的产品特征进行补充，实现了对产品特征有效而又全面的提取，进一步说明了所提算法的合理有效性，后续可以在水利管理主题与要素的分析中使用。

4.4　主题-要素关联挖掘技术

4.4.1 引言

流域管理与决策通常针对特定主题与该主题关联的要素展开，但与管理主题相关的对象属性数量多、变化大，应用全部对象属性进行管理决策计算成本高。前述对象属性挖掘章节，只能反映管理主题和对象属性之间是否具有关联关系，并未对关联关系的强度进行刻画，未能发现图谱中的关键要素。因此，采用计算机算法对众多文本进行分析，并通过计算不同对象属性对管理主题的影响权重，来确定管理主题关键要素。分析关键要素特征，可以对未来水利领域的发展趋势进行有效的推测，这有利于为水利行业工作者提供技术支撑。

4.4.2 相关工作

本节的要素指最能表达主题内容的重要词语，即抽取与主题最相关的词语，因此要素发现属于关键词发现研究范畴。本节将使用基于网络图的方法提取文本的关键词。

基于网络图的文本表示是一种要素挖掘方法[45]。图是一种数学模型，数学表示为 $G=(V,E,W)$，其中 V 是节点，E 是边，W 是边的权重。文档网络图模型能对文档关系和结构信息进行探索。根据图中节点和边的类型，图的分类如图 4.20 所示。

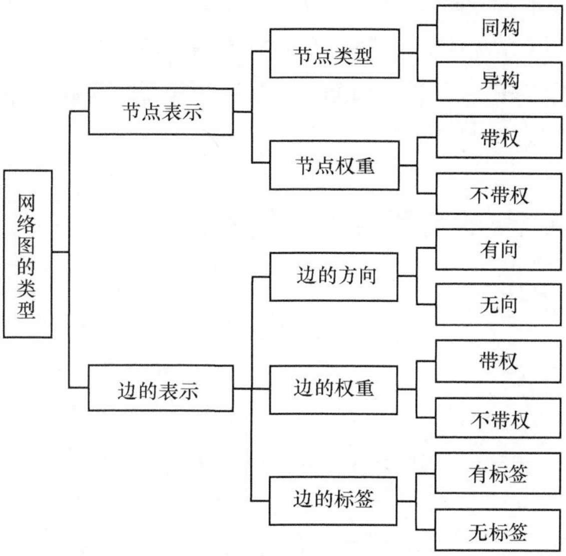

图 4.20　图的分类

图 4.20 中节点表示的概念可以是同构的（同一类型）也可以是异构的（不同类型），通常采用同构图模型表示词语之间的语法关联或语义相似度。此外，节点可以加权或不加权，权值通常表示节点的重要性。两个节点通过边建立联系，边可以是有向的，也可以是无向的。有向边通常表示词语的语序、语法语义关系。同样地，边可以是加权的或非加权的，加权边表示了两个节点联系的紧密程度。除此之外，边可以带标签或不带标签，标签用于解释两个节点之间的关系或者规则。如无特殊说明，本节的文档网络图模型指同构图模型，即文档被表示成图，文档中的词语被表示为节点，词语之间的关系被表示为边，关系的强弱被表示为权重。根据词语之间的联系方式，文档网络图主要可分为 4 种[46]。

① 共现网络图。连接在固定大小的窗口中出现的相邻词语，窗口可以设置为句子、段落或者章节等。带权图刻画了词语的共现频率，有向图则考虑了词语的出现顺序。

② 语法网络图。根据词语在语法依赖图中的关系来连接词语，如依存句法分析中的支配关系和从属关系。

③ 语义网络图。连接具有相似语义含义的词语，如同义词、反义词、上下位词等。

④ 其他网络图。例如，连接一个句子、段落、章节或者文档中的交叉词。

TextRank 算法[47]是经典的文档图模型，它于 2004 年被提出，其将 PageRank 算法[48]应用于文档挖掘领域。此后，许多研究者对 TextRank 进行了扩展，FLORESCU 等[49]提出了 positionRank

算法用于从学术文献中提取关键词，将词语出现的所有位置合并到一个有偏差的 PageRank 算法中。LIU 等[50]提出了 Topical PageRank（TPR）算法，将传统随机游走算法分解为针对不同主题的多重随机游走，从而衡量词语针对不同主题的重要性。在此基础上，STERCKX 等[51]提出了 Single-TPR 模型，其独立于主题模型，仅需要计算一次 PageRank 值，而不用考虑主题的数目。TENEVA 等[52]提出的 Salience Rank 模型，也只需要运行一次 RageRank 算法，并且其更具有灵活性，可以在主题特异性和语料库特异性之间做出权衡。为考虑词语的语义关系，部分研究者在计算边权重时引入了词语间的相似度，MAHATA 等[53]通过在语料库中训练词向量以识别候选词的相似度，提出了 FastText 模型。

4.4.3 基于文档网络图的主题关键要素挖掘

1. 算法模型

（1）文档网络图构建

基于文档网络图模型的要素发现方法具有无须标注数据、收敛速度快、简单适用的优势，因此选用 TTR 模型基于文档网络图实现主题要素发现。TTR 模型的中文网络图定义为四元组 $G=\langle V,E,\Omega,P\rangle$ 。$V=\{v_i \mid v_i\text{是文档包含的词语}\}$ 。文档经过预处理后包含的词语 i 表示为文档网络图中的节点 v_i 。$E=\{e_{ij} \mid e_{ij}\text{是节点}v_i\text{与节点}v_j\text{之间的边}, v_i\in V, v_j\in V\}$ 。节点 v_i 与节点 v_j 之间的边定义为有向边。$\Omega=\{\omega_{ij} \mid \omega_{ij}\text{是边}e_{ij}\text{的权重}, e_{ij}\in E\}$ 。权重 ω_{ij} 反映了节点 v_i 与节点 v_j 之间的关联程度，TTR 模型采用节点 v_i 与节点 v_j 对应词语的“词语–主题”分布的相似程度衡量。$P=\{p_i \mid p_i\ \text{是节点}v_i\text{的重要性权重}, v_i\in V\}$ 。TTR 模型采用图上的随机游走算法计算节点的重要性权重。

构建文档网络图 G 最重要的步骤是计算节点的关联程度，形成带权边。经过层次主题挖掘可以得到“主题–词语”分布 φ_k ，其每一维分量代表主题为 k 时出现各个词语的概率。因此，可以取出任意一个词语 w 其在不同主题下的出现概率值，然后归一化处理，得到“词语–主题”分布 σ ，即词语属于不同主题的概率，其数学计算公式如下：

$$\sigma_{w,k}=\frac{\varphi_{k,w}}{\sum_{t=1}^{K}\varphi_{t,w}} \tag{4.22}$$

“词语–主题”分布从主题描述的角度对词语进行了表示，两个词语的主题分布越相似，说明这两个词语代表的主题越相似。TTR 模型借助 KL 散度[54]度量两个“词语–主题”分布的相似度。对于节点 v_i 和节点 v_j ，其 KL 散度计算公式如下：

$$D_{\mathrm{KL}}(\sigma_i \parallel \sigma_j)=\sum_{k=1}^{K}\sigma_{i,k}\log\frac{\sigma_{i,k}}{\sigma_{j,k}} \tag{4.23}$$

KL 散度的性质：两个分布差别越大，其 KL 散度也越大，并且当两个分布相同时，其

KL 散度等于 0。TTR 模型对 KL 散度取倒数，并分子分母同时加 1，从而得到节点的相似度计算公式：

$$\omega_{ij} = \text{Sim}(v_i, v_j) = \frac{1}{D_{\text{KL}}(\sigma_i \| \sigma_j) + 1} = \frac{1}{\sum_{k=1}^{K} \sigma_{i,k} (\log \sigma_{i,k} - \log \sigma_{j,k}) + 1} \tag{4.24}$$

因为 $D_{\text{KL}}(\sigma_i \| \sigma_j) \neq D_{\text{KL}}(\sigma_j \| \sigma_i)$，所以节点 v_i 和节点 v_j 之间的边为有向边，形成的图是一个有向带权图。全连接图导致计算量较大，因此在 TTR 模型中设置阈值 ϵ，对词语的主题分布相似度进行过滤。若节点 v_i 与节点 v_j 对应的词语的主题分布相似度低于设置的阈值 ϵ，则忽略该相似度，认为节点 v_i 与节点 v_j 之间不存在边。对于一个词语，当该词语出现在各个主题中的概率都相等时，即“词语-主题”分布 $\sigma_u = [1/k, 1/k, \cdots, 1/k]$ 时，该词语将不能代表任意一个主题。因此，TTR 模型将 σ_i 与 σ_u 的 KL 散度作为阈值 ϵ，若 σ_i 与 σ_j 的 KL 散度值大于该阈值，则认为 σ_i 与 σ_j 负相关，应该忽略该相似度，同时删除节点 v_i 与节点 v_j 之间的边。

$$\epsilon_i = D_{\text{KL}}(\sigma_i \| \sigma_u) \tag{4.25}$$

接下来，给出一个通过 TTR 模型构建文档网络图的实例，图 4.21 是原始文档，经过分词和去重后，包含 28 个词语。图 4.22 是节点相似度热力图。图 4.23 是对应的文档网络图表示。

水生植物 水化学性质 碳循环 监测点 水温 pH 电导率 溶解氧 DO 沉水植物 光合作用 植物 大气 藻类 抑制作用 同位素 上游 下游 浓度 有机质 硝化 水体 生长 相互影响 沿程 沿程变化 两岸 差异

图 4.21　原始文档实例

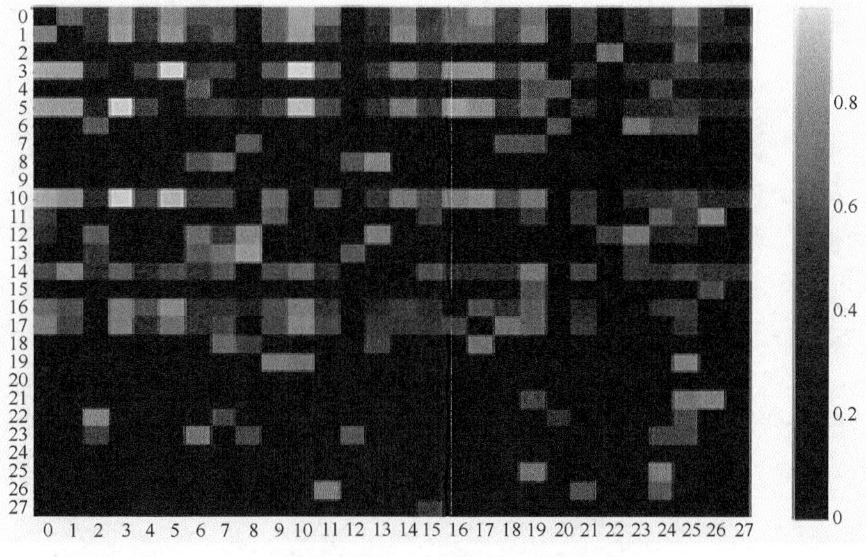

图 4.22　节点相似度热力图

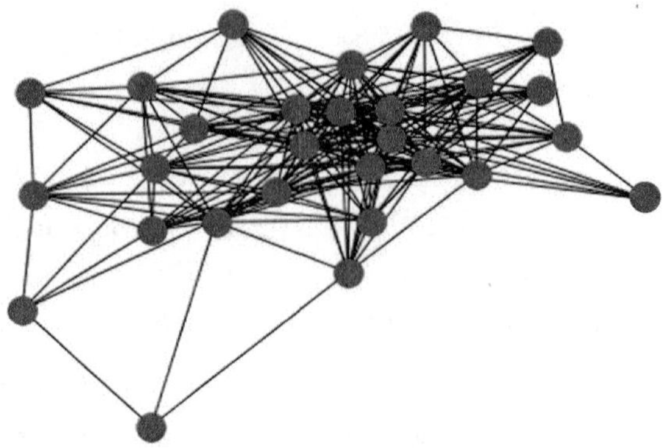

图 4.23 文档网络图示例

（2）节点转移概率计算

为了保证节点概率转移矩阵是不可约、非周期和随机的，以及具有某种倾向性。PageRank 算法中节点转移概率 Λ 可以扩展为如下形式[55]：

$$\Lambda' = (1-d)(\Lambda + D) + dE \tag{4.26}$$

TTR 模型在此式（4.26）的基础上，结合文档主题结构信息，分别将 Λ、D 和 E 定义为节点的主题分布相似度（即网络图中边的权重 Ω），随机转移概率和词语的主题表达力。

① 随机转移概率。随机转移概率主要用于保证网络图中任意两个节点是连通的，使得随机游走一定能够收敛到唯一值。TTR 模型对 D 的定义如下：

$$D = (\boldsymbol{p} \times \boldsymbol{o})^{\mathrm{T}} \tag{4.27}$$

其中 $\boldsymbol{p}$ 是 n 维列向量，表示所有节点上的均匀分布，n 是网络图中节点数目，$\boldsymbol{p}$ 的计算如下：

$$\boldsymbol{p} = \left[\frac{1}{n}\right]_{n\times 1} \tag{4.28}$$

向量 $\boldsymbol{o}$ 是 n 维行向量，用于识别出度（outdeg）为 0 的节点，$\boldsymbol{o}$ 的计算如下：

$$\boldsymbol{o}_i = \begin{cases} 1, & \text{outdeg} = 0 \\ 0, & \text{其他} \end{cases} \tag{4.29}$$

② 词语主题表达力。越能代表主题的词语越应该获得较高的重要性得分，排名应该更靠前。式（4.26）中矩阵 $\boldsymbol{E}$ 是用于表达随机游走倾向性的变量。在 PageRank 算法以及 TextRank 算法中，该矩阵被设置为 ee^{T}/n，即没有考虑任何偏好。为了节点打分能够更加倾向于更能代表主题的词语，TTR 模型将矩阵 $\boldsymbol{E}$ 定义为词语的主题表达力。词语的主题分布越均匀，说明词语表示的主题越不明显，词语越不具有主题代表性。为了度量词语的主题表达力，TTR 模型采用信息熵对“词语–主题”分布进行度量，信息熵在信息论中用于表达随机变量的不确定性，随机变量的概率分布越均匀，其不确定性越大，信息熵也越大[56]，“词语–主题”分布的信息熵的计算公式如下：

$$\text{Entropy}(\sigma_i) = -\sum_{k=1}^{K} \sigma_{i,k} \log \sigma_{i,k} \tag{4.30}$$

为了“词语–主题”分布的信息熵与词语的主题表达力正相关，TTR 模型对信息熵取倒数，并对分子分母同时加 1，保证其始终有意义，计算如下：

$$H(\sigma_i)=\frac{1}{E(\sigma_i)+1}=\frac{1}{-\sum_{k=1}^{K}\sigma_{i,k}\log\sigma_{i,k}+1} \tag{4.31}$$

接着采用 softmax 函数将其转化为概率，最终得到的矩阵 $\boldsymbol{E}$ 为

$$\boldsymbol{E}=\begin{bmatrix}\frac{H(\sigma_1)}{\sum_i H(\sigma_i)\cdot n} & \cdots & \frac{H(\sigma_n)}{\sum_i H(\sigma_i)\cdot n}\\ \vdots & \ddots & \vdots\\ \frac{H(\sigma_1)}{\sum_i H(\sigma_i)\cdot n} & \cdots & \frac{H(\sigma_n)}{\sum_i H(\sigma_i)\cdot n}\end{bmatrix} \tag{4.32}$$

（3）图上随机游走算法

TTR 模型采用图上的随机游走算法计算节点的重要性，与原始 PageRank 算法不同，TTR 模型将节点之间的均匀转移转换为面向主题的非均匀转移。随机给定一个初始节点重要性向量，每经过一次游走，每个节点将被重新分配一个重要性得分，该得分由前一次迭代结束节点得分和节点转移概率共同决定，经过足够多次迭代后，节点得分将收敛至稳定值，并且该值只与节点转移概率矩阵有关。由于 TTR 模型中的节点转移概率矩阵反映了节点的主题相似度和节点的主题表达力，因此当 TTR 模型收敛时，最能代表主题的词语将获得最高的分数。具体的迭代计算如式（4.33）所示。

$$p(t+1)=d\cdot(\Omega+D)p(t)+(1-d)\cdot\boldsymbol{e} \tag{4.33}$$

其中，$\boldsymbol{e}$ 是 n 维行向量，其值为

$$\boldsymbol{e}=\left[\frac{H(\sigma_1)}{\sum_i H(\sigma_i)},\frac{H(\sigma_2)}{\sum_i H(\sigma_i)},\cdots,\frac{H(\sigma_n)}{\sum_i H(\sigma_i)}\right] \tag{4.34}$$

2. 实验结果与分析

本小节采取层次主题模型的输出结果作为实验数据集。完成主题挖掘后，将得到“主题–词语”分布，同时文档集中的文档被划分到不同主题下。本小节将 2 653 篇文档作为 HV-HTM 的输入，将主题层次树深度设置为 2，超参数 α 、β 和 γ 分别设置为 5、0.5 和 1，选取主题 9“沉淀物、水体、浓度、总磷、pH”及所属文档作为实验数据集。可以看到，主题 9 包含 299 篇文档，其表达的是“水环境”主题。由于缺乏标准主题要素集，本小节将文档的关键词作为标准主题要素，先剔除这些关键词中不属于文档集词汇表的词语，之后删除一些明显不属于要素的词语，如“主成分分析、ARMA 模型”这类方法词，“梅江河、洞庭湖”这类水利对象词，“水资源优化配置、水质自动化监测”这类水利业务词，最后形成的标准主题要素集包含 536 个词。

计算出每篇文档的词语重要性后，取出每篇文档中 top – N 的词语作为候选关键词，将经过去重后的候选关键词集作为模型挖掘的主题要素词。本实验分为两部分：分析超参数对 TTR 模型性能的影响；将 TTR 模型与不同的基准模型进行对比。

实验 1 超参数对 TTR 模型性能的影响

影响 TTR 模型的超参数包括阻尼系数 d 和每篇文档候选关键词数目 N 。阻尼系数 d 用于控制随机游走有多强的倾向性，阻尼系数 d 越小，随机游走倾向性越强，反之，倾向性越弱。每篇文档候选关键词数目 N 用于控制模型生成的关键词的数目， N 越大，模型生成的关键词越多，反之，模型生成的关键词越少。

（1）阻尼系数 d

在验证阻尼系数 d 对 TTR 模型的性能影响时，每篇文档候选关键词数目 N 被设置为 3。表 4.5 反映了精确率、召回率和 F_1 值随阻尼系数 d 的变化。可以看到，当 $d = 0.2$ 时，TTR 模型的精确率、召回率和 F_1 值都是最高的，随着 d 的增大，模型性能逐渐降低，即当 $d = 0.2$ 时，模型生成的词语不仅正确性最高，而且对标准结果的覆盖度也最高，这说明在随机游走过程中加入主题偏好能够使随机游走向最能代表主题的词语方面收敛。

表 4.5 N=3 时，精确率、召回率和 F_1 值随阻尼系数 d 的变化

d	P	R	F_1值
0.2	38.6%	31.3%	34.6%
0.4	34.8%	25.0%	29.1%
0.6	32.9%	22.3%	26.6%
0.8	30.3%	20.5%	24.5%

（2）每篇文档候选关键词数目 N

在验证每篇文档候选关键词数目 N 对 TTR 模型性能影响时，阻尼系数 d 被设置为 0.2。表 4.6 展示了模型精确率、召回率和 F_1 值随每篇文档候选关键词数目 N 的变化。由表 4.6 可知，随着每篇文档候选关键词数目的增多，模型的精确率逐渐下降，召回率则逐渐升高，F_1 值在 $N = 5$ 时最高，这是因为逐步增加候选关键词数目，模型得到的主题要素也会越来越多，模型的召回率越来越高。另外，增加候选关键词数目会导致不是主题要素的词语以更快的速度增长，所以精确率逐渐下降。而 F_1 值在 $N = 5$ 时最高，说明此时模型取得了精确率和召回率的最佳平衡。

表 4.6 d=0.2 时，精确率、召回率和 F_1 值随每篇文档候选关键词 N 的变化

N	P	R	F_1值
3	**38.6%**	31.3%	34.6%
4	37.8%	36.8%	37.7%
5	35.5%	42.9%	**38.9%**
6	32.4%	**45.3%**	37.8%

实验 2　TTR 模型与不同基准模型的对比

本小节采用精确率、召回率和 F_1 值对 4 个模型的性能进行定量评估，图 4.24、图 4.25、图 4.26 分别展示了 4 个模型精确率、召回率和 F_1 值随每篇文档候选主题数目 N 变化的折线图。

在精确率方面，无论 N 取何值，TTR 模型的精确率始终最高，在 $N=3$ 时接近 0.4，TextRank 模型的结果次之，在 0.3～0.35 之间，TF-IDF 模型和 HV-HTM 的结果则低于 0.3，HV-HTM 的结果甚至不足 0.1，由此可得，TTR 模型相较其他模型能够更好地发现主题要素词，主题要素词识别精确率更高，说明在进行关键词抽取时加入主题偏好能够发现更具有主题代表性的词语。在召回率方面，随着 N 的增加，TTR 模型的召回率存在较大的增长，从 0.3 增加到 0.45，因此，从 $N=3$ 开始，TTR 模型一直具有最优的召回率，并且不断增加与其他模型的差距。其他三个模型的结果增幅缓慢，甚至没有增长。因此，TextRank 模型虽然在 $N=3$ 时召回率最高，但随着 N 的增加，其召回率增长很快被 TTR 模型超越，这说明 TTR 模型在加入主题偏好后，能够发现更高比例的主题要素词。在 F_1 值方面，随着 N 的增加，由于 TTR 模型召回率的增加幅度相较准确率的减少幅度更大，因此 TTR 模型的 F_1 值增长趋势明显，但其他三个模型的 F_1 值基本保持不变，说明 TTR 模型具有更好的综合性能，在增大返回结果的过程中既能提高结果的正确性，又能保证结果的覆盖率。

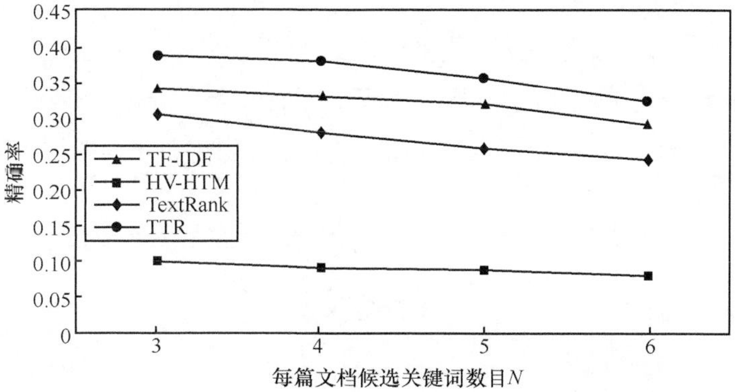

图 4.24　不同模型的精确率随每篇文档候选关键词数目 N 的变化

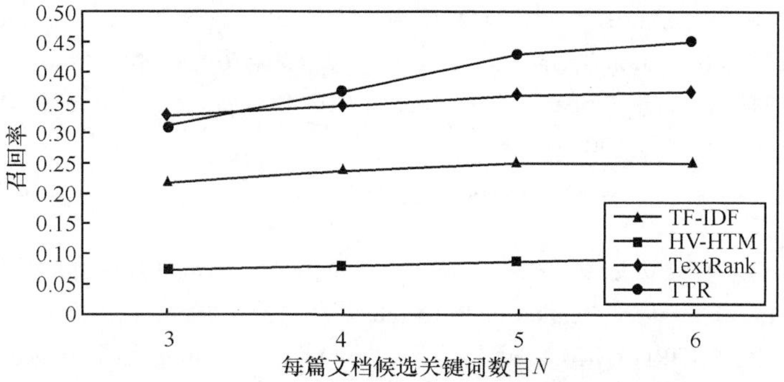

图 4.25　不同模型的召回率随每篇文档候选关键词数目 N 的变化

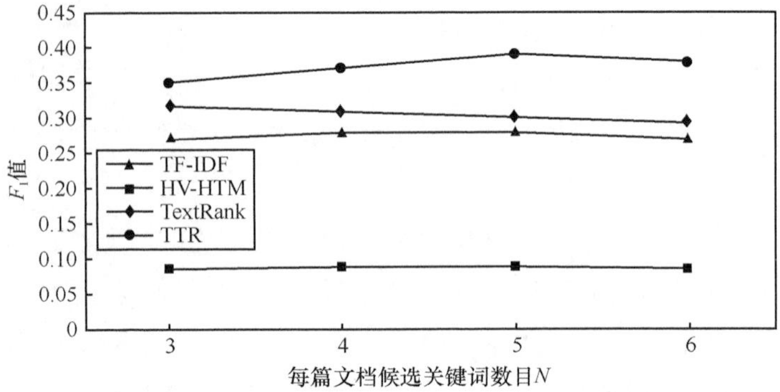

图 4.26 不同模型的 F_1 值随每篇文档候选关键词数目 N 的变化

4.4.4 总结

查找图中的关键节点，对于分析和研究图中复杂的关系有重要的影响。基于此，本节提出了一种基于主题结构与文档网络图的主题要素发现模型（TTR 模型）。首先，采用基于层次主题模型得到的“主题–词语”分布，计算得到了词语的主题分布，并基于 KL 散度对词语相似度进行了度量，从而构建了文档网络图。然后，设计了具有主题偏好的节点概率转移矩阵，综合考虑节点的主题分布相似度、节点的主题表达力和节点的连通性，并通过图上的随机游走算法对节点进行重要性打分，发现最能代表主题的词语。最后，设计实验，分析了参数设置对 TTR 模型性能的影响，对比了 TTR 模型与其他模型的性能优劣，结果表明 TTR 模型相较其他模型能够更加有效地发现主题要素词。

参考文献

[1] MAHESWARI M. Text mining: survey on techniques and applications[J]. International Journal of Science and Research, 2017, 6(6): 1660-1664.

[2] DEERWESTER S, DUMAIS S T, FURNAS G W, et al. Indexing by latent semantic analysis[J]. Journal of the Association for Information Science & Technology, 2010, 41(6):391-407.

[3] WILLIAMS T, BETAK J. A comparison of LSA and LDA for the analysis of railroad accident text[J]. Procedia Computer Science, 2018, 130: 98-102.

[4] HOFFMAN T. Probabilistic latent semantic analysis[J]. Uncertainty in Artificial Intelligence, 1999, 15(6): 289-296.

[5] ZHU Q Y, LI D M, DAI C, et al. PLSA-based personalized information retrieval with network regularization[J]. Journal of Information Technology Research, 2019, 12(1): 105-116.

[6] BLEI D M, NG A Y, JORDAN M I, et al. Latent Dirichlet Allocation[J]. Journal of Machine Learning Research, 2003, 3:993-1022.

[7] LIU L, TANG L, HE L B, et al. An overview of hierarchical topic modeling[C]//Proceedings of 2016 8th

International Conference on Intelligent Human-Machine Systems and Cybernetics (IHMSC). 2016: 391-394.

[8] BLEI D M, GRIFFITHS T L, JORDAN M I, et al. Hierarchical Topic Models and the Nested Chinese Restaurant Process[C]//Proceedings of the Advances in Neural Information Processing Systems. 2003: 17-24.

[9] LI W, MCCALLUM A. Pachinko allocation: DAG-structured mixture models of topic correlations[C]//Proceedings of the 23rd international conference on Machine learning - ICML '06. 2006: 577-584.

[10] MIMNO D, LI W, MCCALLUM A. Mixtures of hierarchical topics with Pachinko allocation[C]//Proceedings of the 24th International Conference on Machine Learning - ICML '07. 2007: 633-640.

[11] KIM S, ZHANG J W, CHEN Z, et al. A hierarchical aspect-sentiment model for online reviews[C]//Proceedings of the 27th AAAI Conference on Artificial Intelligence. 2013: 526-533.

[12] ZHU L X, HE Y L, ZHOU D Y. Hierarchical viewpoint discovery from tweets using Bayesian modelling[J]. Expert Systems with Applications, 2019, 116: 430-438.

[13] SHIN S J, MOON I C. Guided HTM: hierarchical topic model with dirichlet forest priors[J]. IEEE Transactions on Knowledge and Data Engineering, 2017, 29(2): 330-343.

[14] YU D J, XU D W, WANG D J, et al. Hierarchical topic modeling of twitter data for online analytical processing[J]. IEEE Access, 2019, 7: 12373-12385.

[15] PEROTTE A, WOOD F, ELHADAD N, et al. Hierarchically supervised latent Dirichlet allocation[C]//Proceedings of the Advances in Neural Information Processing Systems. 2011: 2609-2617.

[16] MAO X L, MING Z Y, CHUA T S, et al. SSHLDA: a semi-supervised hierarchical topic model[C]//Proceedings of the 2012 Joint Conference on Empirical Methods in Natural Language Processing and Computational Natural Language Learning. 2012: 800-809.

[17] HUANG L, MA J Y, CHEN C L. Topic detection from microblogs using T-LDA and perplexity[C]//Proceedings of 2017 24th Asia-Pacific Software Engineering Conference Workshops (APSECW). 2017: 71-77.

[18] SOLEIMANI B H, MATWIN S. Fast PMI-based word embedding with efficient use of unobserved patterns[J]. Proceedings of the AAAI Conference on Artificial Intelligence, 2019, 33: 7031-7038.

[19] 蒋卓人, 陈燕, 高良才, 等. 一种结合有监督学习的动态主题模型[J]. 北京大学学报(自然科学版), 2015, 51(2): 367-376.

[20] 赵旭剑, 杨春明, 李波, 等. 一种基于特征演变的新闻话题演化挖掘方法[J]. 计算机学报, 2014, 37(4): 819-832.

[21] 崔凯, 周斌, 贾焰, 等. 一种基于 LDA 的在线主题演化挖掘模型[J]. 计算机科学, 2010, 37(11): 156-159, 193.

[22] MENG Y, ZHANG Y Y, HUANG J X, et al. Hierarchical topic mining via joint spherical tree and text embedding[C]//Proceedings of the 26th ACM SIGKDD International Conference on Knowledge Discovery & Data Mining. 2020: 1908-1917.

[23] NALLAPATI R, FENG A, PENG F C, et al. Event threading within news topics[C]//Proceedings of the Thirteenth ACM conference on Information and knowledge management - CIKM '04. 2004: 446-453.

[24] MORINAGA S, YAMANISHI K. Tracking dynamics of topic trends using afinite mixture model[C]//Proceedings of the 10th ACM SIGKDD Inter-national Conference on Knowledge Discovery and Data Mining. 2004,811-816

[25] KUMAR R, MAHADEVAN U, SIVAKUMAR D. A graph-theoretic approach toextract storylines from search results[C]//Proceedings of the 10th ACMSIGKDD International Conference on Knowledge Discovery and DataMining. 2004: 216-225

[26] LIN F R, HUANG F M, LIANG Chiahao. Individualized storyline-based newstopic retrospection[C]// Pro-

ceedings of Pacific Asia Conference on Information Systems: Managing Diversity in Digital Enterprises. 2007.

[27] MEI Q Z, ZHAI C X. Discovering evolutionary theme patterns from text: an exploration of temporal text mining[C]//Proceedings of the 11th ACM SIGKDD International Conference on Knowledge Discovery and Data Mining. 2005: 198-207

[28] 叶春蕾, 冷伏海. 基于共词分析的学科主题演化方法改进研究[J]. 情报理论与实践, 2012, 35(3): 79-82.

[29] 叶春蕾，冷伏海. 基于社会网络分析的技术主题演化方法研究[J]. 情报理论与实践，2014，37(1): 126-130, 140.

[30] 杨利军，魏晓峰. 基于知识图谱的国外社会网络分析领域可视化研究[J]. 情报科学，2011，29(7): 1041-1048.

[31] GAUL W, VINCENT D. Evaluation of the evolution of relationships between topics over time[J]. Advances in Data Analysis and Classification, 2017, 11(1): 159-178.

[32] 张金柱, 张晓林. 利用引用科学知识突变识别突破性创新[J]. 情报学报, 2014, 33(3): 259-266.

[33] 张金柱, 吕品. 基于主题关联度改进的主题演变和突变分析[J]. 情报理论与实践, 2018, 41(3): 129-135.

[34] LIU H L, CHEN Z W, TANG J, et al. Mapping the technology evolution path: a novel model for dynamic topic detection and tracking[J]. Scientometrics, 2020, 125(3): 2043-2090.

[35] DAI H N, WANG H, XU G Q, et al. Big data analytics for manufacturing Internet of Things: opportunities, challenges and enabling technologies[J]. Enterprise Information Systems, 2020, 14(9/10): 1279-1303.

[36] HU M Q, LIU B. Mining opinion features in customer reviews[C]//Proceedings of the AAAI. 2004: 755-760.

[37] LI F T, HAN C, HUANG M L, et al. Structure-aware review mining and summarization[C]//Proceedings of the 23rd International Conference on Computational Linguistics. Association for Computational Linguistics. 2010: 653-661.

[38] YU J X, ZHA Z J, WANG M, et al. Aspect ranking: identifying important product aspects from online consumer reviews[C]//Proceedings of the 49th Annual Meeting of the Association for Computational Linguistics: Human Language Technologies-Volume 1. 2011: 1496-1505.

[39] QIU G, LIU B, BU J J, et al. Opinion word expansion and target extraction through double propagation[J]. Computational Linguistics, 2011, 37(1): 9-27.

[40] 田久乐，赵蔚. 基于同义词词林的词语相似度计算方法[J]. 吉林大学学报(信息科学版)，2010，28(6): 602-608.

[41] XU LH , LIN H F, REN H C. Constructing the affective lexicon ontology [J]. Journal of the China Society for Scientific and Technical Information, 2008, 27: 180-185.

[42] 郗亚辉. 产品评论挖掘中特征同义词的识别[J]. 中文信息学报, 2016, 30(4): 150-158.

[43] JEH G, WIDOM J. SimRank: a measure of structural-context similarity[C]//Proceedings of the Eighth ACM SIGKDD International Conference On Knowledge Discovery and Data Mining-KDD '02. 2002: 538-543.

[44] LUO J, WANG Q L, LI Y. Word clustering based on word2vec and semantic similarity[C]//Proceedings of the 33rd Chinese Control Conference. July 28-30, 2014, Nanjing, China. IEEE, 2014: 517-521.

[45] BELIGA S, MEŠTROVIĆ A, MARTINČIĆ-IPŠIĆ S. An overview of graph-based keyword extraction methods and approaches[J]. Journal of Information and Organizational Sciences, 2015, 39(1): 1-20.

[46] SONAWANE S S, KULKARNI P A. Graph based representation and analysis of text document: a survey of techniques[J]. International Journal of Computer Applications, 2014, 96(19): 1-8.

[47] MIHALCEA R, TARAU P. TextRank: bringing order into texts[C]//Proceedings of the conference on Empirical Methods in Natural Language Processing. 2004: 404-411.

[48] PAGE L. The pagerank citation ranking: bringing order to the Web[J]. Stanford Digital Libraries Working

Paper, 1998, 9(1):1-14.

[49] FLORESCU C, CARAGEA C. PositionRank: an unsupervised approach to keyphrase extraction from scholarly documents[C]//Proceedings of the 55th Annual Meeting of the Association for Computational Linguistics. 2017:1105-1115.

[50] LIU Z Y, HUANG W Y, ZHENG Y B, et al. Automatic key phrase extraction via topic decomposition[C]//Proceedings of the 2010 Conference on Empirical Methods in Natural Language Processing. 2010: 366-376.

[51] STERCKX L, DEMEESTER T, DELEU J, et al. Topical word importance for fast keyphrase extraction[C]//Proceedings of the 24th International Conference on World Wide Web. 2015: 121-122.

[52] TENEVA N, CHENG W W. Salience rank: efficient keyphrase extraction with topic modeling[C]// Proceedings of the 55th Annual Meeting of the Association for Computational Linguistics. 2017: 530-535.

[53] MAHATA D, KURIAKOSE J, SHAH R R, et al. Key2Vec: automatic ranked keyphrase extraction from scientific articles using phrase embeddings[C]//Proceedings of the 2018 Conference of the North American Chapter of the Association for Computational Linguistics: Human Language Technologies. 2018: 634-639.

[54] BU Y H, ZOU S F, LIANG Y B, et al. Estimation of KL divergence: optimal minimax rate[J]. IEEE Transactions on Information Theory, 2018, 64(4): 2648-2674.

[55] HAVELIWALA T H. Topic-sensitive PageRank: a context-sensitive ranking algorithm for Web search[J]. IEEE Transactions on Knowledge and Data Engineering, 2003, 15(4): 784-796.

[56] LI Y C, CAI W H, LI Y, et al. Key node ranking in complex networks: a novel entropy and mutual information-based approach[J]. Entropy, 2019, 22(1): 52.

第 5 章

领域知识应用

知识对于人工智能的价值在于让机器具备认知能力和理解能力。知识图谱构建过程的本质是让机器形成认知能力并理解这个世界。知识图谱使用节点和关系所组成的图谱，为真实世界的各个场景直观地建模。通过不同知识的关联可以形成一个网状知识结构，对机器来讲即图谱，其可以帮助机器认知世界。随着知识图谱技术的迅速发展，各种领域知识图谱技术在很多领域和行业取得了显著落地效果。本章从智能数据服务技术、智能决策支持、智能预测模型、基于耦合网络的业务协同预演 4 个方面的基于知识图谱的相关应用，结合实际案例，来对当前知识图谱的落地实践进行梳理和呈现。

5.1 智能数据服务技术的应用案例

5.1.1 引言

知识图谱（Knowledge Graph，KG）作为一种能够抽象表达客观存在事实的工具，能够以事实三元组为基本单元组成的有效图结构的形式存储大量知识，给大数据技术提供了有效的数据原料，因此成为人工智能应用领域的重要组成部分。例如，智能推荐、智能问答和智能决策等技术都与知识图谱相关。本节从基于知识图谱的多关系问答、水利领域知识图谱可视化、基于知识图谱的个性化推荐和面向基础水利对象的多模态数据关联 4 个角度对相关研究进行梳理，并对其中的关键性问题给出探索与尝试，具体如下。

① 基于知识图谱的多关系问答主要关注如何正确理解自然语言问句，根据问句中的主题实体在大规模的知识图谱中找到与答案相关的知识图谱子图，其中包含多个三元组，并从中准确找出答案实体。

② 水利领域知识图谱可视化主要关注如何以尽可能直观的形式展示知识图谱的内容，服务

知识图谱的典型领域知识应用场景，使得用户能够充分利用人脑的视觉处理能力快速而高效地从图谱中获取信息。

③ 基于知识图谱的个性化推荐主要关注如何更有效地将知识图谱与推荐系统结合起来，并利用知识图谱来扩散和提取用户特征，从而为用户生成高质量的推荐列表。

④ 面向基础水利对象的多模态数据关联主要关注基础水利对象文本图像之间的多模态数据关联关系，实现基础水利对象的展示更直观、多样化。

5.1.2 基于知识图谱的多关系问答

知识图谱是以“实体–关系–实体”三元组为基本单元组成的网状图结构，用来存储海量的数据以及丰富的关联信息，基于知识图谱的智能问答一直是人工智能领域研究的热点。自然语言问句的多样性和复杂性，以及知识图谱中多个三元组的组合爆炸，导致解决基于知识图谱的多关系问答变得相对困难。解决多关系问答需要多个三元组的组合信息，如问题“What is the nationality of the heroine in Roman Holiday”，得到的答案需要两个三元组（Roman Holiday, heroine, Audrey Hepburn）和（Audrey Hepburn,nationality, United Kingdom）。

1. 相关工作

解决多关系问答的主流问答方法有语义解析法和搜索排序法。传统的语义解析法使用 λ-DCS[1]、CCG[2]等将一个非结构化的自然语言问题进行语义拆分，并转化成中间的语义表示；再将中间的语义表示形式转化成可以在一个知识图谱中执行的结构化描述语言，如 SPARQL 查询语句[3]。

许坤等[4]设计了一套转换框架将自然语言问句转化为结构化查询语言，主要分析句法分析树，构造出查询语句图，对该图中的词语进行消歧，最后转换成 SPARQL 查询语言，得到答案[5]。然而，这些逻辑的转化要求用户熟悉语法和数据结构，依赖于预先手工定义的规则模板和标注数据、数据词典和模式模板的匹配，因此在规模较大甚至较为全面的知识图谱上无法达到预期的效果，虽然可解释能力强，但适用领域范围较小。为了解决这一问题，文献[6-8]提出采用查询图的方式来表达问题的语义结构，结合图谱信息来对问题进行语义解析，计算候选查询图和问题的相似度，对候选查询图进行排序，选择出最佳答案。但是，当遇到复杂问题时，生成语义查询图需要的步骤较多，会导致错误的级联，其中存在的语义鸿沟问题也使得这种方法问答范围有限[9]。随着深度学习和机器阅读等技术被普遍应用，在语义解析的基础上结合神经网络的方法解决智能问答成为一个重要的研究方向。DONG 等[10]提出利用注意力机制增强的编码–解码模型，将语义解析问题转化为端到端问题，用来提升智能问答的效果。该方法结合注意力机制和记忆网络来解决问题的语义解析，在部分数据集上克服了依赖手工构造模板的缺点。XU[11]等利用 RNN 添加状态向量和词序特征，验证了句法信息有利于提高模型鲁棒性。MILLER[12]等提出使用 Key-Value 记忆网络来存储知识图谱中的数据，利用多跳推理和记忆网络预测相关子图路径。XU[13]等在实时更新问句状态向量，使得模型能够及时删除已推理的无关信息，避免无效推理。ZHOU 等[14]提出使用顺序决策的方法预测当前推理步骤中与问题语义信息最相似的关系，并通过更新问题表示和推理过程的最新状态，来驱动下一步的推理。QIU 等[15]添加了注意力机制和强化学习思想来保证语义解析的准确度和稳定性，同时使用记忆网络来控制推理深度，显著提升了数据集上的问答准确度。但是，顺序决策过程中产生的误差与推理深度成正比。随着推理的深度增加，具有错误中间关系的正确答案实体提前被丢弃，而错误信息的积累会导致模型产生不稳定的学习效果，在复杂的问题上无法取得较好的问答效果。

IR（Information Retrieval）方法首先确定用户提出问题中的主题实体，并将其链接到 KG 中；然后从候选答案子图中提取候选答案；接着提取问句和候选答案中的语义特征；最后构建排序模型对问句和候选答案进行建模排序。IR 方法主要分为基于特征工程、基于表示学习[16-17]两种方法。YAO 等[18]提出候选答案特征图与问句特征进行组合，将关联较高的特征赋值更大的权重，并通过训练分类器对权重进行学习。但是，基于特征工程的方法需要人工定义和提取特征，当遇到特征信息较多的情况，特征维度过大引起计算复杂度骤增，该方法难以处理复杂问题。因此，基于表示学习的方法被用来解决这一问题，将智能问答的过程转化成问句和候选答案在同一语义空间的语义向量计算匹配过程[19]。BORDES[20]提出将问句和候选答案转化成同一语义空间中的向量表示，在选取候选答案时考虑了答案实体、答案实体与主题实体之间的关系路径、答案实体周围关系和实体组成的子图，同时使用多维卷积神经网络进行多维度特征提取，通过搭建子图嵌入模型对问题和多维特征进行训练。文献[20]没有考虑词序对句子的影响，以及答案实体的类型约束信息。DONG 等[21]在此基础之上增加了问句和答案的类型信息，以及答案实体相邻的子图的信息编码，提出了模型 MCCNN 并验证了词序和类型信息对问答效果的提升是有效的。CHEN 等[22]结合记忆网络提出模型 BAMnet，在计算问句和图谱相关三元组之间的相似度时，引入注意力机制增强问句双向语义的编码表示能力，记忆网络用来存储三元组信息，注意力机制结合记忆单元使得模型能够动态关注句子中的重要部分。综上所述，结合一些特征提取网络，注意力机制进行端到端模型训练可以克服人工模板的缺点，但在解决复杂问题时，现有的基于嵌入的方法，在编码语义向量时考虑了每个问题的整个候选答案子图作为候选答案范围，涉及的图谱三元组数量众多，使得候选答案的数量呈指数级增长，模型的空间搜索负担过重，同时模型训练的代价随之增加。

通过对基于知识图谱的多关系问答相关工作的了解，以及对多关系问答现存问题的了解，本小节提出了一种基于答案路径的多关系问答（SPE-QA）模型。该模型框架由以主题实体为中心的子图提取、子图剪枝和问题–答案路径语义匹配模块组成，框架中的每个模块按照顺序紧密相连，实现了基于知识图谱的多关系问答，问答结果的准确度优于其他算法。另外，本小节详细讨论了改进工作，并给出了实验细节和分析结果。

2. **问答模型**

SPE-QA 模型的整体框架流程如图 5.1 所示。SPE-QA 的目标是在知识图谱中找出能够回答多关系问题的正确答案路径，答案就是正确答案路径的尾部实体。

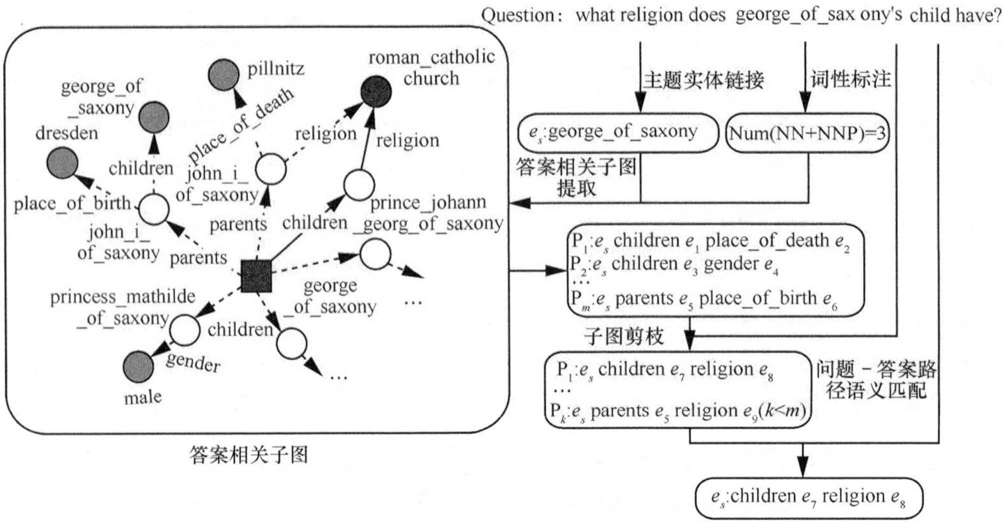

图 5.1 SPE-QA 模型的整体框架流程

本小节涉及的相关定义与解释如下。知识图谱定义为 $G=\{\varepsilon,R,F\}$， ε,R,F 分别是实体、关系和事实三元组集合，一个原子事实被定义为一个三元组 $(h,r,t)\in F$，即（Nefertari,gender,female）是一个事实三元组。问句（question, q）中主题实体定义为 e_s，定义答案路径（answer path, p）是由主题实体 e_s 和候选答案实体 e_a，以及 e_s 至 e_a 之间的中间实体和关系词组成的短文本序列 $p=(e_s;r_1;e_1;r_2;e_2;\cdots;e_a)$，其中“;”代表单词按照顺序进行拼接。所有的候选答案路径组成以主题实体为中心的子图 $S=\{p_1,p_2,p_3,\cdots,p_m\}$，知识图谱中的关系类型集合又被称为关系域 $T=\{T_1,T_2,\cdots,T_m\}$，如 nationality 和 place_of_birth 属于相同的关系类型 Location。具体的符号定义及相关描述如表 5.1 所示。

表 5.1　符号定义及相关描述

符号	描述
G	知识图谱
F	事实三元组集合
(h,r,t)	事实三元组
$(e\in\varepsilon,r\in R)$	实体和关系集合
$T=\{T_1,T_2,\cdots,T_m\}$	关系域
q	问题序列
p	答案路径
S	主题子图
e_s	主题实体
e_a	答案实体

（1）基于词性标注的子图提取

在问题–答案路径语义匹配模块的数据集扩展过程中，枚举以主题实体为中心的子图中所有的候选答案路径会导致模型计算复杂度过高。除此之外，过多的错误答案路径会使得候选路径的排名结果变得不稳定。因此，需要对整个子图中所有的候选答案路径进行适当的降噪和抽样处理。其中，混合的多关系问答、简单约束型问答数据集的问句中包含不确定的关系数量。对于该类型的问句，需要确认以主题实体为中心的子图的范围，即主题实体到候选答案实体的最大距离。首先，主题实体的识别部分使用 YIN 等[23]提出的主题实体链接方法进行标记，该方法能够更好地区分主题实体 e_s 和问题中的其他词。然后，使用词性标注工具 NLTK 对问句进行词性标注，确定名词和专有名词的数量，问句中的部分实体或关系词会被标记为 NN 或 NNP。接着，根据问句词性标注中 NN 和 NNP 的总数量来确定选择 2-HOP 还是 3-HOP 距离作为候选实体的所在范围，这将在一定限度上缩减子图范围并初步确定以主题实体为中心的子图大小，具体计算如式（5.1）所示。

$$\text{Scale}(S)=\begin{cases}2-\text{HOP}, & \text{Num}(\text{NN}+\text{NNP})\leqslant 2\\ 3-\text{HOP}, & \text{Num}(\text{NN}+\text{NNP})\geqslant 4\\ 2-\text{HOP}/3-\text{HOP}, & \text{Num}(\text{NN}+\text{NNP})=4\end{cases} \tag{5.1}$$

（2）子图剪枝

为了进一步减小以主题实体为中心的子图规模，降低后续语义匹配模型的计算复杂度，本小节提出了两种子图剪枝方法。

① 基于答案路径尾部实体类型的剪枝方法。首先，将知识图谱中的关系词进行简单聚类，聚类后的关系类型集合为 T={gender, place, organization, faith, character, disease, language, production, color, event, number, position, category, religion}，其中包含 14 种关系类型。随后，构建关系词–关系类型映射规则文件。最后，根据映射规则获取正确答案路径 p 的尾部关系所属的类型 T，若候选答案路径 p_i 的尾部关系所属的类型 T' 与 T 不同，则将候选答案路径 p_i 从以主题实体为中心的子图 S 中删除。

② 基于答案路径关系类型的剪枝方法。通过构建并训练一个基于答案路径关系类型的剪枝模型，实现问句和正确答案路径中可能包含的关系类型的自动选择。模型网络结构如图 5.2 所示。

首先，加载预先训练的模型 BERT，分别初始化令牌（Token）、位置和句子分段的嵌入式表示，将获取的三个向量相加输入 BERT 中，实现问句的特征提取，输出句子的嵌入表示向量。然后，在输出层添加全连接层进行特征选择和分类。训练整个模型用于多标签分类任务，最后，由于每个关系类型是独立的添加非线形激活函数 Sigmoid 用于多分类中每个关系类型的概率计算。

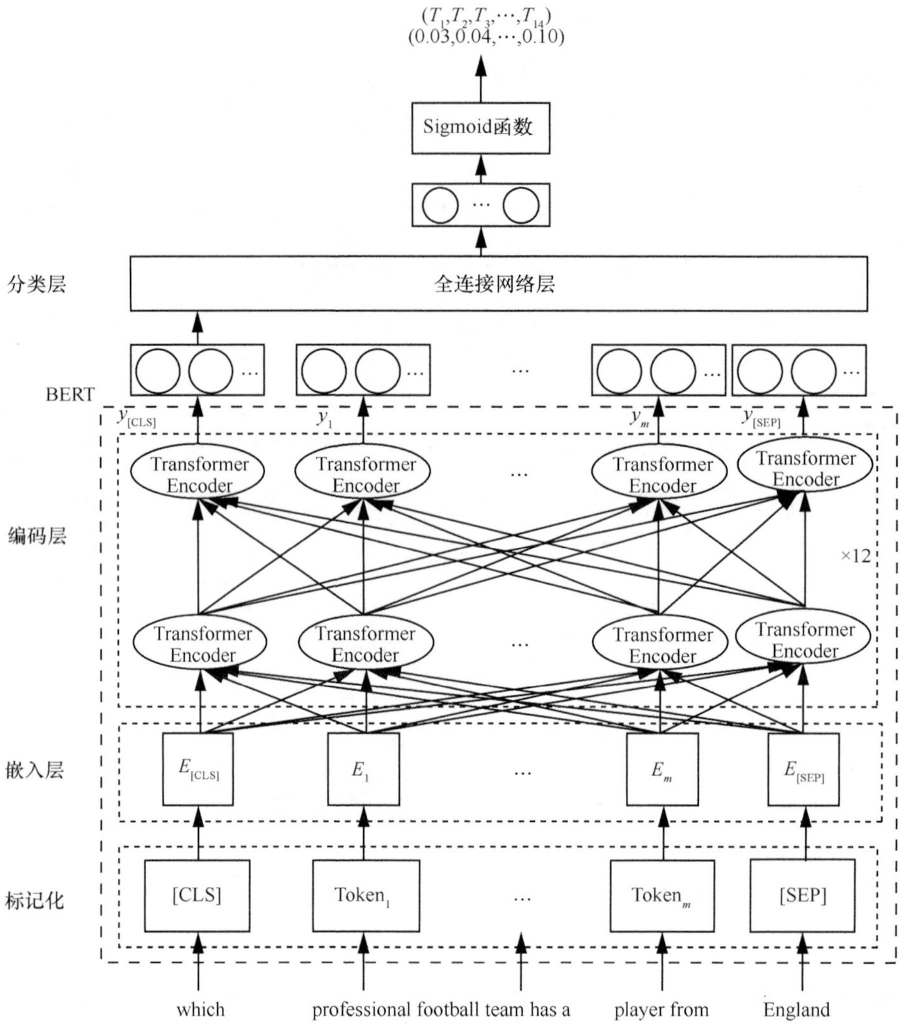

图 5.2　基于答案路径关系类型的剪枝模型网络结构

（3）问题–答案路径语义匹配

子图剪枝的输出是一组针对 *k*-hop 问句，仅保留以主题实体为中心的子图中所有预测得分大于或等于阈值，且含有排名 top-*k* 的关系类型映射得到的关系词的候选答案路径。问题–答案路径语义匹配模块的目标是通过计算得到的问句 q 与过滤后的候选答案路径 p_i 之间的语义相似度值 $\hat{y}_i$，并根据语义相似度得分对候选答案路径进行排序，实现最终正确答案路径的自动化选择。

为了在过滤后的答案路径中找到正确的答案路径，本小节基于短文本匹配思想[24]，提出了一种问题–答案路径语义匹配模型，使用问句和过滤后的候选答案路径构建问题–答案路径语义匹配模块的正负样本，输入语义匹配组件中进行模型训练。问题–答案路径语义匹配模型由两个对称的网络结构组成，其网络框架如图 5.3 所示。

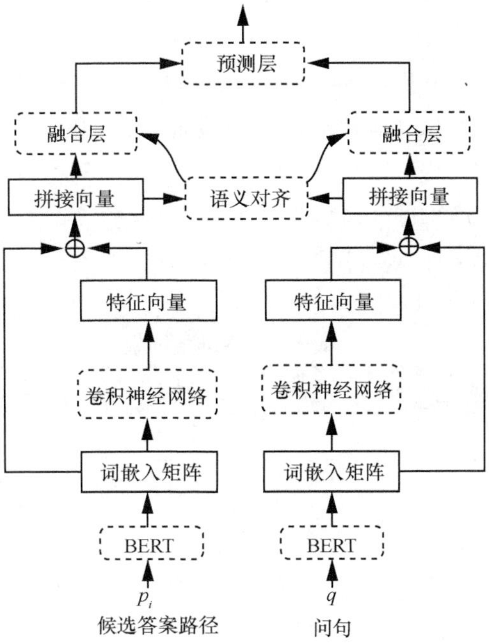

图 5.3　问题-答案路径语义匹配模型网络框架

图 5.3 中主要包含以下几个部分。

① 输入：问句 q 和候选答案路径 p_i。

② 文本编码：使用 BERT 得到问句和候选答案路径的词嵌入矩阵。

③ 特征提取与融合：首先，使用卷积神经网络提取文本序列中深层的语义特征；然后，将特征向量和语义词向量进行拼接，结合注意力机制实现语义对齐；最后，将对齐前后的向量进行融合。

④ 语义匹配预测：计算问句 q 和候选答案路径 p_i 各自融合向量之间的相似度，将其作为语义匹配的结果并进行排序。

3. 实验与结果分析

（1）数据集

为了有效评估多关系问答框架 SPE-QA 的有效性，本小节以 Freebase 和 WordCup2014 构建的知识图谱为基础，将基于这两个知识图谱的多关系问答数据集 PathQuestion 和 WC2014 作为基准实验数据集。基准数据集如表 5.2 所示，其中每个基准数据集中包含多个数据子集，子集是根据以主题实体为中心的子图的规模进行划分的，即多关系问句的复杂度，该数据集可以全面评估 SPE-QA 在复杂度不同的多关系问答上的表现。其中，后缀为“2H”的问句代表答案实体与主题实体的距离为 2-HOP，“3H”表示 3-HOP 问题。后缀“M”代表混合问答数据集，其中包含“2H”和“3H”两种类型的问句。这些子数据集覆盖知识图谱的范围和领域不同，因此在这些基准数据集上，能够全面地验证问答框架 SPE-QA 的有效性和鲁棒性。

① PathQuestion 是由文献[14]构建的基于 Freebase 子图的多关系问答数据集，包含两种类型的数据：PathQuestion（PQ）和 PathQuestion-Large（PQL）。与 PQ 相比，PQL 问答数据集中的问句序列复杂度更高，以主题实体为中心的子图覆盖了更多的知识图谱三元组。

② WC2014 是由文献[14]构建的基于 WordCup2014 的问答数据集，除了包含不同子图规模的问题句，还包含部分 WC-C 类型的数据集，即简单约束类型问答，如回答问题“Who plays guard for Lakers ?”必须满足位置条件“guard”。

表 5.2　基准数据集

数据集			问题	实体	关系	三元组
PathQuestion	PQ	2-Hop	1 908	2 215	14	4 049
		3-Hop	5 198			
	PQL	2-Hop	1 594	5 035	364	9 758
		3-Hop	2 060			
WC2014		1-Hop	6 482	1 127	6	9 758
		2-Hop	1 472			
		WC-C	2 208			

（2）实验设置

训练基于答案路径关系类型的剪枝模型时，编码器使用开源的预训练模型 BERT-Base，（Uncased（输入的次数均会转成小写），拥有 12 层 Transformer，隐藏层维度 768）初始参数的设置参照文献[25]。模型剩余参数设置 Epoch=8，Batch_size=16，Learning-rate=2×10^{-5}。问题–答案路径匹配模型在同样的实验环境上进行训练，使用与剪枝模型相同的 BERT 模型动态获取的词向量、句向量在后续模型训练中保持不变，设置 Batch 大小为 128，学习率为 0.001，Epoch 为 30。为了保证数据集分布相对均匀，首先，将构建好的每个基准数据集等分为 3 组；然后，将每组数据按照 6:2:2 的比例划分为 3 个子样本集；最后，将不同基准数据集等比例的子样本汇总，作为模型需要的最终的训练集、验证集和测试集，数据比例为 Train:Valid:Test=6:2:2。

（3）实验结果

表 5.3、表 5.4 和表 5.5 给出了不同方法在多个基准子数据集上的问答准确率（Acc）。表 5.6 给出了不同方法在问答数据集 PathQuestion 和 WC2014 上的问答 F_1 值。

表 5.3　基于 PQ 数据集各方法的准确率实验结果

数据集	MemNN (2015)	KV-MemNN (2016)	MINERVA (2018)	IRN-weak (2018)	SRN (2020)	SPE-QA-Path
PQ-2H	89.5%	91.5%	75.9%	91.9%	96.3%	**96.8%**
PQ-3H	79.2%	79.4%	71.2%	83.3%	89.2%	**90.7%**
PQ-M	86.8%	85.2%	73.1%	85.8%	89.3%	**90.5%**

表 5.4 基于 PQL 数据集各方法的准确率实验结果

数据集	MemNN (2015)	KV-MemNN (2016)	MINERVA (2018)	IRN-weak (2018)	SRN (2020)	SPE-QA-Path
PQL-2H	61.2%	70.5%	71.8%	63.0%	78.6%	**90.3%**
PQL-3H	53.6%	63.4%	65.7%	61.8%	77.5%	**89.0%**
PQL-M	55.8%	68.6%	66.9%	62.4%	78.3%	**86.5%**

在数据集 PQ 和 PQL 上，SPE-QA-Path 的问答准确率高于其他问答方法。大多数的基线模型将整个以主题实体为中心的子图作为候选答案实体所在范围，因此会有大量错误的答案路径混合在数据集中，模型很难对所有的答案路径进行准确的排序。虽然问答模型 SRN 使用启发式的广度搜索算法（Beam Search 算法）逐步减少候选答案路径，但在推理决策中遇到关系数量比较多的情况时，会出现错误信息的级联，导致模型学习效果的不稳定性。从模型在 1-Hop、2-Hop 和 3-Hop 上的问答准确率可以看出，当候选答案范围覆盖的三元组数量越来越多时，本小节提出的问答框架 SPE-QA-Path 的问答准确率越来越稳定。同时，从数据集 PQL 上的问答准确率可以得出，在问句语义更为复杂的数据集上，SPE-QA-Path 的问答准确率远高于其他方法。

表 5.5 基于 WC2014 数据集各方法的准确率实验结果

数据集	MemNN (2015)	KV-MemNN (2016)	MINERVA (2018)	IRN-weak (2018)	SRN (2020)	SPE-QA-Path
WC-1H	71.6%	87.0%	87.2%	83.4%	**98.9%**	97.1%
WC-2H	55.5%	87.0%	93.1%	92.1%	**97.8%**	94.9%
WC-M	52.4%	76.7%	89.6%	78.6%	**96.5%**	92.9%
WC-C	73.3%	78.8%	82.4%	83.7%	87.3%	**98.6%**

表 5.6 两个数据集上各方法的 F_1 值

数据集	MemNN (2015)	KV-MemNN (2016)	MINERVA (2018)	IRN-weak (2018)	SRN (2020)	SPE-QA-Path
PathQuestion	55.6%	56.3%	—	82.9%	89.2%	**94.7%**
WC2014	46.6%	47.1%	—	70.5%	**78.3%**	73.0%

当涉及的关系数量较少时，如问答数据集 WC-1H、WC-2H 和 WC-M 中只包含 6 个关系词，采用基于答案路径关系类型的子图剪枝策略实现子图过滤的优势并不明显，SPE-QA-Path 的问答准确率与模型 SRN 相比有所降低。由实验结果可以看出，多关系问答框架 SPE-QA-Path 在数据集 PathQuestion 上，最终问答的 F_1 值高于其他方法，在数据集 WC2014 上，最终问答的 F_1 值仅次于模型 SRN。除此之外，如表 5.5 所示，问答框架 SPE-QA-Path 在简单约束型数据集 WC-C 上的问答准确率高于其他基线模型，原因是 SPE-QA-Path 不仅考虑了答案路径的语义信息，而且进行子图剪枝时还添加了对答案路径中实体类型的约束。

为了验证答案路径中关系类型的顺序是否会影响最终问答的效果，将基于答案路径尾部实体类型剪枝方法过滤后的候选路径作为训练后的基于答案路径关系类型的剪枝模型的输入，实现候选路径的两次去噪。后续与问题–答案路径匹配模块组成的整体问答框架定义为 SPE-QA-Tail，并对两种不同的剪枝策略组成的 SPE-OA-Tail 和 SPE-QA-Path 问答框架的性能进行比较。在不同的基准数据集上，SPE-QA-Tail 的问答准确率如表 5.7、表 5.8 和表 5.9 所示，问答 F_1 值如表 5.10 所示，与问答框架 SPE-QA-Path 相比，SPE-QA-Tail 具有更高的问答准确率和 F_1 值，基于此结果，验证了答案路径中正确的关系类型顺序在获取答案时的重要性。

表 5.7　基于 PQ 数据集的准确率实验结果

数据集	SPE-QA-Path	SPE-QA-Tail
PQ-2H	96.8%	**97.3%**
PQ-3H	90.7%	**97.1%**
PQ-M	90.5%	**96.6%**

表 5.8　基于 PQL 数据集的准确率实验结果

数据集	SPE-QA-Path	SPE-QA-Tail
PQL-2H	90.3%	**91.5%**
PQL-3H	84.0%	**89.5%**
PQL-M	86.5%	**88.9%**

表 5.9　基于 WC2014 数据集的准确率实验结果

数据集	SPE-QA-Path	SPE-QA-Tail
WC-1H	97.1%	**98.4%**
WC-2H	94.9%	**97.8%**
WC-M	92.9%	**96.2%**
WC-C	98.6%	**98.9%**

表 5.10　两个数据集上的 F_1 值

数据集	SPE-QA-Path	SPE-QA-Tail
PathQuestion	94.7%	**97.3%**
WC2014	73.0%	**75.9%**

4. **小结**

通过对基于知识图谱的多关系问答国内外研究现状以及现存问题的了解，本小节提出了一种基于答案路径的多关系问答模型。SPE-QA 模型通过使用子图提取、子图剪枝和问题–答案路径语义匹配技术，实现了基于知识图谱的多关系问答，实验结果表明，所提模型问答结果的准确率高于其他算法。

5.1.3　水利领域知识图谱可视化

可视化是帮助理解大量复杂数据的重要手段，通过将抽象的数据映射为图形元素并辅以人机交互手段，帮助用户有效地感知和分析数据[26]。知识图谱往往采用（概念/实体，关系，概念/实体）或（实体，属性，属性值）的三元组形式进行表达。这种表达形式造成了理解上的困难，使得用户无法高效地从知识图谱获取信息。因此，可视化成为从知识图谱高效获取信息的重要手段。

1．主流知识图谱可视化方案

知识图谱可视化工作强调以准确、直观地表达语义信息为主要目标，强调在有限的屏幕空间上尽可能多且清晰地展示知识间关联，能够提供良好的网络结构概览的节点链接图[27]是目前主流的方案。节点链接图以特定形状的节点表达概念或实例，通过有向边连接两个节点表达三元组陈述，在复杂层次关系上具有相当强的表现力，能够有效帮助用户直观地完成语义推理过程，在诸多知识图谱系统中得到了广泛应用[28-30]。对于如图 5.4 所示的知识图谱三元组陈述集可以得到如图 5.5 所示的节点链接图可视化结果。

相较于直接以文字形式进行展示，图 5.5 的节点链接图可视化结果将语义信息映射到图形空间，进一步利用了人脑的视觉处理能力以提高信息传达效率。然而，这种主流的可视化方案仍然受限于经典的三元组表达形式，不能帮助用户快速形成整体性认识，只能服务于简单的信息查询业务而无法辅助具体场景下的事件决策和分析应用。因此，应当从流域知识图谱自身数据特征和典型应用场景入手设计针对性的可视化方案。

```
conceptProp:BelongTo rdfs:label "属于".
conceptProp:LocateIn rdfs:label "位于".
conceptProp:Downstream rdfs:label "下游".
conceptProp:LinkedTo rdfs:label "连接到".
instance:Bujihe rdfs:label "布吉河".
instance:dafenshui rdfs:label "大芬水".
instance:dafenshuihekou rdfs:label "大芬水河口";conceptProp:BelongTo instance:dafenshui;conceptProp:LinkedTo instance:Bujihe;
    conceptProp:longitude "114.118034";conceptProp:latitude "22.604892".
instance:dafenshuiSP rdfs:label "大芬水起点";conceptProp:BelongTo instance:dafenshui;
    conceptProp:longitude "114.137665";conceptProp:latitude "22.621351".
instance:dafenshuiEP rdfs:label "大芬水终点";conceptProp:BelongTo instance:dafenshui;
    conceptProp:longitude "114.118034";conceptProp:latitude "22.604892".
instance:zhongcuilu rdfs:label "中翠路";conceptProp:Downstream instance:mumianwanyouzhengsuo;conceptProp:LocateIn instance:dafenshui;
    conceptProp:longitude "114.133947"conceptProp:latitude "22.617232".
instance:mumianwanyouzhengsuo rdfs:label "木棉湾邮政所"conceptProp:LocateIn instance:dafenshui;
    conceptProp:longitude "114.1246595"conceptProp:latitude "22.606795".
instance:jiaokengshui rdfs:label "蕉坑水".
instance:jiaokengshuiqidian rdfs:label "蕉坑水起点";conceptProp:BelongTo instance:jiaokengshui;
    conceptProp:longitude "114.094878";conceptProp:latitude "22.604943".
instance:jiaokengshuizhongdian rdfs:label "蕉坑水终点";
    conceptProp:LocateIn instance:BujiheNorthBridge;conceptProp:BelongTo instance:jiaokengshui;
    conceptProp:longitude "114.107658";conceptProp:latitude "22.61225".
instance:shuijingshui rdfs:label "水径水".
instance:shuijingshuiqidian rdfs:label "水径水起点".conceptProp:BelongTo instance:shuijingshui;
    conceptProp:longitude "114.094387";conceptProp:latitude "22.632485".
instance:shuijingshuizhongdian rdfs:label "水径水终点". conceptProp:BelongTo instance:shuijingshui;
    conceptProp:longitude "114.115403";conceptProp:latitude "22.611262".
instance:rengonghushuku rdfs:label "人工湖水库";conceptProp:LocateIn instance:jiaokengshuiqidian;
    conceptProp:longitude "114.093896";conceptProp:latitude "22.604826".
instance:rengonghushuikushuizha rdfs:label "人工湖水库水闸";conceptProp:BelongTo instance:rengonghushuku;
    conceptProp:longitude "114.095194"; conceptProp:latitude "22.604611".
instance:BujiheNorthBridge rdfs:label "布吉河北桥";conceptProp:LocateIn instance:Bujihe;conceptProp:Downstream instance:HongHuGongYuan;
    conceptProp:longitude "114.115403";conceptProp:latitude "22.611262".
instance:HongHuGongYuan rdfs:label "洪湖公园";conceptProp:LocateIn instance:Bujihe;
    conceptProp:longitude "114.114754";conceptProp:latitude "22.575805".
```

图 5.4　知识图谱三元组陈述集

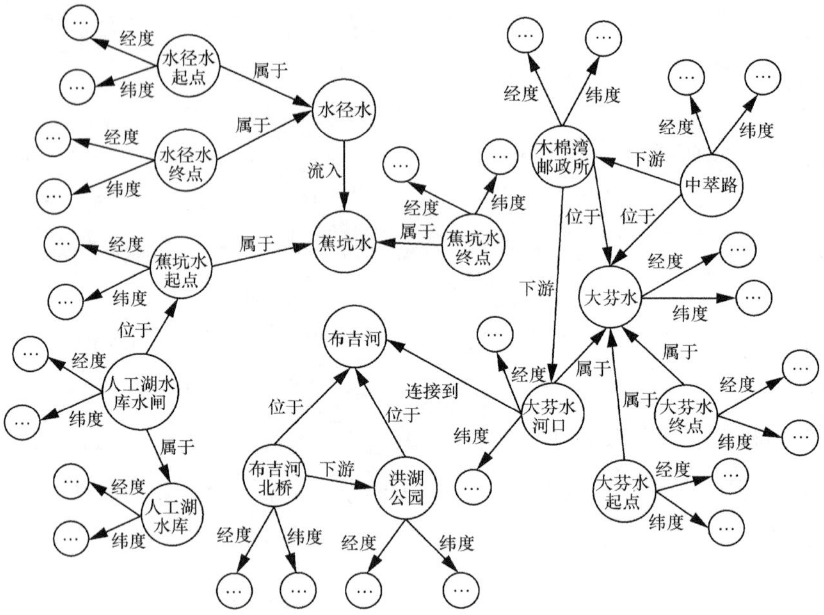

图 5.5　节点链接图可视化结果

2. 主流知识图谱可视化方案存在的问题

水利领域知识图谱是对物理空间中水利管理对象的语义建模结果，包含大量的空间拓扑关系。由于忽略了空间拓扑信息的表达，主流的知识图谱可视化方案不能很好地表达水利领域实例间的空间关系，制约了水利领域知识图谱的实际应用。具体来说，对水利领域知识图谱应用主流知识图谱可视化方案存在如下问题。

① 针对通用知识图谱设计的可视化方案仅将空间拓扑关系作为一般语义信息表达，忽略了其对布局的指导作用，使得可视化结果不够直观、稳定。

② 单纯关注语义而忽略空间拓扑信息的实际内涵会导致可视化结果不准确，不能有效支持具体场景下的事件决策、分析应用。

③ 适用主流知识图谱可视化方案的大部分通用知识图谱属于稀疏网络。对于知识描述较为稠密的水利领域知识而言，这种方案存在画布空间有限性和陈述集信息量分布密集的尖锐矛盾。实践经验表明，单一分辨率下过多的信息会导致布局紊乱从而阻碍用户获取信息。

3. 针对水利领域知识图谱的可视化方案

为了解决上述问题，在可视化水利领域知识图谱时应当充分利用水利领域知识的空间背景信息的指导，形成如图 5.6 所示的概化图形式的可视化结果，并在此基础上进一步提供融合事件信息的可视化和多分辨率可视化。概化图是一种水文水利领域的常用形式，它以有限的图元类型统一概化领域对象的表达形式，强调领域对象间的拓扑关联。相对主流的节点链接图形式的可视化方案，以概化图形式可视化水利领域知识图谱能直观体现实例间的拓扑关系，有效满足水利领域知识图谱具体应用场景的需要。

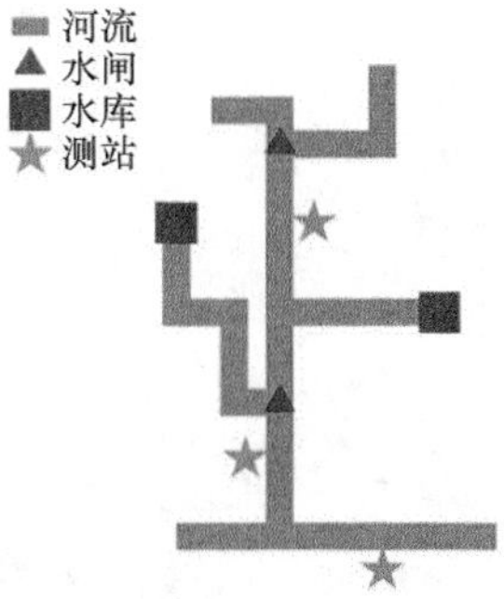

图 5.6　概化图形式的可视化结果

为了实现上述可视化方案，需要在知识图谱概念层增加相应的本体设计以指导相应的可视化方案。

为了利用空间信息指导水利领域知识图谱可视化，需要回答“如何描述水利领域实例及实例间关系的视觉表达？”这一问题。因此，需要在概念层增加有关水利领域实例形状描述的本体设计与水利领域实例间相对位置关系描述的本体设计。

为了描述水利领域实例的形状信息，可在概念层增加描述点 descPoint、描述关系 desRel 以及顺序连接关系 linkTo。其中描述点是对实例形状描述中关键位置的标记，需要给出具体的坐标信息和有效时间信息；而描述关系与顺序连接关系则分别指出了描述点与实例、描述点与描述点之间的关联关系。如图 5.7 所示，综合使用三者可以描绘出领域实例的具体形状。为了进一步描述领域实例间相对位置关系，本小节在本体设计中引入了九交模型，从空间拓扑关系角度对实例间相对位置关系定性并以此为指导布局可视化结果。以此为基础，可以将如图 5.4 所示的陈述集可视化为如图 5.8 所示的概化图形式的可视化结果。相对主流的节点链接图可视化方法，图 5.8 的可视化结果将实例间空间位置关系直观地表现出来，帮助用户形成关于陈述集的整体性认识，提高用户从图谱获取信息的效率。同时，依据拓扑关系指导布局保证了针对同一陈述集能够形成稳定的可视化结果。

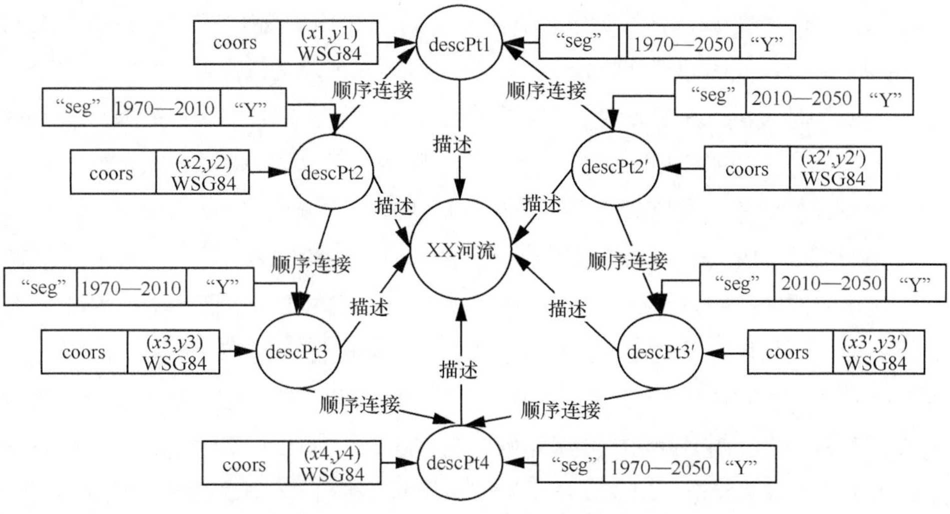

图 5.7　描述点、描述关系以及顺序连接关系的使用示例

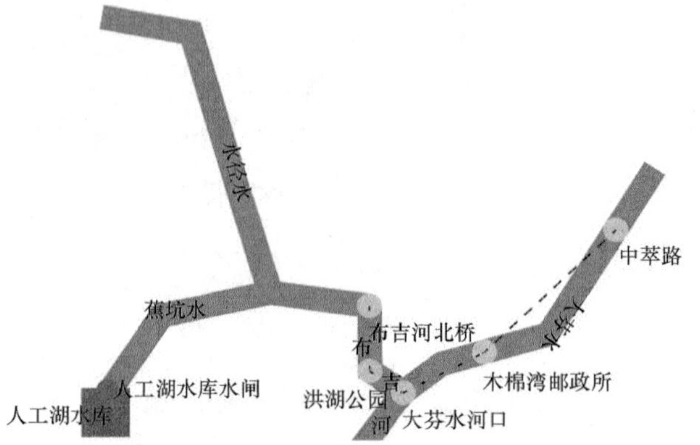

图 5.8　知识图谱陈述集的概化图可视化结果

在知识图谱概化图可视化结果的基础上，可以融合事件信息将可视化结果进一步拓展到信息查询之外的更加复杂的事件分析、决策等应用场景中以实现事件可视化的目标。这就要求可视化结果能够结合具体事件直观地反映相关实例的关键状态并根据时间推移产生变化展现事件的进展。例如，如图 5.9 所示的老旧但工况良好的雨水泵站从“停运”状态转为“启用”可能暗示着降雨事件的发生。

(a) 雨水泵站“停运状态”　　(b) 雨水泵站“启用状态”

图 5.9　某雨水泵站实例状态变化示意

为此，在水利领域知识本体设计的基础上补充如图 5.10 所示的事件相关的本体设计：在事件和对象间建立关联，同时明确在特定事件中应关心的对象及关键属性指标。具体地，为了确定事件主题和事件中涉及的水利领域类，需要在事件主题类与关键对象类、关键对象类和水利领域概念类间建立“对应”和“涉及”关系；为了给主题事件下具体实例的状态定性，需要进一步设计从定量结果到定性结果的文字规则并以属性的形式关联至领域实例。

根据此本体模型的指导，可以在概化图形式的可视化结果中融入事件信息。接下来，以一次降雨过程为例进行说明。如图 5.11 所示，在时间点 1 时，降雨过程刚刚开始，清水河雨量站反映有轻微降雨，泵站未启用，无溢流现象，各水质监测断面报告氨氮（NH3）、溶解氧（DO）与化学需氧量（COD）均达 I 类水标准。当时间推移至时间点 2 时，降雨强度增加使得氨氮指标有所恶化，下降至Ⅱ类水标准。当时间进一步推移到时间点 3 时，如图 5.12 所示，清水河雨量站反映有强降雨，这可能导致雨水管道口出现顶托现象，和平路泵站和大小坑泵站进入启用状态。同时，强降雨反映在了各监测断面的指标值上，氨氮、溶解氧与化学需氧量指标均有所恶化。当时间推移到时间点 4 时，清水河雨量站反映有轻微降雨，说明降雨过程已接近结束，两座泵站停止工作。同时，各个监测断面的指标有所好转，溶解氧与化学需氧量分别恢复至Ⅰ类和Ⅱ类水标准，但氨氮仍旧停留在Ⅲ类水标准。整个降雨过程中大小坑泵站溢流口未出现溢流现象。

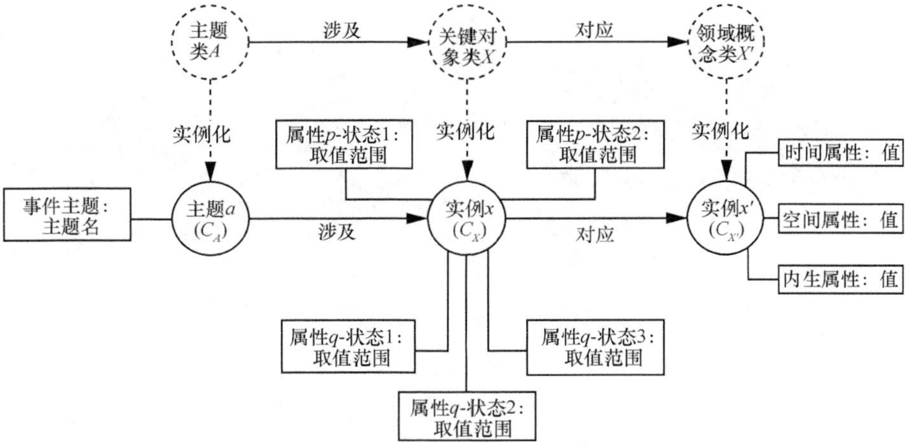

图 5.10　针对事件的本体补充设计示意

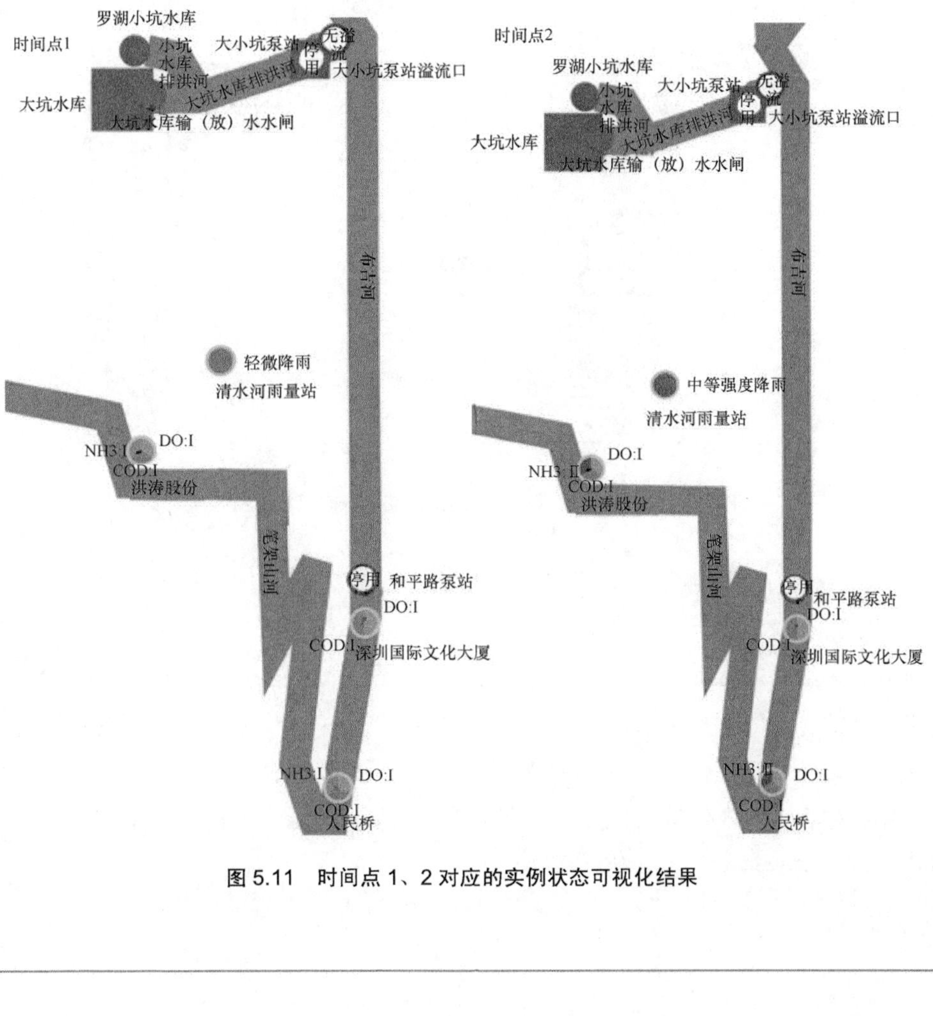

图 5.11　时间点 1、2 对应的实例状态可视化结果

如何在有限的画布空间中尽可能多且清晰地展示信息是可视化工作要解决的重要问题。在此基础上，以不同的粒度展示信息，提供不同分辨率的可视化结果可以一定限度上缓解上述问题。为此，可以从本体设计层面入手，补充面向多分辨率可视化的本体设计为区分实例间主次关系提供依据并进一步实现多分辨率可视化。

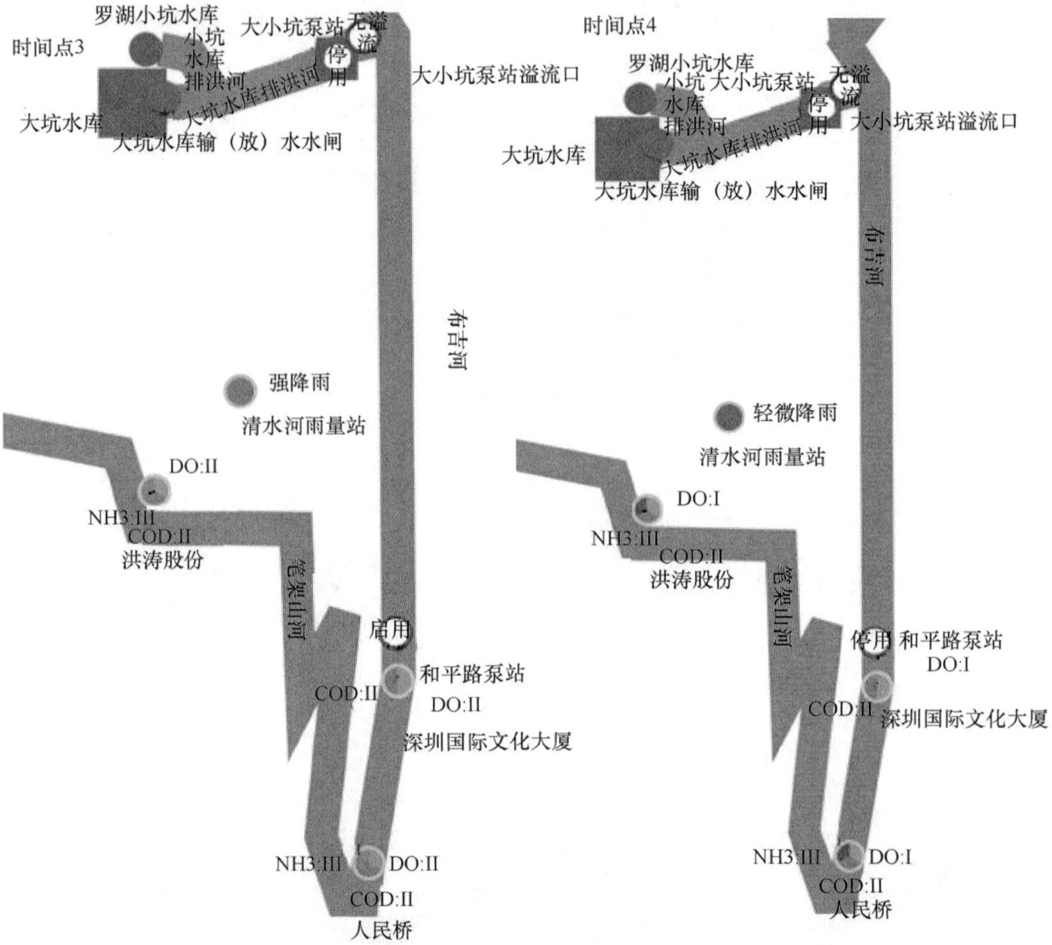

图 5.12　时间点 3、4 对应的实例状态可视化结果

为了实现分级分层可视化，需要设计等级属性 level 对可视化结果中的对象在粒度层次上进行区分。以深圳河流域为例，该流域包含独立河流 1 条，一级支流 5 条，二级、三级支流共 30 条。对河流的分级描述体现了领域对象的重要性，可作为同类实例间区别展示粒度的依据。进一步，给出领域实例间的主从关系定性：将现有的拓扑关系进一步划分为偏序关系和对等关系。偏序关系定义了两个关联实例间的主从地位，而对等关系定义了两个关联实例间的对等地位。在可视化结果中，综合考虑实例等级以及实例间的偏序关系，并通过不同的类型、尺寸、显隐表达这种区别以实现不同分辨率的可视化结果。

对于如图 5.13 所示的可视化结果进一步提供不同的分辨率可以得到如图 5.14 所示的可视化结果。对比两图可以发现，图 5.14 的可视化结果一定限度地缓解了图元间的遮盖问题，进一步缩放则削减了画布中的元素，只保留了相对重要的实例。

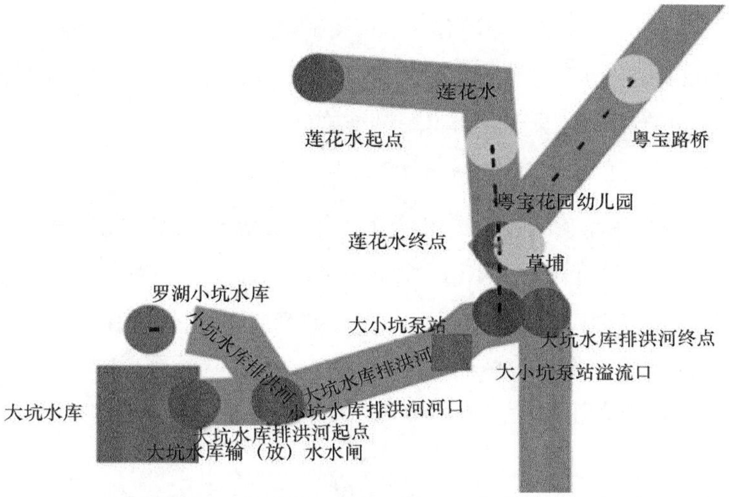

图 5.13　莲花水、布吉河与大坑水库排洪河交汇处的可视化结果

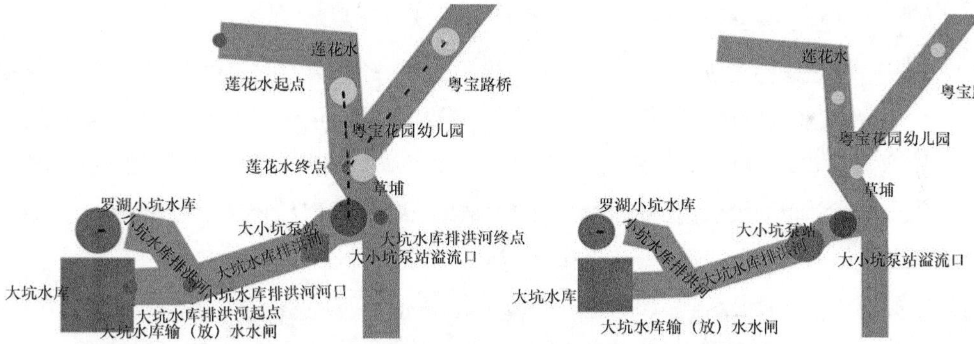

图 5.14　莲花水、布吉河与大坑水库排洪河交汇处的多分辨率可视化结果

4. 小结

水利领域知识图谱可视化将文字符号描述的领域知识表达为具象的图形化信息，有利于用户视觉能力的发挥，是帮助用户获取知识图谱内容、理解陈述集内涵的高效手段。为了帮助用户理解知识图谱、辅助事件相关的智能应用，可视化工作需要综合考虑领域知识的特征和应用场景，设计合适的表现形式以最大限度地提高信息传达效率。为了实现这一目标，在水利领域知识图谱的构建过程中，需要对领域实例的相关形状、空间拓扑关系及状态定性规则给出尽可能完备的描述，以知识图谱本身为基础支撑良好的可视化效果和相关的事件分析、决策应用。

5.1.4 基于知识图谱的个性化推荐

互联网技术的快速发展，使得网络信息资源呈爆炸式增长，许多行业面临信息过载问题，推荐系统是解决这一问题的有效手段。近年来，许多研究将知识图谱引入推荐系统中以提升推荐性能。然而，目前预训练还存在对用户偏好的描述不够精确、在嵌入式方法中较少考虑图谱中实体之间的语义路径等问题，无法进一步利用图谱结构优化用户和实体特征。

1. **相关工作**

知识图谱在推荐系统中的使用方法可以分为基于图谱元路径的方法和基于图谱嵌入的方法[31]。

① 基于图谱元路径的方法：在知识图谱网络结构中，两个实体之间可以通过多条路径相连，由于知识图谱中包含多种类型的实体和关系，实体间的路径也会包含不同类型的实体和关系，并且通过不同的排列顺序组成不同的路径。这些不同长度的包含不同类型的实体、关系路径被称为元路径[32]。例如，图书推荐可以使用 user-book-author-book 这样的元路径来挖掘用户对相同作者的其他书籍的兴趣偏好。

② 基于图谱嵌入的方法：将知识图谱中的和关系进行特征表示，以此丰富在推荐系统中的用户和实体的向量表示。依据知识图谱和推荐系统结合方式，嵌入方法可以分为三种，分别是依次学习、联合学习与交替学习。

依次学习是将知识图谱和推荐系统分开考虑，首先，将图谱中的实体、关系嵌入低维空间中，然后，将这些低维空间中的向量引入推荐系统中，推荐系统将用户的交互对象和知识图谱表示学习得到的向量结合起来共同学习，得到最终的物品和用户的向量表示，最后，通过设计评分函数来计算用户和物品之间的关联度，从而生成推荐结果。联合学习是将知识图谱和推荐系统联合起来一起学习，形成一个端到端的结构，在训练模型前先为知识图谱中的实体和关系赋予一个初始值，在训练过程中结合知识图谱以此更新实体和关系的向量表示，使得更新的用户向量可以更加精准地表示用户偏好，更新的物品向量可以更加精准集成物品的特征，从而生成更优的推荐结果。交替学习是将知识图谱表示学习与推荐系统这两部分结构当作两个分离，但实际上又相互关联的任务，并且使用多任务学习的框架进行交替学习来优化用户和物品的向量表示，最后通过定义评分函数来生成推荐结果。

2. **主流方法存在的问题**

结合知识图谱的两种推荐方法主要存在以下不足。

① 在预训练中进行用户和实体嵌入式表示时未充分利用实体属性特征，多采用正样本数据来优化推荐模型，导致用户特征不够精确。

② 需要领域知识手工设计大量元路径，代价高昂。在嵌入式方法中较少考虑图谱中实体之间的语义路径，无法进一步利用图谱结构优化用户和实体特征。

3. 算法模型

针对现有推荐方法对用户偏好特征提取不够充分的问题，本小节首先基于 user2vec 模型提出一种联合实体属性的特征表示方法，利用实体的属性信息来丰富用户和实体的嵌入式表示，其次，提出一种结合知识图谱的负采样方法来挖掘训练的实体对数据，进一步分析用户偏好。

针对元路径代价高昂、嵌入式方法未充分利用实体间路径的关联关系等问题，首先，利用深度优先遍历算法生成训练数据中实体对之间的路径；其次，在 RKGE（Recurrent Knowledge Graph Embedding）模型基础上采用 LSTM 和混合池化相结合的方式进一步提取路径的潜在特征，通过模型训练优化用户和实体的嵌入式表示；最后，根据用户和实体之间的相似度来生成推荐列表。本小节所提方法 LPKE（LSTM and Mixed Pooling for Knowledge Graph Embedding）LPKE 构造的模型，其结构如图 5.15 所示。

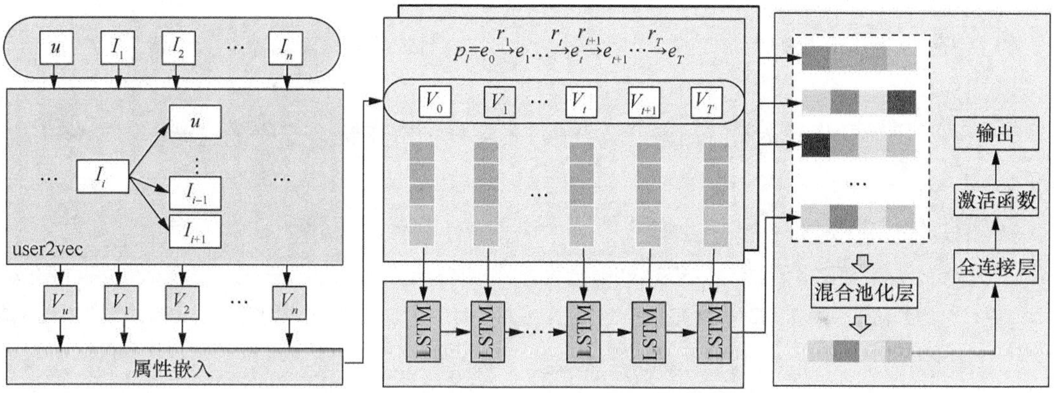

图 5.15　LPKE 模型结构

从图 5.15 左侧可以看出使用的预训练模型可以分为两个部分，一个是 user2vec，另一个是属性嵌入。将每个用户的历史交互记录序列作为 user2vec 的训练集 S，集合 S 包括用户和用户交互的序列，类似 Item2vec 模型，训练时可以将用户交互的对象看作单词，每个用户的交互序列可以看作由这些单词组成的句子，利用 Skip-gram 模型结构来生成交互记录的嵌入式表示。

在进行属性嵌入表示时，由于物品的属性特征都有特定的范围，因此使用 one-hot 编码的形式将属性特征进行矢量化表示。本小节将 user2vec 结合属性编码，在模型嵌入时不仅关注用户交互物品的上下文的位置信息，而且关注物品本身的内容属性信息，这样可以丰富用户和物品的特征表示。本小节将属性内容的矢量化向量与 user2vec 学习的物品向量进行连接，得到物品的最终嵌入式表示。对于用户来说，将用户交互列表中物品的属性特征向量求取平均值，并将该值作为用户属性向量，与 user2vec 模型学习到的用户向量相连构成最终的用户向量，来丰富用户、物品的向量表示。

对于负样本的选取，首先，统计每一个物品被所有用户交互的次数，根据交互次数进行倒序排序，选取前 N 个物品得到集合 P 。对于用户 u 的交互记录 I ，取集合 P 和 I 的差集为用户 u 的初始负采样集合 N_e 。其次，从用户的正样本开始进行广度优先搜索生成长度为 2 的路径，对于每条路径上的尾部节点。如果该节点不存在于该用户的交互列表中，就把这个尾部节点放入集合 Q 中，如实体 i 和实体 k 依靠实体 e 相连，其中 k 属于集合 Q ，假设用户交互过实体 i，并没有与实体 k 产生过行为，但实体 i 和 k 共享同一个实体，因此这两个实体之间可能存在某种相似度；如果实体 k 存在于集合 N_e 中，则认为该用户已经通过某种方式了解了实体 k ，因此将实体对 (u,k) 认为是用户 u 的一个高质量负样本。

知识图谱包含不同类型的实体，这些实体由不同类型的关系和属性相连，形成结构化的三元组数据，所以利用三元组结构可以轻易表示两个实体之间的关系，因此很容易联想到利用实体之间的路径来表示两个实体之间的相关性，用户的偏好路径旨在根据用户的历史交互记录，利用知识图谱的连通性，生成一系列不同长度的路径。这些路径上的节点包含用户交互实体，并且利用图谱中的属性关系连接，挖掘用户历史交互记录间的关联关系，扩散知识图谱中用户兴趣。

令 $P(u,v)$ 表示实体对 (u,v) 之间存在 n 条路径，对于集合当中的任意一条路径来说，若 $p=e_0\xrightarrow{r_1}e_1\xrightarrow{r_2}e_2\ldots\xrightarrow{r_T}e_T$ ，其中 T 表示路径 p 的长度，路径的头部实体和尾部实体分别对应于实体对的 u 和 v ，对于路径 p 中的每一个实体 e ，在模型优化时，嵌入层不断更新学习实体的向量表示，从而获取更加精准的实体向量表示和实体之间的语义关系。在嵌入层中路径 p 的特征由实体向量构成，形如 $\boldsymbol{E}_{p_l}=\{\boldsymbol{E}_{e_0},\boldsymbol{E}_{e_1},\boldsymbol{E}_{e_2},\cdots,\boldsymbol{E}_{e_T}\}$ ，将实体对之间的每一条路径中的实体向量作为 LSTM 的输入来为每一条路径形成一个单一的向量表示。

经过 LSTM 层编码之后，将实体对 (u,v) 之间存在的 n 条路径 $P(u,v)$ 编码成向量表示，在一定限度上可以表示路径的语义信息，用 $\boldsymbol{m}$ 表示实体对 (u,v) 之间路径 p 的向量。为了区分每条路径上实体对于用户的重要性，采用混合池化的方式来进一步提取用户偏好路径的语义特征。

首先，通过混合池化可以获得在实体对 (u,v) 之间存在的多条路径的最终向量 $\boldsymbol{h}$；接着，在池化层之后通过全连接层来度量 u 和 v 之间的相关度；最后，将推荐任务看作一个二元分类问题[33-34]，也就是将要交互的对象作为该用户分类的标签，因此选用二元交叉熵作为模型的损失函数，通过最小化损失函数来更新学习相关参数。

在整个模型训练过程完成之后，可以获得更新之后的用户和实体的特征向量表示，此时这些用户和实体的特征在一定限度上可以更精确地表征出用户的偏好和实体的属性信息。通过向量内积的方式来计算用户和物品之间的相关度[35]，并以降序的方式排序，可以获得与用户最为相关的 Top-N 物品。

4．实验与结果分析

本实验选用 ML-100K 作为基准数据集来验证提出方法的有效性，对于每一部电影使用它的电影名称和上映日期，在 IMDB 中获取这部电影的属性数据，包括题材、导演、演员等信息，将这些数据作为知识图谱的三元组数据，具体的数据集详情如表 5.11 所示。

表 5.11　数据集详细内容

数据集	条目	ML-100K
用户交互数据	用户数	943
	物品数	1 682
	交互数	99 986
知识图谱	实体数	7 759
	关系	7
	三元组	112 463

本小节对比了 4 种基线方法，分别是 BPRMF、NCF、CKE、RKGE。以下是与各个方法的对比实验与分析。

从图 5.16 和图 5.17 可以看出，BPRMF 因为没有考虑额外的辅助信息，其在推荐结果性能上表现较差，精确率最高的时候还不到 5%，平均倒数排名相比于其他方法都较低。而 NCF 结合深度学习方法来模拟用户和物品之间的相关性，整体推荐性能要优于 BPRMF，验证了深度学习有利于提高模型推荐的能力。

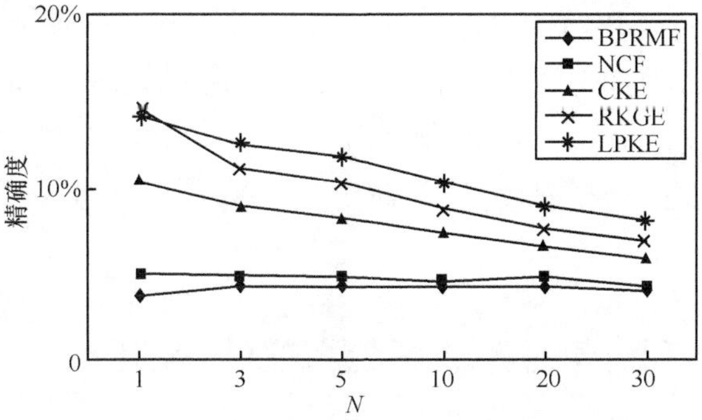

图 5.16　ML 数据集下不同方法的精确率比较

基于知识图谱的推荐方法 CKE，利用了图谱中的结构化知识表示，在各种评价指标下都优于 BPRMF 方法和 NCF 方法，这表明利用 KG 中实体的嵌入式表示来补充用户和物品的语义特征可以有效提升模型的推荐能力。然而，CKE 方法的推荐性能远不如 RKGE，主要原因是 CKE 方法只关注了图谱中实体的向量嵌入而忽略了实体与实体之间的关联路径所指代的语义关系，未能完整地利用知识图谱中结构化的知识，推荐结果有限。RKGE 方法挖掘了图谱中的实体之间的语义路径，提高了知识图谱在推荐系统中的参与度，获得了较优的推荐性能，进一步证明了知识图谱中的结构化知识可以有效提升模型的推荐性能。

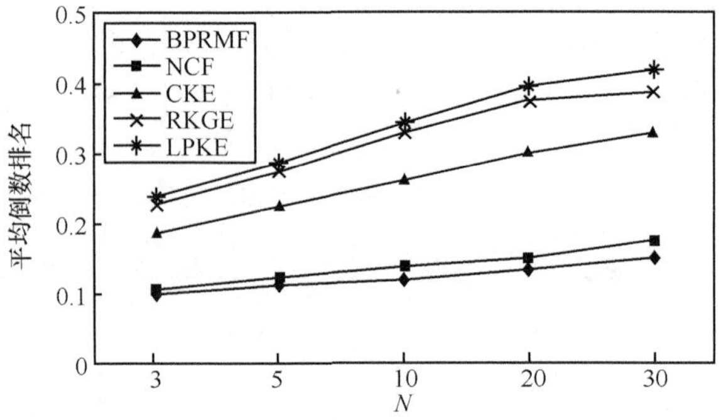

图 5.17　ML 数据集下不同方法的平均倒数排名比较

值得注意的是在 N=1 时，RKGE 的精确率要略高于 LPKE，证明了结合实体路径的语义特征可以有效提升推荐性能，然而 RKGE 忽略了实体的属性信息对用户兴趣偏好的影响且在负采样时选择随机方法，不能使模型训练时充分体现用户喜好，并且没有很好地提取路径信息的语义特征，因此整体的推荐性能不如 LPKE。综上所述，本小节提出引入实体的属性来扩充用户和物品的特征表示，结合知识图谱进行负样本的选取，并利用深度学习模型 LSTM 和混合池化层来进一步挖掘实体对之间偏好路径的语义信息，充分利用知识图谱的结构和内容属性来提高推荐性能，经过实验证明本小节提出的方法在大多数评价指标中取得了最好的结果。

5. 小结

本小节为了丰富实体的特征表示，在将用户交互记录中的实体进行嵌入式表示时，引入该实体的属性特征；其次，结合知识图谱进行负采样，并利用图谱结构生成用户和正负样本实体之间的偏好路径，采用长短期记忆网络模型和混合池化相结合的方式来提取偏好路径的语义特征；最后，通过优化损失函数来训练优化模型，更新用户和实体的向量表示，从而实现更加准确的推荐结果。

5.1.5　面向基础水利对象的多模态数据关联与应用

随着水利业务的深入开展，水利领域积累了大量的基础水利对象文本与图像数据。面向基础水利对象的资源目录系统，解决了水利各部门、流域、行政主管部门之间的数据整合检索问题，该系统得到了广泛的实施与应用。然而，资源目录系统中水利对象存在仅有文字描述，缺乏图像信息的问题，通过基于特征筛选的多模态数据关联方法，添加资源目录系统中基础水利对象的图像数据，可以为用户提供更直观、多角度的水利对象。

1. 相关工作

多模态数据关联是将不同模态的数据建立起一对一或一对多的对应形式。对于文本和图像来说，具体关联关系包括图像–物体类别、图像–物体名称以及图像–场景文本描述等。本小节主要研究的多模态数据关联形式为图像–物体类别。大部分的图像数据集是图像–文本多模态关联数据集，其数据的主要表现形式为图像-文字标签。

基于有监督的人工标注方法，通过人工标注的方式构建了很多图像数据集。LI 等[36]通过建立 WordNet 结构基础上的大规模图像数据集 ImageNet，采用亚马逊的土耳其机器人描述数据收集方案，之前图像数据集只在大类上进行构建，如单车或者狗，ImageNet 采用 WordNet 层级在构建过程将类别细分成小类。YOUNG 等[37]从 Flickr 网站上获取日常活动和场景照片，采用众包来标注图像并且每幅图像都由 5 个不熟悉其中所描绘的具体实体和环境的注释者独立描述。但是人工标注过程耗时耗力，不但需要长年累月地人工进行标注工作，而且由于物体类别多，所花费的费用开销非常大。为了满足不同物体的识别任务，一部分研究工作专注于人工构建特定的标注数据集。除了通过人工构建标注数据集，越来越多的工作投入自动图像识别数据集中，其中包含无监督、半监督方式。无监督构建方式通过搜索引擎检索类别关键字方法，在不借助人工标注的情况下对图像与标签进行关联；半监督构建方式通过小规模有标注的数据训练模型，对无标注数据进行分类从而达到数据扩充。

图像识别数据集自动构建方式一般为无监督，TORRALBA 等[38]在搜索引擎中直接搜索类别名称来获取相关的数据构建 Tiny Image 数据集。但这种构建方式受到搜索引擎性能的影响非常明显，进行检索的方式是基于关键字搜索匹配，将检索的关键字与图像周围的文本信息进行简单的文字匹配检索，这种构建方式虽然能得到大量的图片信息但一般噪声数据多，图文关联性不强。

半监督数据集构建采用自我标注的方式。图像识别模型首先对少量有标注的数据进行训练；然后，利用训练得到的模型对其他无标注数据进行分类操作；最后，根据分类结果对已有的人工标注数据集进行扩充。然而半监督构建的数据集相对于人工标注的数据集来说可扩充性不强，存在多样性差等问题。

通过介绍近年来水利对象多模态数据关联的现状，可以发现水利对象多模态数据量得到了很大的扩充。将传统的多模态数据关联方法应用于水利领域，对基础水利对象数据进行多模态关联的可迁移性非常差，上述方法仍然存在如下两个问题。无监督构建方式：直接通过搜索引擎搜索基础水利对象名称，互联网中关于水利对象的图像与文本关联度不高、存在噪声数据。半监督构建方式：深度卷积网络对基础水利对象图像进行特征表示与分类以后，随着输出置信度增大，数据量进一步减少且图像视觉相似度增大。

2. **算法模型**

针对通过搜索引擎搜索得到的基础水利对象图像与文本关联度不高、存在噪声数据问题，本小节提出将关注度高的基础水利对象数据作为监督信息，采用迁移学习的思想，提取学习关注度高的基础水利对象图像特征，采用深度卷积网络代替人工标签的方式筛选同类别关注度低的基础水利对象图像，并使用多步训练法思想提高模型准确率，调整模型输出置信度阈值控制数据集质量，去除噪声数据，解决关注度低的基础水利对象多模态关联度低的问题。

针对深度卷积网络对基础水利对象图像分类以后，随着输出置信度增大，数据量进一步减少且图像视觉相似度增大的问题，本小节提出利用图像周围的文本信息对基础水利对象做进一步的扩充，通过卷积神经网络分类以及调节阈值输出的数据集，挖掘分类后输出的基础水利对象图像周围文本信息并将其输入深度文本分类模型，对原始数据集中剩余部分图像数据进行分类，从而丰富基础水利对象的图像表现形式。面向基础水利对象的多模态数据关联模型流程如图 5.18 所示。

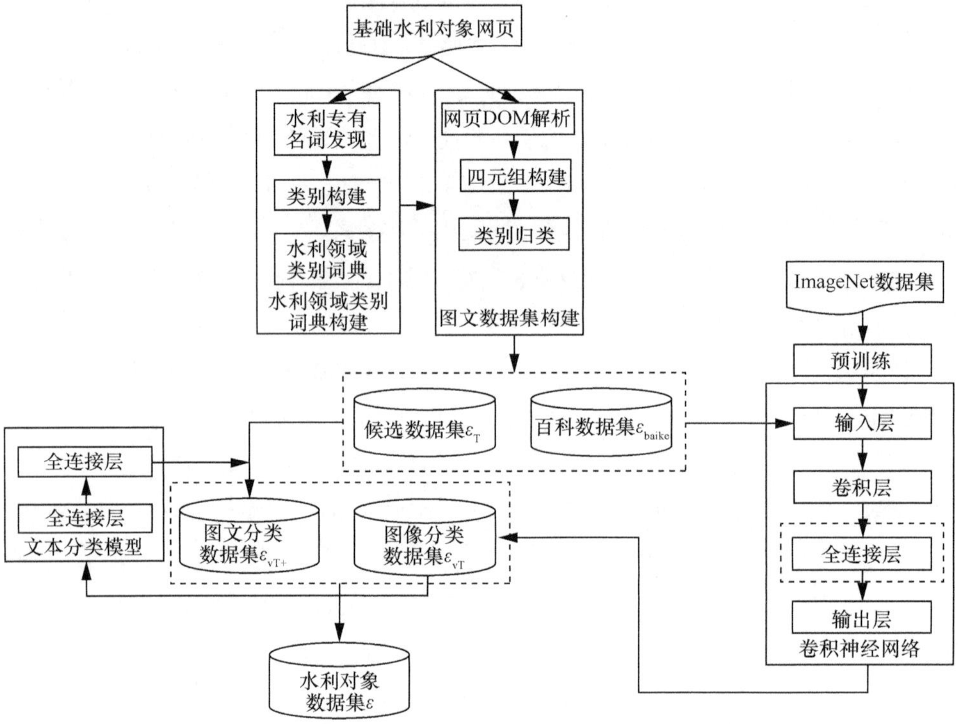

图 5.18　面向基础水利对象的多模态数据关联模型流程

本小节提出了基础水利对象数据集的构建方法，通过搜索引擎进行关键字搜索，获取到图像以及图像周围的文本信息完成初步的数据采集工作；接着，构建基础水利对象类别词典并对收集到的数据进行归类，根据返回的质量不同的网页构建关联度高的百科数据集以及用以扩充的候选数据集。

本小节采用特征筛选的方式过滤大量的噪声数据，增强水利对象图文数据之间的关联度与多样性。采用迁移学习来微调卷积神经网络模型，将百科图像数据作为监督信息，使用 ResNet-50 模型对其进行特征提取与分类，借鉴多步训练的思想提高模型训练的准确率并对候选数据集进行置信度阈值输出。对搜索引擎搜索的水利领域基础水利对象图像从头训练的难度很高且耗时很长。本小节受到迁移学习的启发，使用预先训练好的模型作为基础，并调整模型的全连接层，以便对基础水利对象相应类别进行分类操作，在数据量较小的情况可以取得很好的效果。因为预训练模型已经从更大的数据集中学习了基本的图像特征。

3. 实验与结果分析

对于用在训练集的图像，可以采用多种方式变化进行处理，从而在训练过程中增加多样性，使训练模型更加具有通用性，在不同类型的测试数据下都可以获得更好的表现。此外，将输入数据进行分批次处理，在用于训练之前，需要将批量数据规范为固定的尺寸和格式。对于每幅输入图像首先要进行一组变化，并且引入随机变化来增加图像的多样性。在每个阶段的训练过程中，每一幅图像都应用一组变换。在训练过程中，每个阶段的变化过程都需要引入新的随机变化过程，这会让数据得到相应的扩充，模型得到更好的归纳能力。

迁移学习只对模型尾部进行调整训练不能达到理想的精度，借鉴 Fast R-CNN 多步训练的思想。对于预训练模型，先对尾部进行训练，调整全连接层，当模型趋于稳定时，再训练网络骨架层，从而达到更好的收敛效果。

对于训练得到的图像分类数据集，通过图像周围的文本信息进一步挖掘候选数据集中被卷积神经网络所过滤掉图像的潜在文本关联性，使用深度分类模型[39]，在保持分类准确率的同时增强水利对象表现形式的多样性。本实验将基础水利对象候选数据集以及基础水利对象百科数据集作为数据集，其中百科数据集为监督信息，数据表现形式为图像数据-图像类别标签，并选取其中的 10 个类别，如表 5.12、表 5.13 所示。

表 5.12　基础水利对象候选数据集

水利对象	个数	水利对象	个数
河流	2 291	水库大坝	2 456
灌区	1 515	水闸	1 310
涵洞	1 217	渡槽	1 354
倒虹吸	1 209	泵站	1 245
提防	1 278	井	1 267

表 5.13　基础水利对象百科数据集

水利对象	个数	水利对象	个数
河流	304	水库大坝	312
灌区	258	水闸	236
涵洞	227	渡槽	222
倒虹吸	223	泵站	232
提防	228	井	235

本小节将预训练微调方法与多步训练微调方法进行了对比实验与分析。典型预训练微调百科

数据集（$\varepsilon_{\text{baike}}$）与多步训练微调 $\varepsilon_{\text{baike}}$ 的准确率分别如图 5.19、图 5.20 所示。

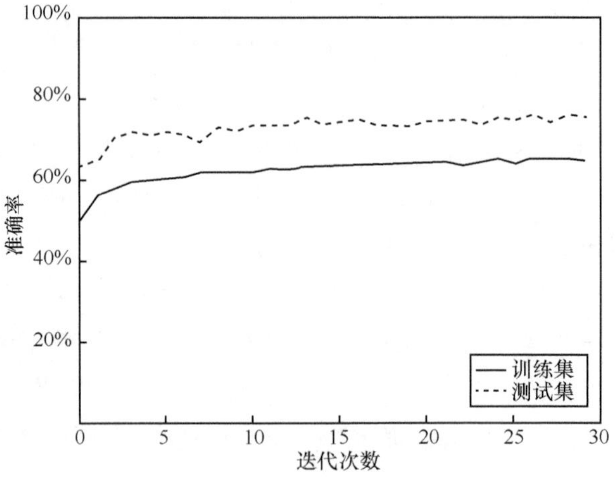

图 5.19　典型预训练微调 $\varepsilon_{\text{baike}}$ 的准确率

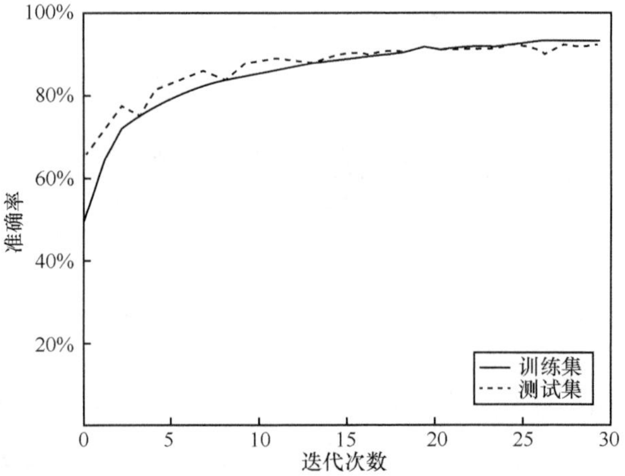

图 5.20　多步训练微调 $\varepsilon_{\text{baike}}$ 的准确率

从图 5.19 和图 5.20 可以看出，预训练微调方法，通过 ResNet50 分类网络，采取只对尾部进行微调的常见微调思想，修改线形层使输出类别数目等于需要分类的数目，并且固定 ResNet 的骨架层训练 30 个周期的准确率只有 72%。进行 30 次周期的训练，曲线慢慢收敛，修改 ResNet 的骨架层，再进行 30 次周期的训练，准确率达到了 94%。

预训练微调 $\varepsilon_{\text{baike}}$ 与多步训练微调 $\varepsilon_{\text{baike}}$ 的 loss 函数值分别如图 5.21、图 5.22 所示。

从图 5.21 和图 5.22 可以看出使用典型预训练微调方法，通过 ResNet50 分类网络，采取只对尾部进行微调的常见微调思想，loss 函数值较大不利于模型训练。进行 30 次周期的训练后，曲线慢慢收敛，修改 ResNet 的骨架层，再进行 30 次周期的训练，修改之后 loss 函数值大幅度下降。这说明只对尾部进行训练达不到预期的训练精度，在典型预训练的基础上，采用多步训练的方法进行微调，先对尾部进行训练，再训练 ResNet 的骨架层，可以得到理想的收敛效果。

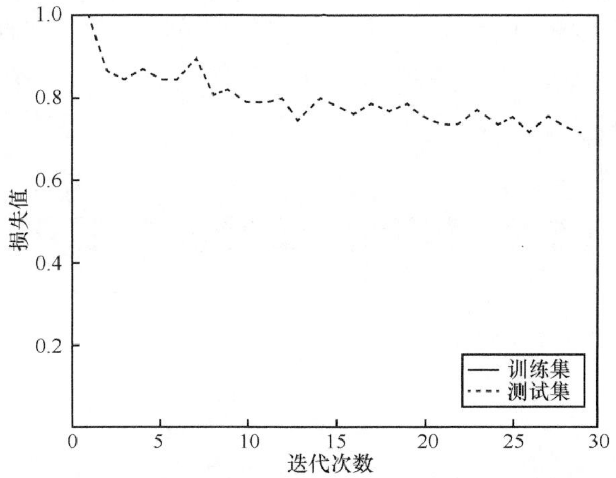

图 5.21　典型预训练微调 $\varepsilon_{\text{baike}}$ 的 loss 函数值

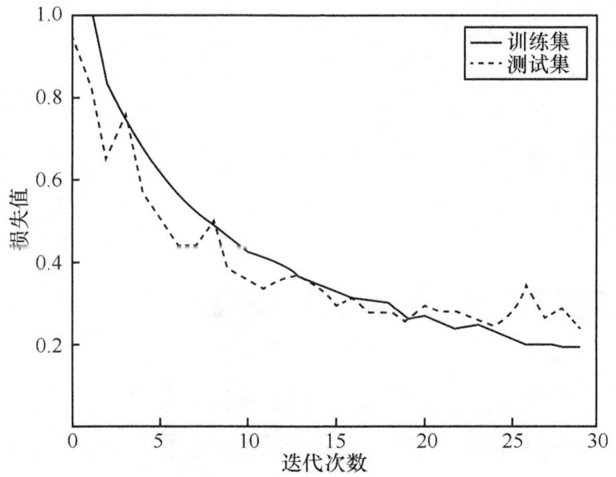

图 5.22　多步训练微调 $\varepsilon_{\text{baike}}$ 的 loss 函数值

4. **小结**

本小节详细阐述了基于特征筛选的数据关联方法。首先，针对不同关注度的基础水利对象，搜索引擎返回三种不同结果的网页图像，进行周围关键信息抽取，从而构建四元组，根据构建的水利领域类别词典对四元组数据进行类别归类，筛选出与基础水利对象相关的图文数据并构建百科数据集以及候选数据集。然后，利用构建的百科数据作监督，加载预训练好的 ImageNet 数据集，使用 ResNet 模型对候选数据集进行多步训练方式调整网络结构进行特征表示以及图像类别分类。

5.1.6 总结

本节从智能数据服务技术的角度，对基于知识图谱的多关系回答、可视化、个性化推荐和面向基础水利对象的多模态数据关联等应用，结合相关案例，对当前基本知识图谱的智能数据服务技术应用进行了解析和呈现。

5.2 智能决策支持的应用案例

5.2.1 引言

知识图谱是表示、聚合、关联知识的强大工具，基于知识图谱的全景式耦合网络已成为智能决策支持的重要基础。本节将全景式耦合网络作为智能决策支持应用的基础，分别使用时空特征模式库和事理图谱演化模式拓展智能决策支持应用。

① 基于时空特征模式库的决策方案生成和优化主要关注从全景式耦合网络的海量数据中抽取形成有效场景，服务决策支持应用，使用户能及时从合理组织的结果中分析决策信息。

② 基于事理图谱演化模式的反向成因分析主要关注从演化模式中实例化不同场景下事件的成因路径，将成因结果作为证据，使得决策支持内容具有可扩展性和较强的可解释性。

5.2.2 基于时空特征模式库的决策方案生成和优化

时空特征模式库以水资源管理主题为出发点，建立管理主题多特征空间，通过空间中原始数据的聚类与分析，形成区分度高的多个流域历史场景集合的知识库。时空特征模式库能通过当前态势与历史场景的匹配，输出当前态势在历史情况中的预测数值或执行方案，形成智能模拟结果。时空特征模式库的优势在于预测模拟方案是可解释的，且能完全利用历史既有数据，模拟完整的流域时空过程，因此适用于决策。如何通过人工智能技术刻画水文事件间的非线形映射关系，动态高效地提供数据驱动模型的模拟结果，进而实现快速决策，是人工智能技术实例化的研究热点。如何从多源原始数据集中提取出能够表征流域典型变化趋势的关键要素数据集，是建立模式库过程中的一个重要任务。因此，本小节将场景定义为能够表征流域典型变化趋势的关键要素数据集。构建时空特征模式库的难点在于如何构建场景。

场景构建主要采取一元时间序列分割技术、多元时间序列分割技术、数据特征构造与选择技术以及多特征数据聚类技术。传统的时间序列分割技术侧重于对时间序列数据的压缩和拟合，该方法只适用于特殊领域的数据分割，不能够被广泛应用于各个行业。在多元时间序列分割技术方面，WANG 等[40]提出了基于 Gath-Geva 聚类算法的多元时间序列分割方法，并在分割过程中将数据的时间坐标作为一个额外的变量加以考虑从而对该算法进行进一步改进。郭月红等[41]基于动态规划算法提出多元时间序列分割方法，提高了分割断点的查询速度，大量降低了分割计算的时间复杂度，但其只支持多元时间序列的同步分割。特征选择算法作为数据分析的重要手段之一，过滤掉原始数据中噪音和冗余特征，选出使得系统特定指标最优化的特征子集，从而得到反映所研究问题本质的关键信息。聚类算法是数据挖掘中重要的一部分，分割聚类、层次聚类等方法能够解决大部分聚类问题，但随着数据量的增加，其性能仍然有所局限。

根据不同主题的需求，全景式耦合网络–知识图谱能够为模式库提供大量主题要素信息以及水利对象数据，但这些数据不能直接使用，因为这些数据存在大量冗余信息以及无用信息，直接使用这些数据会导致算法复杂度过高以及实验结果的误差过大，需要对原始数据进行处理，构建相应的场景。因此本小节提出了场景构建流程。

1. **算法模型**

场景构建的主要任务是首先对单要素数据进行分割，去除冗余数据；然后，通过挖掘水利对象各要素数据之间的关联关系，对整个场景实现多元异步分割，获取场景所对应的多元时间序列数据；接着，根据专家知识，获得各个场景要素的不同特征；再依靠特征选择方法，提取场景要素中的主要特征，可以得到初始化场景；最后，对初始化场景进行聚类，剔除一些冗余场景，建立高效有用的场景。整个流程如图 5.23 所示。

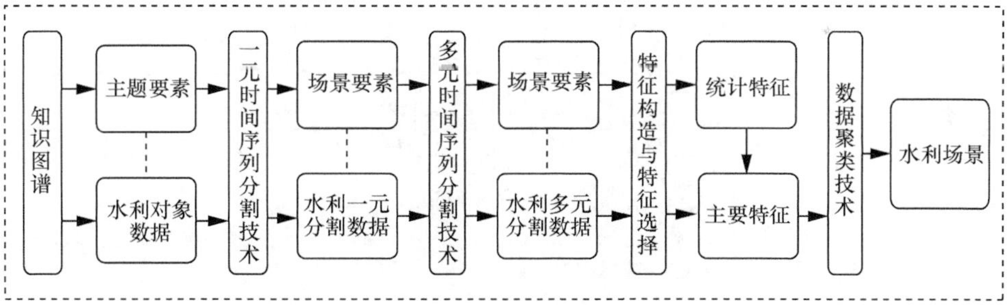

图 5.23　场景构建流程

（1）一元时间序列数据分割技术

一元时间序列数据分割技术需要对原始对象数据进行分割，从而提取有价值的信息数据，主要采用的方法是基于双向递归神经网络（Bi-LG-LSTM）的时间序列分割方法。

LSTM 通过门机制和内部记忆单元的配合，不断地学习和记忆时间序列信息。通过 LSTM 提取水文时间序列序列的特征后，水文时间序列序列的每一个特征都包含了过去的相关信息，最后一个特征则包含了整个序列的时间序列信息。如果通过 LSTM 直接对水文时间序列序列进行特征提取，那么最后一个特征值将包含大量的过去信息。在这种情况下，有效的后续特征分割点将很难被识别出来。因此，综合考虑时间序列的局部信息和全局信息有助于快速地找到有效特征分割点。LG-LSTM 结构如图 5.24 所示，其中全局信息指的是传统 LSTM 过程中提取的信息，而局部信息指只考虑过去的部分相关信息。虽然 LG-LSTM 结构比 LSTM 结构有很大的改进，但从逻辑角度看，仍然有一些缺点。LSTM 和 LG-LSTM 都只能记忆过去的信息而无法看到将来的信息。而在实际问题中，一个数值仅对比过去的信息，是无法完全确定的，还要看将来的信息。为了解决这个问题，本小节采用了双向递归神经网络（见图 5.25），Bi-LG-LSTM 可以同时学习过去和将来的时间序列特征。

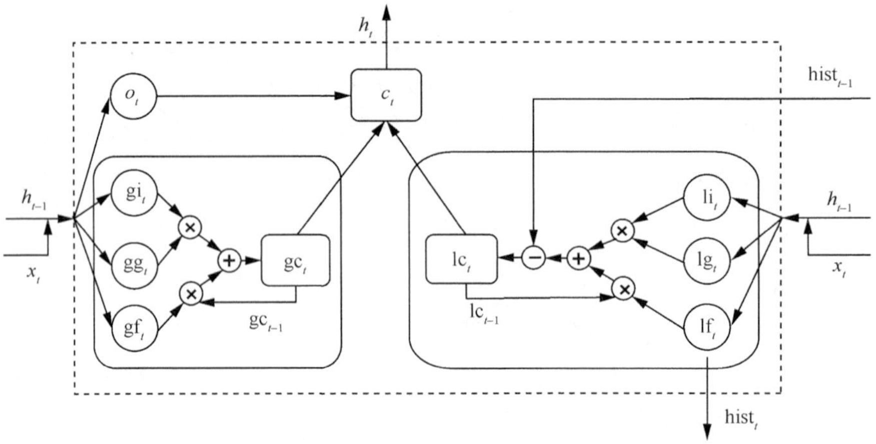

图 5.24　LG-LSTM 结构

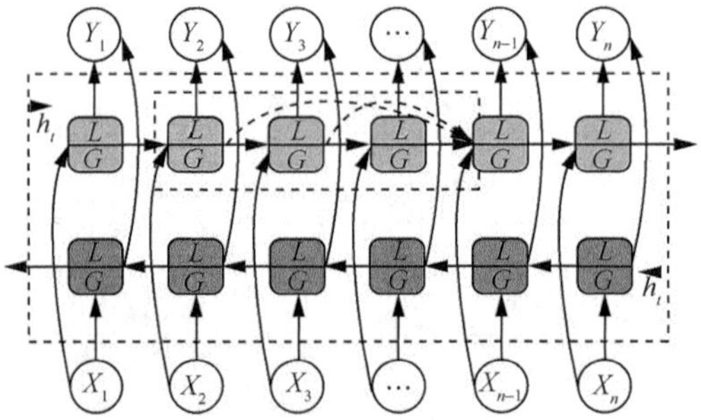

图 5.25　Bi-LG-LSTM 结构

（2）多元时间序列数据分割技术

多元时间序列分割技术可以从主题要素挖掘出各个场景对应的场景要素数据。多元时间序列分割技术主要基于一元时间序列分割的基础而建立，通过一元分割技术对各要素数据进行分割，再利用滑动窗口技术对分割数据进行采样，防止数据信息丢失，利用关联关系公式挖掘各要素数据之间的关系，最后对已挖掘得到的各要素数据进行时间序列校正合并，获得多元时间序列分割数据。

由于本小节所获得的数据为多元时间序列数据，并且各元数据的长度不相同，因而对于长度不相同的数据，采用相似度度量方式（一般为 DTW 度量方式，主要原因是 DTW 度量距离比闵可夫斯基距离，更适于变长的数据）。DTW 度量公式如下：

$$\begin{aligned}&\mathrm{DTW}(X[1,\cdots,i],Y[1,\cdots,j])=H(X[i],Y[j])+\\&\min\{\mathrm{DTW}(X[1,\cdots,i],Y[1,\cdots,j-1]),\\&\mathrm{DTW}(X[1,\cdots,i-1],Y[1,\cdots,j]),\\&\mathrm{DTW}(X[1,\cdots,i-1],Y[1,\cdots,j-1])\}\end{aligned} \tag{5.2}$$

其中，$H()$ 为欧几里得函数，$X[1,\cdots,i]$ 表示长度为 i 的时间序列数据，$Y[1,\cdots,j]$ 表示长度为 j 的时间序列数据。

数据和数据之间呈现不同关系，虽然 DTW 距离公式能够很好地度量相似度数据的关系，相似度数据一般成正相关，但对于一些成负相关的数据，也需要挖掘。斯皮尔曼相关系数方法可以很好地度量数据之间的相关性，其公式如下：

$$\rho(X,Y)=\frac{\sum_{i=1}^{n}(x_i-\overline{x})\cdot(y_i-\overline{y})}{\sqrt{\sum_{i=1}^{n}(x_i-\overline{x})^2\cdot\sum_{i=1}^{n}(y_i-\overline{y})^2}},\quad -1\leqslant\rho(X,Y)\leqslant 1 \tag{5.3}$$

其中，X,Y 为等长的时间序列数据。

实际应用中输入的数据并不是等长的，而相关性度量公式要求输入的数据是等长的。这种情况很难直接应用相关性公式，因而需要对其进行相应的改进。同时，相关性公式能够很好地判别出数据间的相关性，但无法更加细致地度量同相关性下的数据相似程度，也就是说对于数据数值间的距离无法度量，而 DTW 相似度度量方式正好可以弥补该缺点，但 DTW 相似度度量公式无法度量负相关关系下的数据相似度，因而，对待不同情况，采用不同方式，需要综合考虑不同相关性下的相似度量。本小节在已有的距离度量方式的基础上，提出一种新的度量方式：

$$\begin{aligned}&\mathrm{DTWCorr}(X,Y)=\frac{\mathrm{DTW}(X-\mathrm{E}(X),(-1)^t(Y-E(Y)))}{1+|\rho_{\max}(X,Y)|}\\&t=\begin{cases}0, & \rho_{\max}(X,Y)\geqslant 0\\1, & \rho_{\max}(X,Y)<0\end{cases}\end{aligned} \tag{5.4}$$

其中，$\mathrm{E}()$ 为期望函数，$\rho_{\max}()$ 用来计算两个非等长时间序列的相关性，将最长的时间序列分割成多个与最短时间序列长度相等的时间序列数据，计算其相关性，从中选择最大的相关性作为两个非等长时间序列的相关性。

为了能够很好地挖掘场景要素数据之间的关系，同时从大量连续的多元时间序列数据中分割出具有一定关联的场景要素数据，本小节在一元分割技术的基础上，对一元分割数据进行滑动窗口采样，再利用改进的相关度量公式度量各场景要素数据的关系，分割出相关性较高的场景要素时间序列数据，最后采用时间序列合并校正技术，对多个场景要素数据进行合并，得到多元时间序列异步分割数据，如算法 5.1 所示。

算法 5.1 基于滑动窗口和改进相关度量方式的多元异步时间序列分割算法

输入 多元原始时间序列 X，各单元分割数据 Y

输出 多元异步分割数据集 MultiSeg

```
// 第一步：滑动窗口采样分割数据集
for i = 0 to len(X) do
    SegSet[i] ← {}
    for j = 0 to len(Y[i]) do
        SegSet[i] ← SegSet[i] + SlidingWindow(X[i], Y[i][j])
    end for
end for
// 第二步:利用度量公式获取相邻两元之间相似的分割数据集
for i = 0 to len(X) do
    SegCorr[i] ← {}
    SegCorr[i] ← DTWCorr(SegSet[i],SegSet[i + 1])
end for
// 第三步:合并校正相邻两元时间序列，组合成多元异步分割数据
for i = 0 to len(X) − 1 do
    MultiSeg ← Validate(MultiSeg,SegCorr[i])
end for
return  MultiSeg
```

多元时间序列异步分割算法,利用高效分割时间序列段数据对不同主题下的主题要素进行挖掘，可以得到不同场景所需要的场景要素，为后续模式库场景构建提供更加有效的数据。

（3）特征构造与特征选择

通过基于 Bi-LG-LSTM 神经网络的时间序列分割技术，可以剔除原有水利对象数据中的冗余数据，获得高效时间序列分割段；通过基于滑动窗口和相关度量方式改进的多元时间序列分割技术，可以从主题要素中挖掘出各个场景所对应的场景要素分割数据。根据场景要素对场景要素所对应的时间序列分割段进行特征提取，并且从特征中选择主要特征。通过原始数据难以进行模式库场景的匹配查找，需要对场景中的数据进行特征提取，提高场景之间的差异。

场景中的特征提取一般有三种方法：直接构造特征、间接构造特征、神经网络构造特征。直接构造特征法：直接将一些可以度量该场景的场景要素定义为特征，如水华场景中，叶绿素浓度（场景要素）可以直接被当作特征使用，叶绿素浓度的变化直接关系到场景的评价。间接构造特征法：对于一些难以直接度量的场景要素，研究人员可以采取间接的方式从场景要素数据中提取特征，最常用的方式是统计学方式，对场景要素数据取平均值、方差等统计特征；甚至可以对于不同的场景要素采用统计学方式提取统计特征。神经网络构造特征法：对于一些场景要素数据，

研究人员难以从中直接或间接地提取有效特征，但如果放弃对该数据进行特征提取，则会影响场景的构建，因而可以采取人工神经网络的方式提取特征，其中最常用的神经网络为 CNN，研究人员可以将 CNN 中的卷积模板当作相应的特征。

特征选择算法主要分为过滤式、包裹式以及嵌入式三种。在过滤式算法中，经典的算法为 Relief 算法，该算法具有速度快、易于理解和计算等优点，但是 Relief 算法仅适用于有监督学习，针对无监督学习，该算法难以应用到无标签数据集上，本小节获得的数据为无标签的多元时间序列分割数据，因而无法使用 Relief 算法。同时，过滤式特征选择方法不考虑后续学习器的差异性，相比较而言，包裹式算法直接将使用的学习器性能作为特征子集的评价准则，其目的是给定的学习器选择最有利于性能的特征子集。

LVW（Las Vegas Wrapper）是一个典型的包裹式特征选择算法，其在拉斯维加斯方法框架下使用随机策略来进行特征子集搜索，并以最终分类器的误差作为特征子集评价准则，不过相比较 Relief 算法，该算法在计算方面开销要大得多，但该算法适用于无监督学习方法，广泛应用于无标签数据集上，描述如算法 5.2 所示。

算法 5.2　LVW 算法

输入　数据集 D，特征集 A，学习算法 C，停止条件控制参数 T

输出　特征子集 A^*

1）$E \leftarrow \infty$

2）$d \leftarrow |A|$

3）$A^* \leftarrow A$

4）$t \leftarrow 0$

5）**while** $t < T$ **do**

6）　随机产生特征子集 A'

7）　$d' \leftarrow |A'|$

8）　$E' \leftarrow \mathrm{CrossValidation}(C(D^{A'}))$

9）　**if** $(E' < E) \vee ((E' = E) \wedge (d' < d))$ **then**

10）　　$t \leftarrow 0$

11）　　$E' \leftarrow E$

12）　　$d' \leftarrow d$

13）　　$A^* \leftarrow A'$

14）　**else**

15）　　$t \leftarrow t+1$

16）　**end if**

17）**end while**

算法第 8）行是在数据集 D 上，使用交叉验证法来估计学习器 C 的误差，这个误差是在仅

考虑特征子集 A' 时得到的，即特征子集 A' 上的误差，若它比当前特征子集 A 上的误差更小，或者误差相同但其中包含的特征数更少，则将 A' 保留下来。需要注意的是，由于 LVW 算法中的特征子集搜索采用随机策略，而每次特征子集评价需要训练学习器，计算开销很大，因此该算法设置了停止条件控制参数 T 。

通过 LVW 算法对场景中原有特征集进行特征选择，得到该场景新的主要特征集合，并利用新的主要特征集合重新构建场景。

（4）数据聚类技术

通过时间序列特征构造以及选择技术，获得每个场景中的主要特征。众多场景中存在相似的特征，导致众多场景中存在大量冗余相似场景，需要根据场景中的特征对场景进行聚类，以减少相似场景的出现，并且需要增加场景的区分度，使得场景之间的差异明显。本小节采用基于特征权重的 *k*-means 算法对每个主题下的所有场景进行聚类，由于同一个主题下的所有场景的主要特征众多，而每个特征对于场景的区分所占权重也不相同，因而需要选择适合的特征权重对场景进行聚类。通过基于特征权重的 *k*-means 算法对同一主题下的所有场景聚类后，选择每一类的质点作为该类的场景，突出场景之间的差异，如图 5.26 所示。

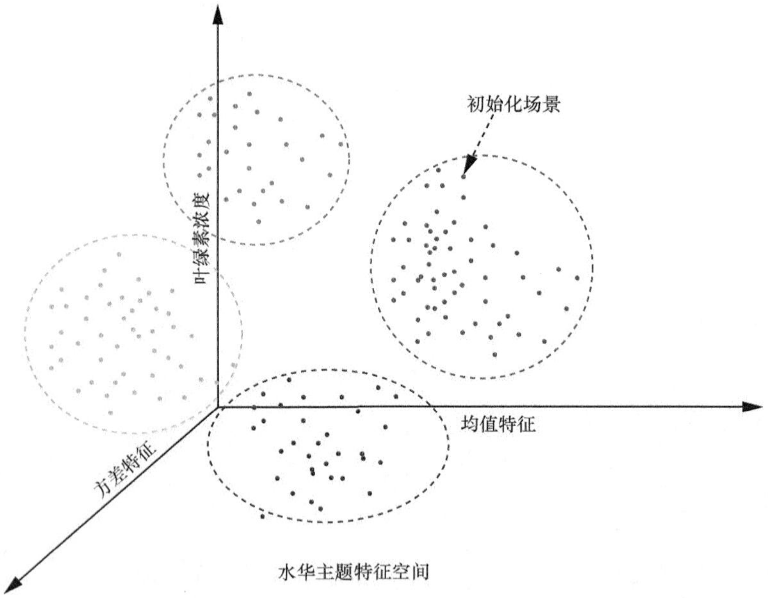

图 5.26　场景特征空间聚类示意

本小节考虑场景中的主要特征在场景聚类中的所占的比重并不相同，因而在聚类过程中，对每个场景中的每个主要特征增加相应的权重。由于在实际操作过程中，并不知道每个场景的所属类别，所以相应地给每个场景增加所属类别的权重值。对于不同场景中的同一个主特征之间的相似度量，有众多距离相似度量方法：曼哈顿距离公式、欧几里得公式、切比雪夫公式、马氏距离公式、编辑距离公式等。根据以上的分析，基于特征权重的 *k*-means 算法的目标公式如下：

$$\Psi(C,Z,w)=\sum_{l=1}^{k}\sum_{i=1}^{n}\sum_{j=1}^{m}c_{il}w_j d(x_{ij},z_{lj}) \tag{5.5}$$

其中，Ψ 表示该算法目标；C 是所有场景所属聚类簇权重矩阵，如果总场景个数为 n，聚类个数为 k，则矩阵大小为 $n\times k$，矩阵中的值都为二进制，$c_{il}=1$ 代表第 i 个场景属于第 l 个聚类；Z 表示聚类簇中心向量，其中 z_{lj} 表示第 l 个聚类中心点中的第 j 个主要特征；w 表示特征权重向量，其中 w_j 表示第 j 个主要特征所占权重；$d()$ 为特征度量函数。基于特征权重的 *k*-means 算法如算法 5.3 所示。

算法 5.3　基于特征权重的 *k*-means 算法

输入　数据集 D，样例个数 n

输出　场景所属聚类簇权重矩阵 C，聚类簇中心向量 Z，特征权重向量 w

1）初始化每个场景所属每个聚类簇的权重向量 w

2）初始化 k 个聚类簇的中心点位置 Z

3）初始化每个场景中的每个主要特征所属每个聚类簇的权重矩阵 C

4）**do while** Ψ 的值未收敛

5）　　$C=\arg\min_{C}\Psi(C,Z,w)$

6）　　$Z=\arg\min_{Z}\Psi(C,Z,w)$

7）　　$w=\arg\min_{w}\Psi(C,Z,w)$

8）**end do**

通过基于特征权重的 *k*-means 算法，可以得到每个聚类簇的中心点，其中每个中心点代表该类模式场景。

2. **实验分析**

（1）一元时间序列分割方法实验

针对水文时间序列数据所具有的水文特征，本小节以 LSTM 神经网络为基础，对其结构进行改进，提出基于 Bi-LG-LSTM 神经网络的时间序列分割方法，对昌化流域数据集进行时间序列分割。

① 实验步骤如下。

第一步：对昌化流域时间序列数据进行噪声数据加入，并且进行相应的人工标注。

第二步：按照 Bi-LG-LSTM 神经网络模型，用 Tensorflow 框架编写相对应的代码。

第三步：运用交叉实验方法，从 31 场洪水中选出 30 场洪水流量数据，并将其作为训练集，训练该神经网络模型，剩余的一场洪水流量数据作为测试集，测试该模型的准确度等指标。

② 实验数据如下。

本节选取浙江省昌化镇 1998 年至 2010 年的 31 场洪水流量数据作为实验数据。由于每场洪水流量数据都包含一定量的冗余数据（主要是在洪水起始处和终止处），因此在实验中需要手动设置标签，通过人工经验区分洪水数据和噪声数据。第一场洪水流量数据和标签数据如图 5.27 所示。

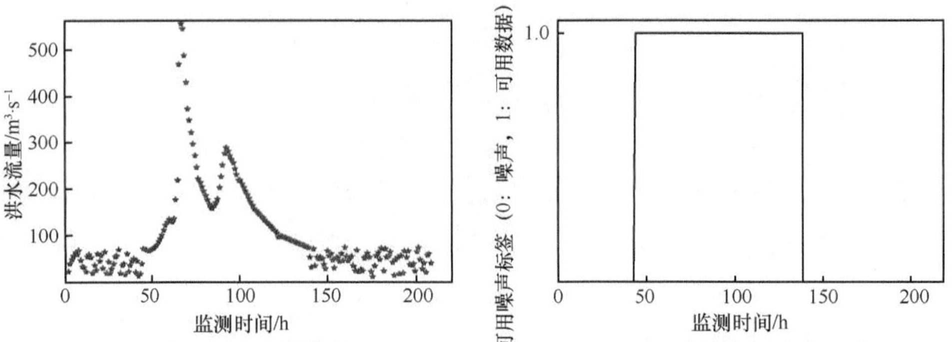

(a) 第一场洪水流量数据　　(b) 第一场洪水流量标签数据

图 5.27　第一场洪水流量数据和可用噪声标签

③ 实验细节如下。

实验中使用的数据是 31 个洪水流量时间序列数据和洪水流量时间序列标签。将本小节所提方法与其他 5 种时间序列分割方法进行了比较，分别为 Top-Down 方法、Bottom-Up 方法、SlidingWindows 方法、基于 LSTM 神经网络的时间序列分割和基于 Bi-LSTM 神经网络的时间序列分割。其中 Top-Down 方法、Bottom-Up 方法和 SlidingWindows 方法是传统的时间序列分割方法，主要建立在线形拟合基础上。针对基于神经网络的分割方法，本小节选择了留一法来测试基于 LSTM 神经网络的时间序列分割，基于 Bi-LSTM 神经网络的时间序列分割和基于 Bi-LG-LSTM 神经网络的时间序列分割，因此将洪水流量数据集划分成 31 个子集，每场洪水流量数据都用作一个子集，即依次选择一场洪水流量数据作为测试集，而其他数据用作训练集，通过 31 场洪水流量数据的训练和测试，观察这三种神经网络对洪水流量数据的识别与分割效果。

通过传统的分割方法对洪水时间序列进行分割，拟合阈值设置为 1 000 时，实验结果是最佳的。LSTM 和 Bi-LSTM 神经网络主要使用 Keras 构建，而 Bi-LG-LSTM 神经网络则使用 Tensorflow 构建，其中所有神经网络中参数的初始值都设置在（0,0.1）。训练实验的迭代次数为 1 000，使得神经网络运行的结果趋向于稳定。

④ 实验结果如下。

图 5.28 展示了在第一场洪水流量数据上的 6 种分割方法的分割结果。由于大量的实验数据，实验结果很难一次显示。为了反映分割结果，选择第一场洪水流量分割结果展示，图 5.28 中用黑色和白色区分两个相邻的时间序列片段，连续的时间序列数据都是同一种颜色，那么该连续的时间序列数据组成的时间序列段为一条分割段。

从图 5.28 可以看到，与基于 Bi-LG-LSTM 神经网络的实验结果相比，传统的时间序列分割方法分割的时间序列段数相对多，但比基于 LSTM 神经网络的时间序列分割方法结果好，主要原因是 LSTM 没有完全识别出洪水流量中的每个数据，从而出现零散的数据点产生的情况，分割效果比较差。尽管传统的时间序列分割方法可以对洪水流量数据进行分割，但整个洪水流量数据被分成一些时间序列段，破坏了整个洪水流量时间序列的完整性，同时分割结果中，并不知道哪些时间序列段为洪水流量数据，因而分割结果不具有语义性。

对基于 Bi-LSTM 神经网络的时间序列分割方法，基于 Bi-LG-LSTM 神经网络的时间序列分割方法和基于 LSTM 神经网络的时间序列分割方法做比较。从图 5.28 可知，基于 LSTM 神经网络的时间序列分割方法将洪水流量时间序列分割成许多片段，并且将冗余数据（噪声数据）也分为一些片段，没有很好地将洪水流量数据从整个时间序列数据中提取出来。基于 Bi-LSTM 神经网络的时间序列分割方法，尽管能够提取洪水流量数据的时间序列段，但可以很明显看到在提取的时间序列段起始端和终止端都包含额外的冗余数据。与图 5.28（e）相比，图 5.28（f）所示的结果不仅可以识别洪水流量数据，还大量减少了起始端和终止端处的冗余数据，这表明基于 Bi-LG-LSTM 神经网络的时间序列分割效果优于基于 Bi-LSTM 神经网络的时间序列分割实验结果。

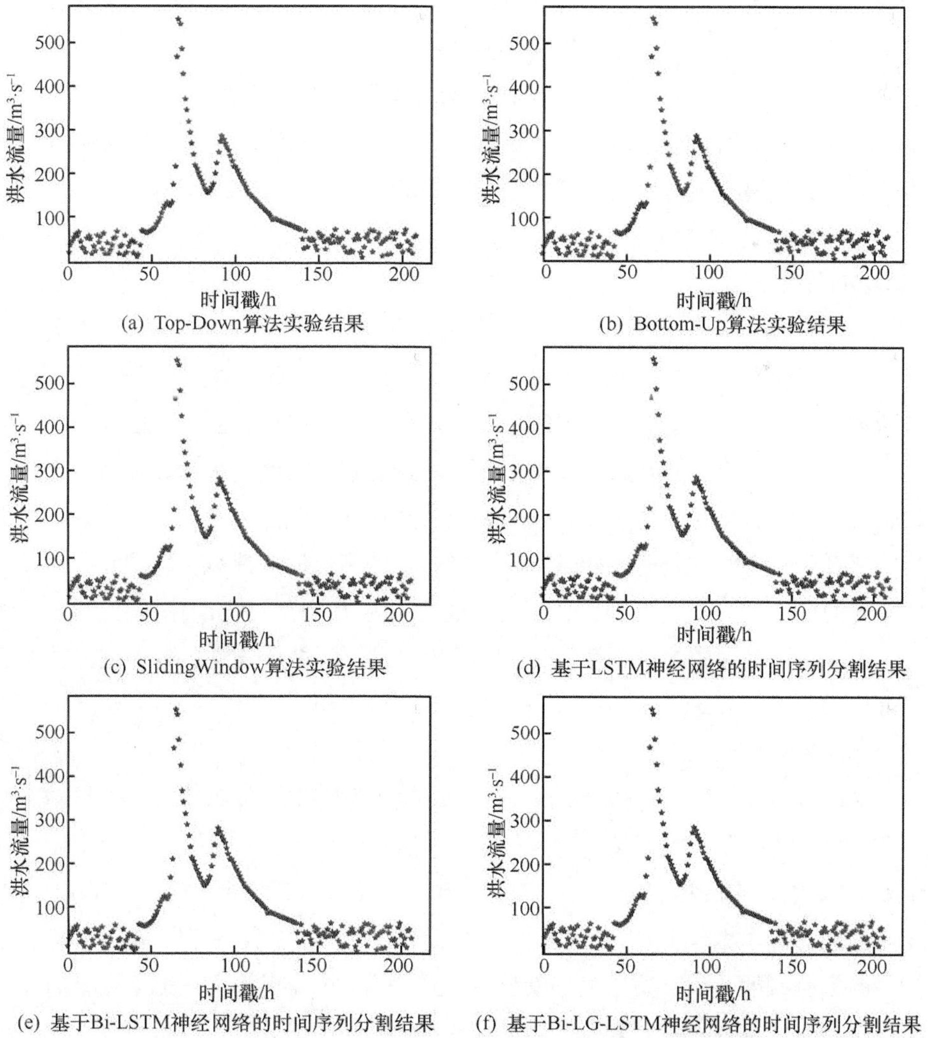

(a) Top-Down算法实验结果　(b) Bottom-Up算法实验结果

(c) SlidingWindow算法实验结果　(d) 基于LSTM神经网络的时间序列分割结果

(e) 基于Bi-LSTM神经网络的时间序列分割结果　(f) 基于Bi-LG-LSTM神经网络的时间序列分割结果

图 5.28　基于不同分割方法的第一场洪水流量数据分割结果

（2）多元时间序列分割方法实验

本实验采用引江济太水量水质数据，该数据包含207个水质监测站所测的数据。每个水质站点监测的场景要素数据为：水温、透明度、溶氧量（Do）、pH值、电导率、化学需氧量（COD）、总磷含量（TP）和氨氮含量等。其中某些湖泊站点包含：叶绿素浓度、浮游植物等指标。在多元时间序列分割实验中，本小节选择2008年贡湖水厂所监测的总磷含量，总氮含量（TN）以及透明度数据进行实验，利用时间序列分割技术对一元时间序列数据进行分割，获取到引江济太水量水质的一元分割数据，再对分割数据进行关联关系挖掘，获得多元时间序列分割数据。

① 实验方法如下。

基于滑动窗口和改进的相关度量方式分割技术对引江济太水质数据进行多元时间序列分割。

② 实验步骤如下。

第一步：使用一元分割技术对每个站点所监测的各个场景要素数据进行时间序列分割，从场景要素数据中获取可能会发生污染的时间序列数据。

第二步：使用滑动窗口对各个场景要素上的分割数据进行滑动窗口采样，获取采样数据。

第三步：依次从某站点上选取两个场景要素的采样数据，使用改进的相关度量公式对该两个场景要素的采样数据进行度量，选取关联性较高的组合，存储到数据库中。

第四步：合并时间上存在重合的组合数据，得到含有多个场景要素的多元时间序列分割数据。

③ 实验细节如下。

本实验无法完全展示各个站点各个场景要素的分割结果，因而选择2008年贡湖水厂所监测的总氮含量、总磷含量以及透明度数据进行实验。首先，用一元时间序列分割技术对各个场景要素所对应的数据进行一元分割；再使用滑动窗口对分割数据采样，主要防止数据存在缺失和冗余情况；然后，使用改进的相关度量方式度量各个场景要素数据间的关系；最后，合并具有相关关系的数据，从而达到多个场景要素关联以及多元时间序列分割的目的。本实验采用基于动态规划的多元时间序列分割方法和基于Gath-Geva模糊聚类的多元时间序列分割方法做对比。在基于动态规划的多元时间序列分割实验中，分割的阶数设置为7，而在基于模糊聚类的多元时间序列分割实验中，聚类的个数设置为2。但是根据聚类的情况，所进行分割的数目和聚类个数是不相同的，决定分割数目的主要因素是数据本身。

④ 实验结果如下。

图5.29（a）显示的是人工分割结果，也是实验希望得到的结果，从图中可以看出，TN、TP以及透明度数据发生变化，并不是同时的，具有一定的滞后性，同时也可以很明显地发现分割段中的TN和TP具有一定的相似度，而透明度则和TN成负相关关系。图5.29（b）是本小节使用的多元时间序列分割结果，从图中可以看到一段时间序列被分割成6段，并且每段的各元数据都不是在同一时刻分割的，但是该结果仍然具有缺点，在TP分割段中，第4、5和6段是重合的，这明显不符合实际情况，同时，某些分割段的各元数据并不十分相似，因而该方法仍然需要进行改进。图5.29（c）是基于Gath-Geva模糊分类的多元分割结果，可以明确看到，分割段的各元

数据都是在同一时刻进行分割的，该方法将整个时间序列分割成 9 段，但理想应分割成 7 段，同时有的分割段长度过短，如第 5、6、7 段；有的分割段长度过长，如第 8、9 段，同时无法发现分割段各元数据之间的明显关系。图 5.29（d）是基于动态规划的多元分割结果，从图可知，时间序列主要被分割成 6 段，按照参数设置，应当分割成 7 段，但其中某一段分割过小，因而在实际中，将其舍去，主要分割成 6 段；从分割结果上看出，该方法依然存在基于模糊聚类的多元分割方法的缺点。

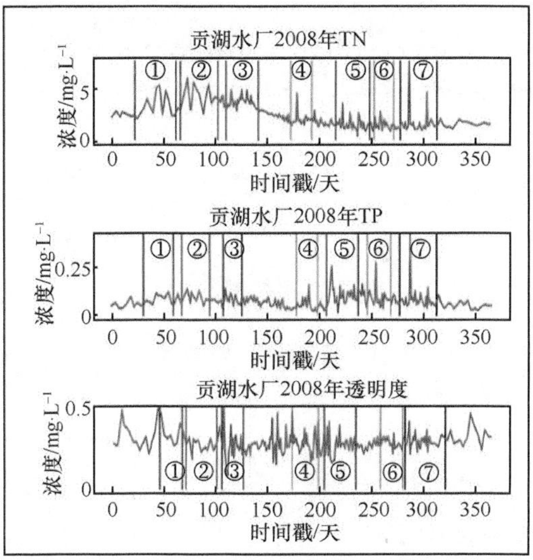

(a) 人工分割结果

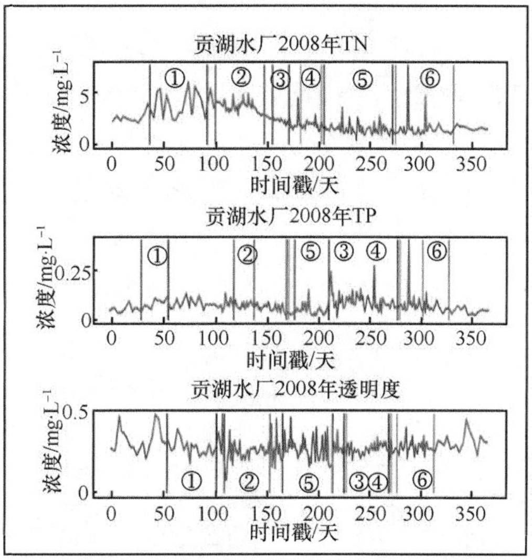

(b) 基于滑动窗口和改进相关度量方式的多元时间序列分割

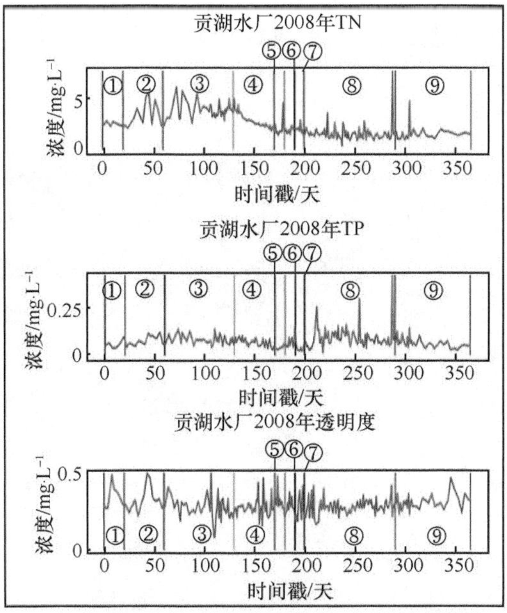

(c) 基于Gath-Geva模糊聚类的多元时间序列分割

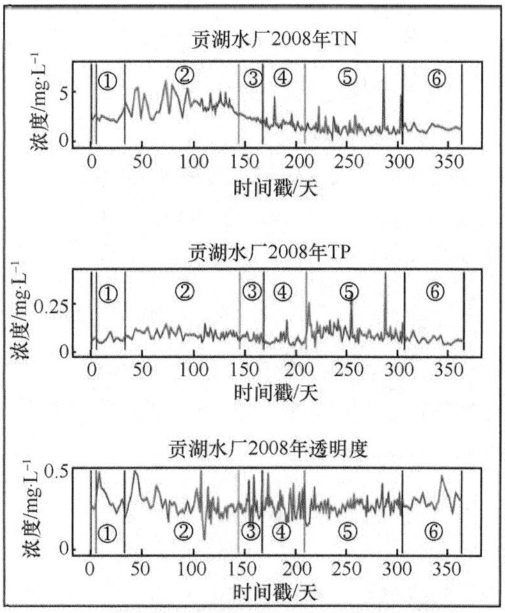

(d) 基于动态规划的多元时间序列分割

图 5.29　不同的多元时间序列分割方法实验结果

（3）特征提取和选择实验

数据特征提取一直是数据挖掘以及智能计算的重要工作，而对于不同领域的数据，特征提取方式不同。在水文领域中，针对该领域中的时间序列数据，卷积神经网络难以直接进行特征提取，并且提取出的特征难以进行合理的解释，因而需要根据水文领域中的专家知识，对水文数据进行特征提取，从而使得在后续工作能够得到合理的解释以及性能的提高。本实验使用引江济太水质分割数据以及时间序列数据关联技术挖掘的引江济太水质场景要素数据进行实验，引江济太水质分割数据是用时间序列数据分割技术对每个站点水质监测的指标（水温、透明度、溶氧量、pH值、电导率、化学需氧量、总磷含量、氨氮含量等）进行分割得到的，而引江济太水质场景要素数据则由时间序列数据关联技术对引江济太水量水质分割数据进行关联关系得到。

实验方法如下。

基于专家知识对引江济太水质分割数据进行特征提取。

实验步骤如下。

第一步：对场景中的各个场景要素对应的水利对象分割数据，进行特征提取，其特征表示为 $f=\{f_1,f_2,\cdots,f_p\}$；设置相似误差 $\text{error}=\infty$；$k=p$。

第二步：从 f 中随机选择 $k-1$ 个特征，组成 f_1。

第三步：将样本集 S 中所有场景 s_i 映射到 f_1 特征空间中。

第四步：使用 KNN 算法获取特征空间中每个场景的相邻场景。

第五步：将每个场景和其相邻场景再次映射到原始数据空间中。

第六步：使用度量距离度量每个场景和其相邻场景在原始数据空间中的误差，获得总误差 error_1。

第七步：比较 error 和 error_1，如果 $\text{error}_1<\text{error}$，则 $f=f_1$，$\text{error}_1=\text{error}$，转到第二步；否则输出结果特征 f_1。

（4）数据聚类实验

数据聚类是数据挖掘过程中的重要技术，其能够大量减少冗余数据，提取数据模式。时间序列数据聚类技术先从数据中提取特征，然后使用传统聚类算法对特征进行聚类，从而达到对数据聚类的目的。水文领域中的水文数据本身包含着相关水文特征，而且水文数据之间还具有时空特征，因而需要从水文数据中提取水文特征以及其时空特征，再使用传统时间序列聚类技术对其进行聚类。本实验使用引江济太水质场景的主要特征数据，该数据包含 207 个水质监测站所测的不同年份不同地区的水质场景特征数据。其中水质场景特征数据包含部分监测站点所测数据的特征。

实验方法如下。

基于特征权重的 *k*-means 算法对引江济太水质场景的主要特征数据进行聚类。

实验步骤如下。

第一步：初始化每个场景所属每个聚类簇的权重向量 $\boldsymbol{w}$；初始化 k 个聚类簇的中心点位置 $\boldsymbol{Z}$，初始化每个场景中的每个主要特征所属每个聚类簇的权重矩阵 $\boldsymbol{C}$。

第二步：固定每个聚类簇的中心点位置 $\boldsymbol{Z}$ 和所有场景特征权重 $\boldsymbol{w}$，调整每个场景所属每个聚类簇的权重矩阵 $\boldsymbol{C}$ 中的值，使得式（5.5）最小；

第三步：固定每个场景所属每个聚类簇的权重矩阵 $\boldsymbol{C}$ 和所有场景特征权重向量 $\boldsymbol{w}$，调整每个聚类簇的中心点位置 $\boldsymbol{Z}$，使得式（5.5）最小；

第四步：固定每个聚类簇的中心点位置 $\boldsymbol{Z}$ 和每个场景所属每个聚类簇的权重矩阵 $\boldsymbol{C}$，调整所有场景特征权重值 $\boldsymbol{w}$，使得式（5.5）最小；

第五步：重复第二步至第四步，直到式（5.5）中的值不发生变化为止。

3. **小结**

场景的构建是一个复杂的过程，同时也是一个探索的过程。对太湖流域中的各个站点数据以及引江济太水质数据分析，需要结合数据挖掘技术和水文数据本身所具有的特点。在分析水文数据过程中，可以发现单时间序列分割技术具有其相应的局限性，需要利用多元时间序列分割技术对各个站点以及各个区域的站点数据进行关联分割数据，然后利用特征提取与选择技术提取时间序列数据中的水文特征，再从特征中挖掘出场景的规律。

5.2.3　基于事理图谱演化模式的反向成因分析

处理流域突发事件是决策的目标，决策的关键是确定突发事件的形成成因。传统的流域事件成因分析一般有物理水文模型方法[42]、系统性成因统计分析方法[43-44]。这些方法只适用于对灾害成因一般规律的总结，难以应用于实时分析，且空间可扩展性差。使用事理图谱能有效地对不同时空范围的事件进行建模，从而对事件进行演化分析，形成事件链，作为决策支撑。

流域事件成因分析一般侧重于分析区域整体的系统性成因[42-44]，这些城市内涝成因分析方法均以城市内涝灾害的系统性成因为视角，采用静态化的统计分析对内涝成因的一般规律进行总结，但难以实时地分析内涝成因。概率图模型方法则以人工定义或从历史数据中学习待分析区域的模型参数并应用于实时成因分析，这些方法的缺点在于无法自动应用到其他地点，即贝叶斯网络结构不可变，空间可扩展性不强。

保证实时性、空间可扩展性是大数据环境下水利事件分析的需求，同时也是痛点。利用事理图谱结合知识图谱和历史数据形成对水利事件的演化机理描述，能实时地自动构建场景模式，进行成因分析。因此，本小节以城市内涝成因为典型分析对象，利用事理图谱形成的场景事理规则进行城市内涝成因分析。

1. **算法模型**

为了能实时、动态地分析内涝点处产生内涝的成因，本小节使用事理图谱生成的场景模式进行成因分析，场景模式采用离散动态贝叶斯网络表示，目标是确定对内涝结果有影响的成因及其影响机理。

给定的场景进行成因分析，就是分析场景中对象状态对结果的影响程度。成因分析方法示意如图 5.30 所示。为了分析各个对象的因果效应，需要对每个对象分别采取干涉的方法，即将对象 I_i 的若干状态集合 $\{X_i\}$ 改变为预设的缺省状态，并移除指向此状态的弧。随后采用贝叶斯网络更新其他的对象状态，并最终得到干涉情况下的结果预测值。记真实场次发生结果为 Y_{real}，记干涉后的场次发生结果为 Y_{treat}，则因果效应可记为 $E_i = Y_{\text{treat}} - Y_{\text{real}}$。

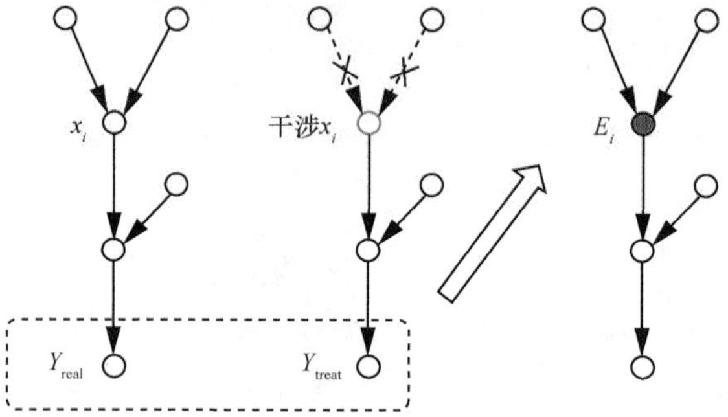

图 5.30 成因分析方法示意

采用贝叶斯网络更新对象状态的方法如下。设分析场次 s 的时间范围为 $(0,\cdots,d-1)$，贝叶斯网络的最大时间窗口为 n。若 $d \leqslant n$，对 $(0,\cdots,d-1)$ 各时间片的 X_i 状态进行调整，随后从 0 时刻开始，更新每个时刻各个节点的状态，直到 $d-1$ 时刻更新结束，最后将 $d-1$ 时刻的结果作为结果预测值。若 $d > n$，则需要对 $(d-n,\cdots,d-1)$ 各时间片的 X_i 状态进行调整，调整方法不变。当对所有节点均进行因果效应分析后，对因果效应 E_i 进行排序，得到主要成因。

2. **实验分析**

东门商业街地处深圳市罗湖区中心地段，面积达 17.6 万平方米。深圳易出现短时强降雨的天气，受此影响，东门商业街易发生内涝。东门商业街周边交通密集、商业较为发达，内涝将影响交通，造成经济损失。因此，本小节以东门商业街为研究区域，使用事理图谱进行成因分析，为内涝应急和决策提供支持信息。

（1）数据集

成因分析应用以构建的城市内涝事理图谱为基础，需要从水利知识图谱中提取知识进行实例化。水利知识图谱的基础数据来自深圳智慧水务大数据中心的水务大数据基础库，对象空间拓扑数据来自深圳市广汇源环境水务有限公司，监测数据来自深圳智慧水务一期工程综合监测管理平台。对象、属性和状态的实例化规则由专家经验指导建立。

为了分析东门商业街的内涝事件，本小节的水利知识图谱以东门商业街为中心，沿布吉河构建水利知识图谱，涉及的对象分为流域对象、管网对象、水利工程和市政对象。流域对象包括河道、河道断面、蓄滞洪区、地形下垫面、内涝点和排水分区；管网对象包括雨水口、检查井、排水管、排水渠、排水口、管网监测点、截污箱涵；水利工程包括潮位站、水位站、水文站、雨量站、水闸、水库、泵站和水质净化厂；市政对象包括道路、在建工地、植被。构建的水利知识图谱示例如图 5.31 所示。

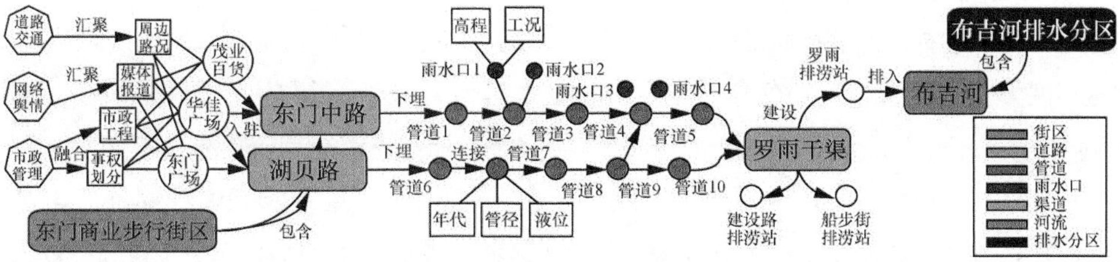

图 5.31　构建的水利知识图谱示例

（2）实验步骤

东门商业街内涝事件的成因分析任务主要研究各类对象（如雨水口堵塞、泵站工况异常和植被落叶等）对内涝的影响。以用户选择的内涝点处的内涝事件（包含内涝发生时间、内涝点淹没深度、淹没流速、淹没历时）为输入。通过成因分析，系统将返回此内涝事件的主要成因。

将 3.4 节构建的离散动态贝叶斯网络用于成因分析。首先，进行独立的重复干涉实验，将每个对象的状态分别采用干涉方法设置为缺省状态。对于东门商业街内涝事件来说，本小节提取晴天且上场降雨间隔大于 30 天的典型场景，并将此场景中的对象状态作为缺省状态。再对贝叶斯网络其他节点的状态进行更新，得到内涝点处内涝事件发生时的预测结果，并将预测结果与实测结果之差作为此对象对内涝事件的因果效应。最后，将因果效应进行排序并输出成因和关联对象。

（3）实验结果

本小节选取 2018 年 8 月 29 日深圳特大暴雨导致的东门商业街内东门中路内涝点内涝灾害事件作为验证。根据分析报告和现场调研结果，东门商业街的内涝成因主要是降雨过大、管道设计标准偏低且雨水口存在堵塞导致排水缓慢情况。东门商业街的排涝水力联系概化图如图 5.32 所示。

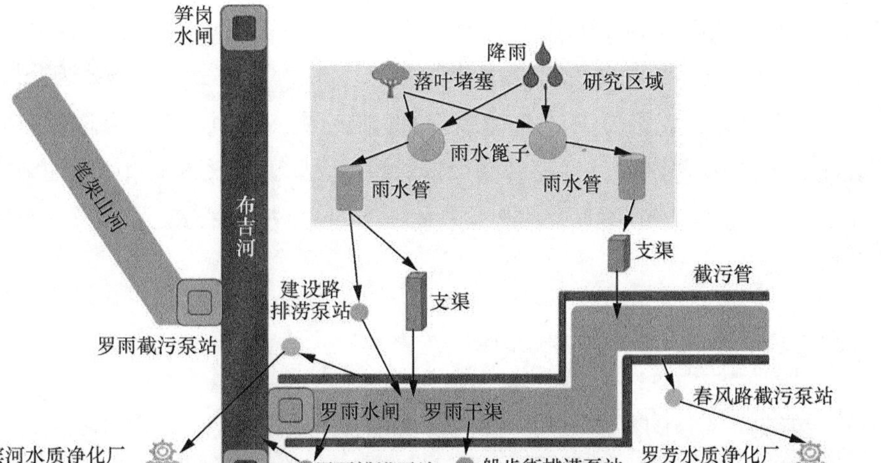

图 5.32　研究区域水力联系概化图

实验得到的成因和演化机理结果如图 5.33 所示，成因主要分为降雨过大、落叶导致的雨水篦子堵塞和管网老旧导致排水能力不足三类，基本符合真实场景下内涝事件的发生机理。在与真实情况的对比中，可以发现罗雨泵站的 6 台泵机中有 1 台未工作，但未构成主要的内涝成因，为了解释这一现象，又进行了如下调研。东门商业街土地硬化面积随时间变化较快，因此区域汇水面积增长较快，老旧管道设计标准难以满足排水需求，造成了管道排水能力不足。罗雨泵站未工作的泵机未对管道排水造成太大影响，这表明实验得到的成因与真实的成因相符。

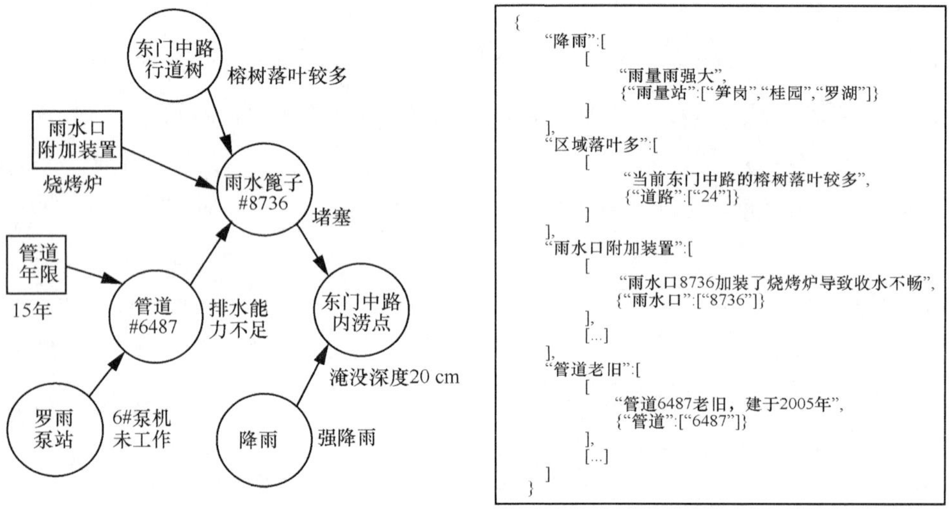

(a) 成因演化机理　　　(b) 部分成因描述信息

图 5.33　成因演化机理实验结果

3. **小结**

传统的水利事件成因分析方法侧重于分析事件产生的系统性原因。为了寻找变化的时空条件下不同场景的事件演化成因，本小节提出了一种在事理图谱演化模式上开展成因分析应用的方法。

本小节使用贝叶斯网络进行内涝点处内涝事件的成因分析。此方法在实时性方面要优于基于静态数据统计的内涝成因分析方法，在空间可扩展性方面要优于仅基于贝叶斯网络的成因分析方法。未来可进一步研究成因分析环节中如何使用因果推断分析因果效应，以及针对异质非平稳数据的成因分析方法。

5.2.4　总结

本节从智能决策支持的角度出发，通过基于时空特征模式库的决策方案生成和优化以及基于事理图谱演化模式的反向成因分析的具体案例，对基于知识图谱的智能决策支持的相关应用进行了详细的展示和阐述。

| 5.3 智能预测模型的应用案例 |

5.3.1 引言

使用数据驱动方法进行洪水预报的主要原因是水文数据固有的混沌特性以及水文系统本身复杂的非线形动力学[45-46]。本节基于水文历史数据，通过捕获复杂的非线形降雨–径流模式，来更好地理解水文过程，构造更加合理的基于数据驱动的洪水预报模型[47]，从而提高预报精度。本节将从以下 4 个方面做具体阐述。

① 基于多特征小样本数据的洪水预报方法主要关注洪水过程的多特征问题和小样本洪水数据问题，结合特征选择和小样本学习方法，选择高相关低冗余特征并构建精准度高的洪水预报模型。

② 基于可解释的时空注意力网络方法的洪水预测尝试基于水文过程中所包含的物理机理，对智能模型的参数与状态变化权重进行可解释性分析。该部分的建模方法模拟流域状态变化过程，利用注意力机制和长短时记忆网络直接挖掘不同输入输出特征之间的关系，从而给出预报结果。尽管这样的分析方法在可解释性建模体系中稍显“粗糙”，但在水利领域，这种可解释性方法的尝试有利于提升模型的预报精度与可解释性。

③ 基于特征融合的洪水预测方法，针对水文时空数据的多源复杂性，关注多源时空数据输入对输出变化的耦合影响，并把所有的时空历史数据区分输入预测模型，实现水文历史数据的时空变化特征和外部环境初始及未来特征的有效融合，从而提高预测精度，延长有效预测时间。

④ 基于可解释的洪水多步预测方法主要建立在水文数据基础之上，关注洪水预测过程中的多步时间问题，结合特征模块和多步预测模块，对输入输出进行一定的可解释分析，并给出预测结果。

5.3.2 基于多特征小样本数据的洪水预报

随着信息采集技术和数据挖掘技术的发展，数据驱动模型逐渐被应用于洪水预报中。YU 等[48]使用基于支持向量机的方法进行洪水预报，随着神经网络的提出，神经网络[49-50]被应用于洪水预报中，中小河流地区资料短缺，洪水性强，预见期短[51-52]。马凯凯等[53]对数据驱动模型在中小河流洪水预报的运用情况进行对比分析。现有的中小河流洪水数据是典型的多特征小样本数据，特征选择可以通过降低特征的维度来解决多特征问题，在此基础上，小样本学习能够在样本不足的情况下构建鲁棒性和泛化能力较好的预报模型。MITRA 等[54]提出了一种基于方差的过滤式特征选择方法，MITRA 工作的改进版本[55]应用 MITRA 等的特征选择方法消除数据冗余的影响，基于皮尔逊相关系数的过滤式方法由 HAINDL 等[56]提出，NIE 等[57]使用散射跟踪标准进行过滤式选择特征。小样本学习最近引起了很多关注[58-59]。许多与小样本相关的机器学习方法已经被提出，方法可分为三类，分别为基于初始化的方法[60-61]，基于度量学习的方法[62]和基于数据增强的方法[63]。

洪水数据与其他领域数据存在明显差异，传统的特征选择直接应用于洪水数据仍存在问题。一方面，传统的特征选择方法忽略了时间连续性，选择的特征离散间断；另一方面，传统方法去除洪水数据中冗余特征的效果差。传统的小样本学习方法在应对分布不均的小样本洪水数据时，由于洪水时段数据的数据量不足且映射复杂，模型精度会受到较大影响。本小节结合现有的洪水预报模型，提出了基于时空特性的洪水特征选择方法；结合流域特点，提取概念水文模型的中间结果，从时间维度和空间维度划分特征组，确保特征时间上连续；提出 mRMR-Relief-F 方法，设置自适应冗余惩罚参数，选择出具有高相关性和低冗余性特点的特征子集；针对多时间序列洪水数据的数据量匮乏、分布不均匀、模式映射复杂等问题，提出基于多时间序列小样数据的洪水预报方法：对洪水数据集进行集合转换，不同时段数据使用余弦相似度分别训练不同带权学习器，提高洪水时段预报精度。

1. 算法模型

本小节基于多特征小样本数据的洪水预报方法对传统的概念性水文模型进行特征提取，提出基于滑动窗口的特征组划分方法，针对不同子流域划分出时间连续的特征组，保留特征的时空特性；提出了特征选择方法 mRMR-Relief-F，度量特征组与预报流量的相关性以及特征组之间的冗余性，综合选择出高相关低冗余的特征子集。针对小样本学习问题，提出了基于多时间序列小样本数据的洪水预报方法，本小节以最大化类间差距为目标，提出基于 Transformer 的集合转换方法，对集合进行 set-to-set 转换，以最小化类内差距为目标，提出了基于余弦相似度的学习算法，构建学习器；针对中小流域洪水数据分布不均，洪水时段数据样本少的问题，提出了基于 Transformer 和余弦相似度的小样本学习模型，通过固定参数和分别训练多个带权重学习器的方式解决该问题。

详细的技术框架如图 5.34 所示，其中包含特征组构建模块、特征组选择模块、预报模型构建模块。

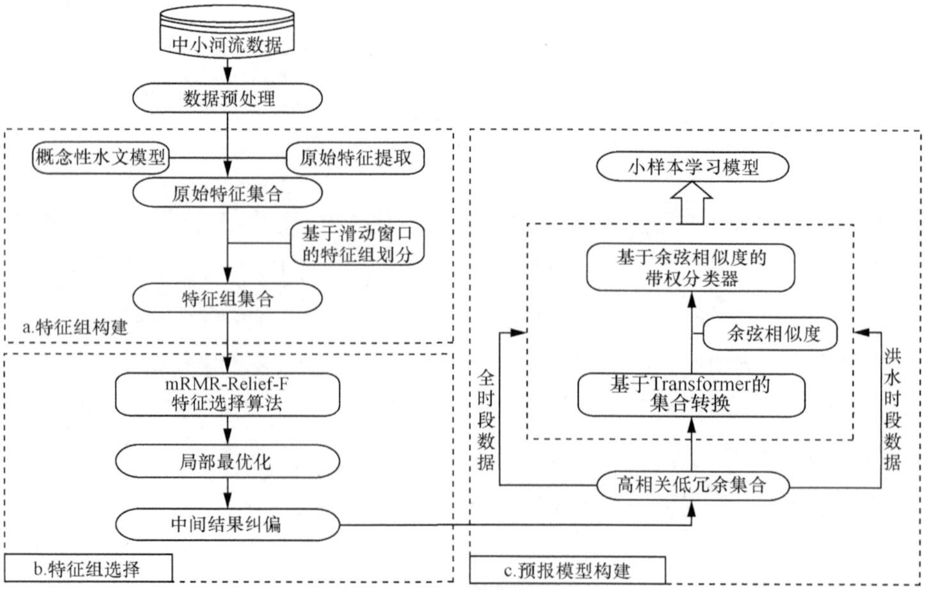

图 5.34　技术框架

（1）特征组构建

通过分析新安江模型来近似发掘自然界水循环过程。根据对新安江模型的分析，提取原始特征。针对具体的流域，结合流域自身的自然划分，根据支流流向和水文站点分布将流域划分成多个子流域，针对每个子流域建立一个子流域特征关系映射，如图 5.35 所示。

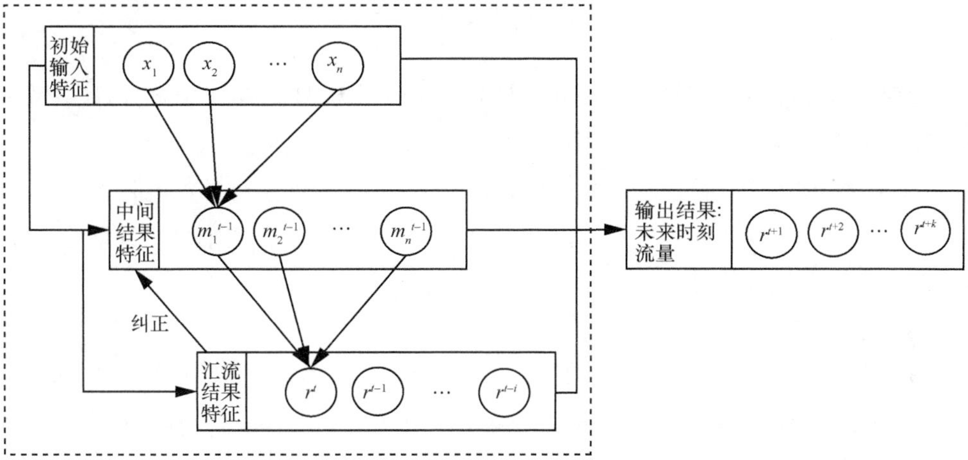

图 5.35　特征关系映射

根据中小流域的汇流特点，本小节结合具体子流域的地理划分以及子流域与汇流点的距离，使用滑动窗口的方式，将一定时间段内的特征聚合成一个特征组，保证在单一特征连续性变化的同时，在特征选择时，将子流域的汇流时间以及汇流特点体现在选择出的特征组。昌化流域当前时刻及前 12 小时流量特征组划分如图 5.36 所示。

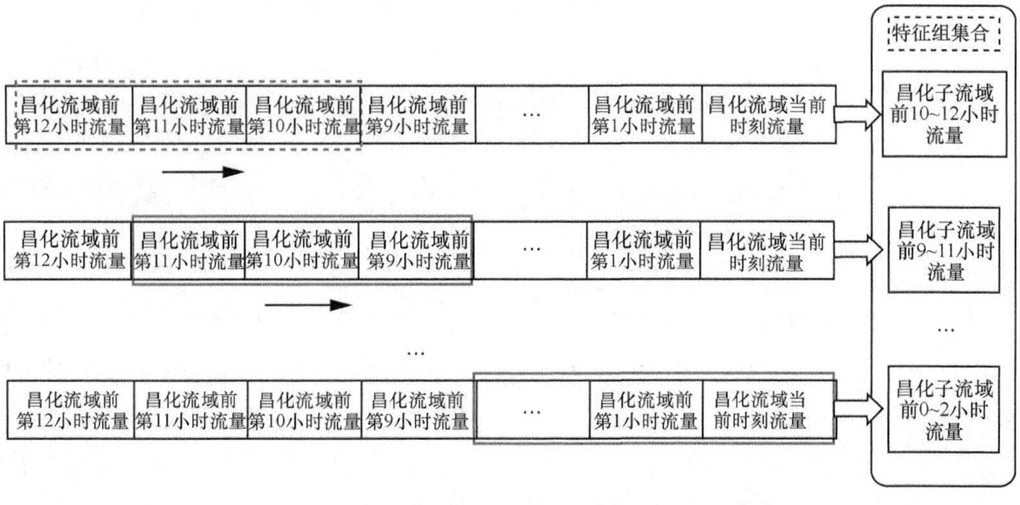

图 5.36　昌化流域当前时刻及前 12 小时流量特征组划分

滑动窗口的大小由子流域划分和总汇流时间决定。首先，根据子流域的自然划分以及距离流域出口断面的距离，将子流域划分为 N 个阶梯，由于划分目标是进行流量预测，因此划分应考虑到流域的汇流时间；然后，统计全流域的洪水雨量流量数据，汇总所有场次的洪水信息，包括初始降雨时刻和最终出口流量达到峰值的时刻，获得二者的时间差，计算整个流域所有场次洪水的平均汇流时间 $T_c(h)$；最后，滑动窗口大小 M 计算如式（5.6）所示。

$$M=\left\lceil \frac{T_c}{N} \right\rceil \tag{5.6}$$

针对每个子流域的特征，根据窗口大小划分相应时间跨度的特征，将划分好的特征变化作为一个特征组，如昌化流域的平均汇流时间为 8.4 h，划分为 3 个阶梯，滑动窗口的大小为 3，即每连续 3 h 的特征变化为一个特征组。特征组的概念近似地指每个阶梯的汇流时间，不同子流域的汇流时间由于地形和雨量其并不相同，因此特征选择阶段的特征组可能会相互重叠，重叠后的特征组长度为实际的汇流时间。

（2）特征组选择

第一阶段是计算特征相关度，假设洪水数据集为 D，该洪水数据集一共包含 $|y|$ 个类别，对于某一时刻的洪水样本 x_i，若它属于第 R 类的流量 $(R\in\{1,2,\cdots,|y|\})$，则先在第 k 类相同规模流量的样本中寻找 x_i 的 k 个最近邻 $x_{i,nh}$，$x_{i,nh}$ 作为样本 x_i 的猜中近邻，然后在第 k 类之外，其他规模洪水样本的每个类别中寻找 x_i 的 k 个最近邻 $x_{i,nm}(l=1,2,\cdots,|y|;l\neq k)$，$x_{i,nm}$ 作为样本 x_i 的猜错近邻，进行 t 次随机取样，高相关性特征之间可能存在相互关系，导致高相关特征集内部存在高冗余度。

第二阶段是特征组选择。平衡相关程度和冗余程度并得到高相关低冗余的特征集是第二阶段的主要目标。本小节使用互信息度量洪水特征之间的冗余性，互信息可以度量两个特征 x 与 y 之间的相关关系。本小节通过度量洪水特征之间的相互关系来进行冗余度的计算。

由于第一阶段计算的权值和第二阶段使用的互信息结果不属于同一个量纲，无法直接相互运算，所以需要对权值进行归一化处理，具体的迭代过程如下。

第一步：将经过改进的 Relief-F 计算的特征组权值 R 进行归一化，然后根据权值进行排序操作，并将排序后的特征值作为备选特征子集。

第二步：选择权值最大的特征组，加入已选特征子集 D。

第三步：从备选集中选择一个特征组 f 加入已选集合中，特征组 f 需要满足 $\text{Score}=R-\beta F_f$ 最大，其中，R 为第一阶段得到的特征组权值，代表相关性程度；F 为特征组 X 与已选集合的相关性，通过互信息计算得到，代表特征组 f 对于已选集合的冗余程度；α,β 代表未加入该特征时，已选特征相关性和冗余性的程度。α 的计算方式为计算已选特征集合 D_s 中每个特征的相关程度 R 的平均值，β 的计算需要综合整个已选特征集合 D_s 的冗余度。将 D_s 视为一个带权无向图 G（以 5 个点为例），如图 5.37 所示。图中的点代表特征组中的每一个特征 f_s，边的权重 r 代表特征之间的相关性，β 为所有权重 r 的均值，代表已选特征集合 D_s 内部的冗余度。

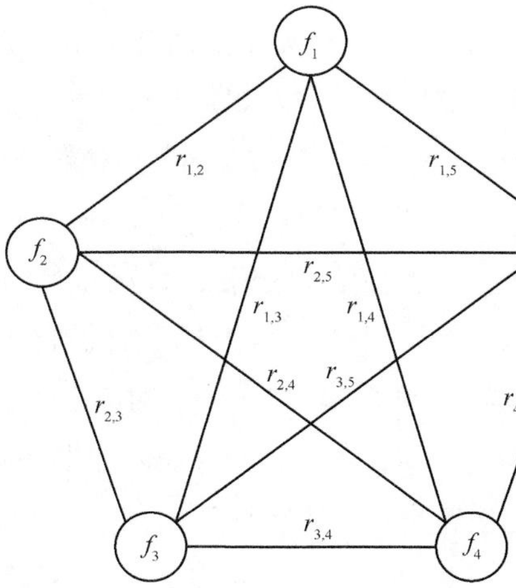

图 5.37　包含 5 个特征的已选特征集合的带权无向图 G

第四步：更新α,β的值，重复第三步，直至特征组个数达到阈值。

图 5.38 为模型去冗余过程，经过以上处理，去除了不相关的特征组和冗余的特征组，选择出的特征具有高相关低冗余的特点。最终的参数α,β分别表征了集合的相关度和冗余度，在特征选择的过程中，参数α,β会自适应地调整下一次选择特征时对相关度与冗余度的重视程度。

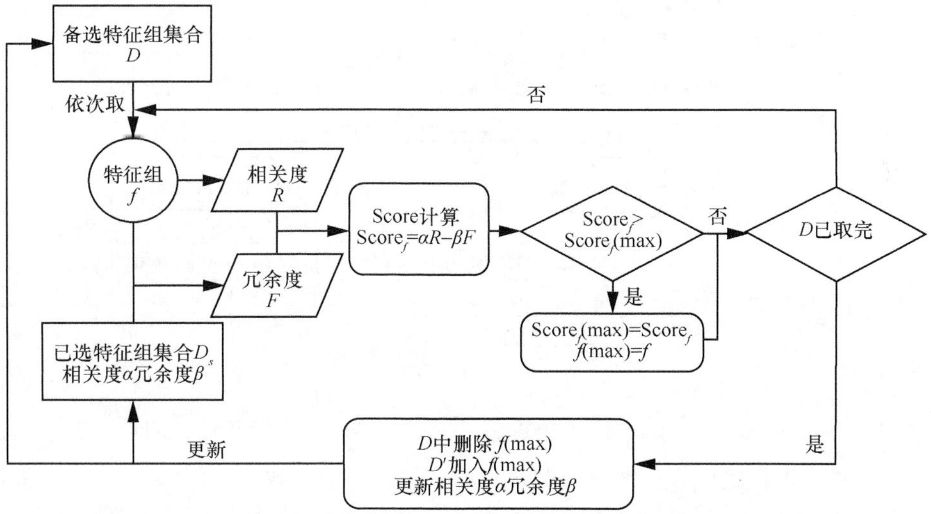

图 5.38　模型去冗余过程

（3）预报模型构建

本小节应用的场景为中小河流的洪水预测，其数据属于时间序列。中小河流洪水预测属于典型的多时间序列预测问题。

适合中小河流洪水的集合转换方法应该具备以下特点：能处理多时间序列的特征提取问题；提供集合转换的功能，提高转换后集合的区分度，能够自适应地嵌入和分类；适应分布不均衡的样本。基于以上分析，本小节提出基于 Transformer 的适合中小河流洪水的集合转换方法。

编码器输入为 m 个 d_{model} 维度洪水特征向量，根据特征组的时间序列长度 M 确定 m 值，即 M=m，由于 Transformer 的输入特征维度需要为 512，而通常情况下特征的维度低于 512，因此不足的部分需进行 padding 操作，但在集合转换过程中不希望 padding 的部分产生影响，需要使用注意力模块的 mask 机制屏蔽影响。连续的时间序列洪水特征向量依次被送入 6 个相连的编码器层。每一个编码层有两个子层。第一个子层是多头自注意力机制，根据洪水特征向量自身，对特征向量进行集合转换，目的是根据洪水向量自身的特点，对向量中的各个重要特征进行特征提取和适当放缩。解码器的结构与编码器类似，在解码器中使用的也是同样的结构，即首先对输出计算自注意力得分，不同之处在于，进行自注意力机制后，在另一个子层里将 Multi-Head Attention 的输出与上一个解码器的输出计算一遍注意力机制得分后，进入前馈神经网络模块。

Transformer 模型框架如图 5.39 所示，在编码器每一层的前馈神经网络的输入不仅包含上述自注意力模块转换后的向量 Z，而且包含最原始的洪水输入特征，然后进行层规范化操作。这样处理的目的一方面是防止梯度消失的问题，另一方面是保留特征向量中包含的原始洪水特征，防止在集合转换阶段丢失洪水特征。

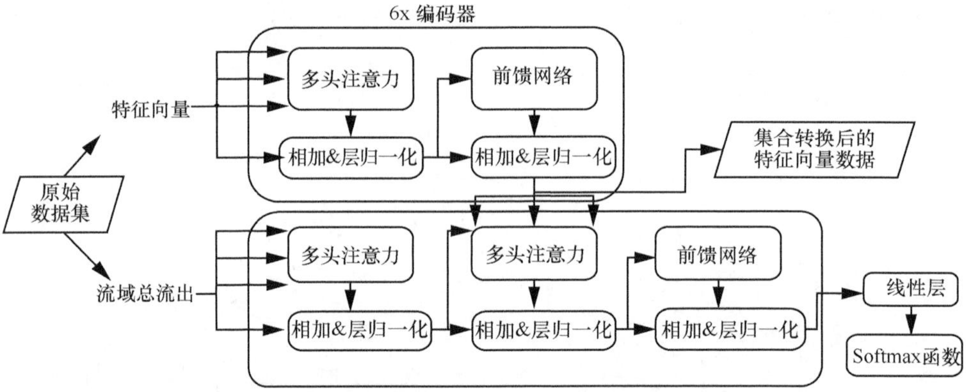

图 5.39　Transformer 模型框架

图 5.39 为 set-to-set 特征集合转换的 Transformer 模型，多时间洪水序列为输入，Transformer 模型进行自注意力过程的操作，对输入数据进行了特征集合转换。

本小节采用基于余弦相似度的构建分类器，从而最小化类内差距。具体的分类过程如下。

在训练阶段，训练一个权重矩阵 $\boldsymbol{W}_b \in \mathbb{R}^{d \times c}$，可以将权重矩阵 $\boldsymbol{W}_b$ 写为一个向量 $[w_1, w_2, \cdots, w_c]$，每一个 w_i 代表一种流量在某个区间的洪水模式，也可称之为类别。c 为类别数量，每个类别都有一个 d 维的权重向量，向量维度与洪水特征维度相同。在训练阶段，首先，对于每一个输入的洪水特征，针对每一个权重向量计算其余弦相似度，得到每个洪水流量区间的相似度得分；然后，用 Softmax 函数归一化相似度得分来获得每种洪水流量区间的预测概率，这里分类器基于两个向量的余弦相似度做出预测，一个向量为输入的洪水特征，另一个为通过模型训练阶段学习得到的代表每种洪水流量区间权重的向量。通过真实类别与预测类别来调整权重矩阵 $\boldsymbol{W}_b$。

基于以上过程，本小节提出一种基于 Transformer 和与余弦相似度的小样本学习方法。所提方法的主要思想是：最大化类间差距与最小化类内差距，通过 Transformer 进行集合到集合的转换，增加不同类别洪水之间的区分度；使用基于余弦相似度的分类器减小相同类别洪水的差距；使用不同时段的数据训练不同的带权学习器，提高洪水时段的预测精度。本方法在考虑中小河流洪水预报的数据不平衡问题的同时解决其中存在的小样本问题。

中小河流的洪水数据存在样本分布不均的现象，即洪水时段的数据占比小，非洪水时段的数据占比大。首先，将中小河流样本中洪水时段的数据提取出来，此时，数据可分为全部洪水数据集 D_{all}、洪水时段数据 D_{flood} 以及非洪水时段数据 D_{other}；接着，使用不同时段的洪水数据集对不同阶段的模型参数进行训练，具体过程如图 5.40 所示。

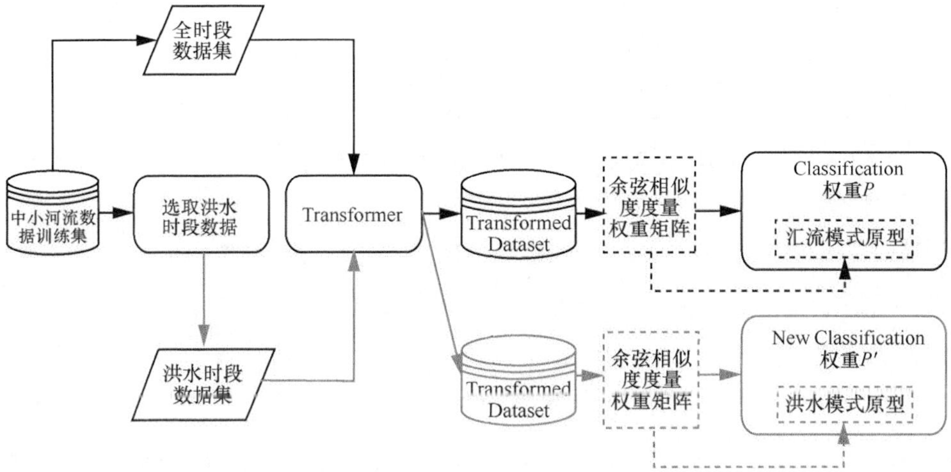

图 5.40 小样本学习模型过程

模型的训练分为三个阶段，第一阶段为集合转换阶段，第二阶段为微调阶段，第三阶段为补齐阶段。三个阶段的过程描述如下。

① 集合转换阶段。首先，该阶段使用全部洪水数据集 D_{all} 进行 Transformer 模型的集合转换训练，训练 Transformer 的模型参数，最大化不同类的差距；接着，使用基于余弦相似度的分类器进行训练，此过程训练分类器中的权重矩阵 $\boldsymbol{W}_b \in \mathbb{R}^{d \times c}$，最小化类别内部差距；最后，形成初始预报模型，但由于数据分布不均匀，初始预报模型的预报精准度相对不高，需要经过微调阶段。

② 微调阶段。该阶段使用洪水时段数据 D_{flood}，并固定 Transformer 模型的权重，使用训练过的 Transformer 模型，重新训练新的分类器，新分类器针对洪水时刻的模式进行分类，在洪水时段的分类能够达到更好的区分效果，从而训练形成洪水时段的分类器。

③ 补齐阶段。在初始阶段和微调阶段形成了两个分类器，分别是初始分类器和洪水时段分

类器。初始分类器存在数据分布不均的问题，本阶段使用洪水时刻分类器对初始分类器进行补齐调整。具体做法为：使用洪水时段数据集训练 Transformer 和余弦相似度分类器的权重，根据类别数目训练两个权重 ω, δ（分别代表两个分类器的预测结果权重），模拟预报阶段，使用两个分类器分别进行预报，得到各自的预测概率，由于两个分类器的类别种类是相同的，因此可以将两个分类器的预测概率进行加权求和，得到最终的预测结果。例如，类别数目为 m，训练的分类器权重为 ω, δ，原分类器的预测结果概率分布为 $\{p_{\text{old}}^1, p_{\text{old}}^2, \cdots, p_{\text{old}}^m\}$，新分类器的预测结果概率分布为 $\{p_{\text{new}}^1, p_{\text{new}}^2, \cdots, p_{\text{new}}^m\}$，则最终类别概率分布如式（5.7）所示，其中最大的 p^i 对应的类别 i 为最终预测结果。

$$\{p^1, p^2, \cdots, p^i, \cdots, p^m\} = \omega \cdot \{p_{\text{old}}^1, p_{\text{old}}^2, \cdots, p_{\text{old}}^m\} + \delta \cdot \{p_{\text{new}}^1, p_{\text{new}}^2, \cdots, p_{\text{new}}^m\} \tag{5.7}$$

2. 实验分析

（1）数据集和评测指标

本小节的研究对象是多特征小样本洪水数据。中小河流洪水数据属于典型的多特征小样本数据，因此本实验选取昌化流域为实验对象，对昌化流域的洪水数据进行特征选择。

本实验采用洪水过程的均方误差（RMSE）、峰现时间误差（EPA）、峰值相对误差（REP）以及耗时 T 来对模拟预测的结果进行评价。

RMSE 表示预测值 y_c 与真实值 y_0 之间的偏差程度，均方根误差越小表明预测结果越佳，其计算如式（5.8）所示。

$$\text{RMSE} = \sqrt{\frac{1}{n}\sum_{i=1}^{n}\left[y_c(i) - y_0(i)\right]^2} \tag{5.8}$$

EPA 是指预测的洪峰出现时间与实际洪峰出现时间的差距，用于衡量洪水预报的洪峰出现时间误差，计算如式（5.9）所示。

$$\text{EPA} = \left|T_{fc} - T_f\right| \tag{5.9}$$

其中，T_{fc} 为预测洪水时刻，T_f 为实测洪水时刻。

REP 主要反映洪水的量级，通常可接受的误差区间为[0, 20%]，洪峰相对误差的计算如式（5.10）所示。

$$\text{REP} = \frac{\left|y_{fc} - y_f\right|}{y_f} \times 100\% \tag{5.10}$$

其中，y_{fc} 为预测洪峰值，y_f 为实测洪峰值。

（2）实验设置与基准模型

本实验选取昌化流域洪水数据来构建模型。以昌化流域 1998—2010 年的水文数据为基础。

本小节分别做两组对比实验，首先，将未进行集合转换的洪水预报模型与本小节提出的模型做对比，选取的对比模型为 SVM、ELM、BP 神经网络。其次，使用不同的模型进行集合转化，对比模型为 RNN、BiLSTM、Transformer。实验输入为特征选择后的特征子集，输出为流域出口未来 1～6 小时的流量。

（3）实验结果与分析

图 5.41 显示了未进行集合转换模型 SVM、ELM、BP，以及使用 BiLSTM、GCN、Transformer 进行集合转换的模型在不同预见期的表现结果。从图 5.41 可知，进行了集合转换的模型进行模拟预报的结果均优于未进行集合转换的传统预报模型，这表明集合转换达到最大化模式间差距的方式对提高模式库的区分度和预报精度十分有效。

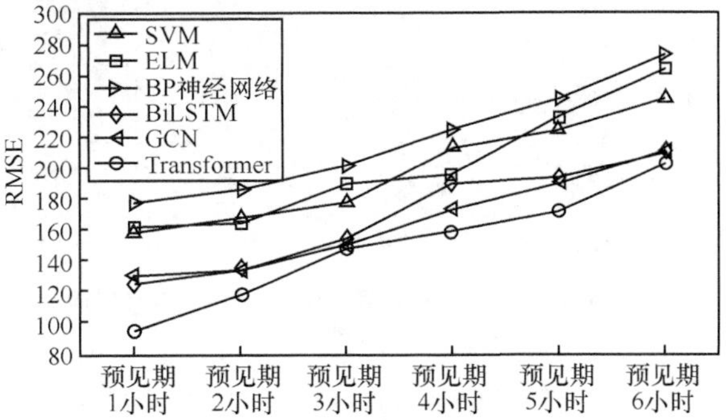

图 5.41　模拟预报 RMSE 对比

图 5.42 为 SVM、ELM、BP 神经网络以及本小节提出的模型在昌化流域预见期 1～6 小时进行模拟预报的 EPA 对比。可以看出，在昌化流域 1～6 小时的模拟预报中，SVM 和本小节构建的模型在峰现时间的表现均较好，本小节构建的模型在峰现时间上表现更佳的比例更高，表明本小节构建的模型选择的特征对洪水过程有更好的描述和拟合，相较于其他三种传统的预报方法，在洪水时段的预报精度更高。

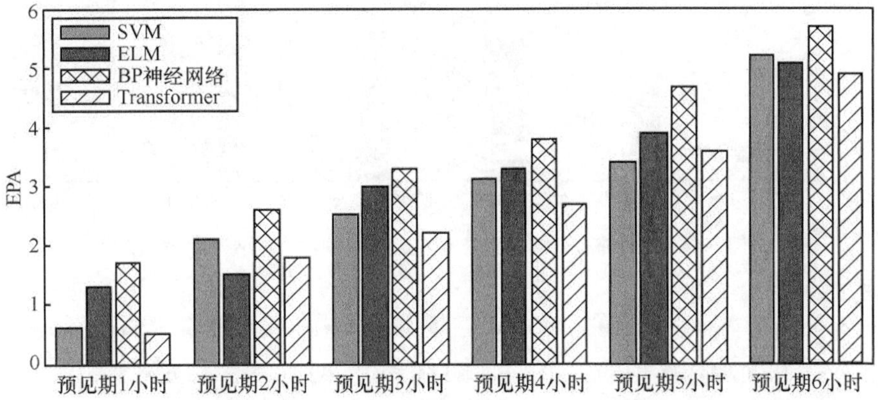

图 5.42　4 种预报模型在昌化流域预见期 1～6 小时的模型 EPA 对比

图 5.43 为 SVM、ELM、BP 神经网络以及 Transformer 模型在预见期 1～6 小时进行模拟预报的 REP 对比，在预见期 1～6 小时的模拟预报中，本小节所提方法构建的预报模型，在洪峰值预测上表现更佳，尤其预见期为 1～3 小时时，洪峰值预测结果较好且比较稳定。在昌化流域 1～4 小时的预见期，Transformer 模型模拟预测的结果在实测值±20%的范围内，属于可接受误差。

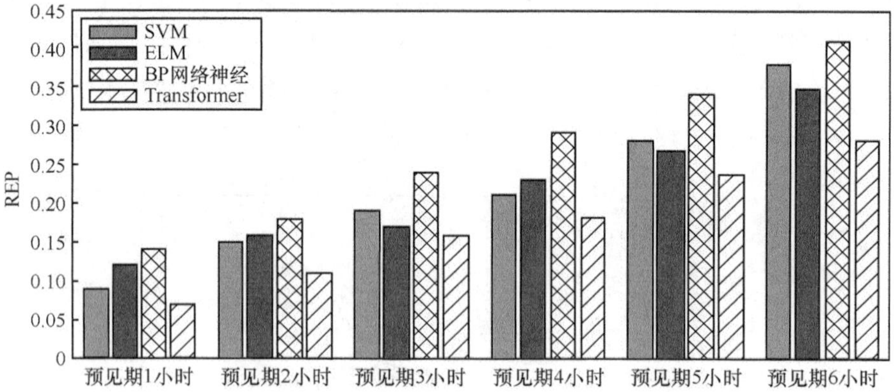

图 5.43　4 种预报模型在昌化流域预报见期 1～6 小时的 REP 对比

图 5.44 为使用本小节提出的小样本学习模型在昌化流域预见期 1～6 小时进行模拟预报的 EPA 对比图，其中，集合转换部分使用 BiLSTM 和 RNN 与 Transformer 进行对比。由图可知，在预见期 1～6 小时的模拟预报中，预见期在 1～3 小时，Transformer 在峰现时间预测上表现更佳，4～6 小时，三种模型各有优劣。

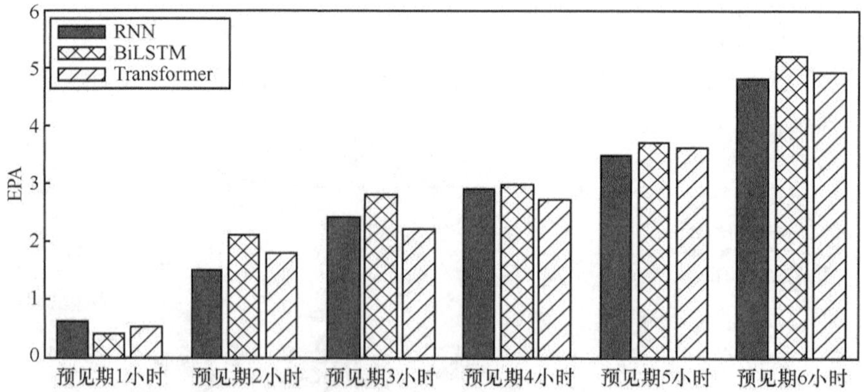

图 5.44　三种集合转换模型在昌化流域预见期 1～6 小时的 EPA 对比

图 5.45 为使用本小节提出的小样本学习模型在昌化流域预见期 1～6 小时进行模拟预报的 REP 对比图，其中，集合转换部分使用 BiLSTM 和 RNN 与 Transformer 进行对比。Transformer 在预见期 1～6 小时的模拟预报中均达到更佳效果。

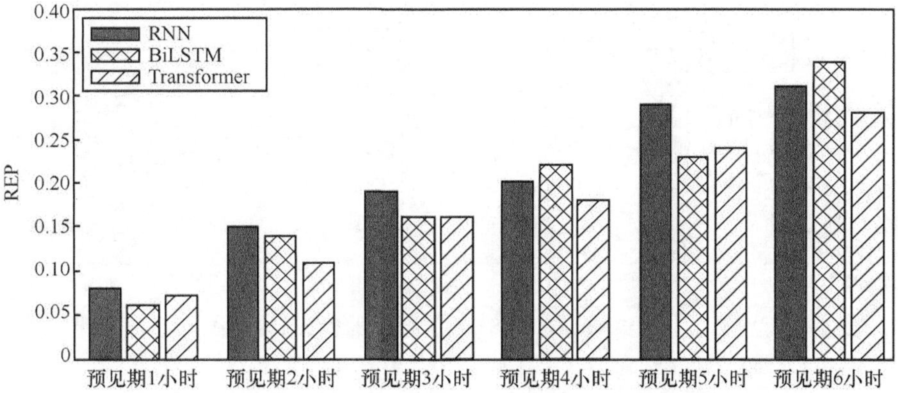

图 5.45　三种集合转换方法在昌化流域预见期 1～6 小时的 REP 对比

3. 小结

综上所述，以最大化模式间差距、最小化模式内差距为原则提出的小样本学习模型，相比于传统的洪水预报方法，其精准度更高；通过对比不同的集合转换函数，证明本小节使用的 Transformer 模型相较于其他模型更适合处理多时间序列数据，在洪水预报中较为关心的峰现时间和峰值两方面均优于 SVM、ELM 洪水预报模型。

5.3.3　基于可解释的时空注意力网络方法的洪水预报

为洪水预报构建可解释的人工智能模型是一个严峻的挑战：保证准确性和可解释性。由于洪水过程的不确定性和非线性，典型的机器学习方法（如基于典型 LSTM 模型的方法）没有利用水文数据中包含的时空信息；同时大多数方法忽略了模型的物理可解释性，没有结合水文过程进行解释与分析。本小节提出了一种基于可解释的时空注意力网络方法（STA-LSTM）的洪水预报模型，该模型基于注意力机制和 LSTM，通过对注意力权重的可视化以及产汇流过程的分析实现对模型可解释性的分析。在三个中小流域数据集上的实验结果表明，STA-LSTM 模型优于多个基线模型，空间和时间注意力权重的可视化和可解释性反映了所提出模型的合理性。

1. 算法模型

典型的智能洪水预报建模方法将被研究流域看作一个整体，将各项监测特征视为系统的独立显式状态，忽略流域内部的作用关系，利用部分或全部特征对系统特定状态量进行估计。基于可解释的时空注意力网络方法模拟流域状态变化过程，利用注意力机制和长短时记忆网络直接挖掘不同输入输出特征之间的关系，从而给出预报结果。

图 5.46 给出了基于可解释的时空注意力网络方法的洪水预报模型的整体结构。STA-LSTM 使用长短时记忆网络模拟流域，再辅助以空间、时间注意力模块对不同的时空特征“区别对待”，从而实现洪水预报。模型结构主要包含三部分：空间注意力模块（SA）、时间注意力模块（TA）和长短时记忆网络单元。

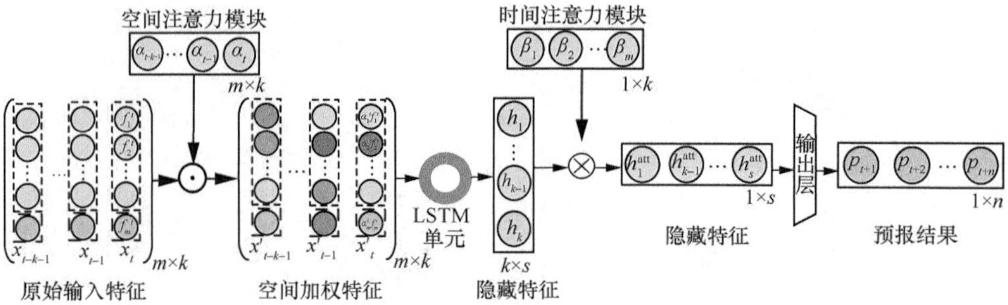

图 5.46 STA-LSTM 的洪水预报模型整体结构

（1）空间注意力模块

通常情况下，同一时刻的不同特征具有空间属性（绝对空间位置或相对空间位置），其包含的丰富信息对计算或估计（流域）系统的状态变化具有重要作用。空间注意力模块使用图 5.47 所示的方式挖掘空间属性对预报影响的重要性。t 时刻的特征经过线性层进行维度变化后，计算获得空间权重，随后原始特征通过空间权重进行加权处理。其具体计算过程如下所述。

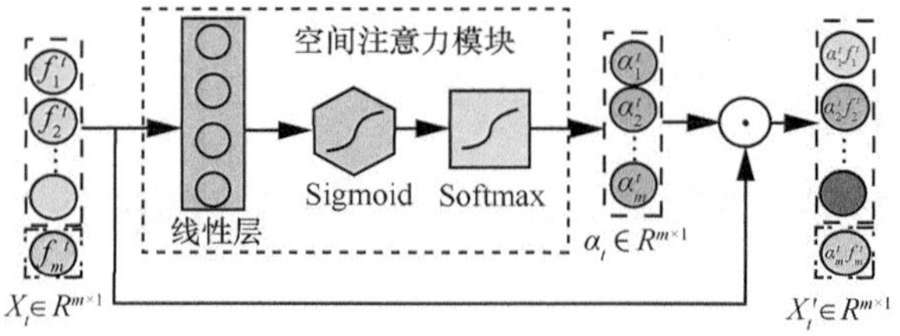

图 5.47 空间注意力模块结构

假设存在二维时空特征矩阵 $\boldsymbol{X}$, 其中 m 表示在单一时刻特征的维度，k 表示时间步长，则对于 t 时刻，存在如式（5.11）所示的 m 维特征向量

$$\boldsymbol{X}_t = \left[f_1^t, f_2^t, \cdots, f_m^t\right]^{\mathrm{T}} \in R^{m\times 1} \tag{5.11}$$

其中，f_m^t 表示 t 时刻第 m 维的特征。

空间注意力模块的核心计算部分是由线性层（Linear）、Sigmoid 层以及 Softmax 层组成的。线性层负责将输入特征进行维度转化，从而生成对应的初始空间关注权重；Sigmoid 层负责将初始空间关注权重映射到值域为[0,1]的空间；Softmax 层将所有的空间权重进行归一化，使得其求和为 1，保证其有限可加性。

$$\alpha_t = \mathrm{SA}(X_t) = \left[\alpha_1^t, \alpha_2^t, \cdots, \alpha_m^t\right]^{\mathrm{T}} \in R^{m\times 1} \tag{5.12}$$

通过空间权重加权处理，原始的输入特征 X_t 转化为空间加权特征 X_t'，如式（5.13）所示。

$$X_t' = \alpha_t \odot X_t = \left[\alpha_1^t f_1^t, \alpha_2^t f_2^t, \cdots, \alpha_m^t f_m^t\right] \in R^{m\times 1} \tag{5.13}$$

其中，$\odot$ 表示哈达玛乘积运算（点对点乘积运算），其运算结果的维度与输入矩阵维度相同。

根据 LSTM 定义，LSTM 单元在 t 时刻的隐藏状态 h_t 与 t 时刻的输入 X' 以及其 $t-1$ 时刻的隐藏状态 h_{t-1} 有关。因此，如式（5.14）所示，经过空间关注权重加权后，LSTM 单元获得 t 时刻的输出结果 h_t 。

$$h_t = \text{LSTM}\left(h_{t-1}, X_t'\right) \in R^{1\times s} \quad (5.14)$$

（2）时间注意力模块

对于序列分析任务而言，最直观的先验知识是不同时刻的特征具有不同的重要性。STA-LSTM 模型中，时间注意力模块通过如图 5.48 所示的方式对不同时刻的时间特征进行动态赋权，从而使得输出层能够获得加权处理过的隐藏状态。其具体计算过程如下所述。

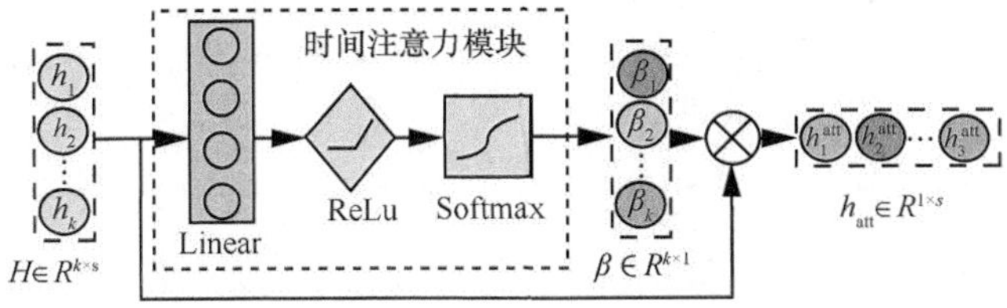

图 5.48　时间注意力模块结构

对于空间注意力模块加权处理过的输入序列，LSTM 单元获得在不同时刻的 s 维隐藏状态 h_k ，隐藏状态序列组成了如式（5.15）所示的隐藏状态矩阵。

$$\boldsymbol{H}=\left[h_1, h_2, \cdots, h_k\right] \in R^{k\times s} \quad (5.15)$$

类似于空间注意力模块，时间注意力模块也具有类似的结构及处理方式。TA 对输入的隐藏状态矩阵（序列）进行计算，获得对应的时间权重矩阵，如式（5.16）所示。

$$\boldsymbol{\beta} = \text{TA}\left(\boldsymbol{H}\right)=\left[\beta_1, \beta_2, \cdots, \beta_k\right] \in R^{1\times k} \quad (5.16)$$

式（5.17）展示了时间注意力权重 $\boldsymbol{\beta}$ 与隐藏状态序列 $\boldsymbol{H}$ 通过加权计算得到最终隐藏状态 h_{att} 的过程。

$$h_{\text{att}} = \boldsymbol{\beta} \otimes \boldsymbol{H} = \sum_{t=1}^{k} \beta_t h_t \in R^{1\times s} \quad (5.17)$$

其中，$\otimes$ 表示左侧算子以标量形式与右侧算子以向量形式进行加权求和计算。

模型的输出层 $O(\bullet)$ 根据隐藏状态 h_{att} 给出未来 n 个时刻的预报输出 p ，如式（5.18）所示。尽管此处预测的为单变量特征，但该方法可直接用于多变量的预测。

$$p = O(h_{\text{att}}) \in R^{1\times n} \quad (5.18)$$

（3）可解释性来源

智能洪水预报研究的对象通常为如图 5.49 所示的流域。洪水预报任务可以归结为根据一段历史时间内不同雨量站以及其他特征的监测数据预测下游出口处 (x_d, y_d) 在未来 $t+1$ 时刻的流量。

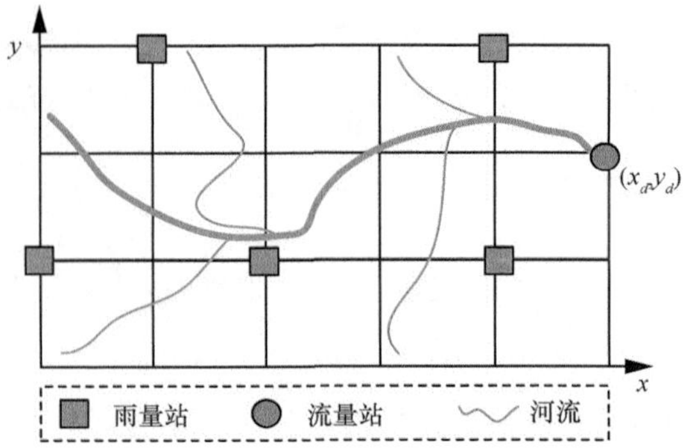

图 5.49 典型流域结构

水利领域中最重要且最直观的先验知识是降水至流量过程中一段时间的蒸散发、产汇流过程，这意味着上游降水并不能立刻对出口流量产生直接影响，而是经过一段时延后才对下游流量产生影响。通常这段延迟时间 Δt 与汇流时间 t_c 相关。在中小流域，不同场次的降雨所带来的延迟时间不同，但由于流域的面积较小，在同一个流域内，可以使用平均汇流时间来近似地估计多数降雨–洪水的汇流时间。

如图 5.50 所示，流量起涨与单场降雨之间存在一定的时延，在不过度考虑精度的情况下，可以认为时延数值基本上等于平均汇流时间。时延影响关系应当是具有因果性质且单向对应的。因此，在利用时间注意力模块对不同时刻的隐藏状态进行处理时，时间关注的焦点应当停留在当前最重要的状态，并且其焦点的变化趋势应当随预报时刻的推移不断向前（如图 5.51 所示）。上述过程可以简记为

$$q(x_d,y_d,t+1) \propto q(x_d,y_d,t-i)\Big|_{i=0}^{k-1} \,\&\, p(x,y,t-\Delta t-j)\Big|_{j=0}^{k-\Delta t} \tag{5.19}$$

具体实验结果在实验部分进行介绍。通过对时间关注权重的可视化以及时间关注焦点的分析，本模型的物理可解释性可以得到展示。

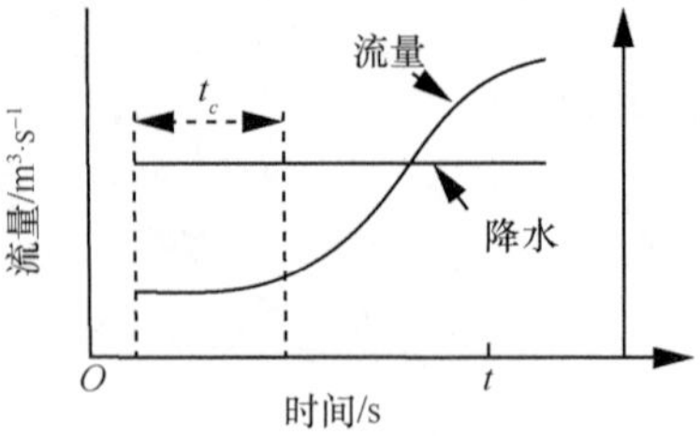

图 5.50 降水–流量过程

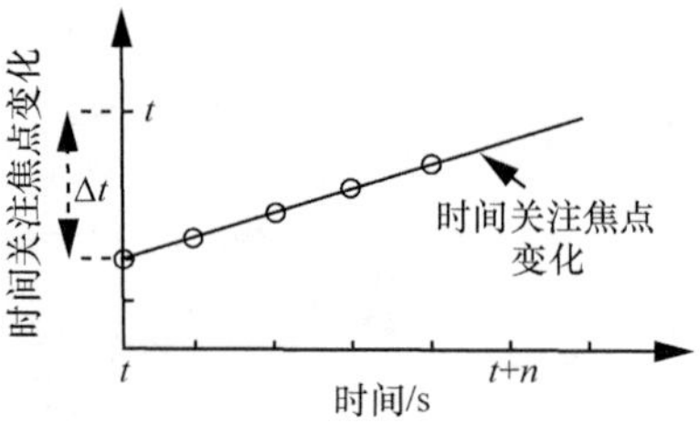

图 5.51 时间关注焦点变化示意

2. **实验分析**

（1）数据集和评测指标

为更好地比较 STA-LSTM 与基线模型的性能，本实验选择了屯溪流域、昌化流域和黑河流域作为研究对象。

屯溪流域位于安徽省黄山市屯溪区，流域内包含 11 个雨量站和 1 个流量站。屯溪流域数据集共包含 49 532 条历史监测数据（雨量和流量），时间跨度为 1981 年 6 月 17 日至 2007 年 3 月 18 日。

昌化流域位于浙江省杭州市临安区，流域内包含 7 个雨量站和 1 个流量站。昌化流域数据集共包含 9 354 条历史监测数据（雨量和流量），时间跨度为 1998 年 4 月 7 日至 2010 年 7 月 20 日。

黑河流域位于陕西省西安市周至县，流域内包含 9 个雨量站和 1 个流量站。屯溪流域数据集共包含 5 423 条历史监测数据（雨量和流量），时间跨度为 2003 年 4 月 1 日至 2010 年 11 月 10 日。

表 5.14 展示了三个实验数据集的一些典型统计学特征。研究仅使用降雨以及流量特征，时间分辨率为 1 h，空间分辨率为 1 站点。

表 5.14　实验数据集的基本特征

数据集	均值	标准差	中位数	峰度	偏态	特征	时间间隔/h
屯溪	197.59	432.60	75.56	40.88	5.60	雨量、流量	1
昌化	146.80	202.64	80.50	21.36	3.98	雨量、流量	1
黑河	101.38	123.34	59.83	28.15	4.21	雨量、流量	1

为了综合评价模型的性能，本小节使用了洪水预报评价指标和数据回归评价指标。下述指标从不同角度对模型的预报结果进行评价，通常可以认为在多项指标上表现较好意味着模型的整体性能较好。

均方根误差（Root Mean Square Error，RMSE）常用于评价回归模型的性能，RMSE 的数值越小，表明模型的输出结果越接近于真实值，说明其性能越稳定。但要注意的是，RMSE 无法判断误差的方向，即其评价的是预报结果与真实值之间距离的绝对值。RMSE 计算过程如式（5.20）所示。

$$\text{RMSE}=\sqrt{\frac{1}{n}\sum_{i=1}^{n}(y_i-q_i)^2} \tag{5.20}$$

其中，y_i 表示模型对第 i 个样本的预报值；q_i 表示第 i 个样本的真实值；n 表示样本的总数量。上述变量的含义在下述多个公式中保持一致。

相关系数（Correlation Coefficient，R^2）反映了两个变量之间的相关性。通常相关系数越高，表示两个变量之间的相关性越高，其数据特征越相似。式（5.21）展示了相关系数的计算过程。

$$R^2=1-\frac{\sum_{i=1}^{n}(y_i-q_i)^2}{\sum_{i=1}^{n}(q_i-\overline{q})^2} \tag{5.21}$$

其中，$\overline{q}$ 表示所有测试样例的平均值。

平均绝对误差（Mean Absolute Error，MAE）与均方根误差类似，其衡量预测值与真实值之间的绝对距离。但不同的是，其仅计算一阶误差平均值。通常，MAE 越小，表示模型与预报结果越准确。平均绝对误差的计算如式（5.22）所示。

$$\mathrm{MAE}=\frac{1}{n}\sum_{i=1}^{n}\left|y_i-q_i\right| \tag{5.22}$$

平均绝对百分比误差（Mean Absolute Percentage Error，MAPE）衡量预报误差与真实值之间的相对比例大小。通常 MAPE 越小，表示模型的预报性能越好。MAPE 的计算如式（5.23）所示。

$$\mathrm{MAPE}=\frac{1}{n}\sum_{i=1}^{n}\left|\frac{y_i-q_i}{q_i}\right|\times 100\% \tag{5.23}$$

预报合格率（Qualification Rate，QR）用于计算合格预测样本占样本总数的比例。在洪水预报流域，通常认为单次预报的相对误差小于或等于 20%时，预报质量合格。QR 能够较好地反映模型的预报性能，其计算如式（5.24）所示。

$$\mathrm{QR}=\frac{m}{n}\times 100\% \tag{5.24}$$

其中，m 表示合格预测样本的数量，n 表示样本的总数量。

（2）实验设置与基准模型

所有实验均在 Linux 服务器上实现（CPU:Intel（R）Xeon（R）CPU E5-2630 v4 @ 2.20 GHz，GPU: NVIDIA GeForce TITAN Xp，12 GB）。模型的输入为历史 12 个时间步（12 h）的数据，输出为 6 个时间步（6 h）。所有的数据集中 80%的数据用于训练，20%用于测试。在进行最终的实验评估之前，随机抽取了 10%的数据预先训练了所有的实验模型来校准一些超参数。假设学习率、训练次数（epoch）和隐藏层神经元数量（隐藏状态的维度）构成模型的核心超参数空间。通过搜索超参数空间，可以得到一个鲁棒解。模型的框架使用 PyTorch。训练过程中使用 Adam 优化器进行参数优化；初始学习率为 5e−2，衰减率为 0.7/20epoch；随机数种子设为 7；batchsize 设为 200。

本小节使用了三类共计 7 种基线模型作为 STA-LSTM 的对比模型。对比模型包括传统的统计和机器学习模型以及基于注意力机制的模型。

① HA（历史均值）是一种时间序列分析的常用统计模型，实验采用前 12 h 的数据预测下一时刻的数据。

② FCN（全连接网络）是一种简单稳定的神经网络模型，其通常包括输入层、全连接层以及输出层。

③ CNN（卷积神经网络）是一种常用的处理欧几里得数据的神经网络模型，其通常包括输入层、卷积层以及输出层。

④ GCN（图卷积神经网络）是一种图神经网络，主要分为基于谱域方法和基于空域方法的模型，其在计算时可以保持数据的结构关系，并可处理非欧几里得数据。

⑤ LSTM（长短期记忆网络）是一种典型的处理序列问题的循环神经网络模型，其通常包括输入层、循环层以及输出层。

⑥ SA-LSTM（基于空间注意力的 LSTM 模型）是本小节所提出的 STA-LSTM 的简化版，在 LSTM 模型的基础上增加了空间注意力模块。

⑦ TA-LSTM（基于时间注意力的 LSTM 模型）是本小节所提出的 STA-LSTM 的简化版，在 LSTM 模型的基础上增加了时间注意力模块。

（3）实验结果与分析

① 预测结果与分析。接下来，将展示各模型在三个数据集上的预报表现。在所有数据集上，STA-LSTM 模型在大多数情况下优于基线模型。基本统计模型 HA 获得所有数据集上的最后位置。结果表明，神经网络对洪水的不确定性具有较好的适应性。基于注意力的模型比原始的 LSTM 模型更加准确和稳健。注意力模块降低了 LSTM 模型的均方根误差，提高了预报的确定性和合格率。在大多数情况下，STA-LSTM 优于 CNN 和 GCN 模型，这反映了时空注意力的优势。

实验模型预测的 RMSE 如图 5.52 所示。在屯溪数据集上，STA-LSTM 模型在 6 个时刻均具有最高的精度。在昌华和黑河数据集上，STA-LSTM 模型在大多数时刻具有最好的精度。与此同时，SA-LSTM 和 TA-LSTM 的大部分表现优于 LSTM 模型。在 t+1 时，所有模型均表现良好，误差随时间不同程度地增加。图 5.53 是不同模型的决定系数 R^2 结果，这表明 STA-LSTM 模型在所有数据集上的大多数时间优于其他模型。根据表 5.15 中各数据集的数量，可以推断数据集的大小对模型的准确性有很大的影响。屯溪数据训练的模型具有更好的性能，而其他两个数据集训练的模型平均水平较低。

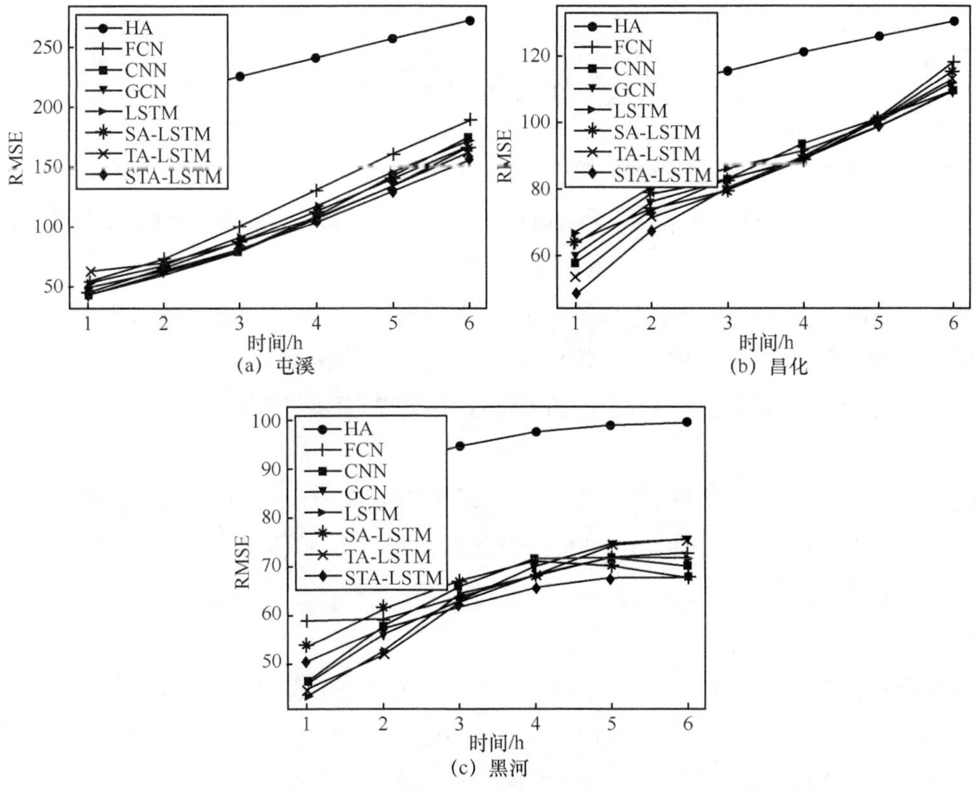

图 5.52　各模型预报结果的 RMSE

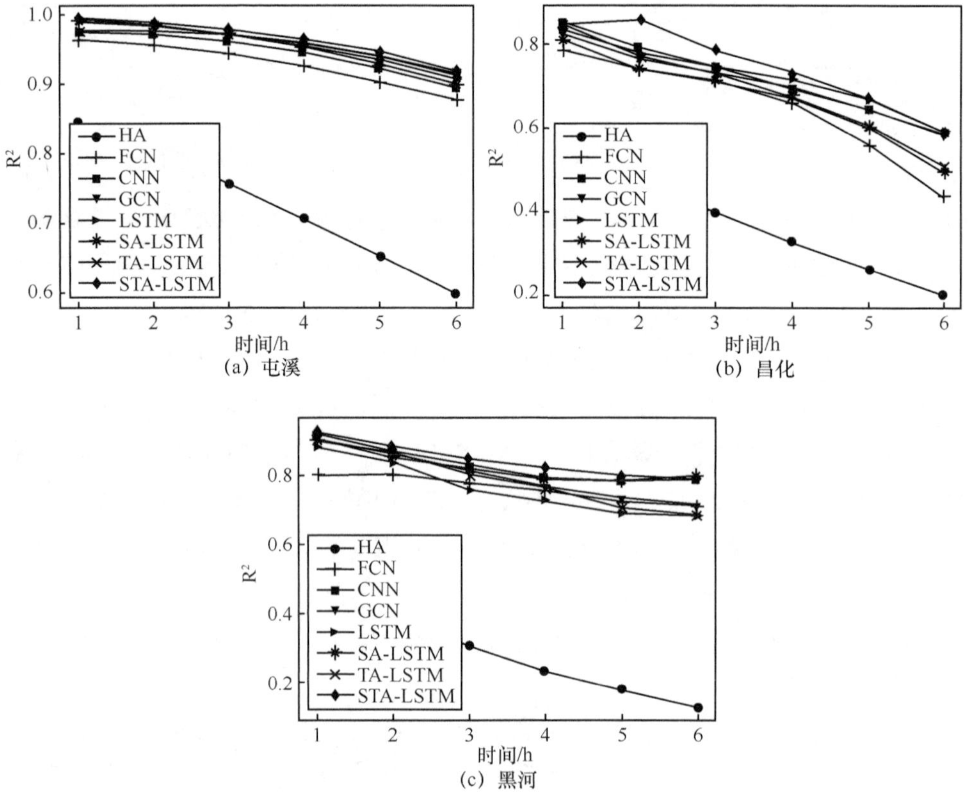

图 5.53 各模型预报结果的 R^2

各模型预报结果的 MAE、MAPE 和 QR 分别如图 5.54、图 5.55 和图 5.56 所示。基于注意力的模型，特别是 STA-LSTM 模型，在不同的数据集上表现较好。MAE 和 MAPE 越小，表示模型预测值与真实值之间的误差越小，模型的平均预测能力越强。

在大多数情况下，STA-LSTM 模型优于其他模型。带有注意力模块的 LSTM 模型的性能优于原始 LSTM 模型，这说明注意力模块对模型有积极的影响。根据已有的实验结果可知，TA-LSTM 模型在某些时间步长上的精度略优于 SA-LSTM 模型。

② 时空复杂度

表 5.15 列举了各模型在实验过程中的时空复杂度情况。其中，FCN 占用的时间最少，GCN 占用的磁盘存储空间最少，STA-LSTM 模型则占用存储空间最多。TA-LSTM 模型的大小与 STA-LSTM 模型的大小最接近，说明时间注意力模块大于空间注意力模块，从而导致模型训练时间大幅增加。

虽然基于注意力的模型的时间、空间消耗比其他模型大（实际值仍然很小），但模型的性能有了很大的提高。STA-LSTM 模型与原 LSTM 模型的时空消耗差距不大。此外，GCN 模型具有良好的性能和较少的花费，这可为下一步的研究提供重要的思路。

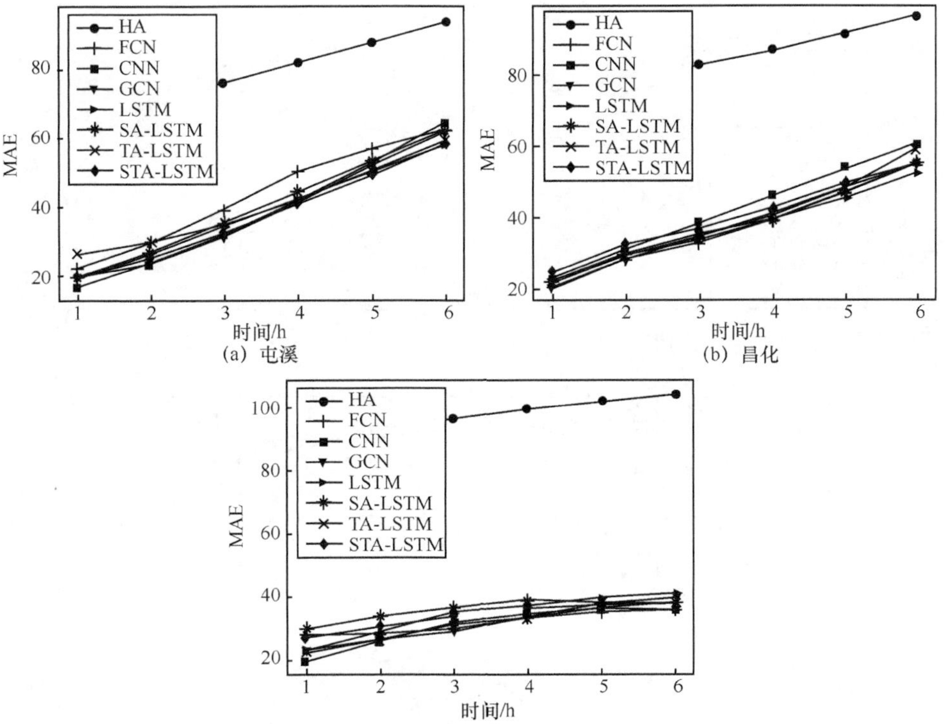

(a) 屯溪　(b) 昌化　(c) 黑河

图 5.54　各模型预报结果的 MAE

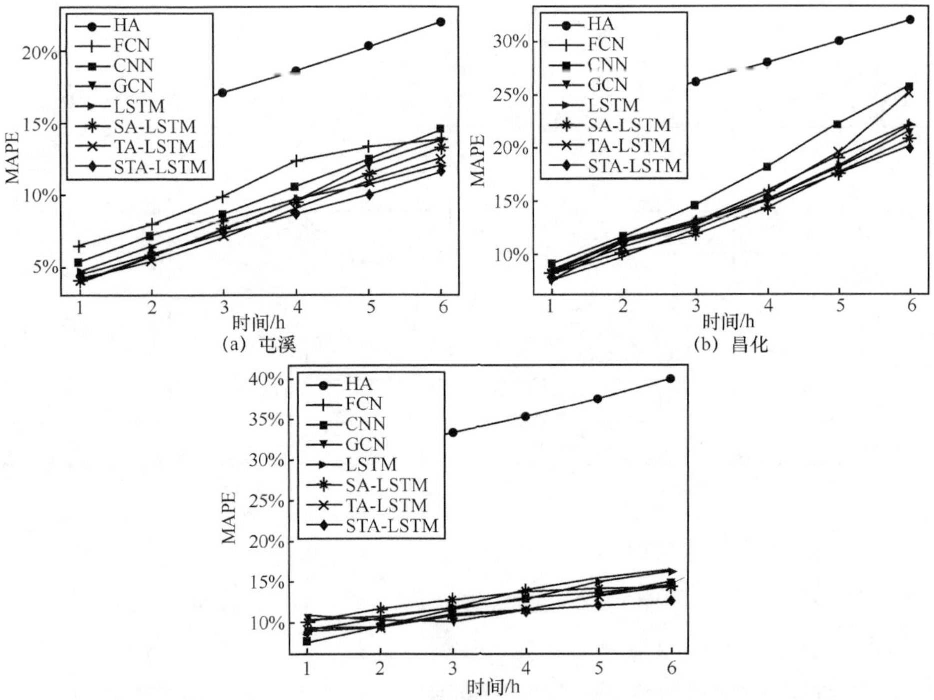

(a) 屯溪　(b) 昌化　(c) 黑河

图 5.55　各模型预报结果的 MAPE

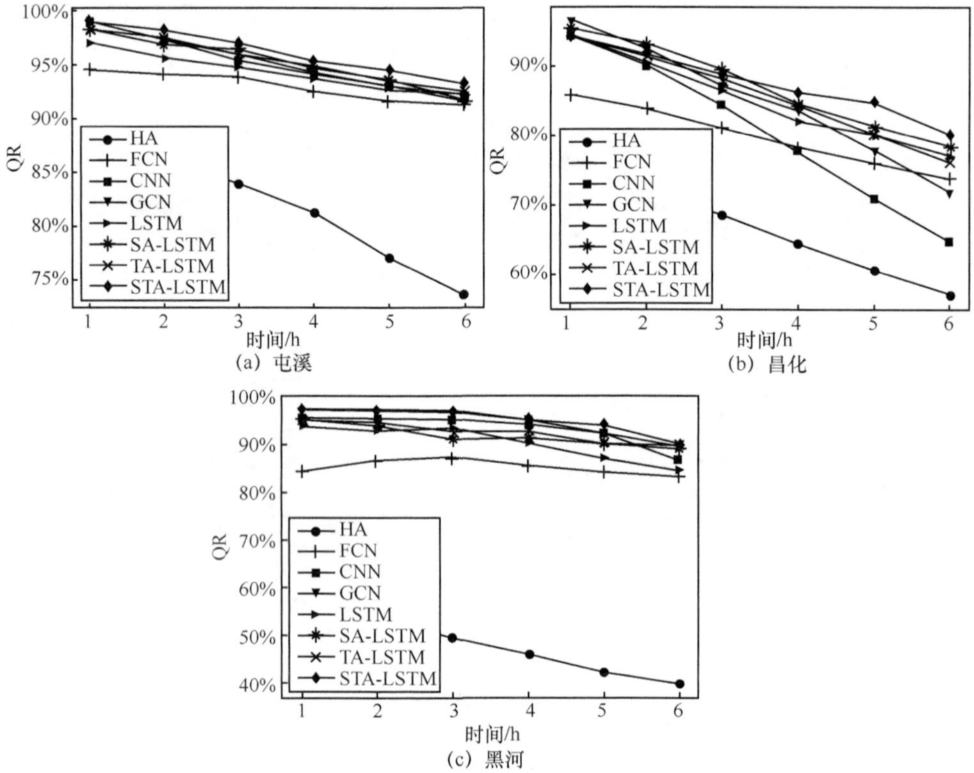

图 5.56 各模型预报结果的 QR

表 5.15 各模型的时空复杂度

模型名称	模型体积/kB	训练时间/s	测试时间/s
HA	2	–	2
FCN	265	48	2
CNN	24	56	2
GCN	12	63	2
LSTM	1 572	131	2
SA-LSTM	1 574	203	2
TA-LSTM	1 743	190	2
STA-LSTM	1 744	267	2

注：epoch = 60, CPU: Intel(R) Xeon(R) CPU E5-2630 v4 @2.20 GHz, GPU: NVIDIA GeForce TITAN Xp, 12 GB

③ 可解释性分析。本小节根据实验细节比较了几种模型的性能，并分析了它们之间的差异，从而得出结论，基于注意力的模型表现更好。接下来，将可视化 STA-LSTM 模型的时空注意力权值，并分析权值随时间变化的趋势。

图 5.57 是 STA-LSTM 模型的时空关注权值可视化结果，6 个子图分别代表 6 个预报时刻的情况。横坐标为屯溪数据集的数据水文特征，纵坐标为历史的雨量时刻。时空注意力权值类似于时间权值，

在逐渐向前移动，但由于时空关注权值的存在，整体权值的变化趋势相对缓慢且不明显。

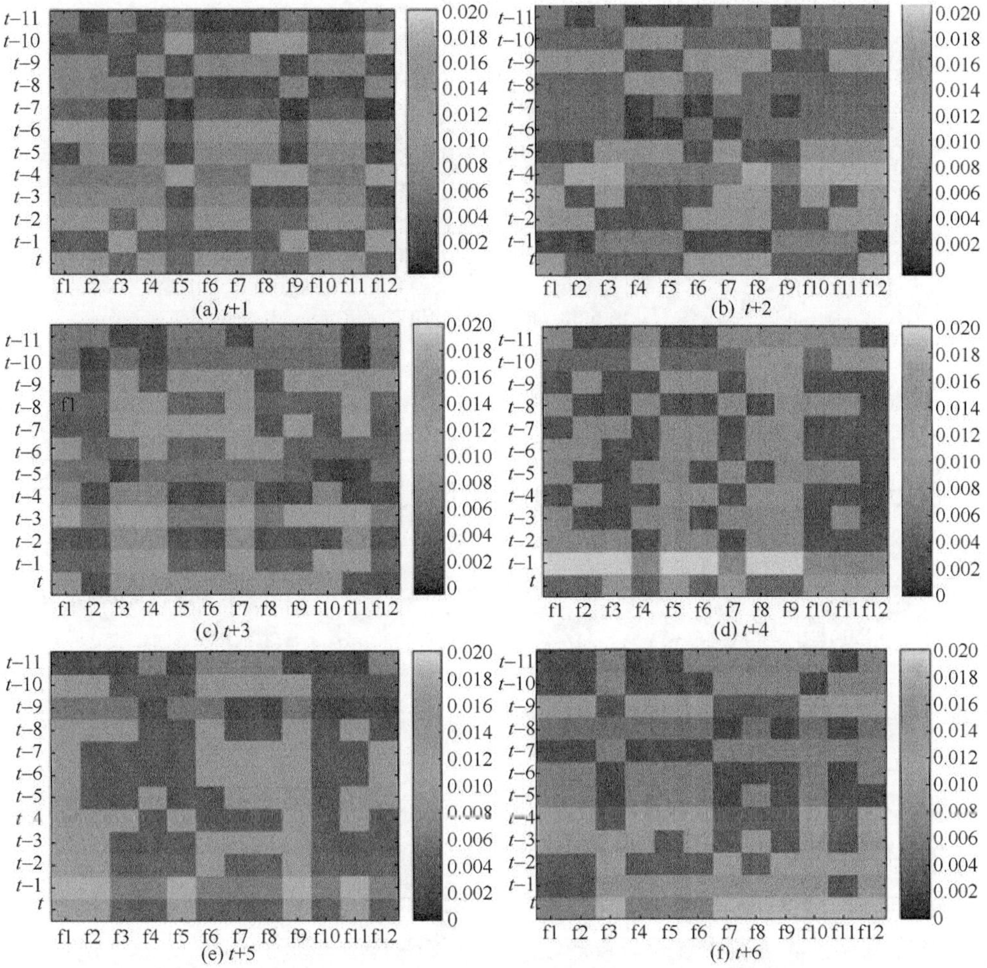

图 5.57　STA-LSTM 模型的时空关注权值的可视化结果

图 5.58 描述了三个数据集在实际洪水输入下的时空关注权值的变化。可以看出，随着预测时间的推移，时空关注权值逐渐向前推进。时空关注权值从 t−6 开始向前移动，前进速度与预测速度同步。

通过对模型时空权重变化和流域产汇流过程的分析，可以得出以下结论：时间注意力模块关注不同预测时刻的不同过去时刻，时空关注权值的增加趋势基本是线性的，与汇流的过程在某种程度上是对应的；不同流域的初始时延不同可能与实际流域中汇流时间的变化有关，进而与流域面积和地形以及降水位置有关；时空注意权值的误差可能在一定限度甚至在很大限度上导致预测结果的误差。如图 5.58 所示，曲线的趋势并不是严格递增的。屯溪数据集变化曲线近似递增，除了最后一个时间步长。昌化和黑河数据集变化曲线波动较大，可能导致较大的误差。在屯溪数据集上训练的模型，采用误差较小的时间注意力模块可以得到较好的预测结果。

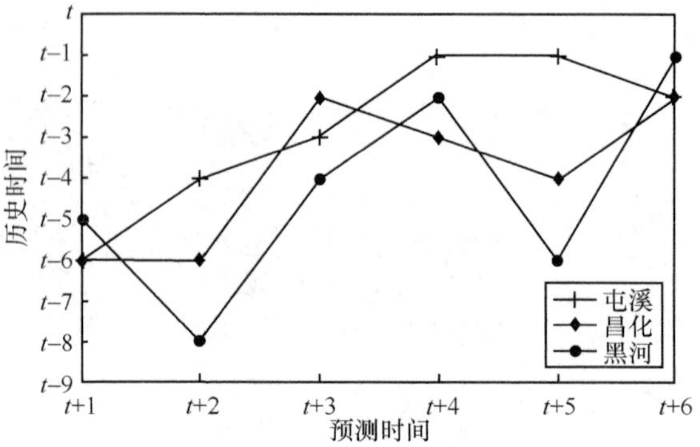

图 5.58 时空关注权值变化情况

3. 小结

本小节提出了一种基于可解释的时空注意力网络方法的（STA-LSTM）洪水预报模型，该模型基于注意力机制和 LSTM，通过对注意力权重的可视化以及产汇流过程的分析实现对模型可解释性的分析。在三个中小流域数据集上的实验结果表明，STA-LSTM 模型优于多个基线模型。同时结合部分水文产汇流知识，对模型的时空权重变化、误差进行了分析，在一定限度上阐述了 STA-LSTM 的时空可解释性。

5.3.4 基于特征融合的洪水预测

近年来，基于深度学习的洪水预测模型的研究越来越多[64-66]，并且深度学习模型已应用于洪水预测中的不同任务。其中，类 RNN 模型已用于水文预测[67-70]，如基于 LSTM 的农业地区地下水位预测[71]，基于 GRU 模型的城市下水道污水模拟和预测[72]，且研究实验结果表明，LSTM 和 GRU 模型在水文预测任务中展示了卓越的多步及长预见期的预测能力。但是，这些深度学习模型通常不考虑洪水多步预测中常见的不同类型的输入，或者忽略了各输入之间的动态相关性。因此，本小节通过设计基于特征融合与时空注意力网络的模型捕捉多源的水文特征输入，进一步提升洪水预测模型的精度。

1. 算法模型

基于特征融合与时空注意力网络的预测模型架构（STA）通过设计时空注意力模块来捕捉气象特征数据的空间相关性和时间依赖性，同时利用编码器从初始流量序列和未来降雨序列中提取趋势变化特征，并将其与历史气象特征的深层时空分布特征融合，从而得到未来时段的流量变化趋势。

STA 预测模型架构如图 5.59 所示，模型架构由模型输入及输出模块、空间注意力模块、时间注意力模块、趋势输入模块以及联合学习模块编码解码层组成。

（1）模型输入及输出模块

对于一个流域内的气象站，可监测的对下游流量产生影响的特征因素包括蒸发量、降水量、温度和风速等，然而这些水文特征会以复杂的方式影响周围气象站点的水文特征，并且影响的权重随着时间而变化。

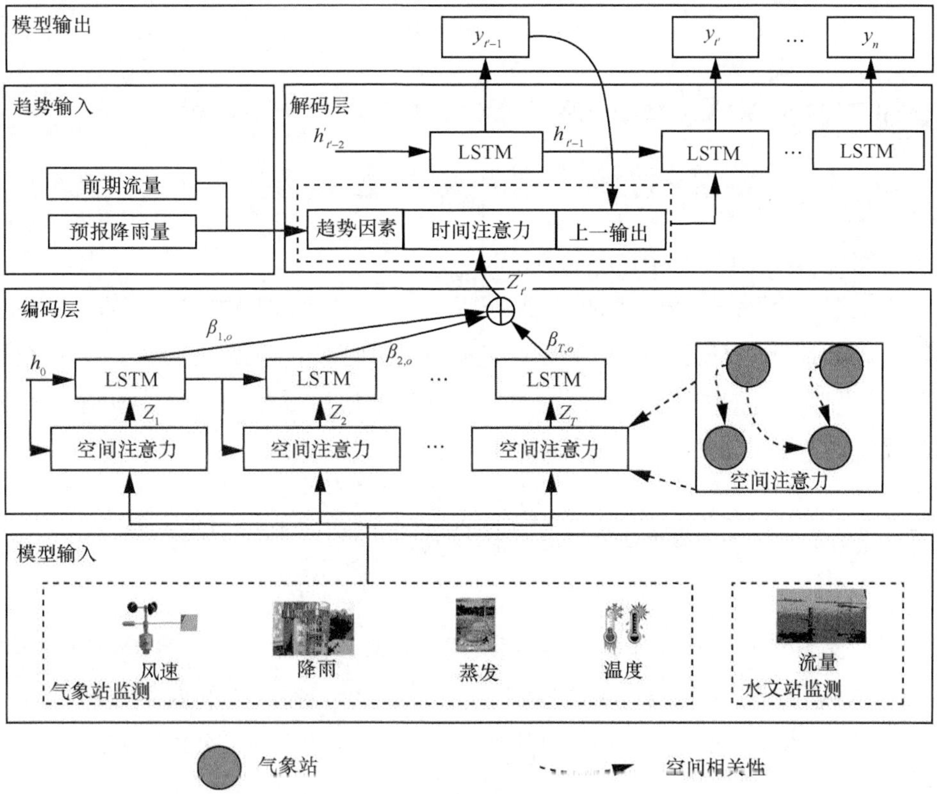

图 5.59　STA 预测模型架构

假设在一个流域内有 N 个气象站，每个气象站采集 L 个特征因素，则预测模型的输入形式化表达为 $X=[x^1,x^2,\cdots,x^N]$ ，X 代表预测模型的 N 个气象站点的输入数据，其中，$x^i=[x_t^{i,1},\cdots,x_t^{i,L}]$，$x^i$ 代表预测模型在 t 时刻的第 i 个气象站的 L 个不同特征因素的输入数据。预测模型的输出形式化表达为 $[y_1,y_2,\cdots,y_T]$，其代表模型预测未来 T 个时间步长的流量。

（2）空间注意力模块

如图 5.59 所示，首先将历史气象数据预处理后，将数据输入空间注意力模块中，该模块具有捕捉不同气象站点的相同特征因素的动态相关性，其相关性的匹配分数定义如下：

$$e_t^i=\boldsymbol{\omega}^{\mathrm{T}}\tanh(\boldsymbol{W}_s[h_{t-1};s_{t-1}]+\boldsymbol{U}_s x_t^{i,k}+\boldsymbol{b}_s) \tag{5.25}$$

其中，$\boldsymbol{\omega}$，$\boldsymbol{W}_s$,和 $\boldsymbol{U}_s$ 为可学习的参数矩阵，$\boldsymbol{b}_s$ 为偏置向量，另外，[;] 为矩阵拼接方式。h_{t-1} 和 s_{t-1} 分别为上一个时间步编码阶段中 LSTM 的隐藏层状态和单元状态。

然后，计算单个空间注意力的权重 $\alpha_{t,i}$：

$$\alpha_{t,i}=\frac{\exp(e_t^i)}{\sum_{i=1}^{N}\exp(e_t^i)} \tag{5.26}$$

其中，$\alpha_{t,i}$ 为在 t 时刻第 i 个气象站点的特征序列对输出的贡献权重，并且 $\sum_{i=1}^{N}\alpha_{t,i}=1$。根据模型的输入与输入的作用权重，空间注意力模块的贡献量可由式（5.27）表示。

$$Z_t=\left(\sum_{j=1}^{L}\alpha_{t,1}x_t^{1,j},\sum_{j=1}^{L}\alpha_{t,2}x_t^{2,j},\cdots,\sum_{j=1}^{L}\alpha_{t,N}x_t^{N,j}\right) \tag{5.27}$$

（3）时间注意力模块

对于复杂水文预报，一些关键的水文特征提供了有效信息。例如，初始阶段降雨的影响力通常低于接近洪峰阶段的直接影响力。另外，编码器-解码器结构的性能会随着编码器长度的增长而迅速下降，所以需要在解码器中引入注意力机制来解决这个问题。注意力机制可以使解码器自适应地选取编码器中的应着重关注的隐藏层状态。

如图 5.59 所示，创建的时间注意力模块可以自动向解码器贡献不同的权重 β 。在时间注意力模块的编码阶段，在 t' 时刻注意力得分 $\gamma_{t'}^{o}$ 的计算公式如下：

$$\gamma_{t'}^{o}=\boldsymbol{v}^{\mathrm{T}}\tanh(\boldsymbol{W}_T[h'_{t'-1};s'_{t'-1}]+\boldsymbol{U}_T\boldsymbol{h}_t+\boldsymbol{b}_T) \tag{5.28}$$

其中，$\gamma_{t'}^{o}$ 的更新依赖上一个时刻（$t'-1$）解码层的 LSTM 隐藏层状态 $h'_{t'-1}$ 和 LSTM 单元状态 $s'_{t'-1}$。同样地，h_t 的更新方式为：$h_t=\mathrm{LSTM}(h_{t-1},Z_t)$。另外，$\boldsymbol{v}$，$\boldsymbol{W}_T$，$\boldsymbol{U}_T$ 和 $\boldsymbol{b}_T$ 是可学习的参数矩阵。接下来，经过一个 Softmax 函数确保所有的时间注意力权重和为 1，公式如下：

$$\beta_{t',o}=\frac{\exp(\gamma_{t'}^{o})}{\sum_{j=1}^{T}\exp(\gamma_{t'}^{j})} \tag{5.29}$$

最终在 t' 时刻，时间注意力对模型输出的贡献计算公式如下：

$$Z'_{t'}=\sum_{o=1}^{T}\beta_{t',o}Z_{t'} \tag{5.30}$$

其中，T 代表过去 T 个时间步长的气象特征序列长度。

（4）趋势输入模块

流量过程曲线的未来趋势通常既受流量的初始状态影响，又受特征的未来趋势影响。例如，初始流量 $X_{t'}^{\mathrm{flow}}$ 的值通常与土壤含水量正相关，这决定了降雨后洪水起洪速度的快慢，而未来的降雨趋势 $X_{t'}^{f\text{-rain}}$ 决定了未来长期流量的趋势。因此，将趋势输入形式化为 $X'_{t'}=[X_{t'}^{\mathrm{flow}};X_{t'}^{f\text{-rain}}]$。

（5）联合学习模块

本小节通过使用时空注意力来学习各水文特征的权重。在空间注意力模块使用注意力机制学习特征的空间相关性，在时间注意力模块使用注意力机制学习特征的时间相关性，两者组成联合多层的注意力学习水文特征的权重。然后与趋势因素和上一时刻模型的输出状态融合，进而更新当前时刻解码层的状态。具体来说，在 t' 时刻，通过将其上一个时间步长的输出 $\boldsymbol{y}_{t'-1}$，时间注意力模块输出 $\boldsymbol{Z}'_{t'}$，以及额外的趋势输入 $\boldsymbol{X}'_{t'}$ 三个矩阵拼接整合成一个矩阵 $\boldsymbol{c}'_{t'}$，其计算方式如下：

$$\boldsymbol{c}'_{t'} = \text{LSTM}(c'_{t'-1},[\boldsymbol{X}'_{t'};\boldsymbol{y}_{t'-1};\boldsymbol{Z}'_{t'}]) \tag{5.31}$$

另外，在模型的解码阶段，模型的第 t' 时间步长的输出 $y_{t'}$ 由整合向量 $\boldsymbol{c}'_{t'}$ 和解码层的隐藏层状态 $\boldsymbol{h}'_{t'}$ 计算而来，公式如下：

$$y_{t'} = \boldsymbol{v}_y^{\mathrm{T}}[\boldsymbol{c}'_{t'};h'_{t'}] + \boldsymbol{b}_y \tag{5.32}$$

其中，$\boldsymbol{v}_y$ 和 $\boldsymbol{b}_y$ 为超参数矩阵。

最后，采用反向传播算法训练网络，选用平方误差作为 STA 模型训练的损失函数，具体计算如式（5.33）所示。其中，θ 是 STA 模型中的所有待学习参数，$\boldsymbol{y}_{t'}$ 为预测值，$\hat{\boldsymbol{y}}_{t'}$ 为真实值。

$$L(\theta) = \|\boldsymbol{y}_{t'} - \hat{\boldsymbol{y}}_{t'}\|_2^2 \tag{5.33}$$

2. **实验分析**

（1）数据集和评测指标

本实验的流量数据来自长江干流水文站收集记录。实验采用了长江干流上 4 个具有代表性的水文站，分别为寸滩水文站、宜昌水文站、汉口水文站和大通水文站，地理位置囊括了长江的上中下游。本实验采用了 1970 年 1 月 1 日—1999 年 12 月 31 日共计 30 年的流量数据，且水文站记录的流量数据为每天一条。

本小节的预测模型预测精度采用以下三种方式来度量：RMSE、MAE 和 R^2。

RMSE 越大，表示模型的预测值与真实测量值误差越大。RMSE 的计算公式如下：

$$\text{RMSE} = \sqrt{\frac{1}{N}\sum_{i=1}^{N}\left(y_i^{\text{obs}} - y_i^{\text{pre}}\right)^2} \tag{5.34}$$

MAE 表示预测值和观测值之间绝对误差的平均值，一般用来验证模型预测结果的好坏。MAE 取值为 $[0,+\infty)$，MAE 越接近 0，表示模式质量越好，模型可信度越高；MAE 值越大，表示模拟结果误差越大。MAE 的计算公式如下：

$$\text{MAE} = \frac{1}{N}\sum_{i=1}^{N}\left|y_i^{\text{pre}} - y_i^{\text{obs}}\right| \tag{5.35}$$

R^2 的大小决定了实测与预测结果相关的密切程度。当 R^2 越接近 1 时，表示相关的参考价值越高；相反，当 R^2 越接近 0 时，表示参考价值越低。R^2 的计算公式如下：

$$\mathrm{R}^2 = 1 - \frac{\sum_{i=1}^{N}\left(y_i^{\text{obs}} - y_i^{\text{pre}}\right)^2}{\sum_{i=1}^{N}\left(y_i^{\text{obs}} - \overline{y}^{\text{pre}}\right)^2} \tag{5.36}$$

其中，y_i^{obs} 表示第 i 个样本的观测值，y_i^{pre} 表示第 i 个样本的预测值，$\overline{y}_i^{\text{pre}}$ 表示预测平均值，N 表示测试样本数量。

（2）实验设置与基准模型

在 TensorFlow 开源平台下使用一块 NVIDIA TITAN Xp 显卡训练和测试本实验的深度学习模型。在本实验中，各种模型都使用 Python 3.6 作为编程语言，同时使用一些第三方库，如使用 Matlibplot 库来绘图，Pandas 库用于预处理原始数据。另外，深度学习模型通过使用 Keras 进行构建，具体通过“add”方法来堆叠任意结构的神经网络。在完成模型的构建后，可以通过“compile”方法来配置学习过程，包括优化器和损失函数等。然后，通过“fit”方法批量地在训练集上迭代训练模型。最后，通过“predict”方法来生成数据预测结果以及通过“evaluate”方法来进行模型的性能评估。

本小节使用了 6 个基线模型作为 STA 的对比模型。MLP、SVR 这两个基线模型是传统的统计和机器学习模型，DBN、LSTM、A-LSTM 和 SSTA-LSTM 模型是基于深度学习方法的模型。本实验使用的模型描述如下。

① MLP（多层感知器）用于预测时间序列的经典人工神经网络（Artificial Neural Network，ANN）模型，其能学习任意非线形函数映射[73]。

② SVR（支持向量回归）是一种基于结构风险最小化原理的数据驱动模型[74]。

③ DBN（深度置信网络）通过用包含许多层功能和大量参数的深度神经网络替换高斯混合模型预测时间序列[75]。

④ LSTM（基于长短期记忆网络的时间序列预测模型）善于处理较长时间依赖性序列[76]。

⑤ A-LSTM（上下文感知的注意力 LSTM 网络）模型用于洪水预测，并且能够选择性地关注时间维信息因素[77]。

⑥ SSTA-LSTM（朴素的时空注意力 LSTM 预测模型）分别通过空间注意力和时间注意力提取特征预测未来河流流量，该模型把雨量和流量信息共同输入空间注意力模块，这忽略了同一站点的不同时刻流量与流量特征之间不存在空间依赖性这一先验知识。另外该模型输入仅关注历史的流量雨量信息，忽略了其他的初始状态和未来的气象信息[78]。

⑦ STA 模型的时空注意力模块可学习时空特征的相关性，联合学习模块融合初始状态与历史特征因素的时空变化特征，通过对输出影响更大的特征给予更多关注，在深层特征空间内实现输出的趋势预测。

（3）实验结果与分析

本小节在 4 个数据集上比较 STA 模型与基线模型的预测性能结果。为表明模型对比结果的合理性，在表 5.16 中展示每个模型的平均预测性能。实验结果表明，与在 4 个数据集上的基线模型的预测性能相比，STA 模型具有最佳的预测性能（包括 RMSE、MAE 和 R^2）。具体表现为：在所有的基线模型中，SVR 和 MLP 是传统的机器学习模型，在基于数据驱动的时间序列预测任务中有较多的应用。然而这两个模型在处理输入较大特征维度时，可能导致学习不到最相关的特征，影响模型预测精度。另外，SVR 和 MLP 模型在处理水文时空数据输入时，无法学习特征的空间概念，即无法捕捉其相关空间的依赖关系。SVR 和 MLP 模型在 4 个数据集上的具体表现表明，这两个模型在预测步长为 6 天的预测结果 RMSE 值都偏大。综上，SVR 和 MLP 模型的预测性能低于 STA 模型。

表 5.16　各模型在 4 个数据集上预测步长为 6 天的模型性能比较

模型		RMSE	MAE	R^2
寸滩数据集	MLP	1 163.2	657.7	0.956
	SVR	1 152.2	599.2	0.959
	DBN	1 154.3	588.9	0.963
	LSTM	1 056.8	572.1	0.965
	A-LSTM	972.2	521.3	0.972
	SSTA-LSTM	951.3	508.3	0.975
	STA	**921.2**	496.8	0.979
宜昌数据集	MLP	1 265.5	683.1	0.951
	SVR	1 215.7	662.7	0.966
	DBN	1 232.8	671.5	0.964
	LSTM	1 189.2	665.4	0.969
	A-LSTM	1 121.5	565.2	0.973
	SSTA-LSTM	1 085.3	542.6	0.977
	STA	**1 058.5**	**523.3**	**0.981**
汉口数据集	MLP	2012.3	1 132.2	0.946
	SVR	1 863.2	1 056.4	0.951
	DBN	1 821.2	1 072.1	0.957
	LSTM	1 826.8	1 042.7	0.965
	A-LSTM	1 788.2	955.5	0.969
	SSTA-LSTM	1 700.3	905.2	0.972
	STA	**1 625.4**	**865.1**	**0.975**
大通数据集	MLP	2 562.2	1 632.5	0.945
	SVR	2 528.8	1 665.7	0.949
	DBN	2 632.3	1 432.6	0.951
	LSTM	2 436.2	1 369.1	0.966
	A-LSTM	2 345.1	1 195.2	0.969
	SSTA-LSTM	2 234.6	1 096.4	0.971
	STA	**2 178.0**	**1 013.2**	**0.976**

STA 模型的预测性能优于一般深度学习方法（DBN、LSTM、A-LSTM），这三个基线模型的预测性能表现接近，但具体的模型性能预测精度从差到好依次为 DBN、LSTM 和 A-LSTM。这验证了 LSTM 比 SBN 更能处理较长序列的预测任务，A-LSTM 比 LSTM 更能关注时间维度上对输出更重要的特征。但这三个深度学习模型的性能低于 SSTA-LSTM 和 STA，DBN、LSTM 和 A-LSTM 模型没有考虑各特征的空间概念导致预测性能不如时空架构预测模型。

与处理时空依赖性模型 SSTA-LSTM 对比，STA 模型取得了较好的预测结果。具体表现为：在寸滩数据集上的预测性能评估的 RMSE、MAE 和 R^2 上分别约有 3.01%、1.15%和 0.41%的提升，在宜昌数据集上有 2.68%、1.93%和 0.41%的提升，在汉口数据集上有 7.49%、4.01%和 0.31%的提升，在大通数据集上有 5.66%、8.32%和 0.51%的提升。

5.3.5 基于可解释的洪水多步预测方法

为了综合利用历史雨量、历史流量和预测的雨量[79]，本小节设计了一种新的基于注意力的多步融合 Transformer（Multi-step Fusion Transformer，MFT）预测模型，它实现了高性能的多步序列预测且具有一定时间动态的可解释性，MFT 预测模型框架如图 5.60 所示。MFT 预测模型利用专门的组件来选择相关的特性，使用可解释的自注意层进行不同步长的时间关系学习，在实际的场景下实现多步时间序列的预测。在昌化、陈河两个数据集上，与现有基准模型相比，MFT 模型的预测性能显著提升，并具有相应的可解释性。

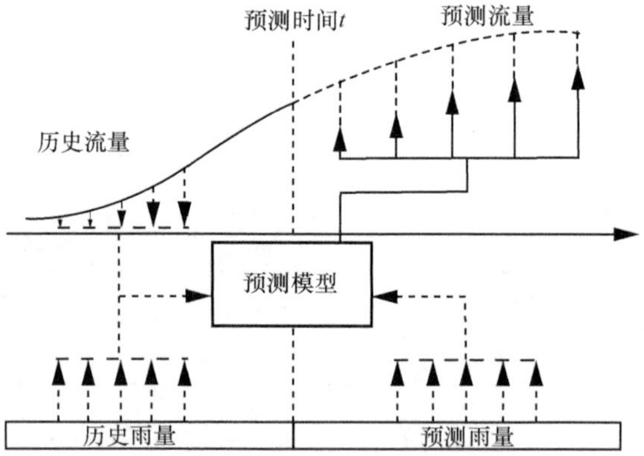

图 5.60 MFT 预测模型框架

1. 算法模型

中小流域的水文预测[80-81]通常需要考虑的输入特征如下：历史的流量和雨量数据，这部分数据是预测短期河流流量的主要因素；未来的降雨趋势，这部分数据影响流域出口流量较长时段的走势。针对上述考虑，本小节将模型输入分为历史雨量流量值输入，历史流量值输入，未来雨量值趋势输入。给定一个包含按小时分割的洪水时间序列数据 $x_{t-N+1},\cdots x_{t-1},x_t$ $X=[X^{\text{hp}};X^{\text{fp}};X^{\text{hq}}]$，

历史雨量的输入为 $x_{t-i},\cdots x_t$ $X^{\text{hp}}=[x_{t-M}^{\text{hp}},\cdots,x_t^{\text{hp}}]$，预测雨量的输入为 $X^{\text{fp}}=[x_t^{\text{fp}},\cdots,x_{t+N}^{\text{fp}}]$ $x_{t+1},\cdots,x_{t+j}$，历史流量站数据的输入为 $X^{\text{hq}}=[x_{t-M}^{\text{hq}},\cdots,x_t^{\text{hq}}]$，$x_{t-i},\cdots x_t$，其中 M 为历史雨量的输入步长，N 为预测雨量输入的步长。MFT 模型首先通过一个 GRU 模块，将历史雨量、历史流量和未来雨量的输入数据特征提取出来，并进行残差的计算，再进行归一化处理，之后送入可解释的多头注意处理模块进行未来流量的预测，最终输出预测结果，MFT 预测模型的结构如图 5.61 所示。

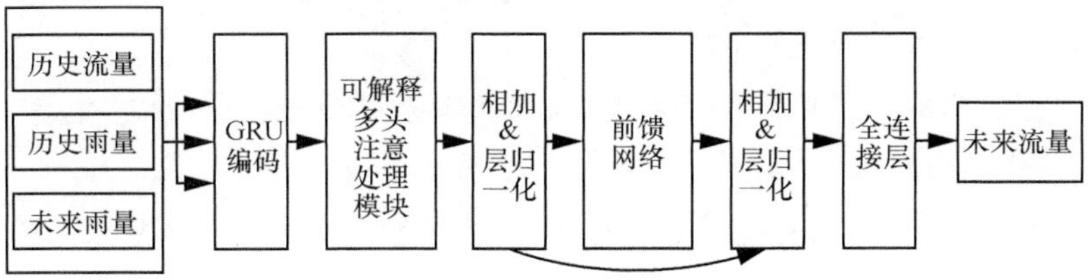

图 5.61　MFT 预测模型的结构

（1）特征提取模块

本小节采用加入残差的 GRU 网络来进行洪水数据的特征提取，GRU 模型如图 5.62 所示。GRU 网络将 LSTM 结构中的输入门和遗忘门结合成一个单独的更新门，合并了记忆细胞和隐含状态。GRU 中各个门的表达式如下。

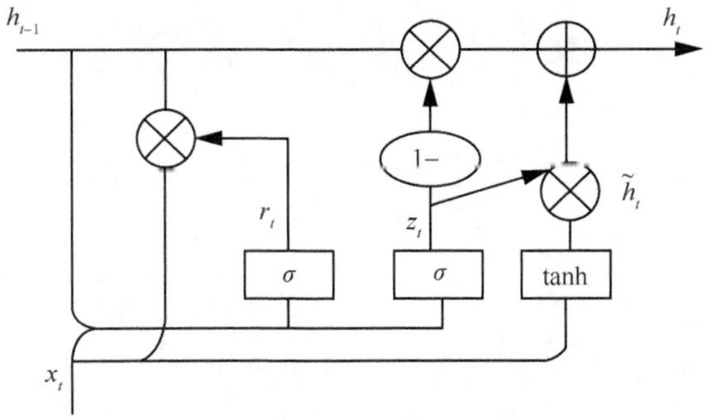

图 5.62　GRU 模型

GRU 重置门表达式：

$$r_t=\sigma(W_r\cdot[h_{t-1},x_t]) \tag{5.37}$$

GRU 更新门表达式：

$$z_t=\sigma(W_z\cdot[h_{t-1},x_t]) \tag{5.38}$$

GRU 候选隐含状态表达式：

$$\tilde{h}_t=\tanh(W_{\tilde{h}}\cdot[r_t * h_{t-1},x_t]) \tag{5.39}$$

GRU 隐含状态表达式：

$$h_t = (1 - z_t) * h_{t-1} + z_t * \tilde{h}_t \quad (5.40)$$

GRU 输出部分表达式：

$$y_t = \sigma(W_o \cdot h_t) \quad (5.41)$$

其中，σ 为激活函数，z_t 和 r_t 分别为 t 时刻更新门、重置门的状态向量，h_t 和 h_{t-1} 分别为 t 和 $t-1$ 时刻 GRU 内部记忆单元的状态向量，$\tilde{h}_t$ 是 t 时刻更新 GRU 内部记忆单元状态的信息，W_r，W_z 和 $W_{\tilde{h}}$ 分别是重置门、更新门和 GRU 内部记忆单元状态学习的权重矩阵。与 LSTM 神经网络相比，使用 GRU 提取的特征性能与 LSTM 相当，但计算效率更高，参数更少，更容易训练。

（2）多头注意力处理模块

本小节改进了基于 transformer[82]架构中的多头注意机制[83]，以增强可解释性[84]，多头注意力处理模块如图 5.63 所示。

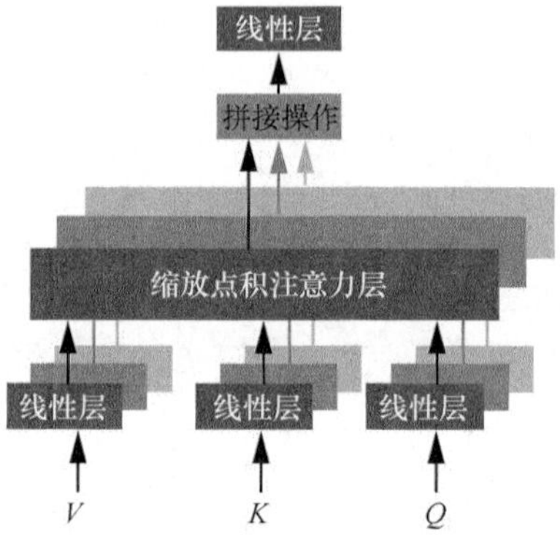

图 5.63　多头注意力处理模块

一般情况下，注意机制根据键 K 和查询 Q 的关系对 V 的取值如下：

$$A(Q,K,V) = A(Q,K)V \quad (5.42)$$

$$A(Q,K)V = \text{Softmax}(QK^{\mathrm{T}} / \sqrt{d}) \quad (5.43)$$

为了提高注意机制的学习能力，transformer 提出了多头注意，在不同的表子空间中使用不同的头，如下：

$$\text{MultiHead}(Q,K,V) = [H_1,\cdots,H_m]\, W_H \quad (5.44)$$

$$H_h = A(QW_Q^{(h)}, KW_K^{(h)}, VW_V^{(h)}) \quad (5.45)$$

考虑到每个头部都使用了不同的值，单独的注意力权重并不能表明某一特征的重要性。因此，MFT 模型修改多头注意力以取其加权平均值：

$$\text{InterpretableMultiHead}(Q,K,V) = \bar{H}\, W_H \quad (5.46)$$

$$\bar{H} = \bar{A}(QW_Q^{(h)}, KW_K^{(h)}, VW_V^{(h)})) = \left\{ \sum_{h=1}^{m} a_i (A(QW_Q^{(h)}, KW_K^{(h)})) \right\} VW_V \quad (5.47)$$

其中，$a_1 + a_2 + \cdots + a_m = 1$。由于缩放点积注意力层是每个输入数据都要计算注意力，所以不管它们中间有多长距离，最大的路径长度也只是 1，可以捕获长距离关系，因此使用自注意力机制。对于时间序列的数据来说，不同时刻的特征具有不同的重要性，注意力机制[85]的本质是在众多输入特征中寻找与决策最相关的信息，在实际的神经网络模型中可视化了输入特征与隐藏状态之间的关联程度。通过对时间关注权重的分析[86]可知，MFT 模型具备一定的可解释性[87]。

2. **实验设计**

（1）数据来源

本小节所提模型在两个流域数据集上进行验证，分别为昌化流域数据集、陈河流域数据集。昌化流域为湿润流域，陈河流域为半干旱半湿润流域。本小节在这两种不同概况的流域数据集上验证 MFT 模型预测性能的提升。为评估 MFT 预测模型的洪水流量预测性能，实验采用昌化流域 1998—2010 年数据、陈河流域 2003—2010 年的数据。

（2）基线模型

本小节使用了 3 个模型作为 MFF 的实验对比模型[88]，SVR 和 MLP 为传统的统计和机器学习模型，LSTM 是深度学习的模型。

① SVR（支持向量回归）是一种基于结构风险最小化原理的数据驱动模型。

② MLP（多层感知器）是用于预测时间序列的经典 ANN 模型，其能学习任意非线性函数映射。

③ LSTM（基于长短期记忆网络模型）善于处理较长的时间依赖性序列。

④ MFT（可解释的多步预测）模型，使用特征提取模块和自注意力机制，可以在更长的步长上获取特征，对输出影响更大的输入给予更多的关注，具有一定的可解释性。

（3）评估标准

本小节研究的目标河流流量预测问题是连续值函数的回归问题，因此在训练模型时采用平方误差作为损失函数。在实验的模型测试环节采用了两个评价指标度量模型的性能。

① RMSE。RMSE 对一组预测结果中的特大或特小误差反应非常敏感，RMSE 越大表示模型的预测值与真实测量值误差越大。RMSE 的计算公式如下：

$$\mathrm{RMSE} = \sqrt{\frac{1}{N}\sum_{i=1}^{N}\left(y_i^{\mathrm{obs}} - y_i^{\mathrm{pre}}\right)^2} \tag{5.48}$$

② 决定系数（Deterministic Coefficient，DC）在水文领域的中小流域，常用 DC 表示洪水预测过程与实测过程之间的吻合度，如果 DC 值为 1，则预测方法完全正确，没有误差，其计算方式如下：

$$\mathrm{DC} = 1 - \frac{\sum_{i=1}^{N}\left(y_i^{\mathrm{obs}} - y_i^{\mathrm{pre}}\right)^2}{\sum_{i=1}^{N}\left(y_i^{\mathrm{obs}} - \overline{y}^{\mathrm{pre}}\right)^2} \tag{5.49}$$

具体 DC 值的标准如表 5.17 所示。

表 5.17 确定性系数评价标准

精度等级	决定系数
甲	DC>0.9
乙	0.9≥DC≥0.7
丙	0.7≥DC≥0.5

（4）实验配置及参数

本实验基于 Linux 服务器平台（中央处理器:Intel（R） Xeon（R） CPU E5-2630 v4 @ 2.20 GHz，图形处理器: NVIDIA GeForce TITAN Xp，12 GB，操作系统：Ubuntu 16.04，深度学习库：Pytorch，编程语言：Python 3.6）进行。

在 MFT 的建模过程中，将 GRU 隐藏层单元数设置为 128，将 mutil-head self-attention（多头自注意力）的 head 设置为 8 个，训练优化采用 Adam 函数，训练参数中学习率 LR 设为 0.001，训练批尺寸设置为 256。另外，输入时间窗口 k 初始设为 10，然后以 k=[4，5，6，7，8，9，10] 选择不同实验流域的最佳输入窗口长度。

（5）实验结果

为充分检验 MFT 模型预测性能的优越性，本实验将各模型在两个数据集上的平均预测性能进行对比，分别如表 5.18 和表 5.19 所示，MFT 模型的 RMSE 和 DC 结果均优于其他基线模型。

SVR 和 MLP 是传统的机器学习模型，在基于数据驱动的水文预测任务中有较多的应用。然而这两个模型在处理较长输入步长时引起的输入特征维度较大，并且在中小流域数据量较小，同时存在将导致训练不充分及模型过拟合，影响模型预测精度。SVR 和 MLP 模型在两个流域的具体表现表明，这两个模型在所有数据集中的每个预测步长的预测结果 RMSE 值都偏大，预测结果 DC 值都偏小。综上，SVR 和 MLP 模型的预测性能低于 MFT 模型。

LSTM 是深度学习模型，该模型在一定限度上能处理较长时间段的输入窗口长度，具有捕捉较长时间段的降雨—径流模式。LSTM 模型没有考虑各雨量站和水文站的空间概念。另外，LSTM 模型在特征时间相关性上，缺失了较长时间维度所对应特征的提取，同时影响模型预测结果。LSTM 模型在昌化流域的具体表现如表 5.18 所示，与传统的机器学习模型相比，LSTM 模型的 RMSE 和 DC 结果都更优，但 MFT 模型的 RMSE 和 DC 比 LSTM 的 RMSE 和 DC 分别提升了 3.2%和 2.1%（在预测步长为 6 h 的指标）。LSTM 模型在陈河流域的具体表现如表 5.19 所示，与传统的机器学习模型相比，LSTM 模型的 RMSE 和 DC 结果都更优，但 MFT 模型的 RMSE 和 DC 比 LSTM 的 RMSE 和 DC 分别提升了 4.8%和 1.1%（在预测步长为 6 h 的指标）。

表 5.18　各模型在昌化流域数据集的平均预测性能对比

预测步长	SVR 模型		MLP 模型		LSTM 模型		MFT 模型	
	RMSE	DC	RMSE	DC	RMSE	DC	RMSE	DC
1 h	83.21	0.916	82.01	0.921	78.02	0.961	**75.35**	**0.971**
2 h	84.26	0.902	83.82	0.911	79.82	0.952	**76.82**	**0.962**
3 h	86.85	0.88	85.35	0.891	81.85	0.945	**77.65**	**0.955**
4 h	88.95	0.863	87.44	0.878	83.99	0.933	**78.95**	**0.943**
5 h	93.63	0.846	91.21	0.855	85.61	0.916	**82.66**	**0.926**
6 h	98.62	0.813	98.11	0.822	88.67	0.893	**85.67**	**0.913**
7 h	104.02	0.788	105.12	0.791	92.08	0.871	**88.98**	**0.991**
8 h	112.78	0.741	114.31	0.752	96.98	0.842	**95.01**	**0.852**

表 5.19　各模型在陈河流域数据集的平均预测性能对比

预测步长	SVR 模型		MLP 模型		LSTM 模型		MFT 模型	
	RMSE	DC	RMSE	DC	RMSE	DC	RMSE	DC
1 h	72.23	0.903	75.21	0.892	60.32	0.946	**58.35**	**0.949**
2 h	73.86	0.899	77.82	0.881	61.82	0.932	**59.82**	**0.939**
3 h	75.15	0.881	79.15	0.865	63.32	0.927	**61.63**	**0.911**
4 h	77.25	0.863	81.22	0.848	65.91	0.921	**62.75**	**0.908**
5 h	79.65	0.846	83.31	0.825	67.62	0.905	**63.89**	**0.906**
6 h	82.62	0.813	85.12	0.811	68.61	0.873	**65.37**	**0.891**
7 h	90.08	0.788	89.22	0.788	72.02	0.851	**66.94**	**0.861**
8 h	99.75	0.741	93.28	0.741	76.98	0.822	**70.01**	**0.832**

3. **小结**

本小节针对水文数据时空分布特性，设计了一种基于注意力的多步融合 Transformer 预测模型，该模型利用水文时间序列数据，通过设计专门的组件来选择相关的特性，使用可解释的自注意层进行不同步长的时间关系学习。实验结果表明，MFT 模型在预测性能上超过已有的基准模型。

5.3.6　总结

本节从智能预测模型的角度出发，在水文洪水预测的场景下，针对基于多特征小样本数据的洪水预测，基于可解释的时空注意力网络方法的洪水预报，特征融合的洪水预测和洪水多步预测方法的相关具体应用案例进行了呈现和探索。

5.4 基于耦合网络的业务协同预演

5.4.1 引言

我国河流众多，近年来，受气候变化影响导致的洪水灾害频繁发生，洪灾已成为人员伤亡的主要灾种[89]，妥善减轻洪水灾害事关社会的可持续发展。水利部部长李国英指出，要结合数字流域和强化预报、预警、预演、预案“四预”措施，以水旱灾害防御为起点建设智慧水利[90]。预演是在实施决策调度活动前为了评估决策效果而对设想场景或真实场景进行的仿真模拟步骤，在涉及重大社会、经济、环境影响的决策调度中，预演能提前发现风险、优化决策效果，因此其在水旱灾害防御工作中具有不可替代的重要作用。

传统预演模型以人为定义的数据源为输入，采用静态关联数据的方式，缺乏灵活性，其得到的预演结果以可视化形式为输出，需要人为分析结果并作用于物理水利对象上。《“十四五”期间我国大数据产业发展趋势特征分析》指出，2020 年我国数据规模达到约 64 ZB，2025 年数据规模将达到约 1 000 ZB[91]。大数据的高速发展能极大增强预演平台在复杂模拟方面的能力，但也带来了挑战：如何使预演建模方法有效处理和关联大数据，这是实现“四预”以开展水旱灾害防御所必不可少的基础条件；如何使预演仿真技术及时地利用大数据，这是大数据环境下实现预演自动化仿真评估、解放人力的关键所在。

针对防洪减灾的预演模型可以划分为可视化仿真模型以及洪水演进和调度仿真模拟模型。可视化仿真模型将多维仿真技术与数学物理模型相结合，目的是模拟研究场景的水体演进过程图像，提供可视化结果[92-94]。洪水演进和调度仿真模拟模型一般分为一维洪水演进模型[95-97]、二维洪水演进模型[98-100]和一维二维耦合模型[101-103]，目的是模拟洪水在分析区域向前演进变化的过程，为决策提供支撑。基于态势理论本体[104]的方法利用知识图谱的概念表达能力，从逻辑上定义了从数据处理到态势可视化的全过程体系[105-106]。

大数据给预演带来了挑战：如何及时处理、关联、利用大数据。为了应对这些挑战，需要定义预演智慧化的需求：同步性、一致性、完整性、有效性、准确性和自动化。数字孪生技术[107]能在预演全生命周期范围内保证数字空间与物理空间的同步性与一致性，使预演建模方法有效处理大数据，体现了数字化的特点。知识图谱技术[108]将数据、模型、知识进行统一表示，采用图表示形式能迅速关注局部有效信息，使大数据之间产生有效关联，体现了网络化的特点。智能模型方法能解决数据量过于庞大复杂、超出人掌控的问题，通过机器实时最优化目标，达到最佳调度方案的目的，体现了智能化的特点。因此，本节以数字孪生技术为底层，以耦合网络为代表的知识图谱技术为基础，结合智能模型方法，应对大数据带来的挑战，以数字化、网络化和智能化融合构建业务协同预演平台。

5.4.2　耦合网络定义与表示

知识统一表示模型以统一的形式刻画知识与其关联，致力于解决数据来源广、类型多、体系杂等问题，使预演平台发挥更大的能力。但大数据包含丰富的程序性、概念性和事实性知识，如何表示这些知识的层次与关联是知识统一表示模型亟待解决的问题。知识图谱是关联知识、表示知识、管理知识的有效模型。全景式耦合网络以知识图谱为理论支撑，刻画知识体系，能作为预演平台的“大脑”发挥作用。它由主题图谱与逻辑、专业与智能模型、事理图谱与场景模式和基础对象关系图谱组成，一个全景式耦合网络的示例如图 5.64 所示，该示例描述了某场降雨形成的河道水污染演化过程。

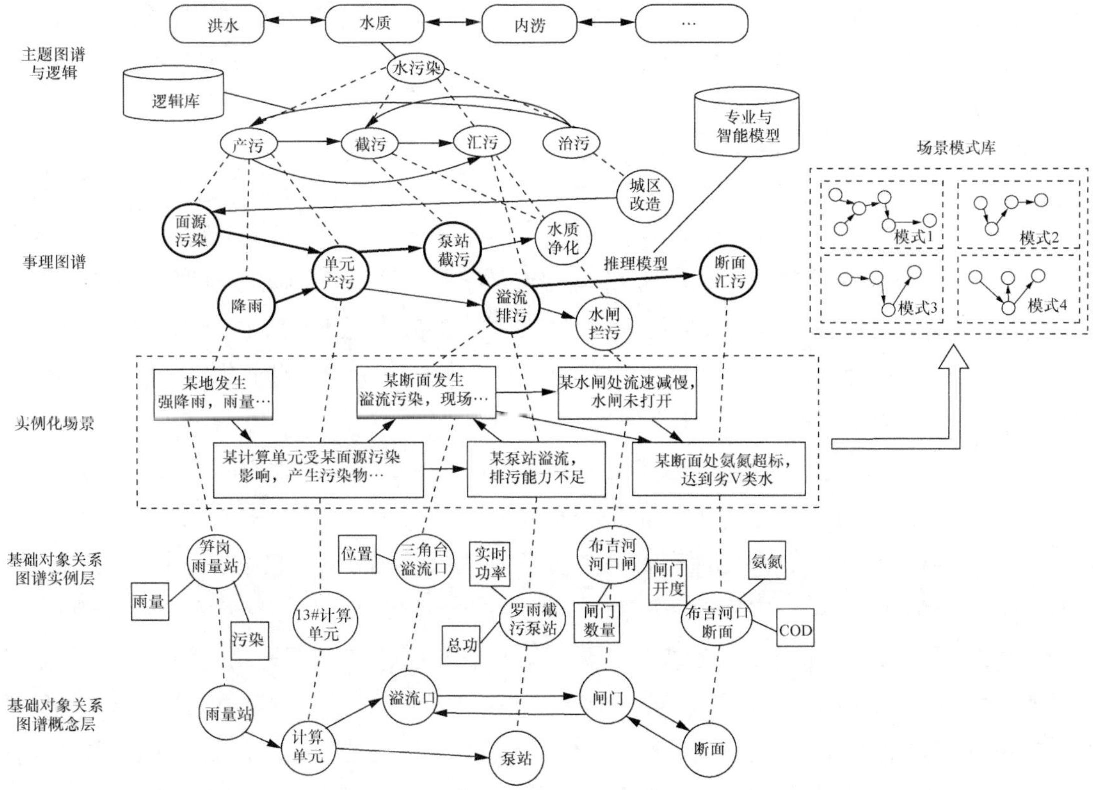

图 5.64　全景式耦合网络示例

（1）主题图谱与逻辑

主题图谱与逻辑以业务为导向、以主题分析为系统功能目标，形成业务–主题–要素的层次关联网络。由数据驱动，事件触发自动切换主题，实现预演平台中的自动化业务分析与聚焦。主题图谱构建的关键在于如何从大数据中自动挖掘层次主题、形成动态主题关联以及主题与要素的关联[109]。

（2）专业与智能模型

专业与智能模型是以实现预报、预演模拟目标而构建的复杂模型。模型构建本身不在图谱构建范围内，关键在于如何将模型要素与图谱中对象进行关联，以自动调用模型进行演算。

（3）事理图谱与场景模式

事理图谱与场景模式以事件为视角，以有向图结构为表达形式，描述了事件演化过程背后的机理与模式，用于分析事件演化过程和机理，为决策预演提供因果证据。由于大数据存在时空异质性，如何生成自适应多时空场景的事理图谱与场景模式是其能应用到实际业务的关键[110]。

（4）基础对象关系图谱

基础对象关系图谱利用图模型来描述业务场景中存在的实体/概念间的关联关系，它能灵活表示和关联概念性知识、事实性知识，耦合多源异质数据，因此基础对象关系图谱是全景式耦合网络的基础构件。构建的关键在于对物理空间的本体建模、解决知识抽取[111]、知识融合、知识更新、知识存储[112]、知识推理等问题[113-115]。

5.4.3 面向业务的协同预演系统架构

根据预演当前存在的主要问题与目标分析，构建现代化预演平台需要解决同步性、一致性、完整性、有效性、准确性和自动化的问题。建设以数字孪生技术关联物理空间和数字空间的镜像平面，将物理要素映射为数字要素；使用知识图谱技术的数字空间信息统一表示能力，支撑智能预演；使用数字孪生技术建立决策调度与智能预演的协同交互功能，继而优化的决策调度方案可动态反馈至物理空间，形成决策闭环。

本小节提出的现代化预演平台总体架构如图 5.65 所示，其由物理空间、数字孪生镜像平面和数字空间构成，整个架构分为业务层和支撑层。

位于物理空间支撑层的是物理事物，表示现实世界中的事物，包括物理业务、物理模型、物理机理与经验和物理实体与关系。业务是一个行业中的组织，通过信息交互实现明确目的的一系列过程，在领域中，物理业务表示为处理一系列事务的逻辑以及业务间互相转移的逻辑关联关系。物理模型描述事务的运行处置逻辑，若干个物理模型构成物理业务。物理机理与经验描述物理空间中事件的演化规律和人为总结的经验，事件是自然发生的或受到人为干预的现象。物理实体和关系表示物理空间中与领域相关的对象实体与它们在不同业务下存在的不同关联关系。

位于数字孪生镜像平面支撑层的是映射矩阵，作用是将物理事物与全景式耦合网络形成实时映射关系，解决同步性问题。

位于数字空间支撑层的是全景式耦合网络，基于知识图谱对信息的组织方式，表示数字世界中的事物，解决完整性和有效性问题，包括主题图谱与逻辑、专业与智能模型、事理图谱与场景模式和基础对象关系图谱。主题图谱与逻辑和物理业务形成映射，是以业务为导向、以主题分析为系统功能目标，以主题逻辑为分析依据，形成的业务–主题–要素的层次关联网络。专业与智能模型和物理模型形成映射，是对主题或要素的建模，使用对象信息、事理知识与场景信息，解决领域中的复杂问题。事理图谱与场景模式和物理机理与经验形成映射，描述事件概念间的定性定量关系以及场景中普遍存在的事件演化关系，这里将场景定义为一系列事件间相互作用、演化的相对独立的时空范围。基础对象关系图谱和物理实体与关系形成映射，表示在不同主题下对象间的关联关系，是构建事件与场景的最小单元。

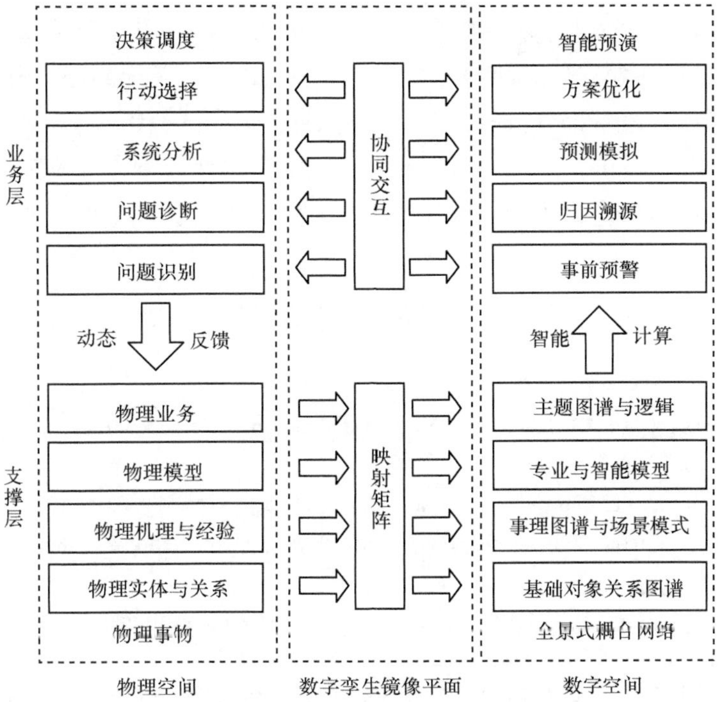

图 5.65 现代化预演平台总体架构

位于数字空间业务层的是智能预演，全景式耦合网络作为信息支撑进行智能计算，为决策调度提供有效方案，解决准确性和自动化的问题，包括方案优化、预测模拟、归因溯源和事前预警。方案优化自动形成决策调度的最优方案，能降低人工分析预演结果的代价，提高效率，这是智能预演的重要目标。预测模拟是预演的本职，其结果直接影响整个预演平台的表现。归因溯源用于分析事件发生机理和过程，既能辅助预演，又能为决策结果提供可信的证据。事前预警能主动或超前触发预演分析和决策支撑，为及时开展决策提供服务。

位于数字孪生镜像平面业务层的是协同交互，作用是将智能预演结果传递给人工决策调度，并将人工调整参数返回给智能预演进行迭代优化，实现双向交互达到决策方案迭代优化的效果，解决了一致性问题。

位于物理空间业务层的是决策调度，主要采用人工参与与智能预演相结合的方式进行有效决策，最终通过动态反馈机制对现实世界中的物理事物进行干预。决策调度包括行动选择、系统分析、问题诊断和问题识别，分别对应智能预演中的方案优化、预测模拟、归因溯源和事前预警。

5.4.4 总结

本节针对大数据环境下预演平台如何及时处理、关联、利用大数据，达到智慧化的目的，提出了使用数字孪生技术为数字化手段，使用知识图谱技术为网络化手段，使用智能模型方法为智能化手段，实现预演平台现代化的系统架构。将传统“四预”的预警、预报与预案加入预演平台中，使预演平台达到主动、提前预演的能力，这为大数据时代实现预演自动化、解放人力提供了思路。对预演平台各个组成部分目前已有相关的研究作为支撑，因此本节提出的现代化预演平台具有落地的可行性。关于预演平台的研究不多，但预演平台作为智慧水利建设的重点，随着智慧水利的概念被强调，智慧水利有望成为加快数字化发展、建设数字中国的典型数字化应用场景。

| 参考文献 |

[1] LIANG P, JORDAN M I, KLEIN D. Learning dependency-based compositional semantics[J]. Computational Linguistics, 2013, 39(2): 389-446.

[2] BOS J, CLARK S, STEEDMAN M, et al. Wide-coverage semantic representations from a CCG parser[C]//Proceedings of the 20th international conference on Computational Linguistics-COLING '04. 2004: 1240-1246.

[3] HARRIS S, SHADBOLT N. SPARQL query processing with conventional relational database systems[C]//Web Information Systems Engineering-WISE 2005 Workshops. 2005: 235-244.

[4] 许坤, 冯岩松, 赵东岩, 等. 面向知识库的中文自然语言问句的语义理解[J]. 北京大学学报(自然科学版), 2014, 50(1): 85-92.

[5] 张紫璇, 陆佳民, 姜笑, 等. 面向水利信息资源的智能问答系统构建与应用[J]. 计算机与现代化, 2020(3): 65-71.

[6] YIH W T, CHANG M W, HE X D, et al. Semantic parsing via staged query graph generation: question answering with knowledge base[C]//Proceedings of the 53rd Annual Meeting of the Association for Computational Linguistics and the 7th International Joint Conference on Natural Language Processing (Volume 1: Long Papers). 2015: 1321-1331.

[7] YU M, YIN W P, HASAN K S, et al. Improved neural relation detection for knowledge base question answering[C]//Proceedings of the 55th Annual Meeting of the Association for Computational Linguistics (Volume 1: Long Papers). 2017: 571-581.

[8] LUO K Q, LIN F L, LUO X S, et al. Knowledge base question answering via encoding of complex query graphs[C]//Proceedings of the 2018 Conference on Empirical Methods in Natural Language Processing. 2018: 2185-2194.

[9] 刘康, 张元哲, 纪国良, 等. 基于表示学习的知识库问答研究进展与展望[J]. 自动化学报, 2016, 42(6): 807-818.

[10] DONG L, LAPATA M. Language to logical form with neural attention[C]//Proceedings of the 54th Annual

Meeting of the Association for Computational Linguistics (Volume 1: Long Papers). 2016: 33-43.

[11] XU K, WU L F, WANG Z G, et al. Exploiting rich syntactic information for semantic parsing with graph-to-sequence model[C]//Proceedings of the 2018 Conference on Empirical Methods in Natural Language Processing. 2018: 918-924.

[12] MILLER A, FISCH A, DODGE J, et al. Key-value memory networks for directly reading documents[C]//Proceedings of the Conference on Empirical Methods in Natural Language Processing. 2016: 1400-1409.

[13] XU K, LAI Y X, FENG Y S, et al. Enhancing key-value memory neural networks for knowledge based question answering[C]//Proceedings of the 2019 Conference of the North. 2019: 2937-2947.

[14] ZHOU M T, HUANG M L, ZHU X Y. An interpretable reasoning network for multi-relation question answering[C]//Proceedings of the Internation Conference on Computational Linguistics. 2018: 2010-2022.

[15] QIU Y Q, WANG Y Z, JIN X L, et al. Stepwise reasoning for multi-relation question answering over knowledge graph with weak supervision[C]//Proceedings of the International Conference on Web Search and Data Mining. 2020: 474-482.

[16] HAO Y C, ZHANG Y Z, LIU K, et al. An end-to-end model for question answering over knowledge base with cross-attention combining global knowledge[C]//Proceedings of the 55th Annual Meeting of the Association for Computational Linguistics. 2017: 221-231.

[17] JAIN S. Question answering over knowledge base using factual memory networks[C]//Proceedings of the NAACL Student Research Workshop. 2016: 109-115.

[18] YAO X C, VAN DURME B. Information extraction over structured data: question answering with freebase[C]//Proceedings of the 52nd Annual Meeting of the Association for Computational Linguistics. 2014: 956-966.

[19] 刘知远, 孙茂松, 林衍凯, 等. 知识表示学习研究进展[J]. 计算机研究与发展, 2016, 53(2): 247-261.

[20] BORDES A, CHOPRA S, WESTON J. Question answering with subgraph embeddings[C]//Proceedings of the 2014 Conference on Empirical Methods in Natural Language Processing (EMNLP). 2014: 615-620.

[21] DONG L, WEI F R, ZHOU M, et al. Question answering over freebase with multi-column convolutional neural networks[C]//Proceedings of the 53rd Annual Meeting of the Association for Computational Linguistics and the 7th International Joint Conference on Natural Language Processing. 2015: 260-269.

[22] CHEN Y, WU L F, ZAKI M J. Bidirectional attentive memory networks for question answering over knowledge bases[C]//Proceedings of the 2019 Conference of the North. 2019: 2913-2923.

[23] YIN W P, YU M, XIANG B, et al. Simple question answering by attentive convolutional neural network[C]//Proceedings of the 26th International Conference on Computational Linguistics. 2016: 1746-1756.

[24] YANG R Q, ZHANG J H, GAO X, et al. Simple and effective text matching with richer alignment features[C]//Proceedings of the 57th Annual Meeting of the Association for Computational Linguistics. 2019: 4699-4709.

[25] DEVLIN J, CHANG M W, LEE K, et al. BERT: pre-training of deep bidirectional transformers for language understanding[C]//Proceedings of the Conference of the North American Chapter of the Association for Computational Linguistics. 2019: 4171-4186.

[26] PUJARA J, AUGUSTINE E, GETOOR L. Sparsity and noise: where knowledge graph embeddings fall short[C]//Proceedings of the 2017 Conference on Empirical Methods in Natural Language Processing. 2017: 1751-1756.

[27] 王勇超，罗胜文，杨英宝，等. 知识图谱可视化综述[J]. 计算机辅助设计与图形学学报，2019，31(10): 1666-1676.

[28] 奥德玛，杨云飞，穗志方，等. 中文医学知识图谱 CMeKG 构建初探[J]. 中文信息学报，2019，33(10): 1-9.

[29] 陆泉，谢祎玉，陈静，等. 临床医学课程知识主题图谱构建研究[J]. 图书情报工作, 2019, 63(9): 101-108.

[30] 周亦，周明全，王学松，等. 大数据环境下历史人物知识图谱构建与实现[J]. 系统仿真学报，2016，28(10): 2560-2566.

[31] WANG H W, ZHANG F Z, WANG J L, et al. Exploring high-order user preference on the knowledge graph for recommender systems[J]. ACM Transactions on Information Systems, 2019, 37(3): 1-26.

[32] SUN Y Z, HAN J W, YAN X F, et al. Pathsim: meta path-based top-k similarity search in heterogeneous information networks[J]. Proceedings of the Very Large Data Bases Conferences Endowment, 2011, 4(11): 992-1003.

[33] SUN Z, YANG J, ZHANG J, et al. Recurrent knowledge graph embedding for effective recommendation[C]//Proceedings of the 12th ACM Conference on Recommender Systems. 2018: 297-305.

[34] HE X N, LIAO L Z, ZHANG H W, et al. Neural collaborative filtering[C]//Proceedings of the 26th International Conference on World Wide Web. 2017: 173-182.

[35] YU X, REN X, SUN Y Z, et al. Recommendation in heterogeneous information networks with implicit user feedback[C]//Proceedings of the 7th ACM Conference on Recommender Systems. 2013: 347-350.

[36] DENG J, DONG W, SOCHER R, et al. ImageNet: a large-scale hierarchical image database[C]//2009 IEEE Conference on Computer Vision and Pattern Recognition. 2009: 248-255.

[37] YOUNG P, LAI A, HODOSH M, et al. From image descriptions to visual denotations: New similarity metrics for semantic inference over event descriptions[J]. Transactions of the Association for Computational Linguistics, 2014, 2: 67-78.

[38] TORRALBA A, FERGUS R, FREEMAN W T. 80 million tiny images: a large data set for nonparametric object and scene recognition[J]. IEEE Transactions on Pattern Analysis and Machine Intelligence, 2008, 30(11): 1958-1970.

[39] JOULIN A, GRAVE E, BOJANOWSKI P, et al. Bag of tricks for efficient text classification[C]//Proceedings of the 15th Conference of the European Chapter of the Association for Computational Linguistics. 2017:427-431.

[40] WANG N N, LIU X D, YIN J C. Improved Gath-Geva clustering for fuzzy segmentation of hydrometeorological time series[J]. Stochastic Environmental Research and Risk Assessment, 2012, 26(1): 139-155.

[41] 郭月红. 多元时间序列分割与预测方法及应用研究[D]. 大连：大连理工大学, 2017.

[42] 李芮，潘兴瑶，邸苏闯，等. 北京城区典型内涝积水原因诊断研究：以上清桥区域为例[J]. 自然资源学报, 2018, 33(11): 1940-1952.

[43] 刘国珍，佟晓蕾. 深圳河右岸市区内涝成因分析[J]. 水利水电技术, 2015, 46(2): 101-104, 111.

[44] 马晋毅. 深圳市内涝形成原因分析与治涝对策研究[J]. 水利水电技术, 2015, 46(2): 105-111.

[45] 曲毅，仲秋雁，马骁霏. 基于信度规则库的突发事件链式演变推理方法[J]. 管理工程学报，2017，31(1): 142-148.

[46] LI S M, CHEN S H, LIU Y. A method of emergent event evolution reasoning based on ontology cluster and Bayesian network[J]. IEEE Access, 2019, 7: 15230-15238.

[47] WU B, TIAN H B, YAN X P, et al. A probabilistic consequence estimation model for collision accidents in

the downstream of Yangtze River using Bayesian Networks[J]. Proceedings of the Institution of Mechanical Engineers, Part O: Journal of Risk and Reliability, 2020, 234(2): 422-436.

[48] YU P S, CHEN S T, CHANG I F. Support vector regression for real-time flood stage forecasting[J]. Journal of Hydrology, 2006, 328(3/4): 704-716.

[49] CORANI G, GUARISO G. Coupling fuzzy modeling and neural networks for river flood prediction[J]. IEEE Transactions on Systems, Man, and Cybernetics, Part C (Applications and Reviews), 2005, 35(3): 382-390.

[50] LIU W C, CHUNG C E. Enhancing the predicting accuracy of the water stage using a physical-based model and an artificial neural network-genetic algorithm in a river system[J]. Water, 2014, 6(6): 1642-1661.

[51] 张弛，王本德，李伟. 数据挖掘技术在水文预报中的应用及水文预报发展趋势研究[J]. 水文，2007, 27(2): 74-77, 85.

[52] 苏盛. 基于神经网络的贺江流域贺州站洪水预报研究与应用[D]. 南宁：广西大学, 2017.

[53] 马凯凯，李士进，王继民，等. 数据驱动的中小河流智能洪水预报方法对比研究[J]. 中国科学技术大学学报, 2016, 46(9): 774-779.

[54] MITRA P, MURTHY C A, PAL S K. Unsupervised feature selection using feature similarity[J]. IEEE Transactions on Pattern Analysis and Machine Intelligence, 2002, 24(3): 301-312.

[55] LI Y, LU B L, WU Z F. Hierarchical fuzzy filter method for unsupervised feature selection[J]. Journal of Intelligent & Fuzzy Systems, 2007, 18(2): 157-169.

[56] HAINDL M, SOMOL P, VERVERIDIS D, et al. Feature selection based on mutual correlation[M]//Lecture Notes in Computer Science. Berlin, Heidelberg: Springer Berlin Heidelberg, 2006: 569-577.

[57] NIE F P, XIANG S M, JIA Y Q, et al. Trace ratio criterion for feature selection[C]//Proceedings of the AAAI Conference on Artificial Intelligence. 2008: 671-676.

[58] JANKOWSKI N, GRĄBCZEWSKI K. Universal meta-learning architecture and algorithms[M]//Studies in Computational Intelligence. Berlin, Heidelberg: Springer Berlin Heidelberg, 2011: 1-76.

[59] LAKE B, SALAKHUTDINOV R. One-shot learning by inverting a compositional causal process[C]// Proceedings of the Advances in neural information processing systems. 2013: 2526-2534.

[60] ZAKHAROV E, SHYSHEYA A, BURKOV E, et al. Few-shot adversarial learning of realistic neural talking head models[C]//2019 IEEE/CVF International Conference on Computer Vision (ICCV). 2019: 9458-9467.

[61] SUN Q R, LIU Y Y, CHUA T S, et al. Meta-transfer learning for few-shot learning[C]//2019 IEEE/CVF Conference on Computer Vision and Pattern Recognition (CVPR). 2019: 403-412.

[62] SUNG F, YANG Y X, ZHANG L, et al. Learning to compare: relation network for few-shot learning[C]//2018 IEEE/CVF Conference on Computer Vision and Pattern Recognition. 2018: 1199-1208.

[63] HARIHARAN B, GIRSHICK R. Low-shot visual recognition by shrinking and hallucinating features[C]//Proceedings of the IEEE International Conference on Computer Vision. 2017: 3018-3027.

[64] CHEN C L P, ZHANG C Y. Data-intensive applications, challenges, techniques and technologies: a survey on Big Data[J]. Information Sciences, 2014, 275: 314-347.

[65] DEO R C, ŞAHIN M. Application of the Artificial Neural Network model for prediction of monthly Standardized Precipitation and Evapotranspiration Index using hydrometeorological parameters and climate indices in eastern Australia[J]. Atmospheric Research, 2015, 161/162: 65-81.

[66] DEO R C, SAMUI P, KIM D. Estimation of monthly evaporative loss using relevance vector machine, extreme learning machine and multivariate adaptive regression spline models[J]. Stochastic Environmental Research and Risk Assessment, 2016, 30(6): 1769-1784.

[67] GHOSE D, DAS U, ROY P. Modeling response of runoff and evapotranspiration for predicting water table depth in arid region using dynamic recurrent neural network[J]. Groundwater for Sustainable Development, 2018, 6: 263-269.

[68] HOCHREITER S, SCHMIDHUBER J. Long short-term memory[J]. Neural Computation, 1997, 9(8): 1735-1780.

[69] LI W, KIAGHADI A, DAWSON C. Exploring the best sequence LSTM modeling architecture for flood prediction[J]. Neural Computing and Applications, 2021, 33(11): 5571-5580.

[70] WIDIASARI I R, NUGOHO L E, WIDYAWAN, et al. Context-based hydrology time series data for A flood prediction model using LSTM[C]//2018 5th International Conference on Information Technology, Computer, and Electrical Engineering (ICITACEE). 2018: 385-390.

[71] ZHANG J F, ZHU Y, ZHANG X P, et al. Developing a Long Short-Term Memory (LSTM) based model for predicting water table depth in agricultural areas[J]. Journal of Hydrology, 2018, 561: 918-929.

[72] ZHANG D, LINDHOLM G, RATNAWEERA H. Use long short-term memory to enhance internet of things for combined sewer overflow monitoring[J]. Journal of Hydrology, 2018, 556: 409-418.

[73] RUCK D W, ROGERS S K, KABRISKY M. Feature selection using a multilayer perceptron[J]. Journal of Neural Network Computing, 1990, 2 (2): 40-48.

[74] SMOLA A J, SCHÖLKOPF B. A tutorial on support vector regression[J]. Statistics and Computing, 2004, 14(3): 199-222.

[75] MOHAMED A R, DAHL G E, HINTON G. Acoustic modeling using deep belief networks[J]. IEEE Transactions on Audio, Speech, and Language Processing, 2012, 20(1): 14-22.

[76] HOCHREITER S, SCHMIDHUBER J. Long short-term memory[J]. Neural Computation, 1997, 9(8): 1735-1780.

[77] WU Y R, LIU Z Y, XU W G, et al. Context-aware attention LSTM network for flood prediction[C]//Proceedings of 2018 24th International Conference on Pattern Recognition (ICPR). 2018: 1301-1306.

[78] DING Y K, ZHU Y L, FENG J, et al. Interpretable spatio-temporal attention LSTM model for flood forecasting[J]. Neurocomputing, 2020, 403: 348-359.

[79] 赵人俊, 王佩兰. 新安江模型参数的分析[J]. 水文, 1988, 8(6): 2-9.

[80] 国家防汛抗旱总指挥部, 中华人民共和国水利部. 中国水旱灾害公报-2016[M]. 北京: 中国地图出版社, 2017.

[81] 国家防汛抗旱总指挥部, 中华人民共和国水利部. 中国水旱灾害公报-2017[M]. 北京: 中国地图出版社, 2018.

[82] VASWANI A, SHAZEER N, PARMAR N, et al. Attention is all you need[J]. Advances in Neural Information Processing Systems, 2017, 30.

[83] BAHDANAU D, CHO K, BENGIO Y. Neural machine translation by jointly learning to align and translate[C]//Proceedings of the 3rd International Conference on Learning Representations, 2015: 1-15.

[84] TAY Y, DEHGHANI M, BAHRI D, et al. Efficient transformers: A survey[J]. arXiv preprint arXiv:2009.06732, 2022.

[85] 纪守领, 李进锋, 杜天宇, 等. 机器学习模型可解释性方法、应用与安全研究综述[J]. 计算机研究与发展, 2019, 56(10): 2071-2096.

[86] 郭灵, 张艳军, 王俊勃,等. 长短期记忆模型在小流域洪水预报上的应用研究[J]. 水资源研究, 2019,